Dirk Wildschrei's großes gelbes

MZ-Schrauberbuch

Vom richtigen Umgang mit den Zschopauer Zweitaktern

Dirk Wildschrei's großes gelbes

MZ-Schrauberbuch

Vom richtigen Umgang mit den Zschopauer Zweitaktern

HEEL

Impressum

HEEL Verlag GmbH
Gut Pottscheidt
53639 Königswinter
Telefon 02223 9230-0
Telefax 02223 923026
info@heel-verlag.de
www.heel-verlag.de

10. Auflage 2021

Verantwortlich für den Inhalt: Dirk Wildschrei

Lithographie: Collibri Prepress, Königswinter

Satz: A. Mertens

Druck und Verarbeitung: Finidr, s.r.o.

– Printed in Czech Republic –

ISBN: 978-3-89880-148-5

INHALTSVERZEICHNIS

Vorwort

25 Jahre sind ein Drittel Menschenleben. Zumindest statistisch. Auf jeden Fall eine verdammt lange Zeit. Für den normalen Motorradfahrer eine Zeit, in der er fünfmal seine Maschine wechselt. Auch statistisch.

MZ Fahrer halten sich nicht an diese Vorgaben. Die Freunde der Zschopauer Zweitakter bleiben ihrer Marke treu. Meist länger als ein Drittel Menschenleben. Dabei sind MZ Motorräder weder besonders schnittig noch besonders schnell. Aber auf ihre Art einzigartig. Es ist die Faszination an einfacher, gut funktionierender Technik, die MZ Freunde in aller Welt an den Zschopauer Zweitaktern festhalten lässt. Freude an beherrschbarer Mechanik statt Frust über rätselhafte Elektronik und komplizierte Hochtechnologie.

Für mich waren 25 Jahre Arbeit mit MZ Freunden und ihren Fahrzeugen eine wunderschöne Zeit. Eine Zeit, in der ich nicht nur zahlreiche Reisen mit der MZ unternommen habe, sondern auch vielen MZ Fahrern das Rüstzeug für die ganz große Tour mit auf den Weg geben durfte.

Der Lohn kam oft in Form einer Postkarte aus fernen Ländern. Worauf zu lesen stand, wie die Tour lief, wie das Wetter war. Und ganz selbstverständlich der Hinweis, dass die MZ ihre Besitzer problemlos dorthin brachte.

Was aber leider nicht immer möglich war. MZ Motorräder entstanden hinter einem Vorhang, der zwar eisern, aber für MZ Freunde nicht unüberwindbar war. Campingplätze von Prag bis Bukarest, vom Plattensee bis zum Schwarzen Meer, dienten als Treffpunkte für Deutsch-Deutsche Motorradtreffen, auf denen ganz zum Leidwesen der stets präsenten Firma „Guck und Greif" selten über Politik und viel lieber über die Zschopauer Motorräder gefachsimpelt wurde.

Nach 25 Jahren Arbeit an und mit MZ Motorrädern kennt man so manchen Kniff. Kniffe und Tricks, die das Arbeiten an den „MZten" vereinfachen. Tricks, nach denen ich jahrelang von MZ Fahrern immer wieder gefragt wurde.

Höchste Zeit, diese Erfahrungen zu Papier zu bringen. Nicht nur um das Arbeiten an „MZten" leichter zu machen, sondern auch um die Zusammenhänge auf dem Weg zu diesen Erkenntnissen zu erzählen.

Erfahrungen, die jeder selbst schraubende MZ Fahrer macht. Oder lieber nicht... Hier steht, wie man es besser macht. Oder was man besser lassen sollte. Damit die MZ lange lebt. Und nicht nur 25 Jahre.

Nicht zu ölige Finger und Zweitaktduft um die Nase wünscht

Dirk Wildschrei

Zur Vermeidung rechtlicher Probleme jetzt schon dieser Warnhinweis:

Dieses Buch soll Hilfe zur Selbsthilfe sein. Die hierin veröffentlichten technischen Ratschläge entsprechen häufig nicht den üblichen Handwerksregeln. Sie sollen vielmehr zeigen, wie man sich in bestimmten Situationen weiterhelfen kann, ohne teure Werkstatteinrichtungen zu besitzen.

Für etliche technische Ratschläge in diesem Buch wird handwerkliches Grundwissen vorausgesetzt, ohne das man die entsprechenden Arbeiten nicht angehen sollte.

Im Zweifelsfall sollte man vor Durchführung von technischen Arbeiten immer einen geschulten Spezialisten zu Rate ziehen und die Arbeiten nicht selbst durchführen. Etliche Ratschläge können unter bestimmten Umständen zu erheblichen Folgeschäden führen.

Der Autor und der Verlag lehnen daher ausdrücklich jede Haftung für die veröffentlichten Ratschläge und daraus gefolgerte Schlüsse ab. Für alle anhand dieses Buches durchgeführten Arbeiten übernimmt der durchführende Schrauber, Bastler oder Mechaniker das alleinige und uneingeschränkte Risiko. Ebenso ist die Haftung des Autors und des Verlags für Druckfehler, Schreibfehler und sachliche Fehler jeder Art ausdrücklich ausgeschlossen.

1. TRADITIONEN

Werksgeschichte und Historie

Einfache Motorräder, zuverlässig und gut. Preiswert und für jedermann erschwinglich. Die guten Eigenschaften der MZ-Motorräder sind absolut kein Erbe schmalbrüstiger DDR-Mangelwirtschaft, sondern ein Stück gewachsener Firmenphilosophie. Die bereits 1907 begann, als der Däne Jörgen Skafte Rasmussen im Tal der Dischau bei Zschopau eine Maschinenfabrik gründete. Interessant am Standort Zschopau waren das reichlich vorhandene Wasser zum Antrieb der Maschinen, günstige Grundstückspreise und reichlich Arbeitskräfte in der Region.

Produziert wurden Maschinen und Zulieferteile für die noch junge Automobilindustrie. Die Kraftstoffknappheit des ersten Weltkriegs veranlasste Rasmussen, selbst in die Autoproduktion einzusteigen, ohne dabei auf das knappe Benzin angewiesen zu sein. Etliche Prototypen des „Dampf Kraft Wagens" entstanden unter dem neuen Emblem: einem rauchenden Vulkan mit den Buchstaben DKW.

Nach dem Scheitern des Dampfabenteuers standen die Buchstaben DKW nun für „Des Knaben Wunsch". Ein Spielzeugmotor sollte die damals üblichen Dampfmaschinen aus den Kinderstuben verdrängen. Der von Hugo Ruppe konstruierte Zweitakter konnte sogar an die heimische Gasleitung angeschlossen werden und sollte den Knaben tiefe Einblicke in die Technik von morgen ermöglichen. Offenbar verhinderte die Skepsis der damaligen Mütter eine weite Verbreitung der Knabenwünsche in deutschen Küchen.

Richtig erfolgreich wurde der Kleinmotor, als Ruppe den Zweitakter zum Fahrradhilfsmotor aufpeppte. Für den Rasmussen wieder einen neuen Namen unter dem bekannten Kürzel ersann: DKW stand nunmehr für „Das Kleine Wunder". Unter dem Werbespruch „DKW, das kleine Wunder, läuft bergauf wie andere runter" verließen im Jahre 1921 mehr als 20.000 „Arschwärmer", wie die Erzgebirgler das Triebwerk auf dem Fahrradgepäckträger liebevoll nannten, die Zschopauer Hallen. Dies war der Startschuss zu einer beispiellosen Erfolgsgeschichte. Da die meisten Fahrräder auf den holprigen Straßen vor dem „eingebauten Rückenwind" mit Rahmen- und Radschäden kapitulierten, ersann Rasmussen ein kräftiges, auf den mittlerweile 2,5 PS starken Antrieb abgestimmtes Fahrrad. Der Grundstein zum richtigen Motorrad. Auf diesem Wege wurde noch im Jahr 1921 der Motorroller erfunden. Das „Golem Sesselrad" war

Grundstein langer Tradition: Der 2,5 PS DKW Motor

zwar kein echter Erfolg, aber Wegbereiter des „DKW Lomos". Diesen neuen Roller würde man heute als Technologieträger bezeichnen. Denn Kurzschwinge vorn, Geradwegfederung hinten und das stufenlose Riemengetriebe waren Neuerungen, die erst ein Vierteljahrhundert später in den Katalogen der Motorradhersteller Einzug halten sollten.

Der erste ganz große Erfolg sollte das „Reichsfahrtmodell" werden. Das erste richtige Motorrad traf nicht nur den Geschmack des Publikums. Auch der niedrige Preis lockte reihenweise Käufer zu den Händlern, die bald aus einer ganzen Palette von DKW-Motorrädern mit robusten Zweitaktmotoren wählen konnten. 1926 warfen die „Deutschen Kabel Werke" kräftig Sand ins Getriebe der DKW-Werke: Rasmussen unterlag im Streit um das Markenkürzel. Was der Produktion keinen Abbruch bescherte. Mit dem Kürzel DGW „Das Große Wunder" auf dem Tank verließen etliche Motorräder die Fließbänder. 1927 gewann Rasmussen den Namensstreit und durfte wieder unter DKW produzieren. In diesem Jahr ernährte Rasmussens Konzern bereits rund 15.000 Arbeiter und Angestellte. Und man erweiterte die Produktpalette. Unter der Bezeichnung „Das Kühl Wunder" wurden fortan leistungsfähige Kühlanlagen gebaut.

DKW wurde zum Wegbereiter von Blockmotor und Satteltank und setzte als erster Motorradhersteller auf Verchromung zur Oberflächenveredelung. Qualität und erschwinglicher Preis ließen 1929 die Produktion auf 60.000 Einheiten ansteigen. Man produzierte nicht mehr nur für das einfache Volk, sondern wandte sich mit starken Zweizylindern an die motorisierte Oberschicht, die aber selber durch die Weltwirtschaftskrise zunehmend in Schwierigkeiten geriet. Nicht nur DKW, sondern auch Audi, Horch und Wanderer strudelten in den Wirren der Weltwirtschaftskrise dem Konkurs entgegen. Ein Zusammenschluss der vier Marken zur „Auto Union" unter Federführung der sächsischen Staatsbank rettete die beteiligten Firmen. Rasmussen selbst blieb bei der Aktion auf der Strecke. Meinungsverschiedenheiten zwischen den Sanierern und dem DKW-Gründer führten zur Kündigung Rasmussens zum Jahresende 1934.

Unter dem Zeichen der vier Ringe erstarkte DKW bis zum Jahre 1937 zur größten Motorradfabrik der Welt. Schnürles Umkehrspülung revolutionierte den Zweitaktmotor und ist bis heute das Nonplusultra moderner Zweitakter. „Wasserdichte" Patente sicherten DKWs Vormachtstellung bis in die 50er-Jahre.

Die erschwinglichen Gebrauchsmotorräder passten wunderbar in die Ideologie des Dritten Reiches. Mit einem Preis von 333 Reichsmark war die RT 125 im Jahr 1939 das zweirädrige Pendant zum VW Käfer. Wie bei diesem verhinderte der Kriegsausbruch die Massenverbreitung. Nur noch die NZ 350, mit ihrem bleischweren Gussmotor, wurde in nennenswerten Stückzahlen für die Wehrmacht gebaut. Die RT wurde 1943 sogar an die Front geschickt, denn die leichte 125er war besser durch den russischen Schlamm zu bewegen als die anderen schweren Kräder.

Die versteckte Lage der Firma im Tal bot eine perfekte Tarnung und sorgte für minimale Kriegsschäden. Nur einmal traf eine Bombe ein Nebengebäude der Rennabteilung, das war's. Dafür wüteten die Russen umso heftiger. Nach Kriegsende wurden die Zschopauer Werke gnadenlos demontiert. Nicht nur die Amerikaner sicherten sich deutsches Know-how, sondern auch die russische Führung wusste die Ingenieurskunst der Deutschen zu schätzen. So nahm man nicht nur Maschinen, sondern auch gleich die passenden Techniker mit, die fortan in Russland Motorräder konstruieren mussten.

So des wichtigsten Kapitals beraubt, begann unter unglaublichen Schwierigkeiten eine Mannschaft unter Hugo Ruppe mit dem Neubeginn. Nach einer Friedensproduktion aller möglichen Gerätschaften entstanden 1949 die ersten Prototypen der Nachkriegs-RT. 1950 werden die ersten 1700 Exemplare der RT 125 unter dem Namen „IFA DKW" gebaut.

Wie es mit der Produktion weiter ging, erzählt die Typengeschichte. Parallel zur Serienproduktion wurden die ersten Rennmaschinen gebaut. Auf ersten Motorradrennen feierten die IFA-Fahrer gleich Erfolge. Mit der brandneuen BK 350 traten die Zschopauer bei harten Geländewettbewerben an. Solo und als Gespann. Sporterfolge waren fortan der Motor der Entwicklung.

1956 wurde der Markenname „MZ" eingeführt. Wobei etliche alte „MZ-Werker" bis in alle Ewigkeit von „DKW" sprachen, wenn von den Zschopauer Werkshallen die Rede war.

Mit der ES 250/0 wurde der Grundstein zur „großen" Einzylinderbaureihe gelegt. Die siebziger und achtziger Jahre waren die Zeit der großen Touren. Viele Reisen durch alle Gegenden der Welt bewiesen die absolute Zuverlässigkeit der Motorräder. So konnte 1983 das zweimillionste MZ-Motorrad, eine ETZ 250, gefeiert werden. Bis zur Wende 1989 wurden die Motorräder ständig weiter entwickelt.

Um dem danach stetig zurückgehenden Absatz etwas entgegen zu setzen, kamen auch 500er Rotax-Einbaumotoren zum Einsatz. Doch die Nachfrage war weiter rückläufig. Unter einem neuen, der DKW-Tradition entsprechenden grün-weißen Logo laufen im April 1992 nacheinander die Modellreihen „Fun" und „Tourer" an. Jeweils mit den klassischen Zweitaktern als 250er und 300er sowie mit dem 500er-Rotax. Nach der Produktionseinstellung des perfekten Super Elastik-Beiwagens stellten die Zschopauer mit der Saxon Voyager ein gut gemachtes Rotax-Gespann mit verbessertem Velorex-Beiwagen auf die Räder.

Nach Gründung der „MuZ Motorrad und Zweiradwerk GmbH" unter dem Geschäftsführer Peter Karel Korous am 1. Juli 1992 präsentierte MuZ auf der IFMA im September eine bemerkenswerte neue Modellpalette. Star der Veranstaltung war die wunderschön klassisch gestylte 500er Silver Star. Doch bereits gegen Ende des Jahres zeigte die neue Skorpion, wohin die Weichen gestellt waren. Kraftvolle Einzylinder sollten zukünftig die wendigen MuZ-Motorräder befeuern. Die passenden Motoren bezog man von Yamaha, der 660er-Einzylinder erwies sich als ideal für das Konzept.

Mit dem Arbeitsbeginn im alten Werk am 7. Februar 1994 rollt die letzte 125er aus den Hallen des alten Werkes. Als Letztes von mehr als 3,5 Millionen gebauten Motorrädern. Der komplette Maschinenpark wurde abgebaut und auf etliche Güterzüge verladen. Die Reise ging an den Bosporus. In einer großen Halle im asiatischen Teil Istanbuls wurde die gesamte Produktion der Zweitakter wieder aufgebaut. Unter dem Namen „Kanuni" wurde Rasmussens Lebenswerk fern der Heimat vom türkischen Kuralkan Konzern fortgeführt. Hier brauchte man preiswerte und einfache Motorräder. Motorräder, wie sie einst DKW und MZ zum Weltruhm führten.

Doch noch glühte in den alten Werkshallen ein letzter Funke der Motorradproduktion. Unter der Bezeichnung MZ-B wurde in einem kleinen Werksteil mit der Fertigung einer neuen RT 125 begonnen. Um für den jungen Markt der Leichtkrafträder ein preiswertes Triebwerk bieten zu können, entschied man sich zum Einbau eines modifizierten russischen Zweitakters aus der Motovelo. Damit schloss sich der Kreis zwischen den Konstruktionen der ehemaligen DKW-Konstrukteure in Minsk und den Wurzeln in Zschopau, ein echter Erfolg wurde die neue RT aber nie.

Seit 1995 rollen die klassischen MZ-Zweitakter mit einer bemerkenswerten Fertigungsqualität als Kanuni von den Istanbuler Bändern. Fast alles an den Kanunis fertigen die Türken selbst. Entwicklungsmann Bekir Kuralkan wollte sich so von den Launen der Zulieferindustrie unabhängig machen. Der Löwenanteil der Kanunis läuft in der Türkei. Am Bosporus wurden die Zweitakter mittlerweile zum festen Bestandteil des Stadtbildes. Zu den Hauptexportstaaten gehören jetzt arabische Staaten, aber auch in den westlichen Staaten konnten Importeure für die Zweitakter gewonnen werden.

Die MuZ-Werke fanden ein neues Domizil in einer modernen Werkhalle in Hohndorf. Oberhalb von Zschopau wurden interessante Modelle wie Skorpion, Mastiff und Baghira gefertigt. Zu einem Erfolgsmodell geriet die völlig neu entwickelte 125er mit eigenem Viertaktmotor.

Mittlerweile wird in Hohndorf wieder stolz unter dem MZ-Logo entwickelt und produziert. Das neueste Produkt steht bei Drucklegung dieses Buches gerade in den Startlöchern. Ein leistungsstarker 1000er Zweizylinder in einem handlichen und leichten Fahrwerk soll antreten, um die japanische Konkurrenz richtig aufzumischen.

Pure Motorräder will man bauen. 100% Fahrspaß bei geringstem Gewicht und perfektem Fahrwerk. Mit dieser Marschrichtung will MZ in den Nischen des Motorradmarktes viele begeisterte Freunde gewinnen. Der Grundstein zu dieser Philosophie liegt in den Wurzeln des Werkes und seiner Mitarbeiter – begründet vor 95 Jahren von Jörgen Skafte Rasmussen.

Sollte die Dampfmaschine ablösen: Des Knaben Wunsch mit 0,5 PS

2. TYPENGESCHICHTE MIT KAUFBERATUNG

Die kleine Baureihe

TYPENGESCHICHTE RT 125/150

Die kleinen RT waren in den 30er als Volksmotorrad konzipiert. Das zweirädrige Pendant zu Porsches Käfer. Billig, haltbar und gut waren die Entwicklungskriterien. So war die RT schon ab 1939 ein völlig schnörkelloses Motorrad, welches den Besitzer billig und unbedingt zuverlässig von A nach B bringen sollte. Nicht mehr und nicht weniger verlangte man auch von der RT.

Derartige Fähigkeiten waren auch nach dem Krieg gefragt. Zu Zeiten des Wiederaufbaus beider deutscher Staaten besann man sich beiderseits auf die gute, alte RT. In Ingolstadt und Zschopau entstanden sehr ähnliche Konstruktionen. In Zschopau entstanden bereits 1950 die ersten RT. Doch nicht nur die germanische Motorradindustrie, sondern auch der Rest der Welt war begeistert von der RT. Selbst in Milwaukee, wo sonst die amerikanischsten aller Big Twins vom Band liefen, entstand ein zweitaktendes Schwesterchen der RT. Die Harley Davidson Hummer. Auch den Briten gefiel die simple Technik: Als BSA Bantam machte DKW's großer Wurf auf der britischen Insel Karriere. Mit einem echten RT-Plagiat legte auch Yamaha einen Grundstein für eine eindrucksvolle Motorradproduktion.

Nachdem im Westen dann die Motorradproduktion in den 60ern einen einzigartigen Niedergang erlebte, entwickelte man in der DDR weiter am Erfolgsmodell. Eine Entwicklung die erst mit dem Ende der DDR beim Modell ETZ 125 endete.

Auch die direkten RT-Nachfolger fanden eifrige Nachahmer. In Polen kopierte man die TS 150 als WSK. In Russland baute Minsk MZ ähnliche Motorräder und auch in China wurden MZ ähnliche Fahrzeuge gebaut.

Wer sich als MZ-Freund für eine RT entscheidet, kann aus einem relativ großem Angebot schöpfen. Dabei sind die frühen RT-Modelle die seltensten, die späten RT die besten. In der RT 125/3 waren bereits viele Verbesserungen, die man für die späteren ES-Modelle entwickelt hatte, verbaut.

Durch das reichliche Angebot kann man beinahe Wünsche äußern. Hat man dann „seine" RT endlich geortet, gilt es viele Dinge zu beachten. Durch das reichliche Angebot gibt es genügend Gebrauchtteile. Sogar gut funktionierende, fast neue Ersatzmotoren finden sich in diversen Anzeigenblättern. In der DDR besorgten sich die RT-Fahrer gerne einen zweiten Motor, um den ewigen Beschaffungsengpässen zu entgehen.

Schwieriger ist es mit den Blechteilen. Tanks, Schutzbleche und Seitendeckel sind rar und in gutem Zustand auch oft teuer. Schwierig ist auch die Beschaffung der originalen Halbnabenräder. Viele RT wurden auf die besseren Vollnabenbremsen umgerüstet, die originalen Räder mussten dann Frondienste als Karrenräder leisten.

Besonders hapert es an Kleinteilen. Zündschlüssel sind selten, noch seltener sind die „Wunderkästen". Diese erste „Blackbox" der Motorradgeschichte sollte Regler, Zündspule und Stromverteilung in einem Bauteil integrieren. Doch schlechte Kühlung, Enge und Feuchtigkeit machten dem Innenleben oft den Garaus. Die Fahrer wichen dann auf irgendwie angepfriemelte Bauteile aus, der Wunderkasten wurde komplett ausgeräumt. Leider sind die inneren Bauteile so gut wie nicht mehr zu bekommen. Ergattert man einen leeren Kasten, gibt es heute die Möglichkeit moderne Elektronik einzubauen. Ein elektronischer Regler, eine Steuereinheit und eine Zündspule finden Platz ohne den originalen Eindruck zu behindern.

Rar sind auch Lenkkopflager und Teile der Telegabel. Gut sieht die Teilesituation beim Auspuff aus: Der wird mittlerweile in verschiedenen Qualitäten angeboten.

TYPENGESCHICHTE ES 125/150

Während das geschichtliche Ereignis des Mauerbaus schwärzeste Schatten auf das deutsch deutsche Verhältnis legte, entwickelten die Zschopauer Motorradbauer fleißig an einem Nachfolger für die in die Jahre gekommenen RT-Modelle.

Das Lastenheft sah die Verwendung und Weiterentwicklung des aus der letzten RT 125/3 bekannten Motors vor. Beim Fahrwerk gab man den Spezialisten ungewöhnlich viel Entwicklungsspielraum: Alles durfte neu konstruiert werden. Immer im Hinterkopf der Techniker war ein langer Produktionszeitraum und eine enorme Stückzahl.

Entsprechend konsequent wurde konstruiert. Genau in den Trend der Zeit passte damals ein Vollschwingenfahrwerk. Lange Federwege vorn und hinten, Sänften auf Rädern sollten die Fahrer von den etwas bockbeinigen RT's weglocken.

Pressstahlrahmen und Vorderradschwinge waren für die industrielle Großserienproduktion gebaut, stilistisch ging man eigene Wege. Besonders im Westen kam die starre Tank-Lampen Kombination bei den Käufern nicht gut an.

Auch im Hinblick auf den Export wurden immer zwei Modelle parallel gebaut: Die ES 125 und die etwas stärkere ES 150. In der DDR durften bereits 16-jährige dem Fahrspaß auf der 150er frönen, während es in den meisten westlichen Ländern bei

125 ccm eine Stufe in Steuer oder Versicherungsklassen gab. So wurden von 1962 bis 1969 nur 63.526 125er verkauft. Dagegen standen 190.585 150er.

Besonders die 150er war mit einer Höchstgeschwindigkeit von 95 km/h und 10 PS auch für längere Reisen flott genug motorisiert. Dazu kam unbedingte Zuverlässigkeit und ein günstiger Verbrauch.

Als 1969 die ETS 250 als sportliche Variante mit Telegabel auf den Strassen der DDR für Aufsehen sorgte, verbesserte man weiter an den Schwingenmodellen. Als Lastesel für alle Fälle machten sich die ES/1 Modelle einen unvergessenen Namen. Motorisch hielten alle Verbesserungen des ETS Motors auch Einzug in die Schwingenmodelle. Mit Erfolg: Bis 1978 produzierte man 336.473 125er und 309.414 150er. Auch im Westen wurden die Modelle recht gut verkauft: Der günstige Preis im Kaufhauskatalog machte es möglich. Dazu kam ein absolut perfekter Service, mit dem Importeur Neckermann für Kundentreue sorgte.

Wer heute eine kleine ES kauft, investiert in einen Oldtimer von Morgen. Momentan fristen die ES noch ein Schattendasein, zunehmend regt sich aber Interesse in der Szene der klassischen Motorräder. Versüßt wird die Restauration einer kleinen ES durch ein großes Angebot an Ausschlachtmaschinen sowie angenehm niedrige Teilepreise. Wem die kleinen Schwingenmodelle gefallen, der sollte möglichst bald zugreifen.

Ersatzteilschwierigkeiten gibt es wenig. Absolut rar sind die vorderen Lampenringe, die kompletten Lampen und der Scheinwerfereinsatz. Schwierig wird es auch bei den Lenkkopflagern. Wenn die Neuerwerbung noch mit einer Simplexprimärkette ausgestattet ist, sollte man die Umrüstung auf die haltbarere und problemlose Duplexkette ins Auge fassen.

Die weitaus besten ES stammen aus den letzten Jahren der Produktion.

TYPENGESCHICHTE ETS 125/150

Während in den ausklingenden 60ern Funktion und Nutzen gefragt waren, forderte man Anfangs der 70er Jahre zunehmend Sportlichkeit und ein ansprechendes Design. Megaout waren auch die Vorderradschwingen, seit der Erscheinung der neuen großen Motorräder vom Schlage einer Honda 750 oder BMW R75/5 fragten die Kunden verstärkt nach Teleskopgabeln. Zwar durften die Zschopauer die sozialistische Welt nicht mit Superbikes, wohl aber mit Supergabeln beglücken. Aus dem Geländesport verfügte man über reichlich Erfahrung mit hydraulisch gedämpften Telegabeln der Spitzenklasse. Eine solche Gabel sollte ab 1969 auch die MZ-Modelle zieren. Mit der neuen Gabel kam aber nicht die Abkehr von der Schwinge, sondern ein zusätzliches sportliches Modell. Mit entsprechender Optik: Die kleine ETS gilt heute als vielleicht schönste MZ der kleinen Baureihe.

Lieferschwierigkeiten bei Zulieferern und ein in der DDR zu hoher Kaufpreis verhinderten eine große Verbreitung der Zschopauer Lady. So wurden von der 125er gerade mal 4860 und von der 150er 14.042 Stück gebaut.

Entsprechend rar sehen die Gebrauchtbestände aus. Besonders der formschöne Tank ist heute selbst in schlechtem zustand kaum mehr zu beschaffen. Besser sieht es auch bei anderen spezifischen Teilen aus. Problemlos ist die Beschaffung von Technikteilen. Die meisten Teile passen von den späteren TS-Typen, Doch selbst für die komplizierte Telegabel gibt es noch Teile. Wie bei allen alten MZ ist die Beschaffung der Lenkkopflager ein Problem.

Das größte Problem bei den Motoren ist wie bei allen kleinen MZ das Ausschlagen der Kurbelwellenlagersitze. Deshalb ist die Entfernung des Lichtmaschinendeckels und kräftiges Wackeln am Zündnocken allererste Käuferpflicht.

TYPENGESCHICHTE TS 125/150

MZ-Freunde, besonders im Westen bedauerten die Produktionseinstellung der ETS-Modelle. War doch der Nachfolger technisch nicht besser, sondern nur stilistisch anders. Die Formgestalter hatten den Weg des fließenden Designs verlassen und setzten Nutzwert vor Schönheit. Die TS-Baureihe wirkte irgendwie gebastelt, passend zu Wartburg und Co. hatte die TS eine typische Zweckoptik.

Da sich über Optik streiten lässt, kommen wir zur Technik. Besonders beim Fahrwerk setzten schon die ersten kleinen TS Maßstäbe. Die Telegabel geriet noch ein Stück perfekter als die schon gute Gabel der ETS. Luxusvarianten waren mit großen Chromblenden am Tank ausgestattet, die Standardmodelle besaßen einen lackierten Kraftstoffbehälter mit Kniekissen. Viele MZ-Freunde bevorzugten diese schlichtete Variante.

So richtig interessant wurden die TS 125/150 Modelle mit Einführung der überarbeiteten Variante. Seit Sommer 1975 und der Motornummer 7372909 bei den 125ern oder Motornummer 6587573 bei den 150ern durften sich MZ-Fahrer wesentlicher Verbesserungen erfreuen. Zuverlässigere außen liegende Wellendichtringe, eine deutlich verstärkte Kurbelwelle und viele Detailverbesserungen gab es praktisch gratis, der Importeur hatte die Preise nicht erhöht. Fahrwerksmäßig gab es eine völlig neue, leicht zu wartende Telegabel mit hervorragenden Fahreigenschaften. Standard wurde auch der anderorts aufpreispflichtige Drehzahlmesser, dessen schlecht konstruierter Antrieb reihenweise Primärantriebe in die ewigen Jagdgründe beförderte.

Zum beliebtesten Modell der Baureihe erklärten Liebhaber rasch die TS 125/150 ab Baujahr Ende 1975 in der Standardversion. Mit lackiertem Tank und ohne Drehzahlmesser. Allerdings ist es sehr schwer originale, gut erhaltene Modelle zu finden. Für die dann teilweise MZ untypisch hohe Gebrauchtpreise verlangt werden. Jeweils rund

200.000 Motorräder beider Hubraumgrößen wurden in Zschopau bis 1985 gebaut. Genug Auswahl ist also vorhanden.

Besondere Beliebtheit erlangten die kleinen TS bei unseren französischen Nachbarn. Die Franzosen legten auf den „Petit Alemans" gigantische Strecken zurück. So spulte ein Franzose aus Toulouse regelmäßig die Strecke zu unserem MZ-Treffen in der Eifel ab. Standardausrüstung: Immer waren an den Gabelstandrohren Reifenflickspray und Zweitaktöl festgerödelt. Noch heute gehören die 125/150er in französischen Großstädten zum Stadtbild.

Trotz des verbesserten Motors gehören die ausgeschlagenen rechten Kurbelwellenlager leider immer noch nicht der Vergangenheit an. Die Rüttelprobe am Zündnocken bleibt also angebracht. Besitzt die MZ einen Drehzahlmesser, ist Vorsicht angesagt. Man muss die Nadel ganz genau beobachten. Zittert sie in manchen Drehzahlbereichen oder fällt gar auf „Null" zurück, ist wahrscheinlich schon der Primärantrieb defekt. Der Käufer sollte rund anderthalb Hunderter nachlassen.

Ansonsten sind mit der kleinen Zschopauerin auch lange Strecken problemlos zu bewältigen. Mit Ruhe, und dank hervorragendem Fahrwerk, auch auf schlechtesten Strecken.

Typengeschichte ETZ 125/150

Beim Kundendienstlehrgang 1985 nahm mich ein MZ-Entwickler zur Seite, um mir die neueste Entwicklung des Hauses zu zeigen. Ein moderner drehfreudiger Fünfgangmotor mit verbesserter Leistung steckte in einem leicht verkleinerten ETZ-Fahrgestell. Eine leichte Maschine mit Top Fahrwerk, so richtig zum Kurvenräubern.

Man wollte, damals war das Ende der DDR noch nicht in Sicht, den westlichen Fahrzeugen etwas Modernes entgegensetzten. Bei Fahrwerk und Bremsen wurde das Ziel erreicht. Mit dem Styling war die Jugend des Ostens nie so richtig zufrieden.

Wohl aber mit den Fahreigenschaften. Tatsächlich fährt sich die ETZ 150 wie das viel zitierte Fahrrad. Leicht handlich und überaus spritzig. Besonders in der 14,5 PS Variante. Da sind Drehzahlen um die 7500/min möglich. Auf Dauer, auch der leistungsgesteigerte Motor ist äußerst standfest. Man erkennt einen derart flotten Motor am Ansaugstutzen: 150/1 ist dort erhaben eingegossen. Im Ansaugstutzen gibt es eine Führungsnase, die den Gasstrom kühlend auf das Pleuellager lenkt.

Das Fünfganggetriebe lässt dich butterweich schalten und ist gut abgestuft. Leider gibt es einen Fehler: auf der Schaltwelle läuft ein Arretierhebel, der sich bei alten Ausführungen in die Welle einarbeitet. Anfangs zeigt sich dieser Schaden durch hakeliges Schalten, später lassen sich einzelne Gänge nicht mehr einlegen. Zur Reparatur muss dann leider der ganze Motor auseinander. Ab ca. 15.000 km kann dieser Schaden vorkommen. Also Vorsicht bei Schaltschwierigkeiten. Gut 300 Euro kostet die nötige Instandsetzung.

Keine Probleme gibt es bei Modellen mit Drehzahlmesser. Ein Abtrieb von der Kurbelwelle gibt Betriebssicherheit.

Wer also ein kleines, leichtes Motorrad sucht, liegt bei den kleinen ETZ richtig. Besonders interessant sind die 125er, die für Besitzer des alten Autoführerscheins und als Leichtkraftrad für 16 jährige eine echte Alternative darstellen. Entsprechend schwer ist es auf dem Gebrauchtmarkt eine gute 125er zu ergattern. Dagegen gibt es 150er satt, deren Umrüstung auf den führerscheinfreundlichen Hubraum mit gut 300 Euro zu Buche schlägt.

Die große Baureihe

TYPENGESCHICHTE ES 250

Seit 1956 wurden in Zschopau wieder 250er gebaut. Kein Aufwärmen alter Vorkriegsmodelle, sondern eine völlige Neukonstruktion. Damals nicht nur für DDR-Verhältnisse eine kleine Revolution.

Um die schlechten Nachkriegsstrassen glatt zu bügeln, setzte man erfolgreich auf ein Vollschwingenfahrwerk. Mit bis dahin nicht gekanntem Komfort glitten die „Sänften auf Rädern" auch über schlechteste Wege. Ein Komfort, der sich auch beim Motor fortsetzten sollte. Als angemessene Schwungmasse diente die auf der Kurbelwelle rotierende Kupplung, deren Betätigungskräfte erfreulich gering ausfielen.

Ein robustes Vierganggetriebe leitete die Antriebskraft über eine perfekt gekapselte Kette an das Hinterrad. Patentierte Kettenschläuche erhöhten die Kettenlebensdauer beinahe auf Kardanniveau.

Serienmäßige Packtaschen schafften Raum für die Utensilien des Fahrers. Bequeme Einzelsitze und eine entspannte Sitzposition sorgten für Komfort auf langen Strecken. 14,5 PS waren gut für eine Reisegeschwindigkeit von rund 115 km/h.

Wer eine dieser frühen ES ergattern kann, sollte zugreifen. Besonders wenn die Maschine komplett und original ist. Denn originale Blechteile sind äußerst knapp. Auf der technischen Seite sieht es schon besser aus: Viele Teile sind noch lieferbar, Motoren sind zu fairen Preisen instand zu setzen. Schwierig zu beschaffen sind Zylinder und Auspuffanlagen für die Doppelportmodelle mit den zwei Auspufftöpfen.

Parallel dazu wurde eine ES mit 175 ccm gebaut. Einige Märkte im Ostblock förderten diese Hubraumklasse. In Deutschland waren 175er eher selten. Daher verwundert es nicht, dass die spezifischen Motorteile wie Kolben und Zylinder kaum mehr zu bekommen sind. Mit 10 PS und gerade mal 95 km/h Spitze gaben die meisten Kunden der weitaus kräftigeren 250er den Vorzug.

TYPENGESCHICHTE BK 350

1952 brachten die Zschopauer das erste große Motorrad nach dem Krieg heraus. Die BK 350 zielte klar auf die legendären Boxermotorräder alter deutscher Schule. Eine absolute Sensation: die BK boxerte im Zweitakt. Völlig neue Produktionsanlagen mussten aufgebaut werden, um das neue Motorrad bauen zu können. So lief die Produktion der BK erst Anfang 1953 richtig an. Ein stabiler Doppelschleifenrahmen und der wartungsarme

Kardanantrieb machten die BK zur idealen Gespannmaschine. Dabei war der Kardan aus der Not geboren: In der DDR gab es keine ausreichende Kettenproduktion und Devisen für den Import waren nicht zu beschaffen.

Es gibt die Mär, der Motor sei ein Anlassermotor aus einem Düsenjäger. Tatsächlich besaßen die Triebwerke der Me 262 einen Zweitaktboxer als Anlasser. Dieser gut laufende Riedel Starter mochte als Vorbild gedient haben, tatsächlich ist der BK-Motor eine eigenständige Entwicklung. Eine Fliegerkarriere stand dem BK-Motor doch noch bevor: Der Landmann Motorsegler war mit dem Zschopauer Boxer befeuert.

Wer heute mit einem dieser imposanten Boxer liebäugelt, muss wissen, worauf er sich einlässt. Die Ersatzteilversorgung ist bei Weitem nicht so perfekt wie bei den Einzylinder MZ. Originalteile sind rar und auch gute Gebrauchtteile sind nur schwer zu beschaffen. Mittlerweile haben sich jedoch einige Firmen auf die Zweitakt Boxer spezialisiert. Die wichtigsten Teile werden nachgefertigt und viele Motorteile gibt es im Tausch.

Doch Arbeiten an der BK sind nichts für Anfänger. Besonders Getriebe und Hinterachsantrieb verlangen nach kundiger Hand. Doch auch Motor, Gabel und Räder sind nicht MZ-mäßig simpel.

Zum Schrauben an der BK findet man hier keine Informationen, der Umfang der Arbeitsanweisungen würde dieses Buch sprengen.

Wer eine BK sucht, sollte darauf achten, ein möglichst komplettes Exemplar zu ergattern. Fehlende oder nicht originale Teile schlagen teuer zu Buche. Teuer wird auch Spiel in der Verzahnung des Kardanantriebs. Hilfreich ist es, wenn die BK beim Kauf läuft. Klackerei aus dem Kurbelgehäuse deutet auf defekte und teure Pleuellager hin.

Trotz dieser Probleme ist die BK eine hoch interessante Anschaffung. Die Konstuktion ist einfach genial, die Fahreigenschaften im Gespann sind dank des drehmomentstarken Motors gut. Für Leute, die bei Oldtimertreffen gerne unter sich sind, eignet sich die BK weniger. Wo immer man mit dem DDR-Boxer auftaucht ist man stets von Neugierigen umlagert.

Typengeschichte ES 250/1 und ES 300

1962 bekam die ES eine gründliche Modellpflege verordnet. Für die ES 250/1 gab es, was das Fahrwerk schon immer vertragen konnte: eine Leistungsspritze. Mit satten 16 PS hatte man nun das erreicht, von dem Genosse Ulbricht immer laut träumte: Weltniveau.

Mit der ES zog man nicht nur mit DKW, NSU und Co. gleich, man konnte auch einige Konkurrenten abhängen. Nicht nur in der Motorleistung, sondern ganz besonders beim Fahrwerk. Das hydraulisch gedämpfte Schwingenfahrwerk setzte Maßstäbe.

So fand man auch beim Klassenfeind hohen Anklang und konnte etliche Exemplare in der edel lackierten Exportausführung absetzen. Nicht nur in Deutschland, sondern auch in anderen Ländern wie Niederlande, Dänemark und vor allem England erlangten die MZ einen nachhaltig guten Ruf.

Mit der gehobenen Leistung begannen aber die Probleme mit dem Kupplungskonus. Hatte einmal jemand schlampig montiert, flog die Kupplung vom Konus und ruinierte auch noch die Kurbelwelle. Mit sorgfältiger Montage und entsprechender Händlerschulung bekam man auch dieses Problem in den Griff.

Die ES/1 wurde rasch zum beliebten Reisemotorrad. Eine Reisegeschwindigkeit von 115 km/h war nicht utopisch und auch mit Beiwagen waren satte 95 zu erreichen. Der Wunsch nach einer weiteren Extraportion Leistung wurde schließlich erhört und die Zschopauer präsentierten 1963 die ES 300. Mit kernigen 18,5 PS und einer Drehmo-

mentsteigerung, die im Wesentlichen einem längeren Hub zu verdanken war, gehörte man vor 40 Jahren zu den Königen der Landstrasse. Auch nachts. Eine verstärkte Lichtmaschine mit 6 Volt und 60/90 Watt Leistung lieferte genug Strom, um die stärkeren Bilux Birnen zu versorgen. Nach dem Produktionsstop der aufwändigen BK war die 300er die Gespannmaschine schlechthin.

Leider setzten die Genossen von ganz oben dem Streben nach Mehrleistung ein Ende und nahmen die 300er nach nur 7876 Exemplaren 1965 aus dem Programm.

Dennoch sieht es mit der Teileversorgung für beide ES recht gut aus. Selbst für die seltene 300er gibt es die meisten Technikteile. Vieles allerdings nur im Tausch. Daher beim Kauf auf abgebrochene Kühlrippen und dergleichen Hässlichkeiten achten. Zylinder mit solchen Schäden tauscht kein Instandsetzungsbetrieb.

Blechteile für die alten ES gibt es nur noch gebraucht, fündig wird man auf Märkten oder bei gut sortierten Händlern. Knapp 50.000 250er wurden gebaut, bevor man den Nachfolger präsentierte.

Typengeschichte ES 250/2

Im Jahr 1967, als der Modetrend im Westen klar in Richtung Telegabel deutete, präsentierte MZ sein neuestes Modell. Die ES/2-Modelle warteten mit einem völlig neuen Vollschwingenfahrwerk auf. Eine entspannte Sitzposition auf der großen, bequemen Sitzbank und das komfortable Fahrwerk bedeuteten die Fortsetzung der ES-Tradition als große Tourenmaschine.

Die Leistung von 17,5 PS sorgte für zügige Fortbewegung. Viele Fans hofften damals auf eine Neuauflage der ES 300, wurden aber enttäuscht, als man statt dessen wieder eine 175er präsentierte. Allerdings mit recht flotten 14 PS.

Die ersehnte Leistungssteigerung kam dann 1969: Der Motor mobilisierte dank verstärkter Kurbelwelle und einer erhöhten Verdichtung rund 19 PS, was natürlich für ansprechende Fahrleistungen sorgte.

Von der ES 250/2 wurden in Westdeutschland viele Exemplare über den neuen Importeur Neckermann verkauft. Im Hause Neckermann war man bestrebt, den Unkenrufen in Sachen „Kaufhausmotorrad" entgegen zu wirken und achtete unter diesem Aspekt auf einen perfekt funktionierenden, gut geschulten Kundendienst. Unter anderem durch eine jährliche Schulung im Werk.

Die meisten ES/2 wurden hierzulande als Gespann verkauft. Für weniger als 3000,- DM bekam man das Fahrzeug fahrfertig vor die Haustür gestellt. Perfekt war auch die Ersatzteilversorgung. Für kleines Geld gab es jedes Ersatzteil binnen kürzester Frist.

Heute bekommt man für die ES/2 auch noch nahezu jedes Ersatzteil. Probleme gibt es lediglich beim hinteren Kettenkasten und dem vorderen Lampenring. Der Segmenttacho ist selten und teuer geworden.

Probleme gibt es bei den Modellen immer wieder mal mit der Schaltfeder und der Klinkenfeder. Die innen liegenden Simmerringe kapitulieren oft vor dem bleifreien Sprit und müssen gegen VITON-Ringe ersetzt werden. Wenn der Motor noch auf dem alten Stand ist, wird früher oder später ein Wechsel der anfälligen Ringe unausweichlich. Diese Wartungsarbeit wird dann sinnvollerweise mit einer kompletten Motorrevision verbunden, da zum Dichtringwechsel der Motor sowieso demontiert werden muss.

Vernünftig aufgebaute ES-Modelle sind heute noch das, wofür sie einst gebaut wurden: zuverlässige Alltagsmotorräder mit solider Reisetauglichkeit.

Typengeschichte ETS 250

Auf den stetigen Wunsch der Kundschaft nach Sportlichkeit reagierte man auch in Zschopau. So präsentierte man 1969 die ETS 250. Eine langhubige Telegabel, der 22-Liter-Büffeltank und der schmale Lenker waren damals hoch sportliche Details. Dazu wollte der eher schwächliche Motor mit nominell nur 19 PS nicht so recht passen. Die japanische Konkurrenz hielt damals für ihr Klientel

zwischen 24 und 30 PS bereit. Ein legendärer Vergleichstest brachte dann die wahren Fähigkeiten der ETS an den Tag: Die Ost-Sportlerin verwies bei einem Vergleichstest auf dem Nürburgring die beiden japanischen Rivalen auf die Plätze.

Tatsächlich war man mit der ETS auf schmalen Landstraßen der König. Das Fahrwerk war über alle Zweifel erhaben, die Bremsen wurden gut mit dem Gewicht von 151 kg fertig. Auch im Westen wurde die ETS im Sport eingesetzt. Auf Langstreckenrallyes waren oft vordere Plätze für die schöne Zschopauerin reserviert. Leider beendete man 1973 nach 16.266 Exemplaren den Bau des Erfolgsmodells.

Die Optik war ein weiterer Trumpf der ETS. So klassisch schön war keine MZ danach. Entsprechend begehrt sind die ETS-Modelle unter Liebhabern. Komplette, originale Exemplare werden recht selten angeboten, und wenn, dann mittlerweile schon zu stattlichen Preisen.

Die Teileversorgung der ETS ist gut, sind doch Fahrwerk und Motor im Wesentlichen mit der ES identisch. Kaum noch zu bekommen sind die Tanks, denn schon damals wurde das formschöne Spritfass für andere MZ-Modelle zweckentfremdet.

Wer heute eine ETS ergattern kann, gibt sie nicht mehr her, weil man auch in der heutigen Zeit mit der ETS recht flott unterwegs sein kann. Auf Oldietreffen sind originale ETS stets gern gesehene Gäste.

Typengeschichte TS 250

MZ-Freunde in aller Welt warteten 1973 auf das neue Modell von MZ. Wer aber einen noch sportlicheren Nachfolger der ETS mit einem kräftigeren Motor erwartet hatte, wurde bitter enttäuscht. Die neue TS war im Vergleich zur ETS biederer und weniger klassisch.

Der doppelte Rückgratrahmen war ein direkter Ableger aus dem Geländesport. Der aus der ETS bekannte Motor wurde in patenten Gummielementen in den Rahmen gebaut. Ein Tank mit nur noch 17 Litern Inhalt entsprach zwar dem Zeitgeist, störte aber reiselustige MZ-Treiber nachhaltig. Richtig sauer waren die Gespannfahrer, denn die neue TS war nicht für den Gespannbetrieb gebaut.

Alle Zweifler verstummten spätestens nach der ersten Probefahrt. Das Fahrwerk der TS war noch agiler als das der ETS, die Telegabel wartete mit sensationellen 185 mm Federweg auf. Allerdings stellte die Gabel erhöhte Anforderungen an den Mechaniker. Ansonsten war die TS die bisher wartungsfreundlichste MZ. Der Luftfilter war in drei Minuten zu wechseln, der Motor war in einer knappen halben Stunde auszubauen.

Die positiven Eigenschaften machten die TS zu einer beliebten Maschine. In nur drei Jahren verließen 110.899 Exemplare die Zschopauer Werkshallen.

Teilemäßig sieht es bei der TS auch nach 30 Jahren noch bestens aus. Die meisten Teile sind ab Lager lieferbar. Technische Probleme sind „viergangüblich“: Wellendichtringe und Getriebefedern machen immer mal Ärger. Bei ungepflegten Motorrädern sind festgerostete Schwingenbolzen keine Seltenheit.

Mit Einführung der TS-Modelle setzte man nun bei der Lenkkopflagerung auf wartungsfreie, verschleißarme Rillenkugellager und beseitigte damit ein weiteres Übel.

Ab 1975 hatte man werksseitig wieder ein Einsehen mit den Gespannfahrern. Ein Querrohr im Rahmen erlaubte die Umrüstung auf Beiwagenbetrieb. Der erforderliche Umbausatz ist umfangreich und teuer. Man sollte sich gut überlegen, ob man eine TS nachträglich auf Gespannbetrieb umrüstet. Zumal die Telegabel für den Solobetrieb konstruiert und kaum verwindungssteif ist.

Es ist nicht einfach, eine originale TS zu finden. Ganze Bastlergenerationen haben an diesem Motorradtyp gewütet und die wildesten „Verbesserungen“ vorgenommen. Deshalb der Tipp: Wer eine originale TS bekommen kann, sollte zugreifen. Die Maschinen sind recht selten geworden.

Typengeschichte TS 250/1

„Wir haben verstanden!“ Dieser Satz aus der neuzeitlichen Autowerbung trifft in Sachen TS/1 bei den MZ-Leuten voll ins Schwarze. Tatsächlich hat man beinahe alle Kritikpunkte aus drei TS-Jahren bei dem neuen Modell gründlich ausgemerzt.

Die komplizierte Telegabel wich einer wesentlich einfacheren Konstruktion, die es jedem halbwegs geschickten Fahrer erlaubt, die Gabeldichtringe selbst zu wechseln. Darüber hinaus ist die neue Gabel wesentlich verwindungssteifer und kann mit einer zusätzlichen Verdrehsicherung für den Gespannbetrieb ausgerüstet werden.

Der völlig neue Fünfgangmotor besitzt einen einfachen und robusten Schaltmechanismus, somit gehören die Federprobleme der Vergangenheit an. Verstärkte Kurbelwellenlager und endlich außen liegende Dichtringe sind ein Segen für den Schrauber und eine Schonung für den Geldbeutel des Fahrers. Alles ist richtig gut konstruiert.

Einzig beim Styling hat sich nicht viel getan. Immer noch sieht alles recht „DDR-mäßig“ aus. So war es wohl auch das Aussehen, das einen größeren Erfolg der TS/1 im Westen verhinderte, denn das Preis-/Leistungsverhältnis war absolut in Ordnung.

Probleme gibt es lediglich im Gespannbetrieb mit der Lichtmaschine. International waren damals schon 12 Volt üblich, der MZ-Fahrer jedoch musste sich immer noch mit der trüben 6-Volt-Funzel begnügen. Viele gebrauchte MZ wurden daher nachträglich mit mehr oder weniger probaten Mitteln auf höhere elektrische Leistung getrimmt, oft auf Kosten der Lebensdauer der Lichtmaschine. Welche Änderungen sinnvoll sind, steht in Kapitel 7 „Elektrik“.

Für die TS/1 gibt es noch alle Ersatzteile, bei manchen Teilen wie der Kurbelwelle lohnt es sich, auf die verstärkten Teile der ETZ-Modelle umzurüsten. Problematisch ist auch hier die Aufnahme des Schwingenbolzens im Rahmen. Oft ist der Bolzen gnadenlos fest korrodiert. Da wird dann auch der ansonsten harmlose Verschleiß der hinteren Motoraufhängung zum Drama.

Wer ein klassisches Gespann zum kleinen Preis sucht, sollte sich gebrauchte TS-Modelle ansehen. Die technische Basis ist gut, natürlich nur solange, bis ein übler Bastler seine Finger dran hatte. Wer einen alltagstauglichen Oldie solo fahren möchte, wird im reichen Angebot der TS/1 fündig. Die Gesamtproduktion bis 1981 belief sich immerhin auf 140.000 Maschinen, von denen viele auf ein zweites Leben hoffen.

TYPENGESCHICHTE ETZ 250

Schon auf der Leipziger Herbstmesse 1980 munkelte man von einem neuen MZ-Modell. Was lange mit Spannung erwartet wurde, löste im Frühjahr 1981 ziemliche Begeisterung aus. Die Ingenieure hatten tief in den Baukasten gegriffen. Prinzipiell ähnelte der ETZ-Motor dem TS/1-Triebwerk. Doch ein üppig verrippter Vierkanalzylinder und ein deutlich verstärktes Pleuellager ermöglichten eine Leistungssteigerung auf 21 PS. Damit waren echte 130 km/h möglich. Erstmals wurde als Rahmen eine superleichte Stahlblechkonstruktion verwendet. Dieser Rückgratrahmen besaß eine wesentlich höhere dynamische Stabilität als der alte Rohrrahmen. Das 153 Kilo leichte Motorrad lag perfekt auf der Straße. 18-Zoll-Räder vorne und hinten sahen nicht nur gut aus, sondern trugen zum guten Geradeauslauf bei.

Endlich gab es die lang erwartete 12-Volt-Lichtanlage. Ein Drehstromgenerator lieferte satte 14

Ampere, genug für alle möglichen Zusatzverbraucher. So fand man mit der ETZ Anschluss an den Motorradmarkt der 80er-Jahre.

Erstmals gab es an einer MZ serienmäßig eine Scheibenbremse. Diese wurde zunächst von Brembo zugekauft und ab 1983 in Zschopau selbst gefertigt. Selbst in härtestem Gespannbetrieb verzögert die ETZ absolut zuverlässig. Sofern der Kauf einer MZ mit Brembo-Bremse ansteht, unbedingt auf den guten Zustand des Bremshebels achten. Ersatz ist nicht mehr lieferbar. Ansonsten funktioniert die Teileversorgung für die ETZ nahezu perfekt. Aber generell sollte man bei der Beschaffung von Ersatzteilen sehr kritisch sein. Um billig anbieten zu können, werden manche ETZ-Teile in finstersten Werkstätten in Fernost zusammengebastelt. Diese Plagiate werden bei uns leider oft als Originalteile angeboten, besitzen aber häufig nur Schrottwert. Deshalb möglichst darauf achten, dass man nur Originalteile ersteht. Natürlich gibt es auch eine ganze Reihe von seriösen Teileanbietern, deren Produkte den nötigen Qualitätsanforderungen entsprechen. Solch ehrliche Nachfertigungen erkennt man daran, dass der Anbieter aus dem Nachbau kein Geheimnis macht.

Auf zwei wichtige Punkte sollte der Käufer einer gebrauchten ETZ besonders achten. Zum einen muss man der Aufnahme des Schwingenbolzens im Rahmen besondere Aufmerksamkeit widmen. Zum anderen sind häufig auch verzogene Fahrwerke wertmindernd. Bei Unfällen und schwereren Stürzen zerknittert nämlich der sonst so stabile Rahmen wie eine getretene Blechdose.

In vielerlei Hinsicht kann man mit einer ETZ viel Alltagsspaß erleben. Denn als Solomaschine ist die ETZ ein flottes Landstraßenmotorrad mit guten Reisequalitäten und als Gespann ist die ETZ ein wahres Mädchen für alles. Von der derben Arbeitsaufgabe mit Lastenboot bis zur Familienreise enttäuscht die ETZ eigentlich nur Leistungsfetischisten.

Bei Gespannen ist darauf zu achten, dass man kein Fahrzeug mit nachträglich angebautem Beiwagen kauft. Oft werden die Boote gnadenlos „festgefrickelt". Meistens hat der Vorbesitzer dann, aus Gründen der vermeintlichen Wertsteigerung, irgendwie billig ein Boot dran montiert. Ein Blick in den Kfz-Brief verrät die Wahrheit.

Das Angebot an gebrauchten ETZ ist riesig. Dennoch ist es nicht einfach, eine gute Maschine zu finden. Viele ETZ wurden gnadenlos zerbastelt. Originale, gute erhaltene Exemplare sind selten. Den Vorzug sollte man stets einer vielleicht teureren, aber dafür ordentlich gewarteten Maschine geben. Denn billige Bastlerexemplare verschlingen bis zum Wunschzustand oft Beträge, die den Kaufpreis überschreiten.

Besonders bei Gespannen tobten die Schrauber ihre Bastelwut aus. Abenteuerlichste Lenkungsdämpfer, windige Schwingenkonstruktionen und irrwitzige Bremsverstärkungen sind fast schon die Regel. Um derartige Gespanne sollte man einen weiten Bogen machen. Nicht nur aus Sicherheitsgründen. Dabei sind gerade im Gespannbetrieb manche Verbesserungen sinnvoll. Auf dieser Positivliste ganz oben stehen 16-Zoll-Räder vorn, 15-Zoll-Räder hinten, Gabelversteifungen und die sinnvolle „Schwabel". Diese Konstruktion vereinigt wirkungsvoll die Vorteile von Telegabel und Schwinge und macht das Gespannfahren zu einem Genuss.

TYPENGESCHICHTE ETZ 251/301

„Warum macht man ein großes Motorrad kleiner?" Diese Frage stellten sich MZ-Freunde, als 1989 der Nachfolger der ETZ präsentiert wurde. Die Bonsai-ETZ geriet kürzer, niedriger und tiefer als der Vorgänger. Auch die Optik war gewöhnungsbedürftig: Mit dem „Höckertank" erinnerte die 251 sehr an die 150er. Und so hatten viele MZ-Fahrer Probleme, die ETZ 251 als Verbesserung zu akzeptieren.

Tatsächlich hatte die ETZ 251 nichts, was man nicht schon von der ETZ 250 kannte. Das kleinere Hinterrad sorgte für einen theoretisch schlechteren Geradeauslauf, der aber mit einem längeren Vorderradnachlauf ausgeglichen wurde. So gab es bei der Solomaschinen-Version keinen nennenswerten Unterschied im Fahrverhalten zur der Vorgängerin.

Gewichtseinsparung war bei der Neuen ein wichtiger Punkt bei der Konstruktion. So wurden ganze acht Kilo eingespart. Die Abmagerungskur ging bis zur Strebe zwischen den Rohren des Rahmenhecks, denn da, wo vorher ein Flacheisen eingeschweißt war, gibt es jetzt ein leichtes Blechprägeteil. Wesentlich schwächer fiel auch die Hinterradschwinge aus. Darüber ärgerten sich besonders die Gespannfahrer. Die mussten bei einem serienmäßigen ETZ 251-Gespann – im Vergleich zum Vorgängermodell – eine weniger stabile Straßenlage akzeptieren.

Deshalb nutzten Gespannfahrer sinnvolle Verbesserungen. Mit 15/16-Zoll-Radumbau, ETZ-Hinterradschwinge und der vorderen Schwabel wurde die 251 zum voll tauglichen Gespann.

Beliebtes Extra war der Tank der TS-Modelle. Mit zwei angeschweißten Laschen passt der klassische Tank wie angegossen auf die ETZ 251. Der Gewinn für die Optik ist enorm. Äußerst beliebt ist die ETZ 251 bei „Wohnmobilisten". Gerade kurz und leicht genug für die meisten Heckträger, bietet die 251 zwei Personen mehr Komfort und Spaß als die oft schmalbrüstigen Roller.

Durch die konstruktive Nähe zur ETZ ist die Ersatzteilversorgung gesichert. Probleme gibt es manchmal bei der serienmäßigen Elektronikzündung, die Produktion der verbesserten Komponenten wurde kurz nach der Wende eingestellt. Der Umbau auf ein anderes Zündsystem ist aber auch möglich.

1991 bekam die ETZ 251 eine Leistungsspritze. Serienmäßige 291 cm^3 Hubraum sorgten unter der Bezeichnung ETZ 301 für 23 PS Leistung. In der Endgeschwindigkeit kaum zu spüren, wohl aber in der Beschleunigung. So wurden dann auch die meisten Gespanne als 301 geordert. Auch im Solobetrieb macht sich der Extraschub aus dem Mehr von 50 cm^3 positiv bemerkbar. Dennoch lohnt sich die Umrüstung einer ETZ 251 auf 300 cm^3 nicht immer. Wenn man es richtig macht, ist ein neuer Zylinder samt Kolben, Dichtungen und Zylinderdeckel erforderlich. Kein ganz billiges Vergnügen.

Eine Renaissance erlebte die ETZ 251 Anfang der neunziger Jahre. Das komplette MZ-Werk wurde in die Türkei verkauft und auf den alten Produktionsmaschinen entstanden neue 251. Made in Turkey. Durchaus ordentlich verarbeitet und zeitweise auch in Deutschland erhältlich. Unter dem Namen Kanuni wurden fast alle Einzelteile im Istanbuler Werk gefertigt.

Doch nicht nur dort. Findige asiatische Kleinbetriebe versuchten sich im Nachbau der Originalteile – in teils haarsträubender Qualität. Durch den Einbau solcher Teile kam es zu Störungen oder gar Unfällen. Diese Negativerlebnisse wurden dann zu Unrecht der MZ oder Kanuni angelastet.

Das zweite Leben der Zschopauer Zweitakter in Istanbul ist bei Drucklegung dieses Buches in vollem Gange. Wie es weiter geht, kann nur vermutet werden. Auch am Bosporus ist man stets eifrig bei der Weiterentwicklung.

Die neuen Viertakter

Angeblich ging die Entwicklung der Viertakt-Modelle auf eine Beschwerde von Erich Honecker zurück. Bei einer Staatsparade hatten die Genossen Kradfahrer es mit dem Zweitaktöl maßlos übertrieben und den Staatschef tüchtig eingenebelt. Da Erich von Besuchen in der Tschechoslowakei die mit Rotax-Motoren umgebauten, nebelfreien JAWA kannte, erteilte er einen entsprechenden Entwicklungsauftrag.

Ob es stimmt, kann heute nicht mehr gesagt werden. Fakt ist jedoch, dass man die Zukunft im Viertaktmotor sah. Zunächst war vorgesehen, das neue Kraftwerk in die ETZ 251 zu integrieren. Und die Implantation gelang recht ordentlich, die 500er fuhr sich nicht schlecht.

Aber das Design der 251 erwies sich als wenig hilfreich bei den Verkaufsbemühungen. Denn einen solchen Motor in einer Maschine im DDR-Einheitslook wollten nur Wenige. Also griff man zum Zeichenstift. Die Silver Star 500 geriet durch konsequent klassisches Design zur Augenweide. Plötzlich akzeptierte man die 500er.

Gleichzeitig wurde die 500 Country präsentiert. Die Tourenenduro kam besonders im Ausland recht gut an.

Angespornt durch den Erfolg des viertaktenden Versuchsballons, stockte man die Modellreihe nach oben auf und produzierte nun Sportmotorräder, angetrieben mit Yamaha-660-Motoren und ausgerüstet mit einem exzellenten Fahrwerk.

Der Mut zur Lücke zeigte sich in allen Nachwende-Emzetten. Auch in den kleinen Klassen. Ein sauber konstruierter Doppelnocken-Viertakter setzt bis heute Maßstäbe in der Achtelliterklasse. Aber die Entwicklung bei MZ geht weiter und so steht das ganz große Projekt gerade in den Startlöchern: der 1000er Supersportler mit komplett in Zschopau konstruiertem und gebautem Zweizylindermotor.

3. Das Zeug zum Werk

Werkzeugkunde und technische Voraussetzungen

Nur mit gutem Werkzeug kann man gut arbeiten. Diese Handwerkerweisheit gilt auch für die Arbeiten an der MZ. Wobei gutes Werkzeug nicht teuer sein muss. Damit ist aber auch nicht unbedingt „billig" gemeint. „Gut" bedeutet maßhaltig und robust. „Billig" steht für das Sonderangebot vom Baumarktwühltisch. Auf ein solches bin auch ich gerade kürzlich wieder reingefallen. Ich brauchte einen Holzbohrer. Dieser sollte einzeln und in Topqualität 6 Euro kosten. Daneben wurde ein Sortiment angeboten, das 10 Holzbohrer, 5 Steinbohrer, 10 Stahlbohrer und sage und schreibe 1000 Dübel beinhaltete. Alles für 5 Euro. Gut, der Holzbohrer bestand die Anforderungen etwas länger. Aber der Rest? Die Stahlbohrer hatten wohl nie eine Härterei von innen gesehen, bei leichter Berührung mit Eisen sind die Dinger weggeschmolzen. Bei den Steinbohrern flog bei der ersten Beton-Berührung die „Hartmetallschneide" von dannen und die Dübel wanderten alle direkt in die gelbe Tonne.

Was ich damit sagen will? Billig steht für Schund, preiswert für sinnvoll.

Dennoch muss der Weg nicht direkt in den teuersten Werkzeugladen führen, auch der Baumarkt hat vernünftige Produkte im Angebot. Durchaus sinnvoll sind die fertig zusammengestellten Profi-Werkzeugsätze. Die Anschaffungskosten beginnen ab ungefähr 100 Euro. Gute Erfahrungen habe ich mit Proxxon-Kästen gemacht, da stimmen Preis und Qualität.

Die obere Mittelklasse bilden die Werkzeugsets von Gedore, Hazet und Stahlwille. Da wird absolute Qualität geboten, die niemals billig sein kann.

In die S-Klasse der Werkzeuge steigt man mit Marken wie Facom oder Snap-on ein. Die Rennställe dieser Welt wissen, warum gerade dieses Markenwerkzeug in den Boxen liegt.

Aber oft kommt man auch beim Einzelkauf guter Werkzeuge preiswert weg. Gerade beim Bordwerkzeug kann man die von MZ empfohlenen Teile einzeln kaufen. Für die große Instandsetzung ist das natürlich zu wenig.

Beginnen wir mit den Hämmern. Vier Stück sollten in der Werkzeugkiste liegen, alle in vernünftiger Qualität. Standard ist der 400-Gramm-Ham-

mer, der eigentlich in jedem Haushalt vorhanden ist. Für derbe Schläge, wie den berühmten Prellschlag auf die Kupplung, ist ein 1500-Gramm-Hammer ideal. Und oft leistet der ganz kleine „Apothekerhammer" unschätzbare Dienste. Sei es zum Umschlagen eines Sicherungsbleches oder dem „Hineintupfen" der Zylinderrolle an der Kurbelwelle. Um die 50 Gramm hat so ein Minihammer, er ist spottbillig und aus meinem Fundus nicht mehr wegzudenken. Auch nicht mehr missen

Genial: Der rückschlagfreie Hammer ist mit Bleischrot gefüllt

möchte ich den bleischrotgefüllten Plastikhammer. Absolut rückschlagfrei. Jeder Prellschlag aufs Gehäuse sitzt perfekt, die lose Bleischrotfüllung im Inneren des Hammers macht dann Druck, wenn der Hammer eigentlich zurückprellen will.

Ein wesentlicher Kostenfaktor sind die Zangen. Gute Zangen sind teuer, billige taugen grundsätzlich nichts. Wichtig ist ein guter Seitenschneider. Wenn darauf ein Markenname und eventuell „Piano Wire“ steht, schneidet er jeden Seilzug ganz sauber und ohne dass der Zug ausfranst. Bei einem guten Seitenschneider wird uns die Kaufentscheidung durch die Papierprobe erleichtert. Ein Papierstreifen zwischen den Schneiden darf nicht

nach einer Seite weggedrückt werden. Drückt man weiter zu, muss das Papier vollständig zerschnitten runterfallen.

Derartige Qualität kauft man und verleiht sie niemals. Es soll nämlich Zeitgenossen geben, die meinen, man könne mit einem Seitenschneider Muttern los drehen, und bei einer solchen Misshandlung ist natürlich die beste Qualität schnell beim Teufel.

Ferner wird eine gute Kombizange benötigt, wie sie fast jeder MZ-Fahrer besitzt. Das gute

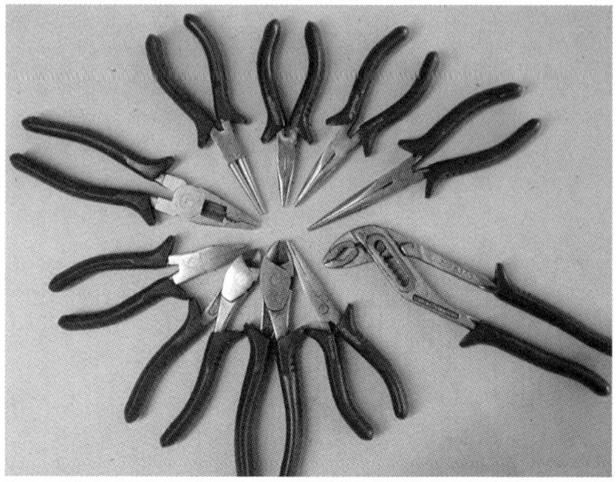

Stück aus dem Bordwerkzeug ist ideal und vor allem der beste Öffner für jedes Kettenschloss. Die Maße stimmen einfach perfekt. Ansonsten nimmt man ein Kettenschloss mit in den Laden und prüft damit die richtige Größe der Zange.

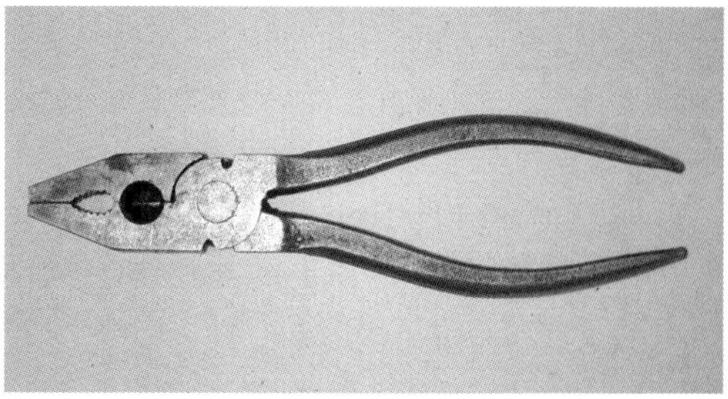

Oft ist auch eine Mutternzange hilfreich. Aber nur mit so genanntem „Nutengewerbe“. Darunter versteht man einfach die beste Verbindung zweier verstellbarer Zangenschenkel. Die einfachen Verstellungen billiger Zangen taugen nichts für solide Arbeit.

Damit kommen wir zu den Schraubenschlüsseln. Zwei Sätze Ring-Maul-Schlüssel mit SW 8 bis SW 27 decken alle Bereiche an der MZ ab. Fast alle! Einen 5,5-mm-Ring-Maul-Schlüssel für den Zündkontakt und einen Schlüssel SW 36 für die Steuerkopfmutter kauft man bei Bedarf. Doch warum zwei Sätze? Ganz einfach: Man muss gegenhalten können. Und als Satz sind die Schlüssel

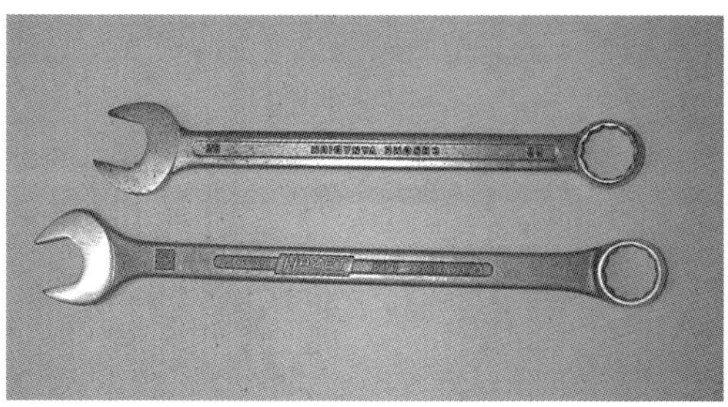

einfach billiger. Ganz clevere Mechaniker kaufen einen Satz mit extra langen Schlüsseln zum Schrauben und einen Satz mit der normalen Ausführung zum Gegenhalten. Die Ring-Maul-Version ist deshalb ideal, weil man normalerweise zur Schraubenschonung mit Ringschlüsseln arbeitet. Benötigt man aus Platzgründen einen Maulschlüssel, geht die Sucherei los. Den Ring-Maul-Schlüssel dreht man einfach um. Ganz wichtig und bei guten Werkzeugen selbstverständlich ist die 15°-Abwinkelung des Schlüsselmauls. Durch einfaches Drehen des Schlüssels kann man auch bei beengten Platzverhältnissen noch arbeiten.

Beliebt und gut sind Steckschlüsselsätze, auch Ratschenkästen genannt. Hier ist ein vorhandener Markenname ebenfalls Garant für Qualität. Von Zwölfkant-Stecknüssen lassen wir aber die Finger, denn beim Motorradschlossern sind Sechskant-Nüsse einfach praktischer. Für einige Anwendungszwecke eignen sich lange Nüsse besser, viele Kästen beinhalten beide Längen. Die Rat-

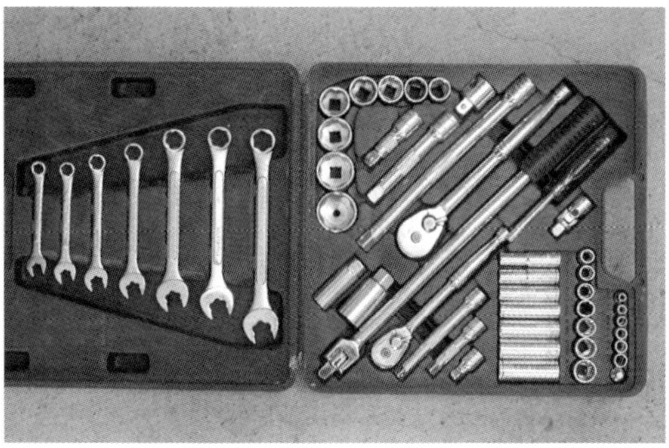

sche muss möglichst fein verzahnt sein und gut in der Hand liegen. Dann macht die Schrauberei auch richtig Spaß.

Eine Sonderstellung haben die Wellenzahnschlüssel. Vorreiter dieser Technologie ist die Firma Metrinch. Die Schlüssel und Nüsse packen nicht die Kanten der Mutter, sondern deren Flächen. Da ist es möglich, mit nur einer Schlüsselgröße Zollschrauben und metrische Schrauben zu lösen. Ganz große Klasse ist die Möglichkeit, selbst rund gedrehte Muttern zu lösen – weil ja die Ecken des Schraubensechskants vermurkst sind und nicht die Kanten. Was so gut ist, hat auch Nachteile. Man braucht Platz zum Schrauben, die Nüsse sitzen recht locker auf den Schrauben. Und der Preis ist eine andere Sache. Derart gute Ideen lassen sich die Hersteller gut bezahlen. Aber wenn beispielsweise irgendein Barbar die Verschlussschrauben der Telegabel so richtig böse rund gedreht hat, ist die Metrinch-Nuss oft die einzige Rettung. Da gibt man lieber 20 Euro für eine Nuss aus, als 300 Euro für die neue Gabel.

Für die Telegabel wird ein einfacher 10-mm-Blechsteckschlüssel gebraucht. Der muss von außen mit einem Ringschlüssel drehbar sein. Innen muss man ja einen Schraubenzieher zum Gegenhalten durchstecken.

Für die Zündkerzen der neueren Modelle mit zentraler Kerze, hat sich ein gekröpfter Ringschlüssel mit SW 21 bewährt. Damit hat man mehr Gefühl als mit jedem speziellen Kerzenschlüssel. Ab 6 Euro ist man dabei.

Ganz feine Sachen für Luxusschrauber bietet die Firma Facom. Deren Pfeifenkopfschlüssel sind so ziemlich das Edelste im Werkzeugkasten. Richtig teuer und richtig gut – wenn die Schraube erreichbar ist.

Das Problem der Erreichbarkeit haben die Hersteller von Innensechskantschlüsseln gelöst. Eine Sechskantkugel auf dem langen Ende gibt Bewegungsfreiheit wie ein Kardangelenk im Winkel von 30°. Da die meisten MZ bei Motorüberholungen sowieso auf die guten Innensechskantschrauben umgebaut werden, empfiehlt sich für die gängigste Größe (5 mm) der Kauf eines soliden T-Griff-Schlüs-

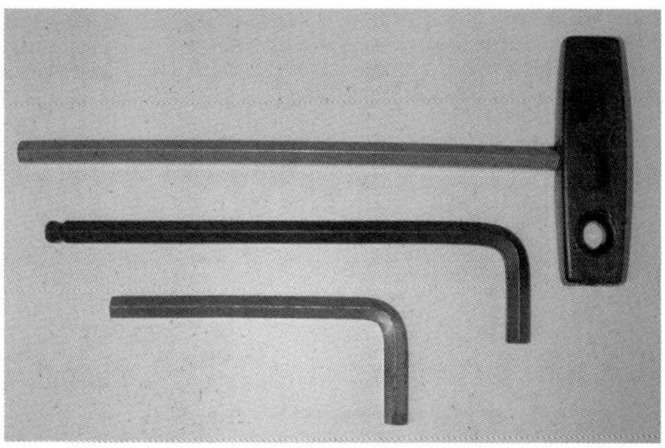

sels. Damit wird das Lösen der Schrauben fast zum Vergnügen. Wenn wir gerade beim Thema Innensechskant sind: Einen Akkuschrauber hat heute jeder, also sollte man sich zum schnellen Schrauben bei der Motorinstandsetzung einen guten 5-mm-Bit gönnen.

Ein leidiges Thema sind gute Schraubendreher. Ich bevorzuge seit Jahren solche mit Holzgriff und durchgehender Klinge mit angeschmiedetem Sechskant. Da kann man notfalls auch mal einen Schlag draufgeben, ohne dass gleich der Griff wegplatzt. Besonders festsitzende Schrauben werden mit dem aufgesetzten Sechskantschlüssel gedreht, notfalls hilft dabei ein Hammerschlag auf die durchgehende Klinge. Damit das Werkzeug gut auf die Gehäuseschrauben passt, muss man sich die Klinge selber schleifen. Die meisten Schraubendreher sind nämlich leicht keilförmig, was zur Folge hat, dass die Klinge bei Kraftanwendung aus der Schraube wandert. Ich schleife die Klingen parallel und nehme dabei an einer neuen Gehäu-

seschraube Maß. Wenn die Klinge stramm passt, bekommt man damit jede Schraube sicher auf.

Kommen wir zu den anderen sinnvollen Hilfsmitteln. Da wäre erstmal eine Messuhr zur Zündeinstellung. Mit dem richtigen Adapter sucht die Uhr sich den oberen Totpunkt sogar selber. Für rund 50 Euro gibt es eine solche Uhr beim MZ-Händler.

Als Prüflampe zur Zündeinstellung hat sich die Messinglampe aus dem Autozubehör bewährt. Als besonderen Clou hat sie bei abgeschraubter Messspitze ein M6-Gewinde zu bieten. Damit kann man die Lampe bei der Zündeinstellung in eines der Gewinde des Motordeckels schrauben.

Wer an der Elektrik arbeiten möchte, braucht einen Spannungsprüfer. Ich bevorzuge ein analoges Gerät, also so ein altmodisches mit Zeiger. Wobei schon die Beschaffung von analogen Geräten einige Probleme bereiten kann. Geräte aus dem Elektronikversand haben meist nur einen Be-

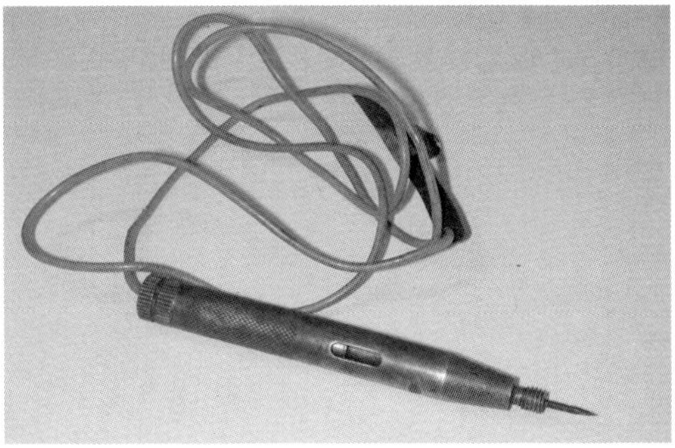

reich bis 10 Volt (das reicht für die 6-Volt-Fahrer) und einen Bereich bis 50 Volt, auf dem beispielsweise 13,8 Volt kaum abzulesen sind. Gute Spannungsmessgeräte gibt es im Autozubehör, die Skalen solcher Geräte reichen im 6-Volt-Bereich bis 8 oder 10 Volt und die 12-Volt-Skala ermöglicht genaues Ablesen bis 16 oder 20 Volt.

Digitale Geräte sind schwieriger abzulesen, da sich ihre Anzeige ständig verändert. Will man beispielsweise einen kaputten Regler entlarven, springen die digitalen Zahlen des modernen Gerätes wie wild unlesbar übers Display. Ganz großes Glück hat man, wenn man ein Messgerät erwischt, das eine vernünftige Ohm-Skala hat. Hiermit lassen sich nicht nur die Widerstände der einzelnen Bauteile messen, sondern auch einfache Durchgangsmessungen durchführen. Diese Funktion ist für uns wichtig, da wir es des Öfteren mit unterbrochenen Leitungen zu tun haben.

Spezialwerkzeuge für Instandsetzung

Grundlage jeder erfolgreichen Schrauberei ist das passende Spezialwerkzeug. Doch keine Angst, es muss nicht gleich eine Wand voll teurer Vorrichtungen angeschafft werden. Viele der ehrbaren Fabrikvorrichtungen braucht man nur, wenn man sich gewerbsmäßig mit der Instandhaltung von Motoren beschäftigt. Wir haben mehr Zeit und können viel improvisieren, ohne dass die Qualität der Arbeit darunter leidet.

Da gibt es die unbedingt nötigen Werkzeuge, dazu jene Vorrichtungen, die offenbar nur an der Werkstattwand Eindruck machen sollen und außerdem sind da noch die erforderlichen Werkzeuge, die sich durch einfache Hilfsmittel ersetzen lassen.

Was braucht man wirklich

Motormontagebock

Für alle Motorbaureihen benötigt man unbedingt einen soliden Montagebock. Das muss nicht

unbedingt die extrem teure, aber geniale schwenkbare Motormontagevorrichtung der MZ-Werkstätten sein. Zwei solide Kanthölzer auf einer noch solideren Platte aufgeschraubt, erfüllen fast denselben Zweck. Oder man greift zu einer mobilen Klappwerkbank. Wie der „Work Mate" von Black & Decker. Dieses patente Teil lässt sich wunderbar verstellen, solide Spannklauen halten den Motor gut fest. Zwei, drei zusätzliche Bohrungen entsprechend der Lage der Wellen am Motor schaffen Platz für die langen Wellenstümpfe.

Mit diesen Improvisationen lässt sich bestens arbeiten, der einzige Unterschied zum originalen Montagebock ist eine etwas längere Arbeitszeit. Doch das ist egal, denn Zeit ist unser Kapital und durch sorgfältige, gekonnte Eigenarbeit werden wir jede Menge Werkstattlohn sparen.

Kupplungsabzieher

Bei den 250er-Modellen ist ein passender, robuster Kupplungsabzieher aus hochwertigem Material unbedingt und verpflichtend erforderlich. Bei den Fünfgangmodellen mit einem ebenso genau passenden Druckstück zur Schonung der Kurbelwelle. Ein guter Kupplungsabzieher kostet um die 50 Euro, die billigen Nachbauten lohnen nicht das Bestellen im Baumarkt. Man sollte sich vergegenwärtigen, dass beim Abziehen einer richtig mon-

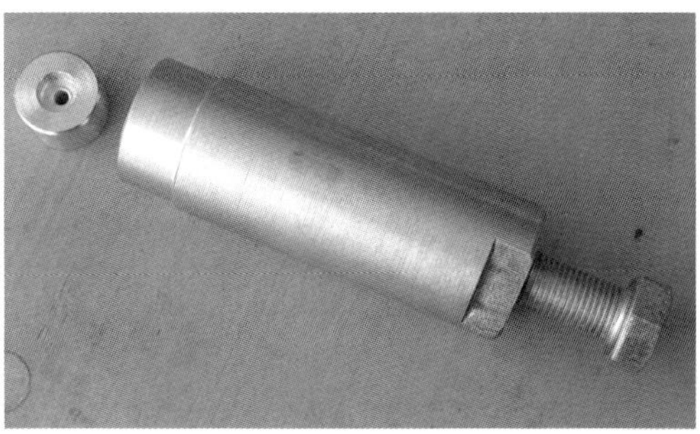

tierten Kupplung bis zu zwei Tonnen Druck auf dem Abziehgewinde lasten.

Nun gibt es Billigabzieher für manchmal gerade 10 Euro. Gefertigt aus billigem „Wald- und Wiesen-Stahl“. Mit schlackrigem Gewinde und natürlich ohne Druckstück. Solches Schundwerkzeug eignet sich noch nicht mal für nur einmaligen Gebrauch. Wenn beim ersten Abziehversuch das Abziehgewinde versaut wird, muss die Kupplung dann mit einem Klauenabzieher runtergerissen werden und ist anschließend nur noch ein Fall für die Altmetalltonne. Hält das Murksgewinde wider Erwarten, verbiegt sich die windige M12-Spindel und drückt die Kurbelwelle kaputt. So einen Stress kann man sich sparen und deshalb ist hier ein vernünftiger Kupplungsabzieher Pflicht.

Ganz wichtig: Die Kupplungen der Viergangmotoren haben eine Abziehgewinde M26 x 1,5 und die Fünfgangkupplungen werden mit M24 x 1,5 abgezogen. Fünfgangkupplungen müssen mit einem genau passenden Druckstück abgezogen werden.

Abzieher Kettenrad 125/150

Zum Abziehen des vorderen Kettenrades brauchte man bei den alten Modellen eine einfache Abziehbrücke. Ein dickes Stück Flachstahl, mit einem M14-Gewinde in der Mitte und zwei Löchern für die M6-Abziehschrauben reicht da völlig aus.

Bei den neueren TS- und ETZ-Modellen wird quasi ein Kupplungsabzieher der Viergang-TS gebraucht. Hier, und nur hier, kann es auch eine etwas einfachere Ausführung sein. Der Konus sitzt nicht so fest wie der von der Kupplung und beim Crash des Abziehers können keine nachhaltigen Schäden verursacht werden.

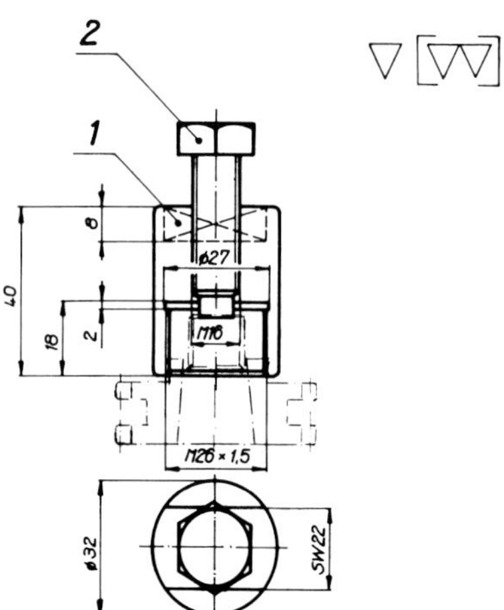

Kolbenbolzenführungsdorn

Absolut unabdingbar ist der Kolbenbolzenführungsdorn. Nur damit lässt sich der Kolbenbolzen garantiert ohne Beschädigung des Nadellagers in den Kolben drücken.

Die 250er benötigen einen Bolzen mit 17,8 mm Durchmesser, die 150er-Modelle einen mit 14,5 mm. Beim Führungsdorn kommt es nicht auf Materialgüte, sondern auf eine gute Oberflächenbeschaffenheit und Maßhaltigkeit an.

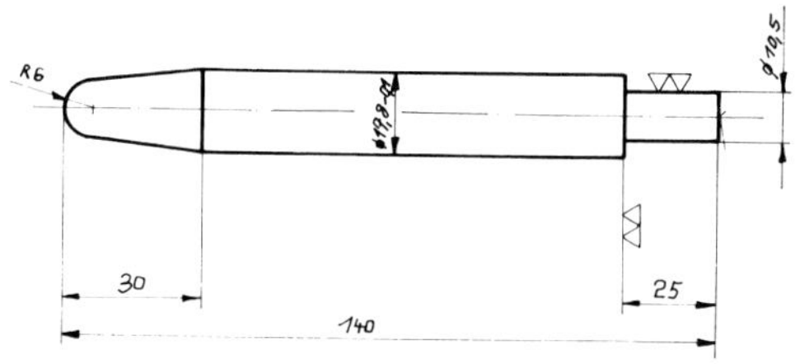

Trennvorrichtung für Kurbelwellenlager (Trennmesser)

Für rund 70 Euro kann man eine professionelle Abziehvorrichtung erstehen, um die Lager von der Kurbelwelle abzumontieren. Will man diese Arbeit selber erledigen, kommt man an dieser Anschaffung nicht vorbei. Wer sparen will, hat zwei Möglichkeiten: Entweder er findet eine Werkstatt mit einem geeigneten Trennmesser oder er gibt die

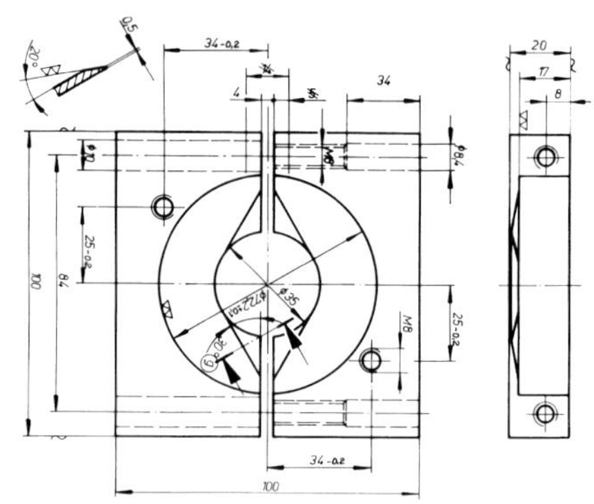

Welle mit den alten Lagern zum Instandsetzer. Der holt die Lager dann runter, will dafür aber rund 10 Euro haben. Die ihm auch zustehen, weil dessen Trennvorrichtung ja dabei auch kräftig verschleißt.

Auf keinen Fall sollte man die Trennmesser als Satz kaufen. Dann kauft man nämlich eine Abziehbrücke mit, die bei der MZ nicht gebraucht wird und sogar teure Schäden verursachen kann. Die MZ-Lager werden mit entsprechend langen Schrauben in den Aufnahmegewinden für die Abziehbrücke ABGEDRÜCKT.

Ankerabdrückschraube

Eine simple Schraube mit durchgeschnittenem Gewinde M10 x 70 ist nötig, um den Lichtmaschinenanker vom Konus zu drücken. Am Ende dieser Schraube wird ein 5 mm langer Zapfen mit 7,5 mm Durchmesser angedreht. Ganz feine Leute schweißen einen soliden 8-mm-Querstab als Griff auf den Schraubenkopf, ein 17er-Ringschlüssel genügt jedoch auch.

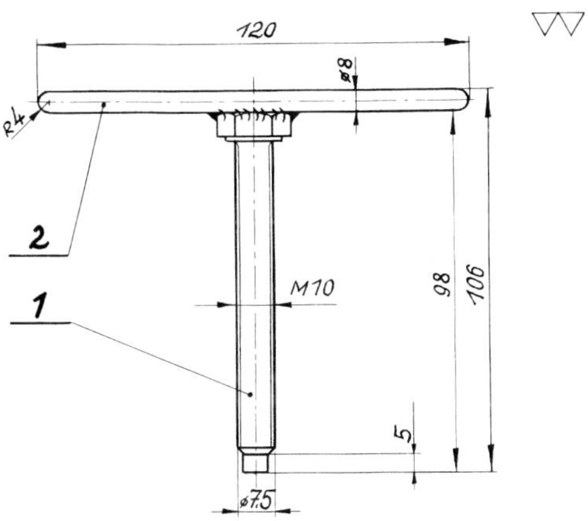

Kolbenholz

Eine stabile Unterlaggabel unter dem Kolben ist bei vielen Montagearbeiten wichtig. Ob als solide Auflage für den Kolben beim Aufsetzen des Zylinders oder zum Blockieren des Pleuelkopfes – beim Anziehen der Konusschrauben ist es eine riesige Erleichterung.

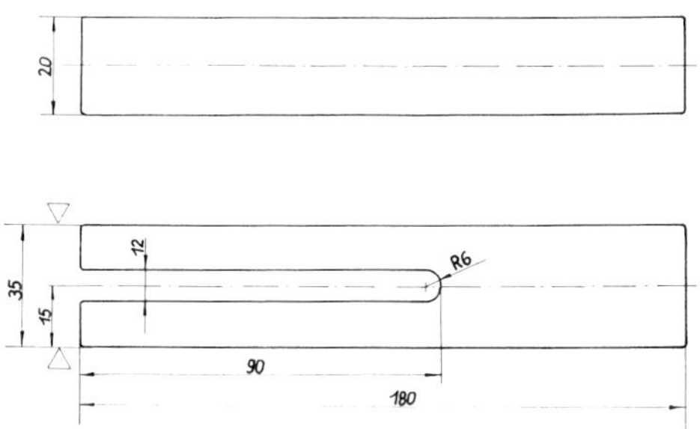

Die Eigenherstellung dieses Werkzeugs ist recht einfach. Ein 180 mm langes Vierkantholz aus Eiche oder einem anderem Hartholz im Querschnitt 35 x 20 mm wird auf einer Länge von 90 mm 12 Millimeter breit eingeschlitzt. Statt Holz kann auch ein Stück Pertinax (Faserstoff) oder massiver Kunststoff mit den gleichen Maßen verwendet werden.

Hakenschlüssel 45-50 mm für Auspuffgewinde

Ein solider Hakenschlüssel ist zum Lösen und Festziehen des Auspuffs unerlässlich. Hakenschlüssel gibt es mit eckiger oder runder Nase. Wir benötigen die eckige Bauform. Solche Werkzeuge gibt es beim MZ-Händler oder bei guten Werkzeughändlern. Die übliche Baumarktqualität funktioniert auch im Notfall nicht, deshalb unbedingt

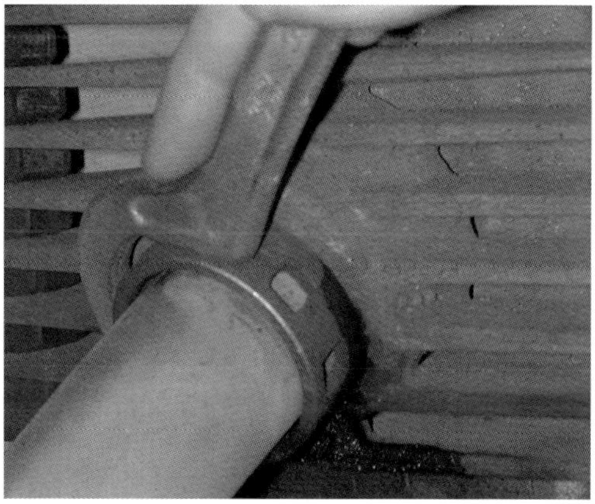

auf Markenqualität achten. Ein Halbmeterstück solides, über den Schlüssel passendes Rohr sorgt für das nötige Drehmoment. Und das ist heftig: Satte 30 bis 35 Kilo müssen auf den Schlüssel gestemmt werden, um die Mutter anzuballern. Deshalb auf robuste Qualität achten.

Blockierlamelle für Kupplung

Zum Blockieren der Kupplung bei den kleinen Modellen wird ein Gegenhalter benötigt. Den kann man aus einer alten (oder auch neuen) Stahllamelle leicht selbst herstellen. Dazu werden genau gegenüber zwei Vierkantstäbe auf die Lamelle geschweißt. Ein Stab wird auf 30 mm Länge abgeschnitten, der andere bleibt 200 mm lang und bietet somit genügend Hebelarm für kräftiges Blockieren.

Druckdorn für Stütznippel

Wer die Stütznippel der Kupplung bei den kleinen Modellen mit etwas praktischerem als einer Zange herunter drücken will, braucht einen speziellen Druckdorn. Ein Stück 12er Rundmaterial wird vorne auf 9 mm Durchmesser angespitzt und mit einem 4,5 mm breiten, 10 mm langen Schlitz versehen. Eine 20 mm tiefe Bohrung mit 6,5 mm Durchmesser schafft Platz für den Haltebolzen.

Um kräftiger drücken zu können, wird auf der anderen Seite ein M8-Gewinde eingeschnitten.

Hier hinein wird ein handelsüblicher Plastikgriff, den es in jedem Werkzeughandel gibt, eingeschraubt.

Sacklochlagerauszieher

Die Investition von 60 Euro für einen Sacklochlagerauszieher lohnt sich nur, wenn man das Teil irgendwo anders noch einsetzen kann. Dafür bekommt man das Lager damit schnell und sicher heraus.

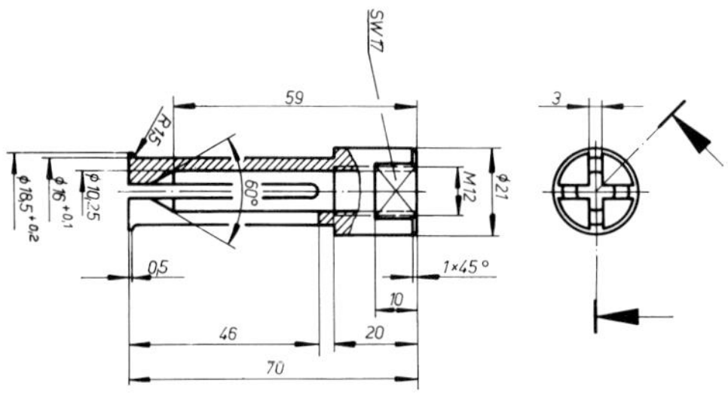

Alle Leser, die den Auszieher nicht kaufen wollen, finden im Kapitel über den Fünfgang-250er nützliche Räubertricks zum Ersatz dieser Vorrichtung.

Schlagdorne

Zum Einschlagen der Kurbelwellenlager und Simmerringe sind passende Schlagdorne ein wahrer Segen. Damit sitzen die empfindlichen Bauteile perfekt und ohne zu verkanten.

Zur Anfertigung der Schlagdorne bemüht man am Besten einen befreundeten Dreher. Die Anforderungen an das Material sind nicht hoch, die Druckflächen müssen plan sein und die Maße müssen stimmen.

Heizdorne

Zum schnellen Aufheizen der Kugellager sind passende Heizdorne ein Muss. Wie die letztlich aussehen, hängt auch von der Art des Aufheizens ab. Ich bevorzuge die Erwärmung mittels Propanbrenner. Also haben meine Heizdorne oben ein M6-Innengewinde. Dort wird eine Gewindestange mit angeschraubtem Feilenheft befestigt. So lässt sich auch ein glühend heißer Heizdorn problemlos handhaben.

Was man garantiert nicht braucht

Viele Werkzeuge dienen in stark frequentierten Werkstätten der Arbeitserleichterung. Da gibt es Dinge, die einfach nur die Montagezeit verkürzen. Musterbeispiel dafür ist die Montagebrücke. Hiermit kann man den kalten Motor auseinander zwingen. Nur nicht allzu oft. Ein kalt herausgezogenes Lager weitet den Sitz auf. Nach mehreren Montagen ist das Gehäuse dann ein Fall für die Altmetallentsorgung.

Wir demontieren Motoren grundsätzlich warm, schonen so die Lagersitze und sparen die Montagebrücke. Und soviel schlechter liegen wir auch nicht im Zeitplan, denn das Ansetzen der Würgevorrichtung braucht ja auch seine Zeit.

Dann gibt es spezielle Schlagdorne für die Radlager. Die Arbeit lässt sich mit einem normalen Durchschlag genauso gut ausführen, zumal wir auch hier Luft am Lager durch Aufheizen schaffen.

Nicht aufheizen kann man die Lenkkopflager. Dennoch kann man auf die komplizierte und teure Ausziehvorrichtung gut verzichten. Ein einfacher Schlagdorn, rundum geführt, erfüllt dieselbe Aufgabe. Zumal das demontierte Lager ja nicht wieder verwendet wird und deshalb auch nicht geschont werden muss.

Dann gibt es eine tolle Kupplungsspannvorrichtung. Mit Zentriervorrichtung und allen Extras. Die ist teuer und nur schwer selbst anzufertigen. Hier ist Improvisationstalent gefragt.

Wir ersetzen die Spannvorrichtung durch zwei Schraubzwingen und ein paar Leisten. Oder einfach durch einen flachen Tisch. Wer mit Gefühl und Verstand arbeitet, bekommt die Kupplung, wie in der Anleitung beschrieben, ganz ohne Vorrichtung auseinander. Wer jedoch einmal eine solche Vorrichtung auf einem Teilemarkt oder aus dem Nachlass eines verblichenen MZ-Händlers bekommen kann, sollte zuschlagen. Das Ding ist eine tolle Sache.

Was kann man wodurch ersetzen

Schlagdorne zum Beispiel lassen sich aus alten Kugellagern und ein paar passenden Stücken Rundmaterial zusammenschweißen. Wichtig ist nur, dass die Schlagflächen optimal plan sind und nicht etwa durch das Schweißen beschädigt oder verdreckt worden sind.

Ebenfalls aus alten Kugellagern kann man sich praktische Heizringe anfertigen. Der entsprechende Ring des alten Lagers bekommt auf einer Seite an drei Stellen richtig dicke Schweißpunkte verpasst. Die dienen als Füße für den Ring, damit der seine Wärme nicht über die Arbeitsfläche sofort wieder abgeben kann. Mit dem Brenner schön heiß gemacht, übertragen diese Ringe dann rasch ihre Wärme weiter an den entsprechenden Ring des darauf gelegten Kugellagers.

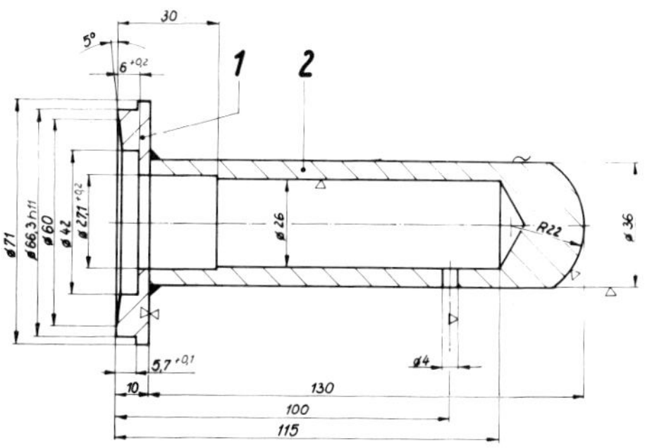

Schlagdorn Wellendichtring 5-Gang links

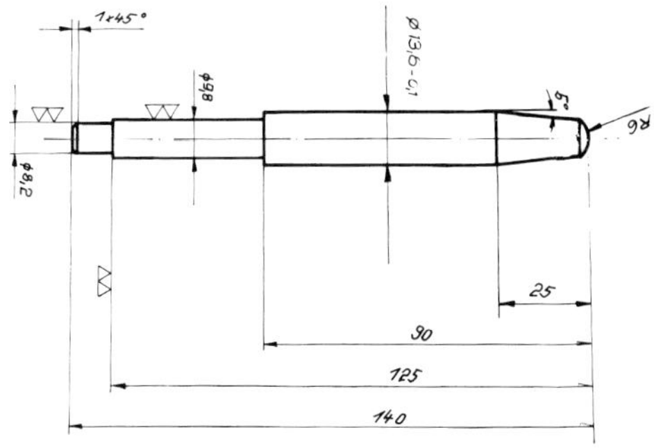

Schlagdorn Passhülse

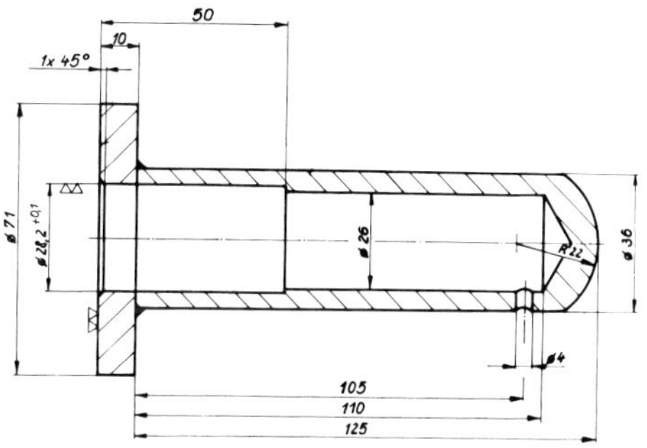

Schlagdorn Wellendichtring 5-Gang rechts

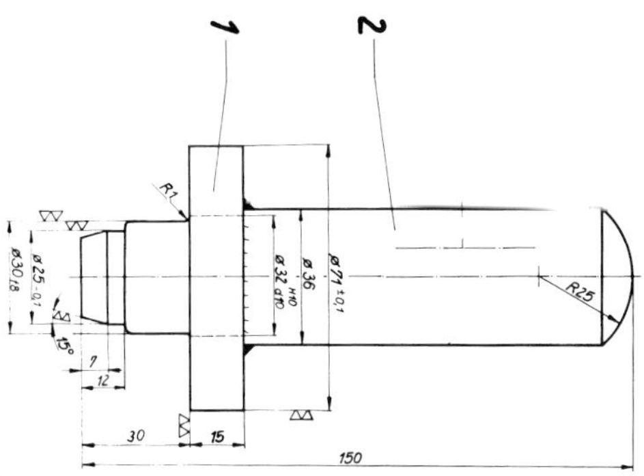

Schlagdorn Kurbelwellendichtring 4-Gang

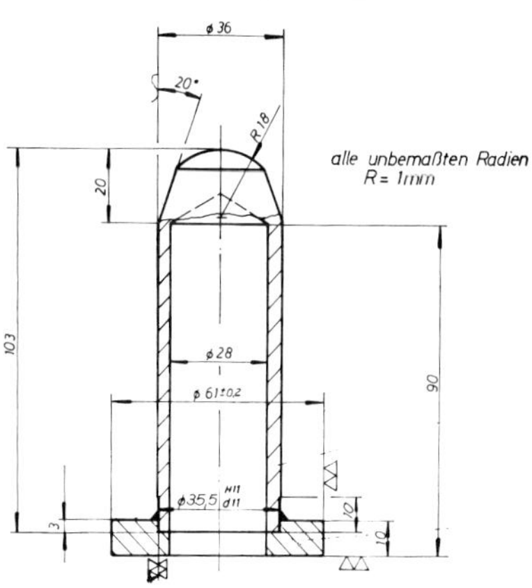

Schlagdorn Kurbelwellenlager 4-Gang

Andere Ersatzmöglichkeiten, wie den Ersatz des Sacklochausziehers durch ein paar Möbeldübel wurden bereits vorher beschrieben. Wichtig bei allen Hilfsvorrichtungen ist, dass sie mit Vorsicht angesetzt werden müssen, da sie sonst womöglich mehr schaden, als sie nutzen.

Beschaffung der Werkzeuge

Kupplungsabzieher, Führungsdorne und andere Spezialitäten bekommt man beim MZ-Händler. Dort gibt es auch die Trennvorrichtung und den Sacklockauszieher. Diese Teile gibt es auch im Werkzeughandel, jedoch geht der Preisvergleich oft zugunsten des MZ-Mannes aus: Der kauft die Teile in so großen Mengen, dass selbst der Werkzeughändler preislich da nicht mitkommt und zudem diese verhältnismäßig selten gefragten Sachen meistens erst bestellen muss.

Selbstbau der nötigen Werkzeuge

Für die wichtigsten Werkzeuge gibt es im Anhang Zeichnungen. Wer die lesen und verstehen kann, ist meist auch zu deren Herstellung in der Lage. Eine Drehbank, ein Schweißapparat und normales Metallwerkzeug reichen aus. Wer es nicht selber machen kann, nutzt das Angebot von Drehern und Schlossern, solche Arbeiten auf Lohnbasis zu übernehmen. Hierbei ist äußerst wichtig, vorher nach dem Preis zu fragen. Schwarze Schafe unter diesen Zeitgenossen kalkulieren derart heftig, dass man zum Preis des angefertigten Kupplungsabziehers gleich eine ganze MZ auf dem Gebrauchtmarkt kaufen kann.

4. TOLLE STRÖMUNGSMASCHINE

Einige Grundsätze, die zum Entstehen dieses Buches führten:

- **Nur der ist ein guter Motorradfahrer, der weiß, wie sein Motorrad funktioniert.**
- **Nur der ist ein guter Schrauber, der weiß, wie sich seine Reparatur auf das Fahrverhalten auswirkt.**
- **Nur der fährt beruhigt, der weiß, was er warum an seiner Technik gemacht hat.**
- **Die Lebensdauer des Fahrzeugs und die Fahrfreude hängen direkt mit dem technischen Verständnis des Fahrers und seinem Können als Mechaniker zusammen.**

Und damit man über die Grundlagen des Fahrzeugs Bescheid weiß, beschreibe ich im nachfolgenden Kapitel, wie das Ganze funktioniert, und über welche Zusammenhänge man sich im Klaren sein sollte. Komplexe und umfangreiche Themen wie Schmierstoffe, Vergaser, Zündung, Elektrik, Lager und vieles andere mehr werden in gesonderten Kapiteln behandelt, da sie uns sonst zu weit vom eigentlichen Thema abbringen würden.

Wie funktioniert eigentlich der Zweitaktmotor?

Allein die Beantwortung dieser Frage ist schon interessant. Wer meint, alles schon zu wissen, oder tatsächlich alles weiß, der blättert vor bis zum entsprechenden Schrauberkapitel. Ich bin niemandem böse, der sich nicht mit den Grundlagen befassen mag. Aber es gibt genug Leute, die diese wichtigen Prinzipien nicht kennen oder, was noch schlimmer ist, über das berühmte gefährliche Maß an Halbwissen verfügen. Zum Dank für die Leute, die diesen Abschnitt lesen, verpflichte ich mich zu einer schrauberfreundlichen Schreibweise.

„Jetz' stellen wir uns mal janz dumm", mit diesem Satz begann der berühmte Lehrer in der „Feuerzangenbowle" seinen Vortrag über die Dampfmaschine, und auch beim Zweitakter ist „Dummstellen" angebracht. Jeder weiß, dass der Kolben sich im Zylinder auf und ab bewegt und dass die geradlinige Kolbenbewegung von einer Kurbelwelle in eine Drehbewegung umgesetzt wird. Wie das ganz genau technisch funktioniert, „dat kriejen mir später".

Unser schlitzgesteuerter Zweitaktmotor ist eine sehr klug ausgetüftelte Strömungsmaschine. Beim Viertaktmotor werden die Verbrennungsabläufe, also die vier Takte Ansaugen, Verdichten, Zünden und Auspuffen durch Ventile gesteuert, die dem Gas ganz genau sagen, wann es in den Zylinder einströmen und wann es denselben wieder verlassen darf. Bei unserem Schlitzgesteuerten werden diese Takte durch den Kolben und im Zylinder befindliche Schlitze gesteuert. Beim Viertakter laufen alle vier Takte im Raum über dem Kolben ab, bei unserem Zweitaktmotor wird auch der Raum unter dem Kolben für die gemischbildenden Vorgänge genutzt.

Beginnen wir mit dem kalten Motor. Der Fahrer kommt und tappt auf den Kickstarter. Dadurch bewegt er eben diesen Kolben im Zylinder auf und ab. Der Raum unter dem Kolben ist das Kurbelgehäuse. Es ist durch die Kurbelwellendichtringe hermetisch gegen die Kurbelwelle und damit auch gegen die bitterböse Außenwelt abgedichtet Der Kolben geht nach oben. Im Kurbelgehäuse entsteht ein Unterdruck. An der Hinterseite des Zylinders befindet sich der Einlasskanal.

Bei einer genau definierten Winkelstellung der Kurbelwelle gibt die Kolbenunterkante diesen Kanal frei. Durch den Druckausgleich saugt das unter Unterdruck stehende Kurbelgehäuse ein Gasgemisch aus ca. 15 Gewichtsteilen Luft und einem Gewichtsteil Benzin an. Dieses Ansaugen dauert, bis der Kolben im oberen Totpunkt, seinem Umkehrpunkt, steht. Nun läuft der Kolben nach unten, der Einlasskanal schließt sich und der Kolben drückt das Gemisch zusammen. Diesen Vorgang nennt man Vorverdichtung. Kurz bevor der Kolben den unteren Totpunkt erreicht hat, öffnen sich rechts und links über dem Kolben zwei weitere Kanäle. Hier hindurch strömt das unter Druck stehende Gas aus dem Kurbelgehäuse in den eigentlichen Zylinderraum. Deshalb nennt man diese Kanäle „Überströmkanäle“. Der Kolben wird weiter, immer noch durch den Kickstarter, nach oben bewegt. Die Überströmer werden wiederum durch den Kolben geschlossen. Der Kolben wird weiter nach oben gedrückt, das eingeströmte Gas wird stark verdichtet. Kurz vor dem oberen Totpunkt wird das nun unter fast 10 bar stehende Gas durch den Zündfunken entfacht, es explodiert. Da es eine Zeit braucht, bis die Explosion ihre höchste Energie freisetzt, wird eben kurz vor dem oberen Zündpunkt gezündet, der Kolben hat noch genug Schwung, seinen Totpunkt selbst zu überwinden um dann mit Schmackes nach unten geschleudert zu werden – der Motor beginnt mit seiner Arbeit.

Bei gut der Hälfte der Abwärtsbewegung öffnet sich an der Vorderseite des Zylinders der Auslasskanal. Durch ihn gelangt das verbrannte Gas durch den Auspuff ins Freie. Soweit funktioniert vieles wie beim Viertakter. Jede Gasfüllung braucht zwei Umdrehungen, um zu zünden, genau wie der ventilgesteuerte Motor. Aber da passiert mehr. Der große Herr Schnürle, der das alles für DKW erfunden hat, nannte sein damals revolutionäres System Umkehrspülung. Und warum das so genial ist, wird jetzt erklärt.

Denn während der Kolben verdichtet, hat sich wieder Unterdruck im Kurbelhaus aufgebaut, es füllt sich wieder mit Gemisch. Wenn die Zündung erfolgt und der große Knall den Kolben nach unten jagt, wird das Gemisch vorverdichtet. Wenn das Auspuffen begonnen hat und der Kolben auf dem Weg nach unten ist, öffnen sich die Überströmer, das Frischgas tritt ein und spült die Reste des Altgases aus dem Zylinder. Das bedeutet, dass der Zweitakter im Prinzip auch die vier zur Verbrennung nötigen Abläufe benutzt, aber dass sich ein Teil davon unter dem Kolben abspielt. Der Zweitakter leistet daher bei JEDER Umdrehung Arbeit und das ist es, was dem Zweitakter noch eine große Zukunft bescheren wird. Denn der Viertakter braucht zur Steuerung seiner Verbrennungsabläufe eine zweite Umdrehung, während der keine Arbeit verrichtet wird.

Ganz aufmerksame Leser haben jetzt schon zwei Dinge bemerkt, die unserem Zweitakter das Leben schwer machen. Zum Einen öffnet der Auslasskanal schon, bevor die Verbrennung ganz abgeschlossen ist, zum Andern wird das noch brennende Altgas zum Teil durch Frischgas herausgedrückt. Dies sind in der Tat zwei prinzipbedingte Nachteile, die aber vom Konstrukteur mit viel Feinarbeit auf ein Minimum reduziert werden können.

Die so genannten Spülungsverluste durch den Auspuffkanal werden dadurch reduziert, dass der Zweitakter einen Resonanzauspuff besitzt. An einer genau definierten Stelle der Auspuffanlage sitzt ein Gegenkonus, der die Aufgabe hat, die Druckwelle, die beim Austreten des noch brennen-

Nachkriegskind: IFA L 60 Motor mit Ladepumpe

den Auspuffgases entsteht, zu reflektieren und teilweise zum Zylinder zurückzuschicken. Der vordere Auspuffteil, der so genannte Diffusor, ist wie ein sich erweiternder Trichter geformt. Durch die Erweiterung wird die anfangs kräftige, schnelle Druckwelle verlangsamt, ein großer Teil geht am Gegenkonus vorbei durch den Schalldämpfer ins Freie. Ein kleinerer Teil dieser Druckwelle wird reflektiert, gelangt in den Diffusor, wird durch den sich verengenden Querschnitt wieder beschleunigt und komprimiert und kommt zu einem genau berechneten Zeitpunkt wieder am Auslasskanal an. Zu dem Zeitpunkt nämlich, wo das Abgas den Zylinder verlassen hat, und das Frischgas mit heraus möchte. Und genau daran hindert unsere Druckwelle das Frischgas und hält es im Zylinder zurück. Dass das bei der Emme sehr gut funktioniert, sieht man daran, dass ein normal gefahrener MZ-Motor im Auspuffende trocken wie ein Viertakter ist. Ich kenne nur noch einen Hersteller, der eine derart gelungene Auspuffabstimmung hatte, dessen Produktion befindet sich leider heute im Reich der Mitte. Nach so viel Auspufftheorie handeln wir gerade noch das Thema ab, bevor wir wieder zum Zylinder zurückkommen.

Die Vorgänge um Druck und Gegendruck, Konus und Diffusor spielen sich übrigens mit Schallgeschwindigkeit ab, das heißt, der Konstrukteur kann anhand dieser bekannten Größe leicht ausrechnen, wohin der Gegenkonus für welche Drehzahl gehört und wie der Diffusor zu formen ist. Die Schallgeschwindigkeit ändert sich jedoch mit zunehmender geografischer Höhe. Die Druckwelle kommt dann zu einem anderen als dem idealen Zeitpunkt zum Auslasskanal zurück. Es kann also etwas Frischgas entweichen, der Motor läuft schlechter als zuvor. Dies, und natürlich vor allem die Überfettung des Kraftstoff-/Luft-Gemisches sind die Hauptgründe dafür, dass unsere Emme bei einem hohen Alpenpass an Leistung verliert.

Die Abgase gelangen am Pralltopf vorbei in den Schalldämpfer. Dort müssen sie ein System verschieden langer Röhren durchlaufen. Jede Röhre ist auf eine bestimmte Tonfrequenz abgestimmt, lässt also nur Töne in der gewünschten Höhe durch und dämpft alle anderen. Und da für jeden Frequenzbereich eine Röhre da ist, wird der Schall sehr wirksam gedämpft.

Das Auspuffende ist ein wichtiges Indiz für optimale Motoreinstellung. Wenn es so rehbraun wie die Zündkerze ist, dann sollte der Motor gesund laufen.

So – genug der Auspufferei, wenden wir uns wieder dem Zylinder zu. Das zweite, eben angesprochene Problem ist, dass die Frischgase die noch brennenden Altgase herausdrücken sollen. Die Sache funktioniert gut, die Frischgase entzünden sich nicht an den Altgasen. Warum das so ist, ist ein Phänomen das bis heute nicht restlos erforscht ist. Wissenschaftler reden von voreilenden Wasserstofffronten, die die Entzündung verhindern. Ich hingegen halte es da lieber mit der Hummel. Nach aerodynamischen Gesichtspunkten kann eine Hummel nicht fliegen, dafür ist sie zu dick und ihre Flügel zu kurz. Da sie das aber nicht weiß, fliegt sie trotzdem. Ähnlich ist das mit der Umkehrspülung. Schnürle selbst wusste wohl nicht sicher, warum die Sache funktioniert, aber sie funktionierte prächtig. Und da wir heute den Nutzen davon haben, akzeptiere ich die Funktion so, wie sie ist. Jetzt mag es Leute geben, die für die Geschichte wissenschaftlichere Erklärungen haben als ich, die mögen es mir erklären, ich verrate hier ja auch die Tricks meiner MZ-Schrauberei. Auf jeden Fall schaffen es die Frischgase, die den Überströmern entsteigen, die Altgase sauber aus dem Zylinder zu entfernen. Mit zunehmendem Kolbenweg nach oben werden diese beiden Spülströme aufgerichtet und an der Quetschkante des Zylinders gut verwirbelt. Die Quetschkante ist die Stelle des Zylinderdeckels, wo sich der große Durchmesser der Zylinderbohrung auf das Maß der Brennraumkalotte verjüngt. Und diese Quetschkante muss ein bestimmtes Maß aufweisen, das mit Distanzdichtungen ausgeglichen wird. Wenn die Quetschkante zu eng ist, werden die beiden Gaswirbel, die aus den Überströmkanälen kommen, zu schnell zusammengepresst. Dann erreichen sie ihre beste Verwirbelung, bevor der Zündfunke sie entfacht. Als Folge davon läuft der Motor hart und rau. Ist die Quetschkante zu groß, erfolgt die Zündung, bevor die Gasverwirbelung ihr Maximum erreicht hat. Ein solcher Motor läuft träge. Mit der richtigen Quetschkante erfolgt die Zündung just in dem Moment, wenn die zusammengepressten Gase sich an der Zündkerze treffen. Der Motor läuft ruhig und bringt gute Leistung. Das Maß dieser Quetschkante wird Spaltmaß genannt und muss beim ETZ-Motor zwischen 0,9 und 1,2 mm betragen. Gemessen wird das Spaltmaß mit einem Bleidraht von 2 mm Stärke, der durchs Kerzenloch an die Zylinderwand gehalten wird. Dann dreht man den Motor durch und drückt damit den Bleidraht platt. Mit einer Schieblehre kann die Stärke leicht gemessen werden und je nach Resultat werden dann die Dichtungen eingesetzt.

Mit der Verdichtung hat die Distanziererei übrigens wenig zu tun, denn es ist dem Motor relativ egal, ob 0,2 mm mehr oder weniger Dichtung unterliegen.

So – unser Motor zweitaktet jetzt munter vor sich hin. Böse Zungen nennen so einen Motor auch oft übel „Dreitakter“, nämlich Ansaugen, Verdichten, Klemmen. Oder noch bösere Menschen nennen ihn „Stinketakter“ - die blaue Rauchfahne ist gemeint. Beide Vorurteile sind bei der MZ unbegründet, denn erstens klemmt ein korrekt eingestellter und montierter Motor nicht und zweitens qualmt dieser Motor im betriebswarmen Zustand nur dann, wenn jemand aus gutem Glauben zu viel Öl reingekippt hat. Allerdings haben beide Vorurteile direkt miteinander zu tun, denn klemmt ein falsch eingestellter Motor, dann wird eben zu viel Öl reingekippt – bis sich der Tintenfischeffekt einstellt – beim Beschleunigen verschwindet das Motorrad im selbst erzeugten Ölnebel.

Kolbenklemmer haben fast nie mit zu wenig Schmieröl im Kraftstoff zu tun, sondern die Ursache für das Klemmen hat etwas mit der Überhitzung des Kolbens zu tun. Und diese Überhitzung kann viele Gründe haben. Aber was geschieht bei dieser thermischen Extrembelastung genau? Metalle, das sagte schon der Physiklehrer, dehnen sich bei Hitze aus. Leider tun sie das unterschiedlich. Bei Überhitzung dehnt sich das Aluminium des Kolbens viel schneller aus als die Gusslaufbuchse des Zylinders. Wenn das passiert, „wächst" der Kolben so stark, dass er größer wird als die Bohrung im Zylinder und klemmt gnadenlos fest. Da hilft auch das allerbeste Schmiermittel nicht. Auch nicht die Wundermittel aus der „Weltraumforschung". Überhitzung kann vielerlei Ursachen haben, darauf gehe ich in der Fehlersuchanleitung ein. Eine Ursache sei hier aber noch erwähnt. Wird der Kraftstoff viel zu fett gemischt, wie es leider nicht nur in der DDR üblich war, können die Kolbenringe durch die Verbrennungsrückstände des Öls in ihren Nuten festbacken. Sie können sich dann nicht mehr der Zylinderform anpassen. Und neben der Aufgabe, den Kolben zum Zylinder hin abzudichten, haben sie die Hauptaufgabe, die im Kolben gespeicherte Wärme an die Zylinderwand und damit an die Kühlrippen abzuführen. Ein festsitzender Kolbenring kann die Wärme nur an drei Punkten abgeben, der Wärmefluss reicht nicht aus und der Kolben sucht sein Heil in der Ausdehnung. Wenn er groß genug ist, liegt er rundum am Zylinder an, die Wärme kann fließen, aber der Fahrer liegt schon längst mit festgegangenem Hinterrad auf der Nase. Wenn der arme Kerl sich wieder aufgerappelt hat, kann er das Moped normalerweise wieder antreten und vorsichtig weiterfahren, denn der Kolben ist ja seine Wärmefracht losgeworden. Also, bei Klemmern Ursache suchen und beseitigen – es gibt immer eine, auch wenn man etwas länger suchen muss.

Das sollte zum Thema Kolben erst mal reichen, diesen Kumpel treffen wir in anderen Kapiteln noch oft genug wieder.

In den Augen des Kolbens sitzt der Kolbenbolzen als Verbindungsglied zum Pleuel. Das Pleuel ist im Kolben durch ein Nadellager und in den Hubscheiben der Kurbelwelle durch ein Rollenlager im Hubzapfen gelagert. Das Pleuel muss ausreichend stabil sein, denn es wird bei jeder Umdrehung – und das sind immerhin 6000 pro Minute bei Vollgas – auf Zug und Druck belastet. Dabei sollte das Pleuel ein niedriges Gewicht haben und die Lagerung sollte verschleißarm sein. Die Kurbelwelle hat nun die Aufgabe, das Auf und Ab des Kolbens in eine Drehbewegung umzuwandeln. Für diese stressige Aufgabe muss sie ganz bestimmten Anforderungen genügen. Durch vernünftigen Materialeinsatz und eine stabile Auslegung ist die Welle der Aufgabe gut gewachsen. Des Weiteren sorgt die Kurbelwelle durch die Masse ihrer Hubscheiben für einen sauberen Rundlauf des Motors. Gegen zu starke Vibrationen ist die Welle fein ausgewuchtet. Und es ist wichtig, dass die Kurbelwelle den Raum des Kurbelgehäuses zu einem möglichst großem Teil ausfüllt. Bei der Vorverdichtung wird ja das Frischgas durch Unterdruck ins Kurbelgehäuse gesaugt. Und je kleiner der Vorverdichtungsraum ist, desto höher ist die Vorverdich-

Hochleistung: 250er Rennmotor von 1958

tung. Je höher die Vorverdichtung, umso besser ist der Wirkungsgrad des Motors. Deshalb muss die Welle kompakt gebaut sein, damit der Totraum klein bleibt, das Pleuel aber noch ausreichend Platz zum Rundlaufen hat.

Damit die Vorverdichtung überhaupt stattfinden kann, muss das Kurbelgehäuse gegen das Getriebe und gegen die Außenwelt gut abgedichtet sein. Diese Aufgabe erfüllen Wellendichtringe aus einem Spezialkunststoff. Die Kurbelwelle dreht sich in groß dimensionierten Kugellagern. Gegen seitliche Bewegung werden diese Lager im Kurbelhaus durch Sprengringe gesichert. Damit die Wellendichtringe nicht dem ganzen Druck der Vorverdichtung ausgesetzt sind, gibt es zwischen Lager und Dichtring Ölleitscheiben aus Blech, die

Nur drei bewegliche Teile: DKW Schnittmotor aus der Vorkriegszeit

den Hauptdruckstoß abfangen. Dieser Druckstoß ist auch der Grund, warum es so wichtig ist, stets Lager mit Kunststoffkäfig zu verwenden. Denn bei jeder Umdrehung des Motors gibt es ja Überdruck und Unterdruck im Kurbelgehäuse. Dem ist der Kugellagerkäfig voll ausgesetzt. Bis zu 6000 mal pro Minute wird er also nach innen gesaugt und nach außen geblasen. Diesem Stress ist ein genieteter Blechkäfig auf Dauer nicht gewachsen, die Nietung des Lagerkäfigs kann sich öffnen. Und da sich das Aluminium des Motorgehäuses anders ausdehnt als der Stahl der Kurbelwelle, brauchen wir Lager, die diese Bewegung mitmachen können. Mehr dazu im Motorkapitel.

Diese komplexen Bauteile müssen auch geschmiert werden. Dazu dient der Ölanteil im Kraftstoff. Unser Mischungsverhältnis ist 1:50, bei bestimmten Motoren auch 1:100. Das bedeutet, dass auf 100 Liter Kraftstoff 1 Liter Öl kommt. Das kommt einem erst mal verdächtig wenig vor. Die Schmierung funktioniert aber dadurch, dass sich das Öl auf den zu schmierenden Bauteilen niederschlägt und dort vom Kraftstoff getrennt wird. Des Weiteren sind die verwendeten Lager Wälzlager, die mit äußerst wenig Schmierung auskommen müssen. Zwei Lagerstellen sind besonders schmierintensiv: Das untere Pleuellager und die beiden Kurbelwellenhauptlager. Um diese Problemzonen in den Griff zu bekommen, bedienten sich die MZ-Leute ihrer Trickkiste. So ist im Einlasskanal eine eingegossene Nase, die den Gemischstrom mit Macht auf das untere Pleuellager lenkt. Dadurch wird die Betriebstemperatur deutlich gesenkt und der schmierende Gasstrom sorgt für ein langes Leben des hoch belasteten Lagers.

Bei den Hauptlagern haben sich die Konstrukteure ab Baujahr 1975 eine ganz besondere Technik zur Schmierungsverbesserung einfallen lassen. Auf der Hinterkante des Kurbelgehäuses wurde an der heißesten Stelle eine Ölfangrinne eingefräst. Dorthin gelangt durch die Schleuderwirkung der Kurbelwelle flüssiges Kraftstoff-Ölgemisch. Der Kraftstoffanteil verdampft und blankes Öl kann durch zwei Kanäle direkt zu den Hauptlagern gelangen. Das Öl fließt durch die Hauptlager wieder ins Kurbelgehäuse, schmiert dort alle Bauteile und der Überschuss sammelt sich wieder in der Ölfangrinne. Da die MZ oft als Gespann bewegt werden, wird in die Mitte der Ölfangrinne, in der Gehäusetrennfuge, eine Ölleitscheibe aus Gummi eingesetzt. Sie verhindert, dass durch die Fliehkräfte beim Kurvenfahren und durch die Schrägstellung der Maschine die Lager ungleich mit Schmiermittel versorgt werden. Leider wird diese Scheibe oft vergessen. Das kann dazu führen, dass bei Gespannen mit viel Maschinensturz, das kupplungsseitige Hauptlager vorzeitig ausfällt. Bei Solomaschinen bekommen durch die Fliehkraft beide Lager immer die gleiche Ölmenge, ob mit oder ohne Scheibe. Dennoch sollte man bei Solos nicht drauf verzichten, denn irgendwann möchte vielleicht doch mal jemand einen Beiwagen montieren und der weiß die gründliche Arbeit dann zu schätzen.

Die Kurbelwelle hat auf der rechten Seite einen Konus, der zur Aufnahme des Rotors der Lichtmaschine dient. Damit der Zündzeitpunkt sauber eingestellt werden kann, besitzt der Konus einen kleinen Arretierstift. Dieser dient nur dazu, den Rotor immer wieder in die gleiche Stellung zu montieren. Er ist keine Verdrehsicherung. Gehalten wird der Rotor durch die Kraft der Rotorhalteschraube und durch die Konusform. Auf Wirkung und Funktion einer Konusverbindung werde ich im Kupplungsabschnitt besonders eingehen. Die Funktion der Lichtmaschine wird im Abschnitt Elektrik erklärt.

Von Kupplung und Antrieb

Die Kupplung sitzt auf dem linken Kurbelzapfen auf einem präzisen Konus. Bei unserer MZ läuft sie mit Kurbelwellendrehzahl und dient mit als Schwungmasse des Motors. Die Kupplung der großen MZ hat bei vielen Fahrern einen schlechten Ruf. Denn es gibt Leute, denen ist die Kupplung schon mal vom Konus geflogen und hat einen gewaltigen Schaden verursacht. Sowas liegt jedoch nicht an einer schlechten Konstruktion, sondern an einer vorher schlampig ausgeführten Reparatur oder Montage. So ein Konus ist eine diffizile Angelegenheit. Der Konus und sein Gegenstück sind präzise im gleichen Winkel mit hoher Oberflächengüte geschliffen. Die Konusverbindung hält durch die Oberflächenspannung von polierten Metallteilen, wenn dazwischen ein Vakuum herrscht, und durch die Spannung in den Metallen beim Aufsetzten der Verbindung. Es ist derselbe Effekt, den man hat, wenn man zwei Glasscheiben aufeinander legt. Solange Luft dazwischen ist, kann man sie bequem übereinander schieben und auch wieder trennen. Presst man die

Scheiben so fest zusammen, dass die Luft herausgedrückt wird, lassen sie sich nicht mehr voneinander trennen. So funktioniert die Sache auch bei unserem Konus. Immer wieder gibt es aber Spezialisten, die falsche, mitunter für den Konus tödliche Tricks verraten, mit dem Effekt, dass sich niemand mehr an eine Konusverbindung herantraut.

So gibt es Leute, die hatten Mühe, beim Kupplungswechsel den Konus herunterzubekommen und ölen ihn bei der Wiedermontage ein, damit es beim nächsten Mal nur ja leichter geht. Ganz leicht geht es dann, denn die Kupplung macht sich während des Betriebs selbstständig und fliegt vom Konus. Dabei nimmt sie in der Regel auch die Kurbelwelle mit ins Grab. Bei anderen hat sich die Kupplung, vielleicht aus vorgenanntem Grund, selbständig gemacht und damit das nicht mehr passiert, wird die Kupplung mit Wunderpampe

Zu kompliziert: DKW Gegenkolben Versuchsmotor

festgeklebt. Mit dem Effekt, dass die Kupplung nie mehr abgeht, auch nicht wenn sie soll. Effekt: Siehe oben. Der einzig richtige Weg ist, die Kupplung vorschriftsmäßig auf dem fettfreien Konus zu befestigen, dann gibt es auch keine Probleme. Das wird aber beim Zusammenbau des Motors noch haarklein beschrieben.

Zur Funktion der Kupplung: Die Kupplung beherbergt ein Lamellenpaket, bestehend aus Innenlamellen mit Reibbelag und Außenlamellen aus Stahl. Auf dem Kupplungskonus sitzt fest der Kupplungskörper mit seinem stählernem Außenkranz. Dort sind Nuten eingefräst, in die die Außenverzahnungen der Stahllamellen passen und diese somit in Druckrichtung verschiebbar, aber in Drehrichtung mit der Kurbelwelle verbunden sind. Auf einem doppelreihigen Nadellager sitzt frei auf der Kurbelwelle drehbar der innere Kupplungsmitnehmer. Er ist über Kerbnägel mit dem Primärantriebs-Zahnrad fest verbunden. Der innere Mitnehmer ist außen längsverzahnt. Auf diese Verzahnung passt die Innenverzahnung der Reiblamellen. Der innere Mitnehmer sitzt innerhalb des Außenkranzes der Kupplung. Jeweils wechselseitig sind nun die Lamellen montiert, fünf Reiblamellen sitzen auf dem inneren Mitnehmer und vier Stahllamellen halten sich im Außenkranz. Unter der untersten Reiblamelle sitzt ein Bolzenkranz mit Druckplatte, der mit einem oben auf der Kupplung sitzenden Druckdeckel verschraubt ist. Unter dem Druckdeckel befinden sich die Kupplungsfedern. Über den Bolzenkranz drücken die Federn das Lamellenpaket zusammen und verbinden so den ansonsten frei drehbaren inneren Mitnehmer mit der Kurbelwelle. Wird jetzt der Handhebel der Kupplung gezogen, werden über eine im Kupplungsdeckel sitzende Druckschnecke und ein im Druckdeckel befindliches Ausrücklager die Kupplungsfedern zusammengedrückt. Dadurch wird die Druckplatte nach unten gedrückt, und die Reibverbindung der Kupplungsbeläge wird gelöst. Der innere Mitnehmer kann sich wieder frei auf der Kurbelwelle drehen, die Gänge des Getriebes können geschaltet werden, es ist kein Kraftschluss vorhanden.

Das Primärantriebsrad des inneren Mitnehmers kämmt schräg verzahnt im großen 68-Zähne-Antriebsrad des Getriebes. Schrägverzahnung deshalb, weil dann mehr Zahnfläche im Eingriff ist und das Getriebe wesentlich ruhiger läuft. Die fürchterlich pfeifenden modernen Motorräder einiger Hersteller besitzen geradverzahnte Zahnräder, die zu der unvorteilhaften Geräuschkulisse beitragen. Eine Schrägverzahnung hat aber auch den Nachteil, dass die Antriebskraft durch die Schräge der Zahnräder einen seitlichen Druck auf die Wellen ausübt. Beim MZ-Motor kein Problem, da durch entsprechende Anlaufscheiben und Lagerungen der Druck aufgefangen wird. Das Antriebszahnrad des Getriebes leitet die Kraft des Motors mit reduzierter Drehzahl ins Getriebe. Bei vielen Motorrädern sitzt hier die Kupplung, aber die auf der Kurbelwelle sitzende Kupplung hat viele Gegner.

Vorteile der auf der Kurbelwelle laufenden Kupplung: Die Kupplung kann kleiner ausfallen, die Kupplung kann als Schwungmasse dienen, die Kupplung kann als Ganzes ausgetauscht werden.

Vorteile einer auf dem Getriebe sitzenden Kupplung: Die Kupplung läuft langsamer und braucht nicht so gut gewuchtet zu sein, die Kurbelwelle hat weniger Masse, die Kupplung trennt besser, weil das Öl zwischen den Lamellen nicht durch Fliehkraft fortgeschleudert wird.

Letztendlich haben sich die Konstrukteure für die Lösung der Kupplung auf der Kurbelwelle entschieden, was auch bei vernünftiger Behandlung wirklich keine schlechte Lösung darstellt.

Behandlung der Kupplung

Die Reibbeläge der Kupplung sind mit einem korkähnlichen Material beklebt. Falsches, das bedeutet zu aggressives modernes (Hypoid-) Getriebeöl, kann die Lamellen aufquellen lassen. Die Kupplung trennt dann nicht mehr richtig. Wenn die Emme beim Einlegen des ersten Ganges einen Bocksprung macht, sind meist aufgequollene Beläge die Ursache. Die Beläge halten extrem lange. Wenn die Kupplung jedoch brutal überhitzt wird, verwandeln sie sich durch die korkähnlichen Eigenschaften schlagartig in stinkende Kohle. Folge: Entweder gibt es keinen Kraftschluss mehr, weil die Beläge einfach weg sind, oder aber die ganze Sache hat sich so verklebt, dass die Kupplung nicht mehr trennt. Eines haben beide Fälle gemeinsam, aus dem Öleinfüllstopfen kommt ein Rauchring und daraus stinkt es bestialisch nach angebrannter Kartoffelsuppe. Mir ging es so beim ersten Augustusburg-Treffen nach der Wende. Die 500er mit der ohnehin schon stark belasteten Kupplung sollte zum Burghof hoch, immer wieder jedoch sprangen mir neugierige Sehleute vor die Karre, so dass die ganze Sache zu einer einzigen Kupplungsrutschorgie wurde. Oben angekommen war es dann soweit. Der Handhebel hing schlaff runter, die ganze Sache verklebte zu einem Öl-Kork-Klumpen. Nicht mal mehr mit einem Schraubendreher ließ sich das Lamellenpaket trennen. Gerne hätte ich es den Schaulustigen hinterher geworfen, da diese aber schon weg waren, blieb nur noch der Mülleimer. Also: Kupplung nicht überlasten, bei längerem Stopp schon im Ausrollen Gang raus (geht dann eh´ viel besser) und beim Festfahren im Gelände freischieben. Denn die Kupplung kann nun mal nicht ein festsitzendes Gespann mit Gepäck aus einem isländischen Bergfluss reißen. Und das hat wirklich schon jemand versucht und war dem ADAC sehr dankbar, als er dann die neue Kupplung innerhalb von zwei Tagen in Reykjavik einbauen konnte. Also immer das richtige Öl fahren. Denn darauf reagieren die Lamellen der MZ-Kupplung nun mal empfindlich. Die richtige Bezeichnung ist SAE 80 GL 3.

Über das Öl kommen wir dann nochmal direkt zum großen Getriebeeingangsrad mit den 68 Zähnen. Denn dieses Rad hat neben der Kraftübertragung auch noch die Aufgabe, das Getriebeöl zu verteilen. Ein großer Teil des Öls wird über die Schrägverzahnung durch ein Fenster aufs Ölleitbloch gefördert und verteilt sich dort über das Getriebe. Leider ist das Ölleitblech oft falsch ausgerichtet, denn das Öl müsste bergauf laufen, um sein schützendes Werk auf den Zähnen wirkungsvoll verrichten zu können. Dieser kleine Einbaufehler bei der Montage hat zu vielen frühzeitigen Getriebedefekten geführt. Und an die Planwirtschaftler gerichtet, die jetzt behaupten, ich würde nur über ihre Montagen meckern: Stellt euch mal euren dadurch entstandenen „volkswirtschaftlichen Schaden“ vor. Etwas mehr Fertigungskontrolle hätte den MZ-Freunden viel Ärger gespart und den Kritikern viel Wind aus den Segeln genommen.

Ein kleinerer Teil des Öls wird in eine kleine Ölfangtasche auf dem Kugellager der Abtriebswelle gefördert. Über ein Membranblech kann das Öl nun in die hohlgebohrte Getriebewelle laufen und schmiert die Losräder auf der Welle. Die Betonung liegt hier auf „kann“, wenn nicht falsches Getriebeöl die Kupplungslamellen angelöst hat und der Schmadder die Hohlwelle verstopft. Fließt das Öl da nicht mehr durch, verschleißen die beiden Losräder auf der Welle vorzeitig, im ungünstigsten Fall aber kann das Getriebe festgehen und der Sturz ist dann unvermeidlich, da schnelles Auskuppeln nicht hilft. Deshalb sei hier nochmal darauf hingewiesen, wie wichtig das richtige Getriebeöl ist, nämlich SAE 80 GL 3. Besonders wichtig ist es auch, bei einem Wechsel der Kupplungslamellen das Öl zu wechseln, denn der „Verschleiß“ dümpelt ja im Öl umher. Nach dem Wechsel einer stark verbrannten Kupplung empfiehlt es sich zusätzlich, die Ölfangtasche mit Bremsenreiniger durchzuspülen. Dabei wird das Getriebe durchgedreht, der Bremsenreiniger muss rasch in der Öltasche verschwinden. Bleibt er darin stehen, ist die Welle schon verstopft.

Über das Getriebe

Über das große 68er Antriebsrad wird die Motorkraft ins Getriebe eingeleitet. Auf der Antriebswelle sitzen die treibenden Zahnräder. Sie geben ihre Kraft an die getriebenen Zahnräder der Abtriebswelle weiter. Alle Zähne sind ständig im Eingriff, um einen leichten Gangwechsel zu ermöglichen. Einige Zahnräder, die Schalträder, sitzen jedoch seitlich verschiebbar auf der Welle. Über eine Kurvenwalze mit einem exakt festgelegten Schaltschema werden diese Schalträder seitlich bewegt. An ihren Seiten besitzen die Schalträder Schaltklauen, diese werden durch das Verschieben in seitliche Fenster der frei auf der Welle drehenden Losräder platziert. Dadurch werden die Losräder mit den Schalträdern verbunden und können so die Kraft auf die andere Welle übertragen. Wenn es beim falschen Schalten im Getriebe furchtbar ratscht, werden also nicht die Zähne der Räder malträtiert, sondern die Schaltklauen krachen materialmordend an den Schaltfenstern vorbei. Die drei Schaltgabeln werden durch die Schaltwalze in sechs verschiedene Positionen geschoben, fünf Gänge und ein Leerlauf. Der Fußschalthebel dreht über einen Schaltmechanismus die Kurvenwalze in die ungefähre Position, die endgültige Stellung des Kurvenprofils wird über den federbelasteten Schaltarretierhebel quasi fein justiert. Fliegen also immer wieder die Gänge raus, dann ist der Fehler eventuell an der Schaltarretierung zu suchen.

Der Leergang wird durch eine unten im Motorblock sitzende Hohlschraube mit Feder und Kugel arretiert. Es passiert, dass diese Schraube beim Ölablassen versehentlich herausgedreht wird. Viele Bastler geraten in Panik, was sie da wohl kaputt gemacht haben. Man kann die Schraube problemlos mit einem neuen Dichtring versehen und samt Kugel und Feder wieder hineindrehen. Aber Achtung, der neue Dichtring ist ganz wichtig, denn die Schraube hat nur sehr wenig Freiraum zur Schaltwalze. Wenn nun der Dichtring platt gedrückt ist, wird die Schaltwalze blockiert, das Getriebe lässt sich dann nicht mehr schalten. Und es gibt genügend arme MZ-Schrauber, die aus diesem Grunde schon mehrfach den Motor zerlegt haben. Kleinste Ursache, größte Wirkung.

Wie das Schaltschema nun funktioniert, welche Zahnräder mit welchen verbunden werden und wie die Kraft läuft, das werde ich im Kapitel Getriebezusammenbau genau erklären, deshalb sei das jetzt hier ausgespart.

Die Getriebewellen laufen in vier Kugellagern, zwei besonders hoch belastete Losräder, nämlich die vom 1. und 5. Gang sind nadelgelagert. Dort wo die Abtriebswelle aus dem Gehäuse kommt, wurde das Lager gegenüber den TS- Modellen besonders verstärkt, aber auch dieses extra starke Lager löst sich bei einer zu straff gespannten Kette schnell in Stahlbrösel auf. Wer weiter liest, erfährt gleich, wie die Kettenspannung richtig eingestellt wird und was dabei zu beachten ist.

Damit das Getriebeöl im Gehäuse bleibt, ist das auf einer Keilwelle sitzende Kettenritzel mit einem Wellendichtring abgedichtet, der in einer mit drei Schrauben befestigten Dichtkappe sitzt. Und dennoch ist der Ritzelraum oft ölgeflutet. Der Dichtring und auch der Leerlaufschalter sind meist dicht. Jedoch sickert das Öl oft aus einem unzulänglich abgedichteten Blechstopfen links neben dem Leerlaufschalter. Im Zusammenbaukapitel wird es noch mal ganz genau erklärt, auch das Abdichten mittels Zweikomponentenkleber wird ausführlich beschrieben.

Der Leerlaufschalter funktioniert ganz einfach: Auf der Schaltwalze ist eine Isolierscheibe mit einem den Strom leitenden Kerbnagel. Auf dem Leerlaufschalter sitzt ein federbelasteter Kontakt. Bei der richtigen Leerlaufstellung der Schaltwalze bekommt dieser Kontakt Masseverbindung – die gelbe Lampe leuchtet. Sollte die gelbe Lampe nicht mehr erlöschen, ist meist nicht der Schalter defekt, sondern irgendein Dussel hat das blaue Kabel im Deckel eingeklemmt.

Aufgeschnitten: früher RT-Motor

Ach ja – etwas haben wir bei der Funktion des Motors noch vergessen: den Kickstarter. Bei der MZ ist der Kickstartmechanismus besser gelöst als bei vielen anderen Motorrädern. Die Mechanik sitzt im Kupplungsdeckel, der Kickstarterhebel darf daher niemals vor dem Deckel entfernt werden, sonst läutet ein markdurchdringendes „Sproiiiing" die nächste Bastelstunde ein. Der Kickhebel sitzt auf einer Welle, auf der ein Losrad und ein Festrad montiert sind. Das Losrad kämmt dauernd im Zahnrad des 1. Gangs, dreht sehr schnell und ist daher nadelgelagert. Das Festrad sitzt verschiebbar auf einer Keilverzahnung und stützt sich gegen eine leichte Feder ab, die verhindert, dass die beiden Räder sich berühren. Beide Räder besitzen eine Stirnverzahnung. Das Festrad besitzt einen Nocken, der auf einem Führungsblech läuft. Beim Heruntertreten des Starters werden die Räder zusammengeschoben und der Kickhebel (und damit der Fahrerfuß) ist mit dem 1.-Gang-Rad verbunden.

So funktioniert also der MZ-Motor. Alle weiteren Feinheiten findet man in den Schrauberkapiteln.

Nicht ausrottbares Wissen der „Auchfachleute“

Gut schmier, gut fahr?

Zweitaktfahrer kennen die Situation: Man tankt, gibt wohldosiert sein Zweitaktöl zum Sprit. 1:100, weniger Öl braucht auch ein Viertakter nicht. So hält man den Auspuff frei von Verkokungen und verschont seine Mitmenschen vor fiesen blauen Wolken.

Da spätestens kommt „er“: Der Mitmensch mit der Jahrzehnte langen Zweitakterfahrung. „Kipp mehr Öl rein! Gut schmier, gut fahr. Bei so wenig Öl muss der Motor einfach festgehen!“ Wehe, man glaubt den Sprüchen. Sprüche, die man teilweise auch von altgedienten Werkstattmenschen zu hören bekommt.

Was eigentlich logisch erscheint, ist im Falle des Zweitakters falsch. Viel Öl hilft eben nicht viel. Versuche haben gezeigt, dass die unterschiedlichen Bauteile des Zweitakters einen unterschiedlich hohen Ölanteil benötigen. Nehmen wir zum Beispiel das untere Pleuellager des ETZ-250-Motors. Es benötigt ein Mischungsverhältnis von ungefähr 1:150. Bei gutem Öl und besten Bedingungen. Also hat man sich zur Sicherheit auf 1:100 geeignet. Dabei wird gerade mal ein Schnapsglas Öl (50 cm^3) einem 5-Liter-Kanister Benzin beigemischt. Dieses Bild veranschaulicht gut, wie mager das Mischungsverhältnis ist. Ein ausgeklügeltes Schmiersystem, bei der in einem speziellen Kanal im Motorgehäuse Benzin und Öl wieder getrennt werden, stellt die Versorgung der Kurbelwellenlager und der Dichtringe sicher. Mehr Schmierstoff ist bei gutem Öl wirklich nicht erforderlich. Falls man sich der verwendeten Ölqualität nicht ganz sicher ist, kann man auch ein Mischungsverhältnis von 1:75 tanken. Das ist nicht zu fett und schützt vor Mischfehlern. Diese Schmierempfehlungen entstammen meiner persönlichen Erfahrung. Sie gelten nur für Motoren, die mit modernen Kugellagern westlicher Markenproduktion ausgestattet sind. Wer mit den Serienlagern unterwegs ist, sollte bei der werksseitig empfohlenen Mischung 1:50 bleiben.

Was schadet nun zu viel Öl?

Eigentlich unlogisch, zu viel Öl kann doch nicht schaden. Sollte man meinen. Bis zu einem Mischungsverhältnis bis zu 1:40 kommt es auch zu keinem Schaden, außer am Portemonnaie des Fahrers. Denn Öl kostet Geld und der Verbrauch steigt ebenfalls. Außerdem hat Öl keinen Brennwert und ist auch der Oktanzahl des Kraftstoffs nicht zuträglich. Fährt man derart fett, muss man sich auch an einen gewissen Tintenfischeffekt gewöhnen: Das Motorrad verschwindet beim Kaltstart in einer blauen Wolke. Schäden entstehen dann, wenn noch mehr Öl ins Benzin gemischt wird. Schäden, die immer gleich ablaufen. Zuerst backen die Kolbenringe in den Ringnuten fest. Die Kolbenringe fungieren aber als Wärmeträger und sollen die Wärme des Kolbens an den Zylinder und dessen Kühlrippen und somit an die Außenwelt abgeben. Können sie sich nicht mehr federnd an den Zylinder anlegen, kann auch keine Wärme übertragen werden. Also dehnt sich der Kolben aus und geht jämmerlich kreischend fest. Gerät man mit einem derart zerstörten Motor an einen gefährlich Halbwissenden, kommt der Tipp noch mehr Öl einzufüllen. Also noch mehr Schäden. So ist dann wohl die MZ in manchen Kreisen zu dem bösen Spitznamen „Klemmzett“ gekommen.

Treibt man das Spiel mit dem fetten Gemisch weiter und fährt recht langsam, muss es nicht unweigerlich zum Klemmer kommen. Dann verrußt der Kolben total und die Kolbenringe backen völlig fest. Außerdem werden die Verbrennungsgase an den Kolbenringen vorbei ins Kurbelgehäuse gedrückt und richten dort Schaden an. Rußpartikel zerstören Lager und Simmerringe. Also Totalschaden des Motors. Zudem setzt sich der Auspuff mit Ruß zu und die Leistung bricht zusammen. Der Verbrauch steigt dann ins Unermessliche und die Abgaswerte werden gigantisch.

Dann lieber mit dem richtigen Gemisch fahren. Doch Vorsicht! Prahlt der Vorbesitzer der MZ beim Kauf mit „Da hab ich immer einen Schluck Öl mehr reingekippt!“, lässt sich das Mischungsverhältnis nicht schlagartig senken. Denn ein mageres Gemisch löst die zwangsläufig angesetzten Rußpartikel, die dann bröckchenweise durch den Motor fliegen. Moderne Zweitaktöle sind mit reinigenden Additiven versetzt, die solche Verkrustungen auflösen und verbrennen können. Deshalb reduziert man das Mischungsverhältnis bei jeder 2. Tankfüllung um rund 5 Anteilspunkte. Zum Beispiel: Wenn vorher mit einem Gemisch von 1:30 gefahren wurde, wird schrittweise (1:35; 1:40; 1:45 usw.) abgemagert, bis das gewünschte Mischungsverhältnis erreicht ist. Mit Glück werden so auch die bereits schon festsitzenden Kolbenringe wieder frei.

Nimm vollsynthetisches Öl, das ist besser!

Klar ist das besser, jedoch vornehmlich bei Rennmotoren, denn sie brauchen die allerletzten

Reserven an Schmierfähigkeit. Diese Reserven werden allerdings nur bei Temperaturen benötigt, die in einem MZ-Motor höchstens beim Gießen des Zylinders im Werk erreicht wurden. Teures synthetisches Öl ist also nicht nötig oder wie das Sprichwort sagt: Perlen vor die Säue...

Da sind gute mineralische Zweitaktöle eher angesagt. Es muss nicht unbedingt teurer Markenschmierstoff sein, auch die großen Verbrauchermärkte haben mittlerweile sehr gute Öle.

Wenn Du mit dem Zweitakter bergab fährst, immer etwas Gas geben!

Es wurde nie erforscht, wie viele Motorradfahrer durch diesen Tipp zu Boden gegangen sind. Viel schlimmer, es steht sogar im Prüfbogen bei der Fahrschule und in den Dienstanweisungen für Kradmelder beim Bund. Dort ist es erklärt: Wenn man mit einem Zweitakter bergab fährt, ist der Gasschieber zu und der Motor bekommt keine Schmierung. Wodurch er angeblich festgeht. Folgendes Szenario: Der Landser fährt bergab und gibt befehlsgemäß etwas Gas. Nach fünf Minuten meldet sich das Triebwerk mit dem Kreischen der Selbstzerstörung. Zum Glück war der Kupplungsfinger schneller als das blockierende Hinterrad und der Sturz wurde vermieden. Als der Soldat den Schaden meldet, bläfft der Spieß ihn an, er habe kein Gas gegeben. Beim nächsten Mal mehr Gas und ein noch schnellerer Sturz. Warum? Eben weil er Gas gegeben hat.

Wenn der Gasschieber im normalen Fahrbetrieb geöffnet ist, wird zur entsprechenden Motorbelastung das richtige Gemisch gebildet. Dabei wird so viel Wärme produziert, wie die Kolbenringe an den Zylinder und damit an die Kühlrippen weitergeben können. Fährt man nun mit wenig Last bergab und gibt dazu noch Gas, bildet sich durch den nur knapp geöffneten Vergaser ein zwar brennbares, aber extrem mageres Gemisch. Welches mit großer Hitze verbrennt. Es entsteht Wärme in einer Menge, die der Kolben nicht schnell genug an den Zylinder abgeben kann. Der Kolben erhitzt sich und wächst. Wodurch sein Material zwangsläufig eine ungesunde Ehe mit dem Zylinder eingeht.

Wie macht man's also richtig? Ganz einfach. Beim Bergabfahren wird das Gas geschlossen. Ganz! Dadurch ensteht ein enormer Sog an der Leerlaufdüse und der Motor wird mit einer extra Portion Gemisch versorgt. Zum Kühlen und Schmieren. Dieses Gemisch denkt nicht im Traum daran zu verbrennen, weil dazu die Luft fehlt. Also wird das Öl auch nicht verbrannt, sondern kann ungestört und optimal vor sich hin schmieren. Der Motor dankt es mit langer Lebensdauer. Bei sauber eingestelltem Vergaser gibt es in diesem Betriebszustand auch kein Schieberuckeln. Aber nur bei völlig korrekter Einstellung, sonst tritt bei extrem langen Gefällen eben doch ein Ruckeln ein. Kurz den Choke ziehen schafft in solchen Fällen Abhilfe. Der Motor bekommt dann noch mal eine Ladung fettes Gemisch und damit eine Zusatzportion Schmierstoff. Wichtig: Absolviert man auf diese Art die Abfahrt vom Großglockner, wird solch Motor schonende Fahrweise unten im Tal mit einem blauen Wölkchen aus dem Auspuff „belohnt". Gut zu wissen, damit man nicht gerade neben einem ausgepowerten Mountainbiker wieder Gas gibt...

Mit derartigem Wissen ausgestattet, kann man jetzt auch in der Ebene seine Fahrweise den Anforderungen des Zweitakters anpassen. Entweder man gibt Gas und hält den Antrieb auf Zug oder man dreht das Gas zu. Sonst tritt nämlich auch hier wieder unangenehmes Schieberuckeln auf. Ein Anzeichen für Abmagerung und somit ungesunden Betriebszustand. Nicht umsonst hatten übrigens Trabant, Wartburg und DKW einen Freilauf zur Vermeidung des schädlichen Schiebebetriebs.

Zweitakter drehen doch so hoch!

Stimmt nicht, das hört sich nur so an! Zweitakter zünden bei jeder Umdrehung der Kurbelwelle, Viertakter nur bei jeder zweiten. Die doppelte Anzahl der Zündungen sorgt eben für diese Geräuschkulisse. Die Wahrheit zeigt der Drehzahlmesser. Der rote Bereich bei einer MZ 250 beginnt bei 5800/min, bei einem 250er-Viertakter werden mal locker 9000/min erreicht. Das höchste Drehmoment erreicht der MZ-Motor bei 4700/min, der Vergleichsviertakter erst bei 6800/min.

Zweitakter halten nicht lange!

Stimmt nicht! Mir sind etliche MZ bekannt, die ohne Öffnung des Motors weit über 100.000 km gehalten haben. In einem Falle wurden 197.000 km erreicht, bis der Motor seinen Geist aufgab. Schließlich kapitulierte das untere Pleuellager. Laut Werksangabe beträgt die Lebensdauer hier rund 40.000 km. Ein Sonderlob für gekonnte Fahrweise ist angebracht.

Zweitakter fahren? Klar! Aber richtig

Zwei Takte – ein Sieg

So hat es ausgangs der dreißiger Jahre ein Streckensprecher ausgedrückt. DKW siegte souverän, und der gute Mann brachte es auf den Punkt. Jahrelang hatten Zweitakter den Sieg für sich abonniert, in manchen Rennklassen konnte sich gar niemand einen Viertakter auf den vorderen Plätzen vorstellen. Auch im Straßenverkehr müsste der Zweitakter die doppelte Leistung eines gleich großen Viertakters bringen oder eben nur halb so hoch drehen. Leider nur eine Theorie. Denn durch Spülungsverluste werden diese Vorteile teilweise wieder zunichte gemacht. Aber eben nur zum Teil: 250er-Viertakter drehen bei gleicher Leistung gut 2000 Umdrehungen mehr als der Zweitakter.

erfreute sich früher die Strömungsmaschine Zweitakter selbstverständlicher, zufriedener Beliebtheit.

Warum Zweitakter?

Ein Arbeitshub pro Umdrehung, kompakte Bauart und geringes Gewicht. Dinge, die Motorräder agil machen. Und unkompliziert. Während der Viertakter zwei Umdrehungen benötigt, um Arbeit zu verrichten, schafft der Zweitakter das bei jeder Kurbelwellendrehung. Mehr Arbeitshübe pro Meter Fahrstrecke bringen Laufruhe, sorgen für eine gleichmäßig kräftige Fortbewegung. Theoretisch

Während der Zweitakter dynamisch spritzig hochdreht, beschleunigt der Viertakter nur so zügig, wie es die Konstruktion des Ventiltriebs erlaubt. Doch das flotte Fahrvergnügen mit dem Zweitakter will gelernt sein.

Der Zweitakter ist nicht „idiotensicher", er will gefühlvoll behandelt werden und dankt dies dem Besitzer mit Langlebigkeit und Fahrvergnügen.

Der richtige Umgang

Gekonntes Fahren beginnt schon nach dem Start, nämlich mit dem richtigen Warmfahren. Entgegen der landläufigen Meinung bedarf auch der

Zweitaktmotor einer Warmlaufphase. Obwohl kein zähes Motorenöl durchgewalkt werden muss, bedürfen die Bauteile der schonenden Erwärmung. Unterschiedliche Materialien besitzen unterschiedliches Ausdehnungsverhalten. Alle Toleranzen im Motor sind auf die betriebswarme Maschine ausgelegt und gefühlloses Hochjagen des kalten Motors kann dazu führen, dass sich Bauteile ungesund berühren. So „wächst" zum Beispiel das Aluminium des Kolbens schneller als das stark verrippte Material des Zylinders. Mit der Folge, dass der Kolben größer wird als die Zylinderbohrung. Ein fieser Klemmer ist die Folge. Wohl dem Fahrer, der schnell genug die Kupplung zieht. Ungesund ist die Jagd mit kaltem Motor auch für die Lagerung der Kurbelwelle, da dehnt sich das Gehäuse rascher aus als die Kurbelwelle. Die Kugellager werden axial belastet und geben früher den Geist auf. Oder noch schlimmer: Sie werden im Lagersitz des Gehäuses hin und her geschoben und weiten diesen mit der Zeit auf.

Aber keine Angst, richtiges Warmfahren ist keine Kunst. Möglichst bald nach dem Anspringen wird der Choke geschlossen und der Motor mit Halbgas auf rund 3000/min gedreht. Dann zwei, drei Minuten mit maximal 4500 Umdrehungen laufen lassen und das Triebwerk hat die kritische Phase überwunden. Das war es. Allmählich darf jetzt die Drehzahl auf das Maximum gesteigert werden.

Ein paar Seiten vorher war etwas über das Schwingungsverhalten des Zweitakters zu lesen. Da zwangläufig immer etwas unverbranntes Gas in den Auspuff gelangt, sollte der Motor stets „auf Zug" gehalten werden. Auch wenn die gewünschte Geschwindigkeit erreicht ist, wird der Gasgriff immer etwas mehr geöffnet, als es zum Halten der Geschwindigkeit nötig ist. Will man langsamer fahren, wird der Gasgriff geschlossen. Fahrten im Ruckelbereich bei Halbgas sind zu vermeiden. Die Ruckelei ist ein wertvolles Warnsignal für eine hohe Belastung von Kurbelwelle, Getriebe und Hinterradantrieb. Also Gas auf oder zu. Sportliches Fahren ist angesagt. So bleibt auch der Auspuff stets frei von Ablagerungen.

Thema Verbrauch

Ein Gespannfahrer beschwerte sich einmal bei mir, dass sein gerade eben neu überarbeiteter und optimal eingestellter Motor einen zu hohen Verbrauch habe. Gut über 10 Liter von dem Gemisch seien nun mal zu viel. Als treuer Staatsdiener untermauerte der Fahrer die Verbrauchswerte durch exakte Führung eines Fahrtenbuchs.

Eine nochmalige Überprüfung der Einstellungen ergab: Zündung und Vergaser perfekt. Also die Frage nach der Fahrweise. Und da lag der Hund begraben. Um den Tacho auf Langstrecke um die Hundert zu halten, gab der Fahrer stets Vollgas. Stur wie ein Zinnsoldat. Meist im großen Gang. Also machte ich ihm zwei Markierungen an den Gasgriff: eine bei Zweidrittel-, eine bei Dreiviertel-Öffnung. Ungläubig fuhr er vom Hof, mit dem Versprechen, weiter eifrig Fahrtenbuch zu führen. Zwei Wochen später der zufriedene Anruf. Bei Dreiviertelgas rannte das Gespann nach wie vor um die Hundert, bei Zweidrittelöffnung standen immer noch knapp Neunzig auf der Uhr. Aber der Verbrauch war auf unter acht Liter gesunken. Wenn er sich mit Neunzig begnügte, reichten gar sieben Liter auf hundert Kilometer.

Wenn der Vielfahrer jetzt mal die Griffgummis wechselt, ist seine erste Tat seither immer das Anbringen einer Markierungskerbe am Gasgriff.

Berg runter ohne Gas

Die Sache mit „Gas auf oder zu" gilt auch am Berg. Und im Windschatten des Vordermannes. Wer hinter einem Laster fährt und das Gas nicht weit genug schließt, provoziert einen Kolbenklemmer. Wie schon im Kapitel über das „nicht ausrottbare Halbwissen" beschrieben wurde. Wogegen bei völlig geschlossenem Gasgriff eine Gemischanreicherung über das Leerlaufsystem erfolgt.

Der letzte Gasstoss

Opa machte es, Vater machte es, wir machen es nicht: Generationen von Zweitaktfahrern gaben dem Motor nach dem Abstellen der Zündung noch einen kräftigen Gasstoß. Damit sollte der Start am nächsten Morgen vereinfacht werden, doch das Gemisch hat sich bis zum nächsten Start in kondensierte Spritttröpfchen irgendwo im Kurbelhaus verwandelt, die im Traum nicht daran denken, sich in zündfähiges Gemisch zu verwandeln. Im Gegenteil: Beim Kurzstreckenbetrieb bildet sich so allmählich eine Pfütze im Kurbelgehäuse, die den Motor gerne satt absaufen lässt. Zudem wäscht der Gasstoß mit unverbranntem Sprit den Schmierfilm vom Zylinder und den Lagern. Die Folge: Steht ein bei Vollgas abgestellter Motor ein paar Tage still, bildet sich schmirgelnder Flugrost auf den polierten Gleitflächen dieser Teile.

5. Instandhaltung und Reparatur

Funktion und Aufbau des Fahrwerks

Das Fahrwerk

Die ETZ verfügt über einen Blechrahmen, leicht und solide. Die Hinterradfederung ist konventionell einfach und klassisch gut. Die „Tele" gehört zum Besten, was der Markt Anfang der achtziger Jahre zu bieten hatte. Von den Bremsen schwärmten Tester in den höchsten Tönen. Unser Exkurs in den Aufbau des letzten DDR-Volksmotorrades beginnen wir dort, wo das Motorrad aufhört, bei der Hinterradfederung.

Zur Hinterradfederung wird eine stabile Stahlrohrschwinge verwendet, die sich gegen zwei hy-

draulische Federbeine abstützt. Diese herkömmliche Art der Federung kommt zwar immer mehr aus der Mode, funktioniert bei der MZ-Solo wie auch im Gespann vorzüglich. Dabei ist die beste Hinterradschwinge die der ETZ 250, die sich aber problemlos auch in die neueren Modelle einbauen lässt. Ich weiß zwar nicht, was sich die MZ-Oberen dabei gedacht haben, als der Entschluss fiel, die stabile Schwinge gegen eine schwächere zu tauschen, aber Gespannfahrer einer 251 können auch auf die 250er-Schwinge umrüsten. Fast war-

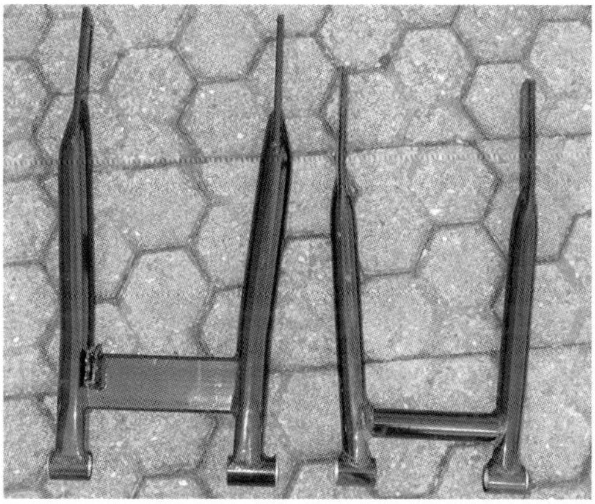

Viel Eisen macht stark: ETZ-Schwinge im Vergleich zur TS-Schwinge.

tungsfrei und von beinahe biblischer Lebensdauer ist die Lagerung der Hinterradschwinge. Sie ist in Silentgummis gelagert und die Federbewegung findet im Elastizitätsbereich dieses Gummielementes statt. Bei einer so langen Schwinge ist der Drehwinkel trotz des langen Federweges so gering, dass die Konstruktion mit den Gummis bestens funktioniert.

Allerdings arbeitet dieses Prinzip eben nur fast wartungsfrei, denn die Innenrohre der Schwingengummis werden mittels des Lagerbolzens der Schwinge fest mit dem Rahmen verschraubt. Bei anderen Motorrädern wird ja die Lagerung nur leicht angezogen und mit Mutter und Kontermutter so eingestellt, dass die Schwinge vom Eigengewicht sanft herunter gleitet. Ein Fachmann, der die ETZ nicht kennt, der macht das in gutem Glauben so. Dann kann die Innenbuchse des Lagergummis sich auf dem Bolzen drehen und das ist der Anfang vom Ende der Schwingenlagerung. Richtig macht es also der, der den Bolzen mit 80-100 Nm festzieht. Etwas verwirrend kommt hinzu, dass die Kontermutter des Schwingenbolzens im Teilekatalog als Stellring bezeichnet wird, gedanklich ein Einstellen also nahe liegt.

Gekontert: Die Zweikantmutter nennt sich Stellring und sichert die fest angezogene Mutter des Schwingenbolzens.

Einstellen muss man nicht, aber schmieren. Geschmiert wird hier nicht wegen der Verschleißminderung, sondern als Korrosionsschutz. Denn die Passungen des Schwingenbolzens im Rahmen und in den Innenrohren der Gummis sind eng und rosten gnadenlos fest. So gnadenlos, dass schon Rahmen als irreparabel auf den Schrott wanderten. Also werden der Bolzen und das Aufnahmerohr am Rahmen mit korrosionsschützendem Fett gut geschmiert, am Besten nach jedem Winter. Obwohl viele Leute jetzt einwenden werden, sie hätten mit Kupferpaste und Graphitfett gute Erfahrungen gemacht, gibt es nur eine wirklich gute Methode, der Korrosion zu begegnen, und das ist nun mal der Fall, wenn alles schön im Fett trieft. Ein Fettkragen unter der Achsmutter und den Beilagscheiben wird nicht weg gewischt, er dient als Schutz vor eindringendem Wasser.

Leider kam es zu DDR-Zeiten oft vor, dass der mit dem Fettpinsel beauftragte Werktätige wohl zur Parteiversammlung musste, jedenfalls anders kann ich es mir nicht erklären, dass so viele Schwingenbolzen ungefettet eingebaut wurden. Das weiß ich, seit ich einmal für einen netten Freund aus einem zwei (!) Jahre alten Rahmen den Bolzen trotz Hohlbohren, Warmmachen und 25-Tonnen-Presse nicht raus bekam. Und seit diesem Erlebnis baue ich JEDEN Schwingenbolzen an JEDER MZ erst einmal aus und fette ihn. Was zu tun ist, wenn es mit dem Bolzen mal doch nicht klappt, ist im Kapitel Fahrwerksreparatur beschrieben. Seit die MZ aus der Türkei kommen, sind auch die Bolzen ordentlich gefettet. Offenbar gibt es dort keine Parteiversammlungen...

FEDERBEINE

Gleich am Anfang sollten wir eine Begriffsbestimmung vornehmen. Man unterscheidet Federbein, Stoßdämpfer und Federn. Viele Leute bringen die Begriffe nämlich ordentlich durcheinander. So kommt es vor, dass ein Kunde beim Händler nach Stoßdämpfern fragt, sich über den niedrigen Preis freut und dann stocksauer ist, wenn er nur die Hydraulikeinsätze in seinem Paket findet. Als Federbein bezeichnet man die ganze Einheit, ein

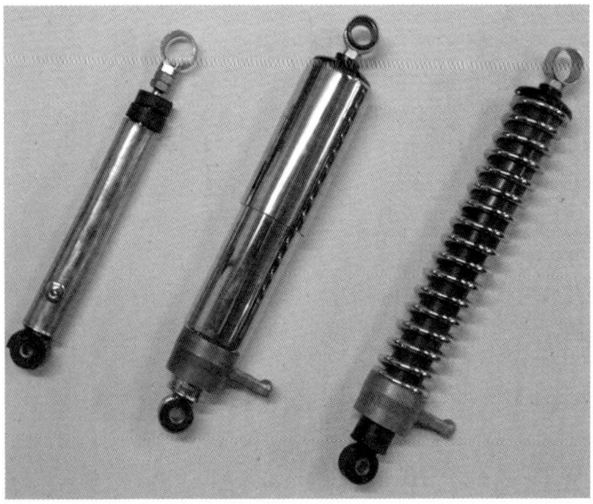

Gedämpft: Stoßdämpfereinsatz, Gespannfederbein und Solofederbein

Stoßdämpfer ist der innere Einsatz und eine Feder ist nichts als nur die Feder.

Jeder weiß, wie eine Feder funktioniert, aber über den hydraulischen Dämpfer will ich hier noch ein paar Worte verlieren. Eine Feder drückt sich unter Last zusammen, entspannt sich und schwingt nach. Dabei gerät ein Fahrzeug extrem in Unruhe. Diese sich aufbauenden Schwingungen lassen sich hydraulisch gut dämpfen. Bei unserem Hydraulikstoßdämpfer haben wir es mit einem, bis zu einer bestimmten Höhe mit Öl gefüllten Rohr zu tun. Beim Einfedern, genannt Druckstufe, wird dieses Öl durch eine relativ große Bohrung gedrückt. Der vom Öl zu überwindende Widerstand ist dabei sehr gering. Dies ist nötig, damit das Federbein blitzartig auf Unebenheiten reagieren kann. Wenn die Feder sich jetzt wieder entspannt, schließt sich bei der Abwärtsbewegung des Dämpferkolbens ein Ventil und das Öl muss seinen Weg durch viel kleinere Bohrungen suchen. Dadurch entsteht eine gedämpfte Ausfederung und ein Nachwippen wird ausgeschlossen.

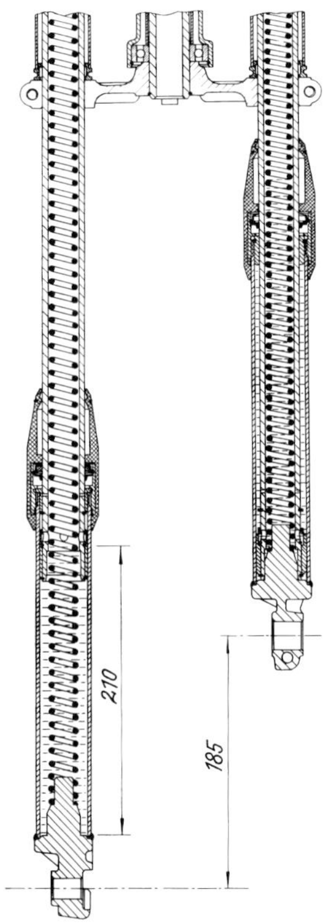

Lange Federwege machen schnell: Gabel der frühen TS-Modelle

Manche „Sportfahrwerke“ sind so stark gedämpft, dass das Federbein einige Sekunden zum Ausfedern braucht. Bei einer Schlaglochkombination schafft es also das Federbein nicht, wieder völlig auszufedern. Spätestens beim fünften Einfedern ist vom Federweg dann nichts mehr übrig.

Hingegen sind die MZ-Federbeine hydraulisch optimal abgestimmt, verfügten die MZ-Leute doch über die beste Federbeinteststrecke der Welt. Sie mussten nur die Werkstüre aufmachen und die ganze schlaggelöcherte DDR lag vor ihnen. Ich habe MZ-Stoßdämpfer schon in reinrassige Sportmotorräder eingebaut. Der Fahrer war begeistert, bis ich dann verriet, welcher Herkunft das edle Federbein ohne Namen war...

Durch die langen Federwege im Zusammenhang mit der perfekten, nicht zu harten Dämpfung verfügt die MZ über ein hervorragendes Fahrwerk. Wie warb doch ein großer Hersteller in den siebziger Jahren: Kurze Federwege machen hart, lange schnell. Dem ist nichts hinzuzufügen.

Sollte es doch einmal Fahrwerksunruhen geben, deren Ursache in den Federbeinen liegen könnte, gibt es einfache Prüfmethoden. Man federt das Fahrzeugheck ein, lässt es plötzlich los, das Ausfedern muss gedämpft erfolgen. Hat man zwei Stoßdämpfer in der Hand, schiebt man sie zusammen, belastet die Enden mit jeweils 3 kg Gewicht und lässt los. Beide Dämpfer müssen gleich schnell ausfedern. Dazu aber mehr im Schrauberkapitel.

Die Federbeine der MZ sind in zwei Stufen verstellbar. Im Vergleich dazu haben „moderne“ Federbeine sechs Druckstufen, drei Zugstufen und vier Einstellungen der Federbasis. Fahrer, die nicht über ein fundiertes Wissen im Bereich Fahrwerkstechnik verfügen, verzweifeln schnell am Probieren. Denn eigentlich sollten zwei Stufen reichen. Stufe 1 für Solofahrer, die 2. Stufe für zwei Mann mit Gepäck. Bei 120 mm Federweg ist keine Zwischenlösung nötig. Eine zusätzliche

Harte Sache: Federbein im Zwei-Personen-Betrieb.

Abstimmung über die Feder ist ebenfalls möglich. So kann man, abhängig vom Körpergewicht des Fahrers, die Originalfeder austauschen gegen eine härtere oder weichere Variante. Probleme machen die Federbeine keine. Wenn nach langer Laufzeit einmal Öl austritt, gibt es Dämpfereinsätze im Austausch. Probleme machen allenfalls die Verstellmuffen für die Federbeine. Hier sind Schäden durch Streusalz nicht selten. So sollte man VOR und NACH dem Winter den entsprechenden Stellen mit der Ölkanne oder dem Fettpinsel zu Leibe rücken. Die beste Wirkung erzielt man, wenn man mit einem Schraubendreher die Halbschalen, die oben das Federbein zusammenhalten, etwas auseinander drückt und dann

Gut schmier, gut fahr: In diesen Spalt kommt das Öl zur Schmierung der ewig verrotteten Verstellmuffen bei Gespannen.

mit einem Ölkännchen ordentlich Öl hinein spritzt. Die unzugänglichste Verstellmuffe befindet sich am Beiwagenrad. Und ausgerechnet dort fängt sich das meiste Salz. Sollte eine Verstellung einmal richtig festsitzen, ist auch das kein Problem: Einfach mit einem Meißel kaputt schlagen – neue Verstellmuffen sind billig und leicht zu montieren.

Der Rahmen

Unsere MZ hat einen geschweißten Blechprofilrahmen. Dies ist eine äußerst steife und dennoch sehr leichte Bauweise. Der Rahmen ist extrem stabil gegen statische und dynamische Belastungen, wie sie auch im harten Gespannbetrieb auftreten. Einzig bei Stürzen und Unfällen verformt sich das Blech wie eine Knautschzone. Schon mittelschwere Stürze in eine Richtung, für die der Rahmen nicht gebaut ist, verbiegen den Blechträger nachhaltig. Und richten lässt sich der Rahmen nicht. Allerdings ist ein neuer MZ-Rahmen nicht teurer als das Richten eines mäßig komplizierten Rohrrahmens. Probleme gibt es nur bei Gespannrahmen, denn diese sind knapp und werden dementsprechend teurer gehandelt. Solorahmen lassen sich jedoch mit (relativ aufwendigen) Hilfsrahmen zum Gespann umbauen.

Zum Thema Gespannumbau möchte ich noch anmerken, dass ich absolut nichts davon halte, dem Rahmen mittels einer Vierkantschelle einen vorderen Seitenwagenanschluss zu verpassen. An einer Blechkonstruktion lässt sich eben nichts festschellen. Das beste Beispiel ist eine Konservendose, um die man eine Schlauchschelle legt. Entweder ist die Schelle lose oder die Dose wird zusammengedrückt und die Schelle ist dann doch wieder lose. Die Schelle lehne ich also aus Sicherheitsgründen kategorisch ab, denn während in der Dose allenfalls Gemüse sein Dasein fristet, werden im Motorradgespann doch zuweilen Menschen transportiert. Und spätestens hier hört der Spaß am Improvisieren auf. Vernünftige Hilfsrahmen haben entweder eine sehr gut gemachte, wenn auch sehr teure Schweißkonstruktion am Rahmen oder sind über ein Gelenklager mit dem Steuerkopf verschraubt.

Einen kaputten, weil gestauchten MZ-Rahmen erkennt man, wenn man den Tank entfernt und beiderseits am Rahmenträger mit den flachen Händen entlang streicht. Es dürfen KEINERLEI Beulen oder Wellen feststellbar sein. Es gibt windige Gebrauchtverkäufer, die reden von Schweißverzug, den es aber in diesem Bereich der Konstruktion gar nicht gibt. Rahmenbrüche sind die absolute Ausnahme. Ich habe so etwas

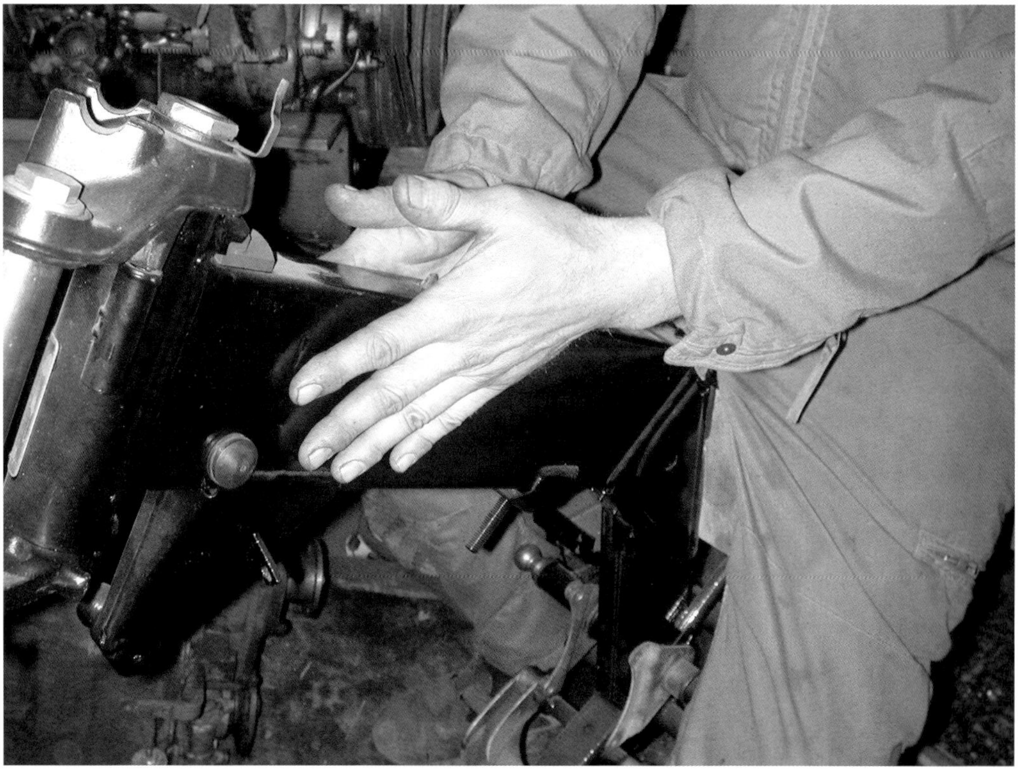

Streicheleinheiten: Fühlt man so leicht Beulen, ist der Rahmen meist Schrott.

nur in seltenen Fällen an Gespannen mit schlecht gemachter Vorderradschwinge gesehen.

TÜV-Prüfer wackeln für ihr Leben gern an Lenkköpfen. Bei vielen Motorrädern sind lose oder eingelaufene Lenkkopflager in der Tat ein Riesenproblem. An der MZ sucht der Mann vom TÜV meist vergebens diesen Mangel. Da, wo bei den meisten Motorrädern dieser Klasse fahrradähnliche Lagerungen mit losen Kugeln zum Einsatz kommen, hat die MZ stabile, äußerst präzise Kugellager. Und so gibt es da keine Schwergängigkeit, kein Wackeln und keine dadurch bedingten Fahrwerksunruhen. Die einzige Wartungsarbeit an den Lenkkopflagern ist eine Erneuerung des Lagerfetts alle 50.000 km.

Probleme entstehen nur, wenn aus Fettmangel Korrosion am Lager auftritt. Das erkennt man aber an einer bräunlichen Flüssigkeit, die aus dem Lenkkopf auf die untere Gabelbrücke tropft. Sollte ein Lagerwechsel anstehen, empfiehlt es sich, auf wartungsfreie, dauergeschmierte, abgedichtete Lager zu wechseln. Dann ist die Problemlosigkeit perfekt. Nach einem Unfall sollte man die Lager übrigens immer wechseln. Denn sollte es aufgrund eines starken Stoßes zu einem Riss in der Lagerschale gekommen sein, kann die Lenkung blockieren. Und sowas kann einem dann gehörig den Tag versauen.

In den Lenkkopflagern drehen sich die beiden Gabelbrücken. Hier gibt es Unterschiede zwischen Gespann- und Solovariante. Bei Seitenwagenmaschinen sind die Gabelbrücken durch eine Nut mit eingesetzter Scheibenfeder gegen Verdrehung zueinander gesichert. Ich frage mich, warum man in Zschopau bei den Solomaschinen darauf verzichtet hat. Auch wenn die Verwindung der Gabel im Solobetrieb nicht so stark ist, kann eine Verdrehsicherung nie schaden. Denn gerade die Scheibenbremse bringt ein ordentliches einseitiges Moment in die Gabelkonstruktion. Und Kosten fallen bei dieser Konstruktion nur im Centbereich an.

DIE TELESKOPGABEL

Auch das vordere Federungselement gehört zum Besten, was der Motorradbau in dieser Klasse bietet. Mit 35 mm Nenndurchmesser verfügt die Gabel über eine mehr als ausreichende Stabilität und steht auch im Gespannbetrieb ausgezeichnet ihren Mann. Die Gabelholme sind an der oberen Gabelbrücke mit den geschraubten Verschlussstopfen befestigt, an der unteren Gabelbrücke sind sie mit zwei M8-Schrauben geklemmt. Der Federweg der Gabel beträgt 185 mm und damit steckt die Gabel selbst harte Geländeabschnitte weg. Die innen liegenden Druckfedern gibt es in zwei Stärken, für den Solo- oder den Seitenwagenbetrieb. Für besonders hohe Ansprüche bietet der Zubehörhandel kräftige, progressiv gewickelte Federn an, die beim leichten Einfedern weich und sofort reagieren, beim kräftigen Durchfedern zunehmend härter werden und nicht durchschlagen.

Die Gabelholme werden als Führungsrohre bezeichnet. Sie sind mit äußerster Präzision gefertigt. Auf ihnen laufen die aus Leichtmetall gefertigten Gleitrohre, in die die Führungsrohre eintauchen. Auch hier gibt es eine wirksame hydraulische Dämpfung mit der gleichen komfortablen Abstimmung, wie schon bei den Hinterradfederbeinen. Beim Einfedern wird das Öl aus dem Raum unterhalb des Drosselventils durch die relativ großen Fenster der Drossel geleitet. Dadurch entsteht die schwache Druckstufendämpfung. Beim Ausfedern wird die Drossel mittels einer federbelasteten Ventilscheibe verschlossen. Das Öl sucht sich nun seinen Weg durch die Bohrungen der Kolbenstange, gegen die sich die Gabeldruckfeder abstützt, wieder nach unten. Auf diesem Weg gilt es, wesentlich kleinere Querschnitte zu durchströmen, die Zugdämpfung wird dadurch wesentlich stärker als die Druckdämpfung. Um die Dämpfung kurz vor dem völligen Durchschlagen der Gabel bei extremen Stößen zu verstärken, gibt es unten einen gegen eine Feder abgestützten Endanschlagsnapf, der die Drosselbohrungen noch weiter verschließt. Mehr über das Innenleben kommt im Reparaturkapitel.

Probleme mit der Gabeldämpfung gibt es selten. Der Kunststoffkolbenring hat ein langes Leben und auch das Drosselventil hat sehr wenig Verschleiß. Im Gegensatz zu vielen anderen Motorrädern hat die Gabel keine Bronzelaufbüchsen, sondern die Führungsrohre laufen vollflächig auf Aluminium. Diese Gratwanderung in Sachen Verschleißschutz wird möglich durch eine perfekte Innenbehandlung der Gabelholme mittels Materialverdichtung und bedingt eine besondere Zusammensetzung des Gabelöls. Das Stoßdämpferöl muss 2-3 % MoS_2-Konzentrat als Ölzusatz enthalten, um die speziellen Alu-Stahl-Laufflächenpaarungen sicher schmieren zu können. Damit fällt normales Gabelöl aus dem Motorradladen an der Ecke aus, wenn man kein MoS_2 zugibt. Einfacher Hinweis: MoS_2 macht das Öl so schwarz, dass es aussieht wie Altöl, dann ist die Mischung richtig.

Leider dringt diese schwarze Brühe auch des Öfteren aus den Faltenbälgen der Gabel hervor. In diesem Fall haben die Gabeldichtringe ihre Aufgabe nicht erfüllt. Defekte Dichtringe können eine Ursache in verschlissenen oder gar mit Rostpickeln behafteten Führungsrohren haben, sind aber oft auch eine Folge der Gabelmaße. So sind die Führungsrohre zur Erzielung des Laufspiels der beweglichen Teile mit einigen Zehnteln Untermaß gefertigt. Werden nun Wellendichtringe mit Sollmaß 35 mm eingebaut, werden deren Dichtlippen nur schwach an die Führungsrohre gepresst. Nimmt man 34er-Ringe, halten diese zwar dicht, das Losbrechmoment der Gabel wird aber unnötig erhöht. Seit einiger Zeit gibt es eigens für diesen Zweck hergestellte Untermaßringe, die genau nach dem Maß der Holme gefertigt sind. Undichtigkeit und Ölflecken auf der Kluft des Fahrers sind kein Thema mehr.

Ein weiteres Problem der Gabel ist der Ölwechsel. Unsere Gabel besitzt nämlich keine Ablassschrauben. Wenn der Ölstand korrekt ist, was man entweder gemessen hat oder weiß, weil man das Öl selbst eingefüllt hat, ist ein Wechsel nicht nötig. Verliert die Gabel Öl, muss man die Dichtringe sowieso wechseln, dabei wird auch das Öl erneuert. Ist die Gabel trocken, fehlt auch kein Öl, also bleibt die Gabel zu.

Manchmal gibt es Probleme mit eigenständigen Pendelbewegungen bei höheren Geschwindigkeiten. Wenn das gabelseitige Ursachen hat, ist meist eine Verspannung der Gabel im Spiel. So eine Verspannung entsteht häufig beim Radeinbau, denn oft wird zuerst die Gabelklemmung angezogen, weil sich die Steckachse dann nicht mitdrehen kann. Und eine Verspannung von einigen Zehntelmillimetern macht auf der langen Fläche der Führungsrohre eine Menge aus.

Beim Radeinbau ist daher wie folgt zu verfahren. Die Mutter wird auf die Achse gesteckt und angezogen. Dreht sich die Achse dabei mit, soll sie das ruhig für ein paar Umdrehungen tun, das entspannt die Verbindung. Dann wird mit einem Dorn die Achse festgehalten und die Mutter festgezogen. Nun federt man die Gabel ein paar Mal kräftig durch, damit sich die Klemmung setzen kann. Jetzt erst wird die Klemmung festgezogen. Eine krumme Gabel erkennt man übrigens daran, dass bei fester Achse und loser Klemmung beim Einfedern eine Bewegung vom Holm zur Achse feststellbar ist. Für diese Prüfung werden zwei Mann gebraucht – einer, der für das Einfedern (mit fest angezogener Bremse) sorgt, der andere muss mit seinem Finger an der Achse fühlen, ob da eine seitliche Bewegung ist. Wenn das Gleitrohr jetzt synchron zum Einfedern eine fühlbare seitliche Bewegung macht, ist wahrscheinlich ein Führungsrohr krumm. Gewissheit bringt hier letztendlich eine Prüfung auf Parallelität mittels Auflegen einer Glasplatte auf beide eingebauten Führungsrohre. Womit wir wieder beim Prüfen und Reparieren sind. Dazu kommen wir in einem Extrakapitel.

Zum Vorderrad, den Speichen und der Felge ist dasselbe zu sagen wie eben beim Hinterrad, allerdings gibt es bei Motorrädern mit vorderer Trommelbremse einen prinzipbedingten Nachteil. Die Bremskonstruktion liegt innen, der Bremshebel fällt entsprechend kurz aus und ist zudem nicht im optimalen Winkel angeordnet. Das macht die vordere Trommelbremse pflegeintensiv. Sie muss öfters entstaubt und gereinigt werden, der Seilzug ist stets mittels Reinigung und Schmierung leichtgängig zu halten und die Drehpunkte der Bremsbacken müssen den Hauch einer Schicht Kupferpaste aufweisen. Dennoch ist die Bremse vorn eher schwach dimensioniert. Abhilfe versprechen hier westliche Hightech-Beläge, die nach einer gewissen Einfahrzeit brauchbare Werte bringen. Über weitere Verbesserungen an der Trommelbremse gibt es im Bremsenkapitel noch etwas zu lesen, die technisch beste Lösung stellt allerdings die Scheibenbremse dar.

Scheibenbremse

Ohne hier bereits dem Bremsenkapitel vorgreifen zu wollen, möchte ich dennoch die Funktion der Scheibenbremse erklären. An der kleineren und stabilen Nabe ist eine 280 mm große Bremsscheibe angeschraubt. An der Gabel ist ein Zweikolbenfestbremssattel befestigt, der die Bremsscheibe umfasst. Mit der „Handbremspumpe" am Lenker wird beim Betätigen Bremsflüssigkeit in die beiden Zylinderbohrungen des Bremssattels gepresst. Dadurch werden zwei Kolben gegen die Bremsbeläge gedrückt, wodurch das Rad verzögert wird. Dieser optimale Angriff der Bremszange auf dem Bremssattel ist der Hauptvorteil der Scheibenbremse. Ein großer Teil der Scheibe bleibt frei und hat Zeit sich abzukühlen. So ist die Scheibenbremsanlage in Bremswirkung und Bremsleistung dem Trommelbremssystem bei weitem überlegen. Ein weiterer Vorteil der MZ-Bremse ist, dass die Konstrukteure auf einen Bremsbelag zurückgegriffen haben, der in den meisten großen europäischen Motorrädern verbaut wird und somit an jeder Ecke zu haben ist.

Die mechanische Pflege der Scheibenbremse beschränkt sich auf den Wechsel der Beläge. Man sieht die Belagstärke sehr schön, wenn man die Schutzkappe der Zange entfernt, bei weniger als 2 mm ist der Wechsel fällig. Jährlich sollte die Bremsflüssigkeit jeweils nach einem Winter gewechselt werden. Sie ist hygroskopisch, das bedeutet, dass sie im Laufe der Zeit Wasser aufnimmt. Wenn der Wasseranteil zu hoch wird, sinkt der Siedepunkt der Flüssigkeit. Bei hoher Bremsbeanspruchung, wie z.B. bei Passabfahrten, kann dann die Flüssigkeit zu kochen beginnen und damit kommt Luft in das hydraulische System, was einen Bremsausfall zur Folge hat. Eine Kontrolle der Bremsflüssigkeit macht übrigens auf Wunsch jeder TÜV. Zu den Arbeiten an der Bremse kommen wir im Bremsenkapitel.

Die Vorderradschwinge der ES-Modelle

Technische Tücken einer guten Idee

Alles ist anders, vieles ist besser! Worte, die die Schwingenkonstruktion der ES-Modelle treffend beschreiben. Während andere Motorradhersteller auf Stahlrohr als Konstruktionswerkstoff setzten, vertraute man in Zschopau auf soliden Leichtmetallguss. Die Stückzahlen machten es möglich. Die Schwinge bestand aus drei wesentlichen Bauteilen: dem Aluträger mit dem eingegossenem Lenkrohr, der Achslagerung und schließlich dem Schwingarm aus Stahlrohr.

Die Lagerung des Lenkrohres ohne obere Abstützung durch eine bei Rohrschwingen übliche obere Gabelbrücke, hatten die Zschopauer im Griff. Ungünstige Biegemomente wurden durch üppige Dimensionierung kompensiert. Durch die absolute Steifigkeit des Aluträgers stand die Gussschwinge einer Rohrschwinge in nichts nach.

Der eigentliche Schwingarm war in recht dünnem Rohr ausgeführt, hier wurde ein Teil der Solidität wieder verschenkt. Um bei Gespannen einen kürzeren Nachlauf zu erzielen, gab es zwei Achsaufnahmen, die Achse musste für Beiwagenbetrieb in die vordere Bohrung. Was wiederum für weniger Steifigkeit sorgte. So war die „Sänfte auf Rädern" in schnellen Kurven ganz schön elastisch, ohne jedoch ernsthaft Probleme mit der Festigkeit zu bekommen.

Probleme gab es dafür mit der Schwingenlagerung, deren Konstruktion gerade von markenfremden Fachmännern fehlgedeutet und völlig falsch behandelt wurde. Schäden durch falsche Montage und Pflege haben das Leben so mancher ES-Schwinge beendet. Kein Wunder, die MZ-Leute haben alles anders gemacht, als es bei anderen Motorrädern üblich ist.

Also machen wir es so, wie es sein soll.

Montage und Reparatur der Schwingenlagerung

Benötigtes Werkzeug:

- **1 Ringschlüssel, SW 14**
- **1 Gabelschlüssel, SW 14**
- **1 Ringschlüssel, SW 27**
- **1 Gabelschlüssel, SW 27**
- **Fettpresse**
- **Kunststoffhammer**

Der Schwingenbolzen ist bei der ES fest im Aluträger der Schwinge verschraubt. Die Schwinge dreht sich in Stahlbuchsen auf dem feststehenden Bolzen. Zur Schmierung wird Öl in die Lagerung gepresst, welches die Schmierstellen durch Bohrungen erreicht.

Das große Problem der Schwinge heißt Kontaktkorrosion. Obwohl sich der Bolzen nicht im Aluminium dreht, muss er gut eingefettet sein. Nur reichlich Fett schützt vor Korrosion. Es gibt Leute, die schmieren die Schwinge regelmäßig durch die vorhandenen Nippel ab und wundern sich dann über teure Schäden. Der Grund: Das Schmiersystem bringt den Schmierstoff nur an die Lagerstellen, nicht aber zwischen Bolzen und Träger.

Meist ist es Spiel in der Lagerung, weshalb die Schwinge demontiert werden muss. Zuerst wird die Stellmutter auf dem Bolzen entfernt, dann die Befestigungsmutter. An der Rückseite des Aluträgers befinden sich zwei gekonterte M8-Klemmschrauben, mit denen der Bolzen gegen Verdrehung gesichert ist. Zuerst werden die Kontermuttern gelöst, dann die Schrauben entfernt.

Mit ganz viel Glück lässt sich jetzt der Bolzen herausziehen. Aber wer hat schon Glück. Meist hat sich schon vorher jemand an der Lagerung zu schaffen gemacht, hoffentlich hatte der Ahnung. Wenn nicht, hat der Gute zwar die Lager gefettet, nicht aber den Sitz des Bolzens in der Schwinge. Durch Korrosion können zwei Dinge passiert sein: Entweder sitzt der Bolzen unlösbar fest im Alu oder wackelt wie der berühmte Lämmerschwanz. Beides bedeutet meist den Tod des sehr teuren Schwingenträgers. Festsitzende Bolzen kann man vor dem Demontageversuch eine Woche lang mehrmals täglich mit Kriechöl einsprühen, mit Glück macht das Zeug was es soll und kriecht in

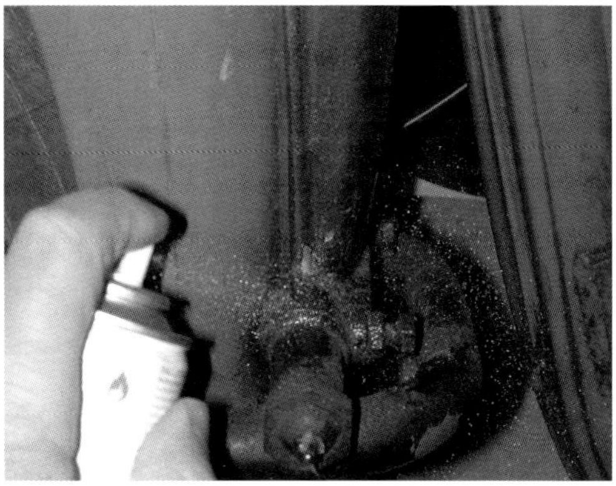

Hoffnungsschimmer: Nicht immer kriecht das Kriechöl wohin es soll.

die festsitzende Passung. Zusätzlich wird der Schwingenträger im Lagerbereich mittels Propanbrenner auf rund 100 °C erhitzt.

Wenn man dann die Befestigungsmutter auf der einen Seite brutal festzieht, lässt sich der Bolzen meistens herausziehen. Wenn Bewegung in die Sache kommt, wird die Mutter bis zum Ende des Gewindes geschraubt. Dann wird die Mutter entfernt und bekommt so viel Unterlegscheiben untergelegt, dass die Mutter gerade noch sicher packt. Jetzt wird das Gewinde eingefettet und die Mutter wieder angezogen. Der Bolzen schafft den nächsten Zentimeter. Langsam und Stück für Stück kommt nun der Bolzen. Nachdem rund zwanzig Zentimeter Scheiben und Hülsen unter-

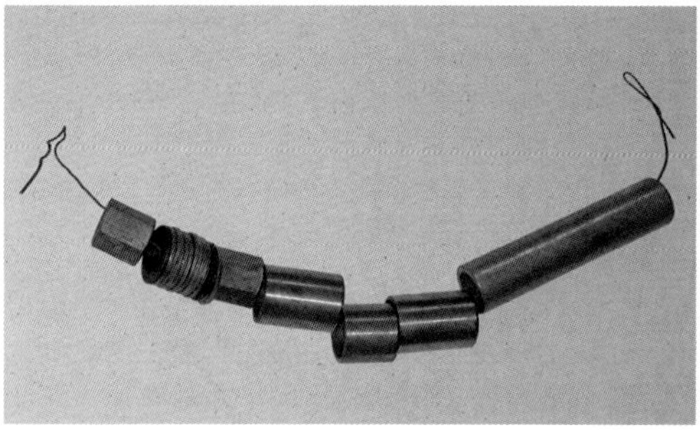

Hülsensammlung: Dieses Sammelsurium ist das seriöseste Werkzeug, um auch knallfeste Schwingenbolzen zu ziehen.

legt sind, ist es geschafft, der Bolzen ist draußen. Und mit ihm die Schwinge. Sofern die Passung nicht beschädigt ist, hat man auf diese Weise viel Geld für die Neuanschaffung eines Schwingenträgers gespart.

Nichts gespart hat man, wenn der Bolzen im Träger klappert: Dann ist die Passung rettungslos verloren. Material zum Ausbuchsen ist nicht vorhanden, also muss zähneknirschend ein neuer Träger beschafft werden. Besonders gemeine Schwätzer empfehlen regelmäßig die Montage eines neuen Bolzens in der ausgeschlagenen Schwinge. Die Halteschrauben und deren Kontermutter werden den Bolzen schon halten. An dieser Stelle sei nochmals ausdrücklich darauf hingewiesen, dass diese Vorgehensweise absolut FALSCH ist. Denn die Schrauben dienen lediglich als Verdrehsicherung für den Bolzen. Mehr halten die schwächlichen M8-Gewinde nicht. Besonders ärgerlich ist, wenn man das Motorrad gerade bekommen hat und einen solchen stümperhaft montierten Bolzen vorfindet. Sicher kein Montagefehler oder mechanische Blödheit, sondern vielmehr handfester Betrug.

Eine weitere Besonderheit ist die eigentliche Lagerung der Schwinge. Die Lagerbuchsen sind in der Schwinge eingepresst und drehen sich um den festsitzenden Bolzen. Die nächste Besonderheit entwuchs dem leidigen Buntmetallmangel in der DDR: Die Buchsen bestehen aus Grauguss. Was gleich zur nächsten Besonderheit führt: Die Lagerung ist mit Gummiringen abgedichtet und wird mit Getriebeöl per Fettpresse geschmiert. Gegen keinen der Punkte gibt es prinzipiell etwas auszusetzen. Wenn immer brav Getriebeöl zur Schmierung benutzt wurde. Einmaliges Schmieren mit Fett reicht hingegen oft aus, eine der Schmierbohrungen zu verstopfen. Da Öl den Weg des geringsten Widerstandes geht, wird fortan eine Seite der Schwinge nicht mehr geölt, was zu erhöhtem Verschleiß führt. Übrigens verschleißt bei dieser Konstruktion meist der Bolzen und nicht die Lagerbuchse.

Empfehlenswert bei einer Restaurierung ist die Umrüstung der Lagerung auf Bronzebuchsen. Diese Modifikation wird von guten MZ-Händlern angeboten und ist absolut empfehlenswert. Man schmiert mit normalem Fett, sieht beim Abschmieren, wo das Altfett austritt und kann sicher sein, dass alles gut geschmiert ist. Man braucht keine Dichtgummis zu besorgen und der Verschleiß wird wesentlich geringer. Einziger Nachteil ist, dass das Einpressen der neuen Buchsen und das anschließende Aufreiben der Passung auf das richtige Maß teures Spezialwerkzeug erfordert. Entweder bringt man also den kompletten Schwingenträger zum Händler oder lediglich die Schwinge. Dann muss aber die Achsbreite des Trägers genau gemessen werden, damit die Werkstatt die Schwinge anpassen kann.

Nachdem die brauchbaren Teile beisammen sind, wagen wir uns an die Montage. Erste und wichtigste Arbeit ist der Korrosionsschutz des Lagerrohres im Rahmen. So gut es geht, wird das Rohr von innen gereinigt. Bremsenreiniger und ein durchgezogener Lappen leisten hier gute Dienste. Mit einem zähen, möglichst graphithaltigen Fett wird die Rohrinnenseite dick eingestrichen. Der nächste Arbeitsschritt ist die Vorbereitung des Bolzens. Sämtliches altes Fett wird nach Entfernung der Schmiernippel aus den Schmierbohrungen entfernt. Ein Pfeifenreiniger wirkt hier Wunder. Nun wird der Bolzen in die Schutzbacken eines Schraubstock gespannt. Auf das kurze Gewindestück wird die Flachmutter fest aufgeschraubt und mit zwei Körnerschlägen gesichert. Nun kommt die Schwinge an ihren Platz und die Anlaufscheiben werden montiert. Der gereinigte Schwingenbolzen wird nun ebenfalls mit Fett eingerieben. Mit einem kräftigen Händedruck wird der Bolzen durch Schwinge und Trägerrohr bis zum Anschlag eingeschoben. Dabei müssen die Abflachungen für die Halteschrauben in Richtung der Schrauben zeigen. Mit Gefühl werden die Klemmschrauben

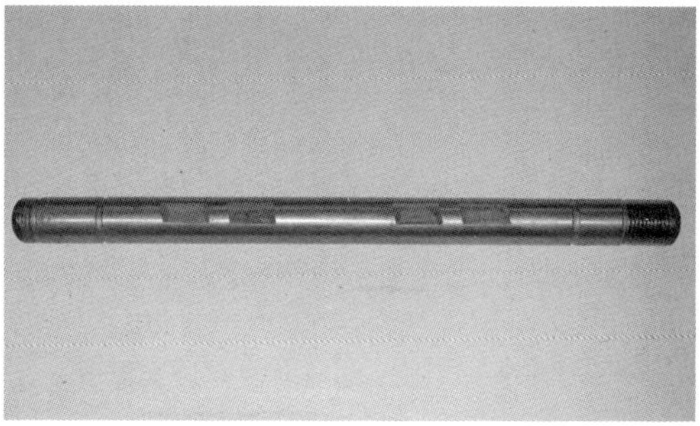

Verdrehsicherung: Auf diese Flächen drücken die Schrauben.

von Hand beigedreht. Dabei wird der Schwingenbolzen hin und her gedreht. Mit der Schraube kann man „erfühlen", wann die Fläche richtig sitzt. Dann wird die Schraube leicht angezogen und gekontert.

Auf der Gegenseite wird jetzt die Haltemutter gefühlvoll angezogen. So weit, dass die Schwinge in jeder Stellung gehalten wird, sich aber noch leicht von Hand bewegen lässt. Dann stimmt die Einstellung. Nun wird die Haltemutter mit der Stellmutter gekontert. Jetzt werden auch die Klemmschrauben angezogen und gekontert. Rund 10 Nm Anzugsmoment reichen völlig aus, da die Schrauben ja nur die Verdrehung des Bolzens verhindern sollen.

Nun kann die komplette Schwinge, wie im Kapitel „Lenkkopflager wechseln" beschrieben, wieder eingebaut werden.

Nach dem Einbau werden die Schmiernippel wieder montiert und bei aufgebocktem Fahrzeug wird die Schwinge per Fettpresse so lange durchgeschmiert, bis Fett an allen vier Lagerstellen austritt. Dieses Fett wird übrigens nicht abgewischt, sondern rings um die Lagerstelle als „Dichtkragen" verteilt.

Bei der Probefahrt werden sich besonders Solofahrer wundern, wie sich das Fahrverhalten mit einer frisch überholten Schwinge verbessert.

Nur mit Öl: Abschmieren der serienmäßigen Schwingenlagerung.

Die Gabeln der Viergangmodelle

Langhubige Federelemente

1969 war es, als nach einer Ära der Vorderradschwingen im Motorradbau die Telegabeln wieder Einzug hielten. Da gute Federung besonders auf dem Flickenteppich sozialistischer Landstraßen gefragt war, mussten die Motorradentwickler den Spagat zwischen den begrenzten Möglichkeiten auf dem Materialsektor und den Modewünschen der westlichen Absatzmärkte schaffen. Eine intensive Entwicklungsphase begann. Rasch erkannte man, dass Telegabeln auf DDR-Straßen nur mit langem Hub und recht weicher Dämpfung überzeugen konnten. Langer Hub bedeutet aber auch präzise Fertigung und teuren Materialeinsatz.

Man entschied sich für eine Gabel mit außen liegenden Federn und einer Führung in Bronzebuchsen. Die mit überzeugendem Federweg von 170 mm ausgestattete ETS galt als sportlichste MZ aller Zeiten. Mit Büffeltank und starker Optik ist sie bis heute eine Augenweide – mit einem perfekten Fahrwerk.

Doch die außen liegenden Federn machten Probleme: Von innen rieben die Federn an den Faltenbälgen und sorgten für Verschleiß der Gummiteile. Zuweilen rieben die Innenseiten der Federn auch auf den empfindlichen Oberflächen der Führungsrohre und verkürzten dort die Lebensdauer.

So waren schon die Nachfolgemodelle der TS-Typenreihe mit einer modifizierten Gabel ausgestattet. Im Grundkonzept gleich, wanderten die Federn ins Innere der Führungsrohre. Das war eine echte Herausforderung für die Federhersteller, denn bei wesentlich geringerem Außendurchmesser der Feder waren nahezu gleiche Federraten wie bei der ETS gefragt. Auch dieses Problem konnte gelöst werden. Zudem konnte, einem Modetrend folgend, die Gabel mit Abstreifern statt Faltenbälgen ausgerüstet werden, denn das galt als schick, obwohl der Verschleiß durch Dreckpartikel ungleich höher war. MZ reagierte und bot schon bald Schutzstulpen statt der Abstreifer an. Eine Lösung, über die man recht froh war, denn die Produktion von richtig lang haltbaren „echten" Faltenbälgen brachten den „VEB Gummiwaren" immer wieder in arge Bedrängnis.

Auch die Kunden durften sich freuen, wuchs doch der Federweg auf satte 185 mm. Das bezeichneten die findigen DDR-Werbetexter gerne mit „Weltniveau".

Eine schrauberische Herausforderung

So gut die neuen Telegabeln funktionierten, so schwierig war – und ist – deren Instandsetzung. In manchen Schrauberbüchern käme jetzt der erhobene Finger mit dem Hinweis: „Die Instandsetzung der Gabel ist Sache der Fachwerkstatt!" Da sich dieses Buch aber an die Selbstschrauber richtet und die meisten Werkstattleute eben auch ihre Probleme mit diesem Typ von Gabel haben, finden beide Lesergruppen im Folgenden die Anleitung zur Instandsetzung. Allerdings sollte man sich nur mit dem nötigen Spezialwerkzeug an diese Arbeit wagen.

ETS- und TS-Gabeln werden wir dabei in einem Abwasch behandeln, weil das Innenleben sehr ähnlich aufgebaut ist. Da die ETS-Gabeln jedoch mittlerweile sehr selten sind, erkläre ich in erster Linie die TS-Gabel und gebe an Stellen, wo es wichtige Unterschiede gibt, entsprechende Hinweise.

Der Ausbau der Gabeln geht wie bei den ETZ-Modellen vor sich. Zuerst werden die Verschlussschrauben gelöst, auch bei den Viergangmodellen waren die schon mit dem unsäglichen Sohlenkleber eingepappt. Rad raus, Bremse und Schutzblech ab und schon kann man die Holme rausziehen. Wenn's klappt. Um den Sechskant der Verschlussschrauben beim Lösen nicht zu beschädigen, fertigen wir uns ein Spezialwerkzeug an. Man schleift eine stabile Sechskantnuss bündig ab und vergrößert so die Angriffsfläche am Sechskant. Mit dem richtigen Drehwerkzeug, einem entsprechenden Hebelarm und dem soliden Vierkantrohr zum Gegenhalten, sollte die Aufgabe erfolgreich gelöst werden.

Nun geht es an die Begutachtung der Holme. ETS-Besitzer lösen nun besonders vorsichtig die Faltenbälge, denn sonst wird es wieder teuer. Dann werden die Federn nach oben abgezogen und man kann die Gleitflächen der Gabel begutachten.

Wie bei der moderneren Gabel gilt auch hier: Hoch glänzende Flächen sind Verschleißstellen und ziehen meist den Austausch der Stützrohre nach sich.

Nun kommt die erste große Hürde. Die Holme sind mit Überwurfmuttern verschraubt, die man nur mit einem besonderen Schlüssel öffnen kann. Versuche mit irgendwelchen Hakenschlüsseln schlagen genauso fehl wie Löseversuche mit Rohrzangen, und am Schluss sind die Holme ein Fall für den Schrottplatz.

Da man das passende Werkzeug leider nicht mehr kaufen kann und ein Selbstbau dieses Schlüssels schwierig ist, sollte man den freundlichen MZ-Händler aufsuchen und das Teil von ihm öffnen lassen. Sind nur die Dichtringe zu wechseln, lassen Sie auch das den Händler machen, denn die Mehrarbeit ist gering und verlangt nach Erfahrung. Auch bei Verschleiß der Bronzebuchsen gilt: Wer nicht im Besitz des Spezialschlüssels ist, lässt die Arbeit lieber vom Händler machen. Die Buchsen sind nämlich mittlerweile so selten, dass der Händler diese Teile nur dann rausrückt, wenn er sich mit der Arbeit auch etwas verdienen kann.

Da Vertrauen gut und Kontrolle bekanntlich besser ist, lassen Sie sich das Werkzeug und die zur Instandsetzung nötigen Teile vorher zeigen. Warum? Allzu oft schon habe ich beschädigte Gabeln gesehen, besonders von der seltenen ETS, die in Motorradfachbetrieben völlig vermurkst wurden. Diese Spezialisten hatten es in Ermangelung des passenden Schlüssels auch mit der Zange versucht.

Glückliche Menschen, die diesen Schlüssel haben, lesen hier weiter.

Die Holme werden an der Achsaufnahme in einen Schraubstock mit Alubacken gespannt, der Schlüssel wird aufgesetzt und mit viel Kraft gedreht. Auch hier wirkt oft der Schuhsohlenkleber. Lösen sich die Muttern nicht, hilft oft die sanfte Wärme einer Propanflamme. Aber nicht zu viel, sonst fackeln die Filzringe in den Verschraubungen ab. Sanfte Schläge mit einem Plastikhammer können auch helfen, die Muttern zu lösen.

Wir haben es geschafft und halten die Überwürfe in den Händen. Darin sitzen ein Filzring und der Wellendichtring. Letzterer wird eh erneuert, deshalb ist sanfte Gewalt hier nicht schädlich. Hingegen sind Filzringe in dieser Größe in unserer modernen Welt schwer zu beschaffen und daher pfleglich zu behandeln. Vorsichtig entfernt kann man verhärtete Ringe in warmer Spülmittellauge reinigen, neu fetten und wieder einbauen.

Schützt den Dichtring: Filzring im Halter

Dichteinheit: Filzring, Filzringhalter, Dichtring und Überwurfmutter

Nun lassen sich durch ruckweises Ziehen die Führungsrohre aus den Gleitrohren ziehen. Die Gleitbuchsen werden mitsamt des Führungsrohrs entfernt. Zum endgültigen Zerlegen wird nun der Dichtring an der Unterseite des Führungsrohrs entfernt, alle Buchsen lassen sich jetzt abziehen.

An den Buchsen tritt kaum Verschleiß auf. Selbst nach 100.000 Kilometern Laufzeit sind die Gleitflächen oft noch jungfräulich. Da sind die Führungsrohre empfindlicher, denn nach ca. 50.000 Kilometern ist die Chromschicht verschlissen und ein Wechsel steht an. Wechseln muss man auch verbogene Rohre. Richtversuche schlagen meistens fehl und bereichern nur den Richtbetrieb.

Oft passiert es, dass die Gabeln der alten Bauart im Betrieb fürchterlich klackern. Es haben schon TÜV-Prüfer deshalb die Plakette verweigert. Das Gerappel ist aber nur ein Schönheitsfehler, der durch das Beilegen einer dünnen Scheibe zwischen Sprengring und unterer Gleitbuchse verhindert werden kann. Innendurchmesser 31,7 mm, Außendurchmesser kleiner als 33,5 mm. Alte MZ-Händler haben solche Scheiben vielleicht noch auf Lager, weil der damalige Importeur Neckermann von der Klackerei genervt war und derartige Scheiben anfertigen ließ.

Praktisch unverwüstlich ist das Dämpfungsventil. Dessen Kolbenring muss leichtgängig sein und sämtliche Teile müssen blitzblank sein. Das war es dann auch schon.

Verschmutzte Ventile sind meist die Ursache für schlechte Dämpfungseigenschaften, deshalb ist es ratsam, vor dem Zusammenbau alles gründlich zu reinigen. Zum Reinigen eignet sich übrigens Biodiesel perfekt. Er wirkt wie ein leichtes Lösungsmittel, ist biologisch rasch abbaubar und stinkt nicht an Fingern und Klamotten.

Alles sauber, alle Laufspiele in Ordnung? Also geben wir uns an den Zusammenbau. Die Gleitrohre werden von innen ganz leicht eingeölt. Die untere Gleitbuchse sitzt wieder, mit dem Sprengring gesichert, auf dem Führungsrohr. Vorsichtig wird das Ganze zusammengeschoben. Nun wird die obere Gleitbuchse in den Sitz gedrückt. Der Rand muss sauber auf dem Gleitrohr sitzen.

Mit dem Montageschlüssel wird nun der Dichtring im Schraubstock in die Gewindebuchse gedrückt. Die Dichtlippen werden mit MoS_2-Paste eingestrichen und behandelt wie das sprichwörtliche rohe Ei. Nun folgen Filzringhalter und Filzring. Um den Dichtring am oberen Rand des Führungsrohres nicht zu beschädigen, nehmen feine Leute eine Führungshülse. Es funktioniert aber auch mit einer Lage Klebeband zum Schutz der Dichtlippe und reichlich Öl. Dann rutscht der Ring problemlos über die Kante des Rohres.

Das Gewinde der Verschraubung wird nun mit Bremsenreiniger entfettet und dünn mit dauerelastischer Dichtmasse eingerieben. Gute Erfahrungen habe ich mit Hylomar oder Curil T gemacht. Normales Curil ist nicht verwendbar, da es aushärtet wie der DDR-Schuhsohlenkleber. Die Verschraubung wird mit dem Spezialschlüssel nach besten Kräften richtig fest angezogen. Fehlt nur noch der Abstreifer. Dessen innere Rippen werden sorgfältig von Schmutz und Dreck befreit. Der hat sich da gesammelt und schon den letzten Dichtring ins Jenseits befördert. Also gründlich sauber machen. Am besten mit warmem Spülwasser. Wer es optisch verkraften kann, spendiert der Gabel noch einen Satz Original-Schutzstulpen. Das sind zwar nur nachgeahmte Faltenbälge, schützen aber die Dichtringe nachhaltig vor Verschmutzung. Zudem sind die plumpen Gummis ein echtes Stück DDR-Nostalgie aus den damals mager befüllten Zubehörregalen.

Oben: Wenig ist mehr: Eindichten der Gabelverschraubung.
Unten: Dreck weg: Die inneren Rippen der Abstreifer werden gereinigt.

Möchtegernfaltenbälge: Die Schutzstulpen schützen dennoch vor Verschmutzung.

Fehlt nur noch das Gabelöl. Je Holm werden 220 cm^3 einer Mischung aus 98 Prozent Hydrauliköl und 2 Prozent MoS_2-Additiv eingefüllt. Nun wird der Holm mittels der Verschlussschraube leicht verschlossen. Ohne Feder wird nun die Dämpfung überprüft. In der Druckstufe muss ein leichter Widerstand fühlbar sein, beim Auseinanderziehen muss diese Dämpfkraft wesentlich stärker sein. Logisch, dass beide Holme gleiche Dämpfungswerte aufweisen müssen.

Wer Zweifel hat, kann die Dämpfung folgendermaßen überprüfen: Ein Helfer hält beide Holme nebeneinander in eingefedertem Zustand fest. An die Achsaufnahmen wird ein je 3 Kilogramm schweres Gewicht gehangen. Beide Gewichte werden gleichzeitig losgelassen. Die beiden Holme müssen gleich schnell ausfedern und zum gleichen Zeitpunkt am Ende der Bewegung angekommen sein. Ungleiche Dämpferwerte sind meist Folge eines verdreckten Dämpferventils oder ungleicher Wellendichtringe, die deshalb unbedingt paarweise gewechselt werden müssen.

Damit wären wir fast fertig. Nun werden die Holme wieder in die Gabelbrücken gesteckt. Die Verschlussschrauben werden mit Hylomar eingestrichen und fest (110 Nm) angezogen. Nun Rad rein, Kotflügel dran und alles handfest anziehen. Erst wenn die Gabel mehrere Male durchgefedert wurde, werden die Verschraubungen in folgender Reihenfolge angezogen: Untere Gabelbrücken, Achsmutter, dann erst die Klemmschraube und ganz zum Schluss das Schutzblech.

Zu guter Letzt zeigt die Probefahrt, ob die Gabel korrekt instand gesetzt wurde. Eine gründliche Instandsetzung verbessert das Fahrverhalten gravierend.

Diese Verbesserung macht sich für den Fahrer in einer wesentlich höheren Kurvengeschwindigkeit und einer präziseren Lenkung bemerkbar. Die Arbeit hat sich also gelohnt.

Gabel TS/1 und ETZ

Grundlagen

Normalerweise kommt nichts Gescheites dabei heraus, wenn etwas billiger produziert werden soll. Aber die Spardirektive der oberen Genossen wurde von den „Motorradwerkern" gekonnt umgesetzt. Die neue Telegabel lässt sich nicht nur schneller reparieren, sie hält auch länger, ist deutlich verdrehsteifer und hat bessere Fahreigenschaften als die an sich schon gute TS-Gabel. Da die TS- und ETS-Gabeln nur sehr eingeschränkt gespanntauglich waren, hielt man immer noch die ES-Schwingen im Angebot. Doch im Straßenbild

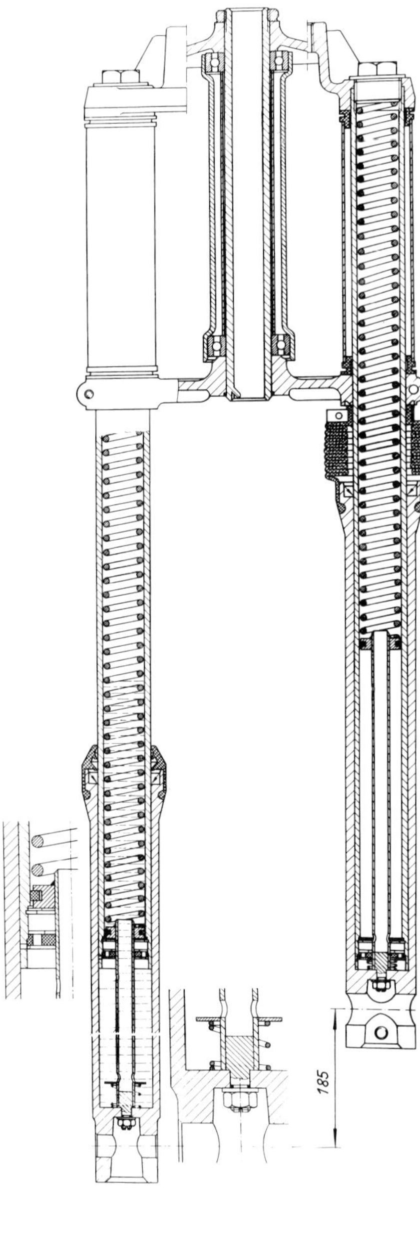

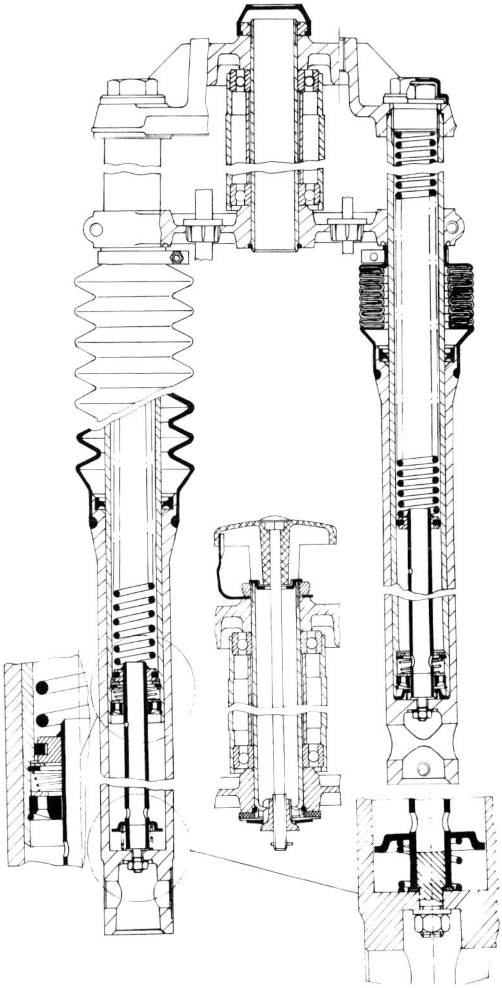

Im Schnitt:
Die Gabeln der Fünfgangmodelle

der „modernen Republik“ wollte man die altbackene ES nun wirklich nicht mehr sehen. Also musste die neue Gabel robust genug für den harten Gespannbetrieb sein.

Das Resultat waren solide 35er-Führungsrohre, die direkt im Aluminium der Gleitrohre laufen. Wertvolles Bronzematerial wurde so eingespart. Damit der Verschleiß dieser eigentlich nicht sonderlich haltbaren Materialpaarung in vertretbaren Grenzen gehalten wird, bedarf es einer besonderen Materialbearbeitung und Schmierung. Das Leichtmetall der Gleitrohre wurde von innen mechanisch verdichtet, um die Dichtigkeit zu erhöhen. Dem Hydrauliköl wurde zur Gleitflächenvergütung ein Anteil Molybdändisulfid beigemischt. Mit dem bewerkenswerten Ergebnis, dass selbst im harten Gespannbetrieb die „Alutele“ eine bemerkenswerte Lebensdauer erreichte. Jedoch sorgten die Wellendichtringe aus schlechtem Material und auch Probleme mit den Abmessungen für teils fürchterlich „siffende“ Gabeln.

Genug geredet, wagen wir uns an die Reparatur der Gabel.

Ausbau der Gabel

Es hat lange gedauert, bis ich das Dichtmaterial der Gabelverschraubungen einwandfrei identifiziert hatte. Die Reparaturanleitung schreibt es vor: „Verwenden Sie zum Abdichten der Gabelverschraubung Klebelack der Schuh-Chemie Erfurt.“ Ich dachte stets, es handele sich um eine Kleisterkomposition der Chemiefabrik eines Herrn Schuh. Erst der Besuch einer Ost-Schusterei brachte es an den Tag. Der berühmte Klebelack ist stinknormaler Schuhsohlenkleber – mit schlimmsten Nebenwirkungen. So sind mit dem Sauzeug eingeklebte Verschraubungen kaum noch lösbar.

Also bedarf es guten Werkzeugs, um die Verschlussschrauben zu lösen. Eine Sechskantnuss SW 24 ist unbedingte Voraussetzung. Mit einem Zwölfkant dreht man die Schrauben gnadenlos rund. Die Nuss muss an der Unterseite plan gedreht oder geschliffen werden, um genügend Fläche für das erforderliche Drehmoment zu bieten.

Also, los geht's. Der übliche Versuch, am Lenker gegenzuhalten, scheitert meist dank des Sohlenklebers. Ein stabiles T-Stück, am besten mit 3/4-Zoll-Vierkant muss schon sein. Ein kräftiges Rohr (dafür eignet sich ein altes Gabelstandrohr) dient als Verlängerung. Doch ein solcher Gewaltakt fordert entsprechende Gegenmaßnahmen. Der Gabelanschlag verabschiedet sich bei der Aktion stets in die ewigen Jagdgründe. Ideal ist ein

Ballermann: Oft hält der Schuhsohlenkleber die Verschraubungen bombenfest.

50er-Vierkantrohr. Zwischen Führungsrohr und dem Lenkkopf geklemmt, bietet es schonenden Halt. Die besonders Sorgfältigen unter uns Schraubern legen einen Lappen unter, um Lackschäden zu vermieden.

Also Backen dick und los. Die Schraube kommt – muss kommen. In jedem Fall. Selbst zum Gabelölwechsel. Denn an eine Ölablassschraube haben die hochlöblichen Konstrukteure nicht gedacht. Im günstigen Fall macht es jetzt „knack“ und die Schraube ist los. Oder es macht ganz gewaltig Knacks und die Stecknuss ist geplatzt. Dann ist die Verschraubung rund, und nur noch die Brachialmethode hilft: das Aufschweißen eines neuen Sechskants.

Irgendwie haben wir die Schraube aber aufbekommen. Jetzt wird das Vorderrad ausgebaut, der Kotflügel entfernt und die Klemmschrauben der unteren Gabelschraube gelöst. Die Verschlussschrauben werden nur zwei Umdrehungen in die Führungsrohre zurückgedreht. Ein Prellschlag mit dem Plastikhammer und das Führungsrohr ist frei. Durch hin und her Drehen wird das Rohr aus den Brücken gezogen. Schlampige Zeitgenossen haben jetzt ein Problem: Rost zwischen den Gabelbrücken hält die Rohre fest. Da hilft nur schmirgeln. Bis in die kleinste Ecke.

Entsprechend wird das andere Rohr ausgebaut. Ist die Gabel mit Faltenbälgen versehen, Schelle los und Balg abziehen. Gummiabstreifer zieht man einfach nach oben weg. Nun werden die Federn aus den Rohren gezogen. Aber bitte ganz langsam, gilt es doch eine Riesensauerei zu verhindern. Das Öl muss schließlich langsam abtropfen. Über einem Gefäß wird das Öl ausgekippt. Dabei wird die Gabel ständig durchgepumpt. Anschließend werden die Holme für die Dauer einer Kaffeepause auf den Kopf gestellt. Alles Öl,

Gaanz langsam: Zieht man die Federn zu schnell raus, gibt es Sauerei.

was jetzt herausläuft, muss nachher nicht aufgewischt werden.

Nun kommen die Federn wieder an ihren Platz. Von Hand werden die Verschlussschrauben eingedreht. Die Holme werden auf den Kopf gestellt. Unten drin befindet sich eine M6-Mutter auf einer geschlitzten Schraube. Ein einfacher Rohrschlüssel, wie man ihn im Bord-

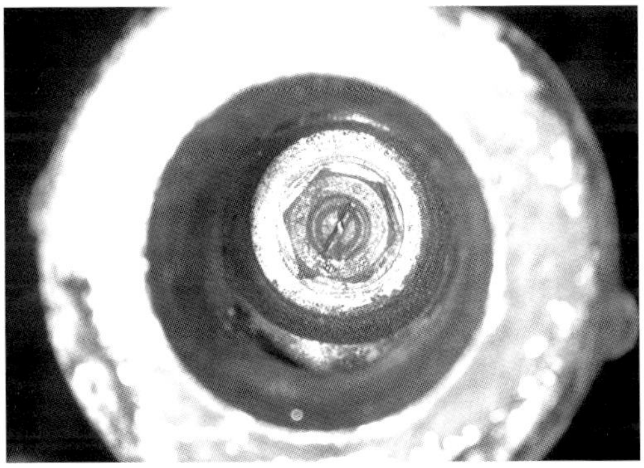

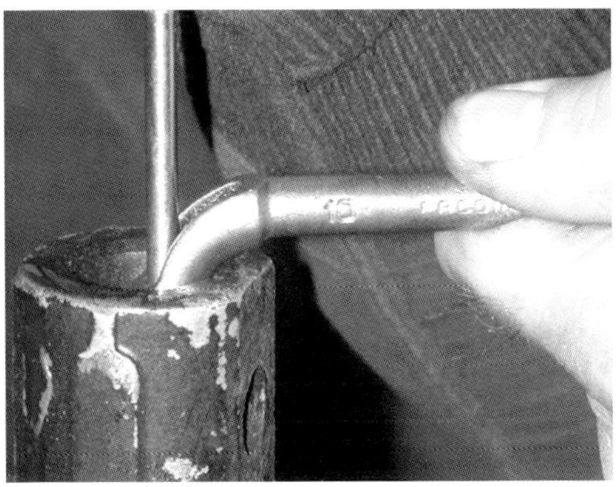

Festhalten: Mit einem kleinen Schraubenzieher wird das Stützrohr gehalten, mit dem Steckschlüssel die Mutter gelöst.

werkzeug findet, ist hier das richtige Werkzeug. Mittels Schraubendreher wird der Schlitz gesichert. Der Rohrschlüssel wird mit einem aufgesteckten Ringschlüssel gedreht. Genial einfach: Nur mit dieser Mutter wird die Gabel zusammengehalten. Das Gleitrohr lässt sich jetzt einfach nach oben abziehen. Aber mit Vorsicht! Auf der Verschraubung sitzen die Hydraulikteile für den Endanschlag. In der Reihenfolge Scheibe, Feder, Napf und Dichtring werden sie sauber abgelegt. Dichtring? Nicht vorhanden? Er pappt häufig im Öl am Grund der Gleitrohre.

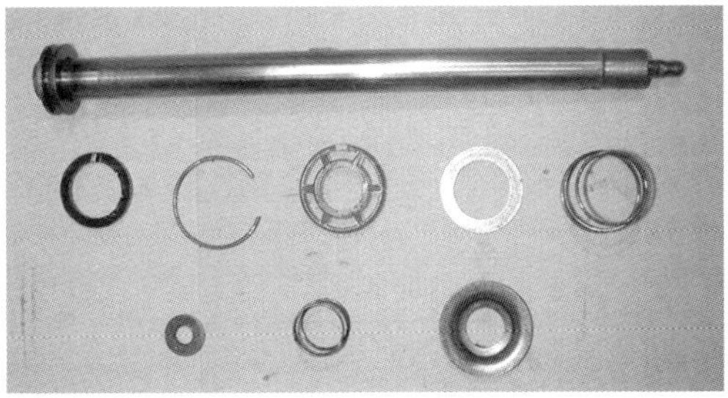

Dämpfungsteile: Stützrohr, darunter Kolbenring, Sprengring, Drossel, Dämpferscheibe und Dämpferfeder. In der unteren Reihe Dichtscheibe, Feder und Napf für den Endanschlag.

Jetzt werden die Verschlussschrauben wieder geöffnet und die Feder entfernt. Die gesamte Hydraulik lässt sich nun nach unten „herauskippen". Der Dämpferkolben wird bei MZ Stützrohr genannt. Eine der wenigen Schwachstellen der Gabel ist das angedrehte M6-Gewinde, welches nicht

Lausig: Das angedrehte M6 Gewinde durch ein eingedrehtes Innengewinde zu ersetzen lohnt immer.

sonderlich robust ist. Besonders im derben Geländeeinsatz mit verstärkten Gabelfedern kann der Gewindeansatz schon mal abreißen. Der Federweg wird dann „unendlich" und ein böser Sturz ist vorprogrammiert. Beim MZ-Laden bekommt man Stützrohre mit Innengewinde und einer hochfesten Innensechskantschraube.

Auf dem Stützrohr sitzt der Kolbenring. Ein Wechsel kostet nichts und sorgt für weiterhin gute Dämpfung. Wenig Verschleiß gibt es bei der Druckstufendämpfung. Eine Drosselscheibe wird durch eine federbelastete Stahlscheibe verschlossen. Durch verschieden starke Federn lässt sich hier die Dämpfung beeinflussen. Zum Wechseln wird lediglich ein Drahtsprengring entfernt. Erfor-

Pfennigsartikel: Der Kolbenring wird bei der Gelegenheit auch gewechselt.

derlich ist das meist nur beim Auswechseln verbogener oder verschlissener Führungsrohre.

Bleibt noch der Wellendichtring im Gleitrohr. Mit einem Schraubendreher lässt er sich leicht heraushebeln.

Alle Teile werden nun gereinigt und auf Verschleiß überprüft. Ohne Messwerkzeuge. Mit einer Taschenlampe leuchtet man in die Gleitrohre. Fressstellen kann man so leicht erspähen. Normalen Verschleiß erkennt man eher an den Führungsrohren. Riefige oder spiegelblanke Flächen sind ein Zeichen für fortgeschrittene Materialabtragung, meist verursacht durch falsches Öl. Ob die Holme gerade sind, erkennt man, indem man die Rohre nebeneinander legt. Absolute Parallelität ist hier gefragt.

Zur Montage. Zuerst wird das Stützrohr mit einem neuen Kolbenring versehen. In das Führungsrohr werden die Dämpferelemente eingelegt: Zuerst kommt die Feder an ihren Platz. Die Dämpfungsscheibe wird mit der geschliffenen

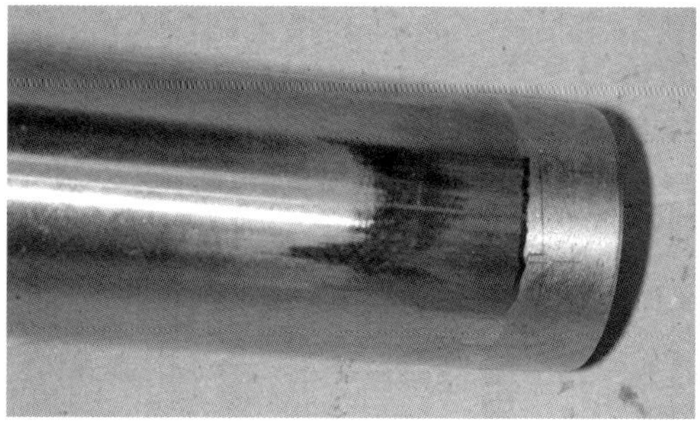

Verschleißmarken: Das obere Führungsrohr wird gewechselt, das untere darf noch eine Weile federn.

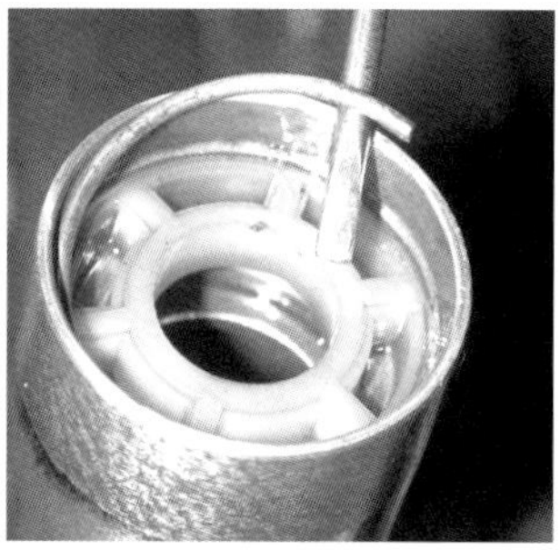

Seite nach unten (Einbaulage) eingesetzt. Nun wird die Drossel vorsichtig eingesetzt. Drahtsprengring drauf, fertig.

Von oben wird nun das Stützrohr eingeführt. Sollte

es haken, hilft Mutters Besenstiel. An der Drossel ist bisweilen Fummelei nötig, also dementsprechend umsichtig arbeiten. Etwas Öl hilft bei der Montage. Nun kommt die Gabelfeder an ihren Platz. Die Verschlussschrauben leicht eindrehen und den Holm umdrehen. Mit einem Lappen geschützt in den Schraubstock gespannt geht es am Besten.

Im sauber geputzten Gleitrohr wird der Sitz des Dichtrings entfettet. Ein neuer Ring wird mittels des Schlagdorns in seinen Sitz getrieben. Dabei

darf nicht zu fest geschlagen werden, um die Wurmfeder des Dichtrings nicht herauszutreiben. Nun wird in die Dichtlippe die MoS_2-Paste einmassiert. Ja richtig: MoS_2 muss in das Materialgefüge kräftig eingerieben werden, um die Notlaufeigenschaften zu sichern.

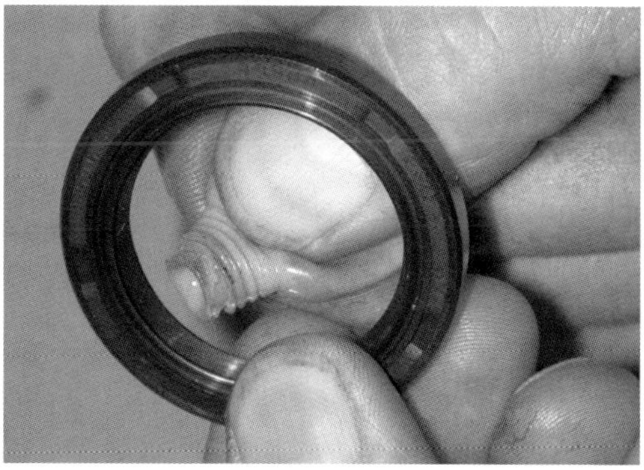

Montagefertig: So muss das Stützrohr bestückt sein bevor das Gleitrohr aufgesetzt wird.

Auf das Stützrohr werden nun Scheibe, Feder, Napf und Dichtring gesteckt. Vorsichtig wird nun das Gleitrohr drübergestülpt und bis zum Anschlag durchgeschoben. Gut eingeölt geht es besser. Entweder wird jetzt die Mutter oder die Schraube montiert, je nachdem, ob man das Serienstützrohr oder ein Verbessertes benutzt. In jedem Fall sichert eine Wellscheibe die Verschraubung. Angezogen werden die Schrauben in Maßen, sonst hat der Händler ein neues Stützrohr verkauft.

Fertig!

Schneller lässt sich wohl kein Gabelholm in der ganzen Motorradwelt reparieren. Nur noch die Verschlussschraube ab und den Holm in die Gabel schieben. Derweil wird die Verschlussschraube mit dauerelastischer Dichtmasse (Hylomar) eingestrichen. Die Dichtmasse muss 10 Minuten antrocknen, um optimale Wirkung zu erzielen. Und Finger weg vom Schuhsohlenkleber – die folgenden Schrauber werden es danken.

Fehlt nur noch das Gabelöl. Handelsübliches Gabelöl kann man aufgrund der Materialpaarung nicht verwenden. Also wird das Schmiermittel selber gemischt. Normales Hydrauliköl, wie man es bei Baufahrzeugen verwendet, wird im Verhältnis 50:1 mit MoS_2-Konzentrat vermischt. Auf einen halben Liter Öl kommen gut 10 cm^3 des schwarzen Konzentrats. Kräftig schütteln, damit sich die Schmierstoffe gut vermischen. Pro Holm werden bei Solomaschinen 230 cm^3 eingefüllt, Gespanne bekommen 5 cm^3 mehr. Wichtig für

gute Dämpfung ist eine gleichmäßige Füllung beider Holme mit derselben Mischung. Nun werden die Gabelfedern eingesetzt. Neben den serienmäßigen Federn können sämtliche Federn der Modellpalette mit 35er-Gabel verwendet werden. Die besten Ergebnisse erzielt man jedoch durch die Verwendung progressiver Federn. Diese sind so gewickelt, dass ein Teil der Feder (der mit den

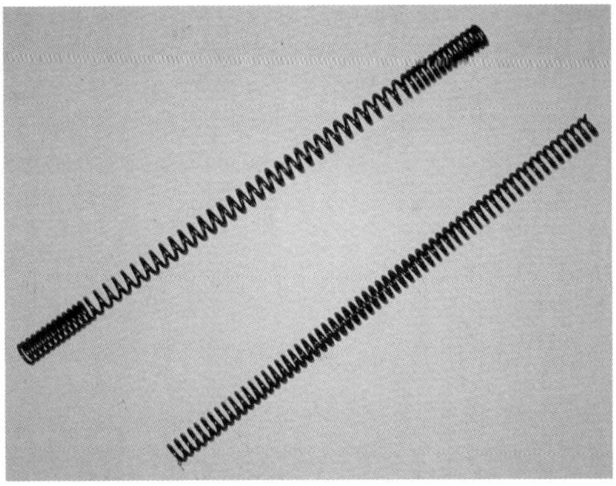

Federwahl: Die obere Feder ist progressiv gewickelt, die untere linear

engen Wicklungen) sanft anspricht und bei voller Durchfederung die Feder sich zunehmend verhärtet. Besonders für Gespanne und Geländefahrzeuge sind derartige Federn erste Wahl.

Nachdem beide Holme in den Gabelbrücken stecken, geht es zur Montage. Deren richtige Reihenfolge ist Garant für eine gute Straßenlage. Denn nichts versaut ein Fahrwerk mehr als eine verspannte Gabel.

Zuerst werden die eingekleisterten Verschlussschrauben in die entfetteten Gewinde der Führungsrohre eingedreht. Fest anziehen (110 Nm). Nun wird das Vorderrad montiert. Die Steckachse wird angezogen, nicht aber deren Klemmung. Die Gabel wird jetzt mehrmals kräftig eingefedert, damit sich die Bauteile ausrichten können. Die Klemmschrauben der unteren Gabelbrücke werden angezogen. Als Allerletztes wird die Klemmschraube der Steckachse angezogen. Logisch? Nicht immer: Viele Schrauber, oft auch Profis, ziehen zuerst die Klemmschraube fest und ersparen sich so ein Gegenhalten der Steckachse. Böse Verspannungen sind die Folge. Daher hat die Steckachse zum Gegenhalten eine Bohrung für einen Haltedorn. Das Schutzblech wird wirklich erst nach erfolgter Gabelmontage eingebaut.

So, eigentlich ist das Gabelkapitel beendet. Aber noch nicht ganz. Fahrer, die ihre MZ in hartem Gelände bewegen, kennen das Problem abreißender Stützrohrverschraubungen. Weiter oben haben wir schon von verbesserten Stützrohren geredet. Knackpunkt im wahrsten Sinne des Wortes ist das angedrehte Gewinde zur Verschraubung mit dem Gleitrohr der Gabel. Etwas zu fest angezogen und es knackt, wie oben beschrieben. Aber es knackt auch, wenn man, besonders mit verstärkten Federn, im harten Gelände springt. Dann reißt bei Extrembeanspruchung der schwächliche M6-Gewindefortsatz einfach ab. Die böse Folge ist, dass sich die Gleitrohre mitsamt Vorderrad vom Motorrad lösen. Die Landung nach einem Sprung ist dann eine echte Herausforderung...

Verbesserte Stützrohre sind an dieser Stelle mit einem Innengewinde ausgestattet. Zur Befestigung dient dann eine hochfeste M6-Innensechskantschraube, die für eine dauerhafte Ehe zwischen Stützrohr und Gabel sorgt. Man kann diese Stützrohre im Austausch bei guten Händlern beziehen oder selbst entsprechend verbessern.

Diese Klemmschraube wird zuletzt angezogen.

Wechsel der Lenkkopflager

Das Einfache ist oft das Beste. Die Lenkkopflagerung der Emzetten ab Baujahr 1974 (außer ES-Modelle) ist nach dieser Philosophie gebaut. Zwei ganz normale Rillenkugellager werden von einer Hülse auf Distanz gehalten und mittels dem Steuerrohr gegeneinander gespannt.

Da werden keine losen Kugeln montiert, keine Kegelrollen eingestellt und da wird auch nichts turnusmäßig nachgestellt. Einbauen, fetten und vergessen. Meist über die gesamte Lebensdauer der MZ. Dickes Lob nach Zschopau: Klasse gemacht!

Auch wenn der TÜV bei der MZ noch so oft an der Gabel wackelt, das vermutete Spiel im Lenklager sucht der Mann in Blau meist vergebens. Dennoch wird jetzt der Wechsel der Lager erklärt. Warum? Weil nach einem Unfall mit Frontschaden grundsätzlich die Lager gewechselt werden, weil ein neuer Rahmen grundsätzlich mit neuen Lagern ausgestattet wird und weil man die serienmäßigen Lager gegen dauergeschmierte Exemplare wechseln möchte. Der letzte Punkt ist besonders bei Fernfahrern wichtig. So sollte man in sandigen Gegenden nicht ohne die gekapselten Lager unterwegs sein.

DER WECHSEL

Benötigtes Werkzeug:

- **1 Stecknuss, SW 36**
- **1 Durchschlag (mit scharfer Kante), Durchmesser 15 mm**
- **1 Schlagdorn oder M12-Spindel mit zwei 60-mm-Scheiben**

Die ersten Arbeitsschritte werden beim Ausbau der 5-Gang-Gabeln beschrieben. Zum Wechsel der Lenklager lösen wir nach dem erfolgreichen Entfernen der Gabelverschlussstopfen mit der Stecknuss SW 36 die Zentralmutter des Steuerkopfs. Diese ist meist nicht sonderlich festgezogen und macht keine Probleme. Die gibt es eher bei Gespannen. Hier gilt es zunächst den Lenkungsdämpfer zu entfernen, und der ist meistens gnadenlos festkorrodiert. Die Stahlspindel des Dämpfers dreht sich in einem Alufeingewinde und ist der Witterung voll ausgesetzt. Eine Verbindung, die nach regelmäßiger Pflege durch Zerlegen und Fetten des Gewindes verlangt. Im schlimmsten Fall hilft da beim Zerlegen nur die Eisensäge. Am

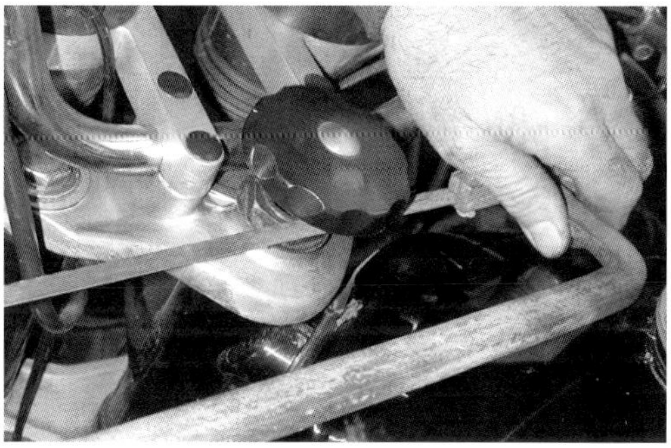

Hals des Einstellrades wird die Spindel abgesägt, sämtliche Teile des Dämpfers wandern in die Tonne. Klar – das ist Materialverschwendung, aber wem etwas Besseres einfällt, der kann sich melden.

Mit einem Plastikhammer wird jetzt die obere Gabelbrücke mit leichten, nach oben gerichteten, gleichmäßig verteilten Schlägen gelöst. So wird ein Verkanten verhindert. Bei Gespannen ist die Verbindung zwischen Gabelbrücke und Trägerrohr mit einem Halbmondkeil, einer so genannten Passfeder, gegen Verdrehung gesichert. Den Halbmond entfernen und gut weglegen, nachher wird das Teilchen gerne gesucht. Einige Prellschläge auf die untere Gabelbrücke treiben diese sanft aus den Lagern.

Mit dem Durchschlag wird nun die Hülse zwischen den Lagern etwas zur Seite geschoben. Ein Teil des Lagerrings liegt nun frei und dient als Schlagfläche. Zwei, drei Schläge treiben das Lager etwas nach unten, dann wird die Hülse zur anderen Seite geschoben und die Klopferei geht weiter. Nie zu lange auf dieselbe Stelle schlagen, da sonst das Lager im Sitz verkantet und die Passung im Rahmen beschädigt wird. Mit etwas Geduld sind Lager und Hülse draußen. Perfektionisten werden mich jetzt der Grobschlosserei bezichtigen, da ich gerade Treibschläge auf den inneren Lagersitz verordnet habe. So etwas zerstört das

Mit leichten Hammerschlägen wird die untere Gabelbrücke heraus getrieben. Feine Leute legen ein Holz unter.

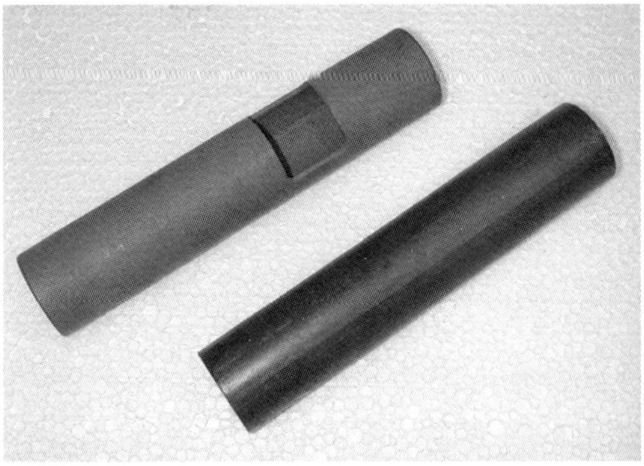

Mit Ausschnitt: Die obere Gleitbuchse hat ein Fenster für das Neimannschloss.

Lager. Richtig, aber die zu wechselnde Lager wandern sowieso in den Schrott, da die Neuen schon bereit liegen. Zu DDR-Zeiten gab es eine ehrenwerte Ausziehvorrichtung, mit der man die Lager ohne Zerstörung entfernen konnte. Wozu? Ganz einfach: Lenkkopflager waren rare „Bückware" und so mussten die alten Lager bei einem Rahmenwechsel in den neuen Rahmen übernommen werden.

Zum Abschluss der Demontage wird jetzt noch das obere Lager nach oben raus getrieben.

Der Zusammenbau beginnt damit, dass das ganze Steuerrohr mit einem trockenen Lappen sauber gewischt wird. Zuerst wird das untere Lager in seinen Sitz geklopft. Dazu sind mehrere Methoden erlaubt. Die Eleganteste ist das Erhitzen des Lenkkopfes mittels Heißluft auf gut 70 °C. Dann lässt sich das kalte Lager mit ganz leichten Schlägen auf den Außenring in seinen Sitz treiben. Nachteil: Heizt man zu heftig, wirft der Lack am Lenkkopf Blasen. Oder man besitzt den serienmäßigen Schlagdorn. Mittels dieses Spezialwerkzeugs lässt sich das Lager sauber in den Sitz treiben. Allerdings lohnt die Anschaffung des Schlagdorns kaum, da die Lager so selten gewechselt werden müssen.

Man kann die Lager auch mit einer Spindel einziehen. Eine Gewindestange ab M12 aufwärts und zwei dicke Unterlegscheiben dienen als Vorrichtung. Die neuen Lager werden von oben und unten mitsamt der Distanzhülse mit der Spindel in den Lenkkopf gezogen. Die alten Lager und die großen Unterlegscheiben dienen dabei als plane Druckstücke. Die Spindel wird solange angezogen, bis die Hülse zwischen den Lagern fest gespannt ist. Nun kann die untere Gabelbrücke von unten eingeschoben werden. Vorsichtige Treibschläge mit dem Kunststoffhammer sind erlaubt.

Viele MZ sind mit Neimann-Lenkschlössern ausgestattet. Damit deren Sperrbolzen ins Steuerrohr einrasten kann, besitzt die Distanzhülse ein Fenster. Um dessen Position zu fixieren, ist im Steuerrohr eine Nut und an der Hülse eine kleine Nase angebracht. Diese Nase muss sauber in die Nut rutschen, ansonsten kann das Motorrad später nicht abgeschlossen werden.

Abschließend wird die zentrale Mutter einmal fest angezogen. Die Gabelbrücken müssen sich leicht und spielfrei drehen lassen. Nach dieser Kontrolle wird die Mutter wieder gelockert. Das endgültige Anziehen geschieht nach Montage der Gabelholme. Bei Steuerrohren mit einer Wandstärke von 5 Millimetern beträgt das Drehmoment von 120 bis 150 Nm, hingegen bei Steuerrohren mit 2,5 Millimetern Wandstärke wird mit einem Drehmoment von 85 bis 105 Nm gearbeitet.

Hat man offene Lager verwendet, werden sie vollständig mit zähem Kugellagerfett gefüllt. Um völlige Wartungsfreiheit zu erzielen, nimmt man besser geschlossene Lager mit Dauerfettfüllung. Die Handelsbezeichnung dafür lautet 6006 2 RS.

Der Wechsel der Lager bei Modellen vor Baujahr 1974

Benötigtes Werkzeug:

Bei Schwingenmodellen zusätzlich
1 Ringschlüssel, SW 14

Vor mehr als einem Vierteljahrhundert waren Axiallagerschalen mit losen Kugeln Stand der Technik. Auch im Lenkkopf der MZ. Hier sogar besser als anderswo. Während viele Motorräder einen Kugeldurchmesser von 5,3 Millimetern aufwiesen, waren die MZten mit solideren 6,35-Millimeter-Kugeln versehen. Bei den DDR-Pisten eine dringende Notwendigkeit. Dennoch blieben die alten MZ vom Übel eingeschlagener Lagerringe nicht verschont.

Testen wir also wie beim TÜV. Dafür wird die Maschine aufgebockt. Man legt einen Finger in den Spalt zwischen Lenkkopf und Tank und bewegt das Vorderrad kräftig auf und ab. Kleinstes Spiel ist jetzt im Spalt fühlbar. Sobald aber Spiel vorhanden ist, entwickeln die Lager ein Eigenleben und die Kugeln schlagen in den Laufringen ein. Nur wenn nicht lange mit Lagerspiel gefahren

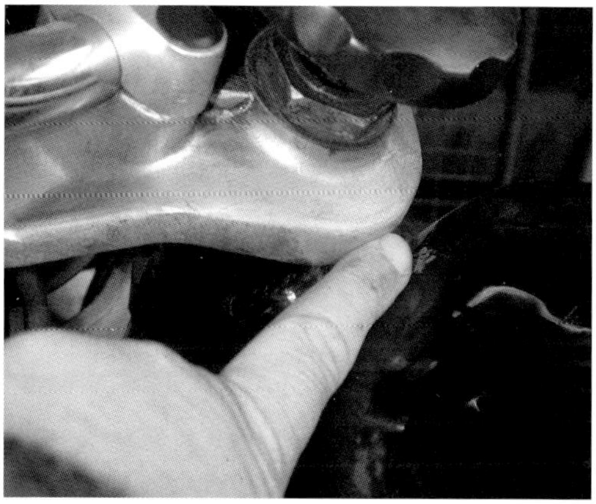

wurde, sind die Laufringe noch zu retten. Zum Nachstellen wird die Kontermutter unter der oberen Gabelbrücke gelockert und die Stellmutter gefühlvoll angezogen. Gerade so stark, das die Lenkung sich spielfrei ohne zu klemmen bewegen lässt.

Jetzt die Gegenprobe: Man stellt die Lenkung in die Mittelstellung und lässt los. Wenn auch nur ein leichtes Einrasten zu spüren ist, sind die Laufringe oder zumindest einige Kugeln defekt. Jetzt hilft nur die Demontage, sorgfältige Säuberung der Bauteile und deren gründliche Überprüfung. Wobei man meist auf eingelaufene Ringe stößt und damit auf ein großes Problem: MZ-Gabel und Rahmenlaufringe sind selten geworden und selbst für Geld und gute Worte kaum mehr zu bekommen.

Da man aber doch mal Glück haben kann und in einem Teileregal zwischen Rostock und Zittau fündig geworden ist, erkläre ich hier den Wechsel.

Im Prinzip ist es zunächst die gleiche Arbeit wie bei den neuen Modellen. Also Holme raus, die Mutter der oberen Gabelbrücke lösen und entfernen. Bei den Schwingenmodellen wird analog hierzu der Lenkerhalter entfernt. Nun wird der obere Gabellaufring vorsichtig abgeschraubt. Da-

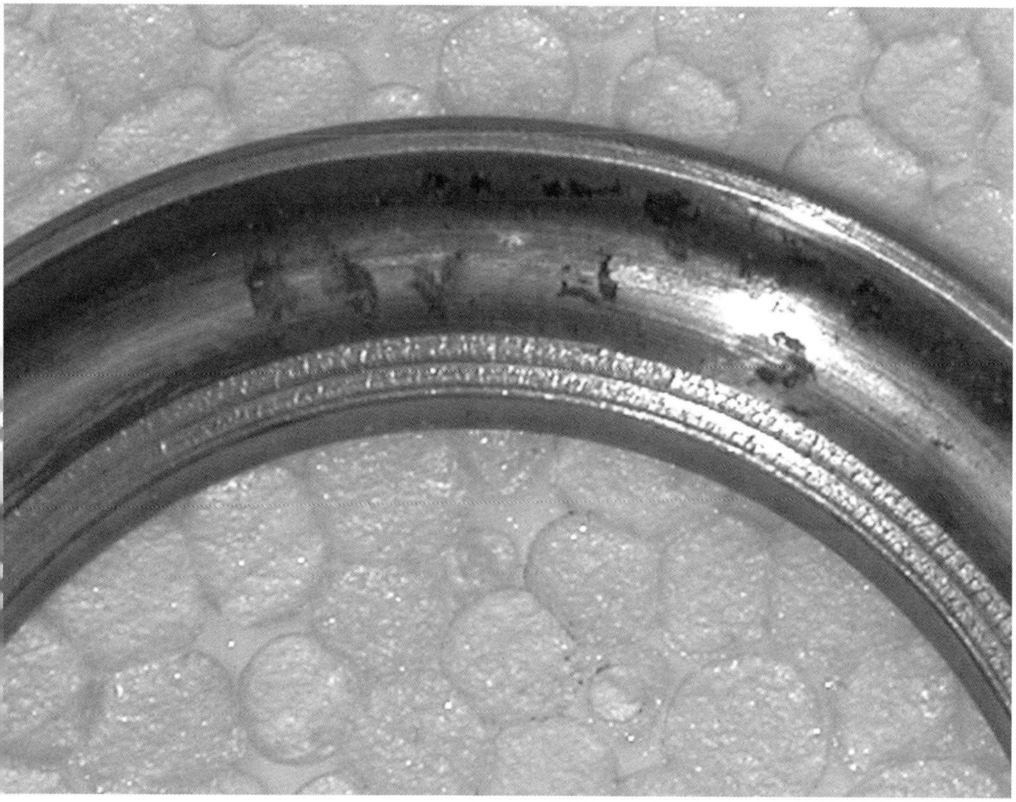

So fängt's an: Pittingstellen im Laufring

Ganz was seltenes: Ein originaler Satz Lenkkopflager

mit jetzt nicht die Kugeln unkontrolliert durch die Werkstatt fliegen, versuchen wir sie mit einem Stabmagneten einzufangen.

Nachdem der obere Laufring entfernt ist, wird jetzt die untere Gabelbrücke (bzw. der Schwingenträger) vorsichtig nach unten herausgezogen. Hier sollten möglichst viele der flüchtigen Kugeln eingefangen werden, damit die alten Kugeln später nicht im Steuerrohr umherfliegen. Bevor jetzt die Laufringe voreilig aus dem Rahmen geschlagen werden, reinigt und entfettet man die Laufflächen, um sie genauestens auf Schlagmarken und sonstigen Verschleiß zu untersuchen. Kerben und Schlagmarken sind ernste Gründe für einen Wechsel. Toleriert werden können höchstens Beschädigungen, die kleiner als ca. 1 mm^2 sind. Aber nur dann, wenn neue Kugeln montiert werden. In diesem Fall werden die Laufringe vorsichtig heraus gepocht und um 90° verdreht wieder eingebaut. So wird die Schadstelle aus dem Bereich mit der höchsten Belastung heraus gedreht. Die zuletzt beschriebene Räubermethode ist keine dauerhafte Reparatur und eignet sich nur für Motorräder, die als Oldtimer selten bewegt werden und längstens, bis man mit Glück neue Lagerringe aufgestöbert hat.

Nachdem die Laufringe gründlich gereinigt wurden, kann mit dem Zusammenbau begonnen werden. Werden neue Laufringe montiert, werden die Gabellaufringe auf ca. 100 °C erhitzt und auf die kalte Gabel geschoben. Die Rahmenlaufringe werden mit einem passenden Aluminiumdorn gleichmäßig vorsichtig in die Lagersitze getrieben. Nun wird der untere Gabellaufring satt mit Kugellagerfett eingeschmiert. 22 neue Lagerkugeln (6,35 mm) werden nun nebeneinander ins Fett der Laufringe geklebt. Vorsichtig und gleichmäßig wird jetzt die untere Gabelbrücke (oder der Schwingenträger) in den Lenkkopf geschoben. Hierbei darf keine Kugel rausfallen. Ein Helfer zur Beobachtung der Montage schadet nicht. Am Anschlag wird die Position der Gabelbrücke durch eine untergeschobene Holzkiste oder mit einer Spanngurtkonstruktion gesichert. Der obere Rahmenring wird jetzt mit Fett versehen und auch hier werden die 22 Kugeln eingeklebt. In die obere Lagerkappe

wird der obere Gabellaufring mittels Aludorn eingeschlagen. Die Kappe wird zügig handfest auf den Rahmenlaufring geschraubt. Dabei ist auf saubere Zentrierung und den Sitz der Kugeln zu achten.

Wenn die Verbindung handfest verschraubt ist, wird die Gabel hin und her bewegt. Mit einem Anzugsmoment von 20-30 Nm wird nun die Verschraubung angezogen und nochmals bewegt. Hierdurch werden die Lager nun vollständig in den Sitz gedrückt und die Laufringe passen sich an. Jetzt wird die Verschraubung wieder gelöst und gefühlvoll so weit angezogen, bis sich die Gabel leicht, aber völlig spielfrei bewegen lässt.

Nachdem die Gabel oder Schwinge wieder komplett montiert ist, kann man auf einer Probefahrt die Qualität der neuen Lager genießen. Nach rund 500 gefahrenen Kilometern wird das Spiel nochmals kontrolliert und falls nötig nachgestellt.

Warum haben wir bei der Gelegenheit eigentlich keine modernen Kegelrollenlager montiert? Weil es keine Passenden gibt. Selbst intensives Wälzen aller möglichen Lagerkataloge brachte keinen Erfolg. Und die Zubehörindustrie hat die alten MZ noch nicht entdeckt. Während für alte bayerische Boxer schon lange passende Lager angefertigt werden, bleibt der MZ-Fahrer auf Altbestände angewiesen. Wobei es nicht weniger alte MZ als alte Boxer geben dürfte.

Pflege und Wechsel der Schwingenlager

Im Fahrwerkskapitel sprach ich von der nicht ganz alltäglichen Konstruktion der Schwingenlager. Auch die älteren MZ-Modelle warteten mit Besonderheiten in der Schwingenlagerung auf. Beide Konstruktionen sind einfach und robust, verlangen aber nach kundiger Schrauberhand.

DIE ALTE HINTERRADSCHWINGE

Wie bei der vorderen ES-Schwinge laufen auch hinten stählerne Lagerbuchsen auf dem feststehenden Bolzen. Und der gammelt natürlich genauso gerne im Rahmen fest. Im stählernen Rahmenrohr kann der Rost seine Wirkung noch besser entfalten als im Alu. Wenn der Bolzen sich nicht mit leichten Plastikhammerschlägen nach dem Lösen der Halteschrauben entfernen lässt, hilft nur Kraft. Aber bitte sinnvoll eingesetzt. Wer jetzt mit dem schweren Hammer den festsitzenden Bolzen bearbeitet, pilzt den Bolzen auf und schafft so eine absolut unlösbare Nietverbindung mit dem Rahmen, über die sich höchstens der Schrotthändler freut.

Wenn man den Bolzen frei hat und die Passung im Rahmen gerettet ist, sind die weiteren Arbeitsschritte wie bei der ES-Vorderradschwinge durchzuführen.

Wie man den Bolzen herausbekommt, möchte ich hier am Beispiel der ETZ für alle Modelle erklären. Wenn brutales Hämmern nur schadet, muss brutales Ziehen nutzen. Richtig, doch wie ziehen? Ein Abzieher findet keinen Halt, also benutzen wir das Gewinde des Bolzens. Welches bei diesem Kraftakt jedoch gewaltig belastet wird. Also tüchtig schmieren. Gute Dienste leistet eine höhere Mutter (M18 x 1,5) als die serienmäßige, da hier die Kraft über mehr Gewindegänge verteilt wird.

Jetzt beginnt die Sisyphusarbeit. Die Mutter wird sehr fest angezogen. Mit einem leisen „Knack" löst sich jetzt meist der Bolzen. Solange das Gewinde reicht, wird weiter geschraubt. Dann Mutter lösen, Gewinde einfetten, einige Scheiben unterlegen und wieder anziehen. Bis zum Ende des Gewindes. Wer Kontakte zu einer Dreherei hat, kann sich aus einem Rohrstück einen Hülsensatz anfertigen lassen. Außenmaße und Material sind unwichtig, Hauptsache die Flächen sind plan. Wenn rund 20 Zentimeter Bolzenweg mühsam überwunden sind, kann man getrost gut essen gehen, schließlich hat man einen teuren Motorradrahmen vor dem Verschrotten gerettet.

Nun gibt es Rahmen, wo schon mal ein Stümper Hand angelegt hat. Das Gewinde ist hoffnungslos vermurkst oder der Bolzen ist durch Schläge aufgepilzt. Großeinsatz für die Flex. Mit einer schmalen Scheibe wird die Schwinge dort, wo die Anlaufscheiben sitzen, abgetrennt. Wer jetzt eine ruhige Hand hat, rettet Schwinge und Rahmenrohr. Gut gemacht, die Schwinge ist draußen, aber der Bolzenstummel sitzt weiter unbeeindruckt fest im Rahmen. Was tun?

Mit dem möglichst weit ausgebauten Rahmen wird ein guter Schlosser angesteuert. Einer mit einer sehr genauen, robusten Standbohrmaschine. Mit einem 15-mm-Bohrer wird der Bolzen genau in der Mitte angebohrt, bis auf eine Resttiefe von 15 Millimetern. In dieses Sackloch stecken wir jetzt einen 14 mm starken, möglichst harten Dorn. Mit ei-

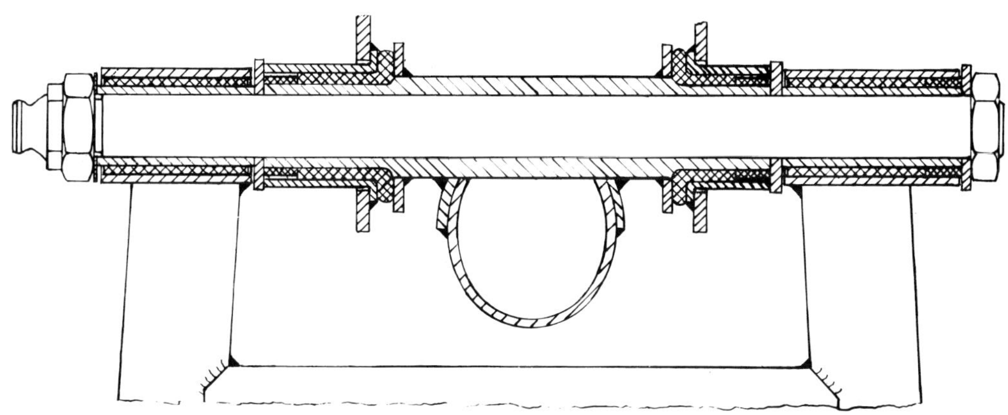

Die gummigelagerte Schwinge ab Baujahr 1975 ist nur „eigentlich" wartungsfrei. Die Passung zwischen Rahmenrohr und Schwingbolzen muss gegen Korrosion gefettet sein!

nem schweren Hammer bekommt man den Bolzen in den meisten Fällen ohne Schaden am Rahmen heraus. Der Grund: Durch das Sackloch wird der Bolzen gezogen. Statt sich zu stauchen, wird er eher einige tausendstel Millimeter dünner.

Wie nun die Schwinge bei den Viergang-MZ wieder montiert wird, haben wir schon bei der Vorderradschwinge besprochen. Machen wir also weiter bei der Motorhalterung.

ELASTISCHE MOTORAUFHÄNGUNG

Alle 250er-MZ seit der ES 250/2 und die ETZ 150 besitzen eine genial einfach konstruierte, elastische Motoraufhängung. Auf dem Schwingenlagerrohr des Rahmens sitzen zwei Motorschuhe aus Profilblech, die in einer Gummibuchse gelagert sind. Da auch eine MZ mitunter heftiger an der Kette reißen kann, als es die Elastizität des Gummis zulässt, wird zur Dämpfung allzu heftiger Anfahrstöße ein solider Kunststoffring beigelegt. Eine Kontrolle der Motoraufhängung ist kinderleicht. Beide Motorschuhe müssen ohne zu wackeln so fest auf dem Rohr sitzen, dass sie ohne Werkzeug gerade noch bewegt werden können. Wenn nicht, werden die Motorschuhe abgenommen und die Gummis und Kunststoffringe gewechselt. Alles kein Problem, wenn die Schwinge ausgebaut ist. Ein Wechsel der Gummis ist rund alle 30.000 km nötig, was natürlich einen gut gefetteten Schwingenbolzen voraussetzt.

In seltenen Fällen ist es nötig, die Motorhaltebleche zu wechseln. Nämlich dann, wenn die Gummis so weit verschlissen sind, dass die Bleche auf dem Lagerrohr herumgescheuert haben. Dann sind die Bleche so weit ausgeleiert, dass neue Gummis keinen Halt mehr finden. Man kann den Zustand der Motoraufhängung übrigens sehr schön in eingebautem Zustand prüfen, indem man sich auf die Maschine setzt und an der Tankkante entlang zum Lichtmaschinendeckel peilt. Dann greift man mit der rechten Hand den oberen Kettenschlauch und zieht sehr kraftvoll nach oben. Wenn jetzt der Lichtmaschinendeckel eine erkennbare Bewegung nach rechts macht, sind die Gummis verschlissen. Verschlissene Gummis erkennt man auch am Überspringen der Kette. Wenn die Kette trotz korrekter Spannung überspringt, sind die Gummis dringend zu wechseln.

Es gibt eine ehrbare Fabrikvorrichtung, mit der die Motoraufhängung vorgespannt werden soll, damit die Schwinge montiert werden kann. Deren Anfertigung ist aufwendig und lohnt nur für

Ausrichten: Bevor der Motor verschraubt wird, müssen die Bohrungen der Bleche fluchten.

Schrauber, die wöchentlich mindestens eine Schwinge wechseln. Also sei hier nachfolgend die Räubermethode zum Wiedereinbau der „Gummischwinge" erklärt.

EINBAU DER SCHWINGE

In der Regel sind die Gummilager in der Schwinge auch nach mehr als 100.000 km noch gut, dennoch erkläre ich deren Wechsel im Anschluss. Die einbaufertige Schwinge wird in der Einbauposition gehalten. An der Seite, von der wir den Schwingenbolzen einschieben, wird eine neue Anlaufscheibe – die wird immer obligatorisch erneuert – zwischen Schwinge und Rahmenrohr gelegt. Nun wird der SATT gefettete Bolzen (das Rohr und die Buchsen der Schwinge sind natürlich auch gefettet) durch die Schwinge bis ins Rahmenrohr geschoben. Eine der alten Anlaufscheiben wird prompt zum Spezialwerkzeug ernannt und auf einer Seite scharf angeschliffen. Diesen Keil schlagen wir jetzt mit einem kleinen Hammer auf der gegenüber liegenden Seite zwischen Rahmenrohr und Schwinge. Hierdurch wird die erforderliche Spannung der Hülsen erreicht. Sitzt dieses improvisierte Hilfswerkzeug, treiben wir es mit der neuen Distanzscheibe wieder heraus. Jetzt wird das Loch der Scheibe mittels leichter Hammerschläge zentriert und der Bolzen durchgeschoben. Fast fertig.

Ganz fertig sind wir, wenn beide Schwingenmuttern besonders fest angezogen sind und mit der Kontermutter auf einer Seite gesichert wurden. Die Mutter auf der Gegenseite wird zuvor, wie bei den alten Modellen, im Schraubstock extrem festgezogen und per Körnerschlag gesichert. Wichtig ist das feste Anziehen, alle Rohre müssen miteinander verspannt werden, die Drehung der Schwinge findet einzig und allein im Gummi statt. Da wird nichts eingestellt, sondern nur fest gekontert. Auch wenn die Kontermutter im Katalog irreführend Stellring genannt wird.

Also – die Gummis in der Schwinge halten normalerweise extrem lange. Aber zu einem kompletten Handbuch gehört auch, dass deren Wechsel erklärt wird. Auch wenn das Gelingen dieser Reparatur ziemliche Glücksache ist.

DER WECHSEL DER SCHWINGENBUCHSEN

Damit sich bei den Schwingenlagern nicht das Rohr im Gummi, sondern nur der Gummi selbst bewegt, müssen die Lagergummis extrem vorgespannt werden. Im Schraubstock wird mit einer einfachen Rohrvorrichtung die Stahlbuchse aus der Schwinge gepresst. Jetzt lässt sich die Gummibuchse leicht entfernen. Wenn man das Altteil mit einem Neuteil vergleicht, möchte man sich erstmal beim Händler beschweren: „Dieses Teil ist zu dick und zu kurz, das geht da nie und nimmer rein!" Geht es aber doch.

Damit es klappt, gibt es zwei Methoden: Das Reparaturhandbuch sieht da einen Führungsdorn vor, die trockene Gummibuchse wird bündig in die Schwinge geschoben. Dann wird die Innenseite mit Gleitmittel behandelt und die Stahlbuchse mit dem Führungsdorn eingeführt. Dabei soll sich das Gummi ausdehnen und sich im Schwingenrohr verteilen. Was nicht immer genau planbar ist. Wenn, nachdem die Stahlbuchse ganz eingepresst ist, ein Gummikragen außen einen Millimeter vorsteht, wird er einfach mit dem Messer abgeschnitten. Quillt mehr Gummi raus, heißt es Buchse wieder raus und neu versuchen. Bis es passt. Da selbst der beste Gummi nicht mehr als drei Mal diese Prozedur schadlos übersteht, bestellt man immer die doppelte Menge der billigen Gummibuchsen. Frei nach Murphys Gesetz: „Wenn Ersatz da ist, klappt die Methode beim ersten Mal!" Hat man keine Ersatzgummis, dann versaut man die Neuteile unter Garantie.

Da das Einpressen sowieso Glücksache ist, mache ich es ohne Führungsdorn. Ich salbe die Gummibuchse komplett mit Reifenmontierpaste (oder Spülmittel) ein. Dann wird die Buchse zu einem Drittel ins Schwingenrohr gesteckt und die Stahlbuchse zu einem Drittel in die Gummibuchse. Das Ganze wird zwischen den Schraubstock-

backen zusammengebracht. Das klappt auch nicht immer auf Anhieb, aber die Ausschussquote ist viel geringer.

Jetzt mag es ebenfalls talentierte Leute geben, die das besser können als ich. Natürlich interessieren mich bessere Methode immer und so sollten sich alle Angesprochenen aufgefordert fühlen, mir ihre Tricks mitzuteilen. Aber zum Glück ist der Wechsel dieser Gummis ja nur äußerst selten nötig.

Die hinteren Federbeine: Aufbau, Fehlersuche, Reparatur und Pflege

Perfektion durch Einfachheit

Zwanzig Klicks in der Zugstufe, 15 in der Druckstufe, dazu eine zwölffach verstellbare Federbasis. Macht 3600 Verstellmöglichkeiten. So sieht Stoßdämpfertechnik heute aus. Die aber nicht unbedingt besser ist als die Technik der MZ-Federbeine. Die haben nur zwei Einstellungen: hart und weich. Das genügt. Eine einfache und äußerst robuste Hydraulik dämpft zuverlässig und lange. Große Dämpferbohrungen sorgen für kühles Öl und dafür, dass im harten Pisteneinsatz die MZ-Dämpfer noch dämpfen, während die High-Tech-Dämpfer schon dem Hitzekollaps nahe sind. Bewiesen wurde das bereits auf diversen Wüstenfahrten.

Dämpfer, die nicht dämpfen

Auch simple Technik geht einmal kaputt. Richtig einfach wird die Fehlerdiagnose, wenn der Dämpfer undicht ist. Dann hat das Öl den besten Weg ins Freie gesucht und das Heck der Maschine so richtig schön eingesudelt. Aber meistens ist es nicht so einfach. Sichere Hinweise auf einen Dämpferdefekt sind das Aufschaukeln des Hecks der Maschine, das Durchschlagen der Federung oder das Klappern beim Feldwegfahren. Die einfachste Testmethode: Man drückt das Rahmenheck runter und lässt schlagartig los. Die Ma-

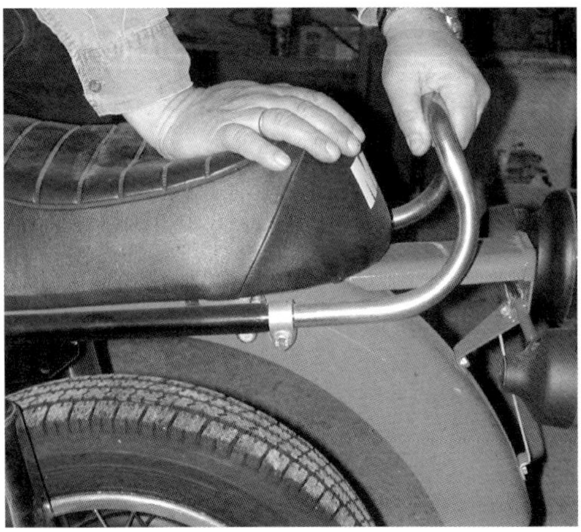

schine muss dann langsam aus den Federn kommen. Aber mehr, als dass dort irgendwas dämpft, sagt uns dieses Testergebnis auch nicht. Bleibt also nur der Ausbau der Federbeine zur besseren Begutachtung.

Federbeine ausbauen und zerlegen

Der Ausbau geht nun wirklich ohne Anleitung. Schraube oben und unten lösen und man hat das Federbein fast in der Hand. Jetzt wird der Dämpfer ausgebaut. Hierzu wird das untere Dämpferauge in den Schraubstock gespannt (Vorspannung auf weich) und die Feder an der oberen Hülse oder (bei ungekapselten Federbeinen) an der Feder nach unten gedrückt. Ein Helfer nimmt nun die beiden Kunststoffhalbschalen heraus. Die Feder wird

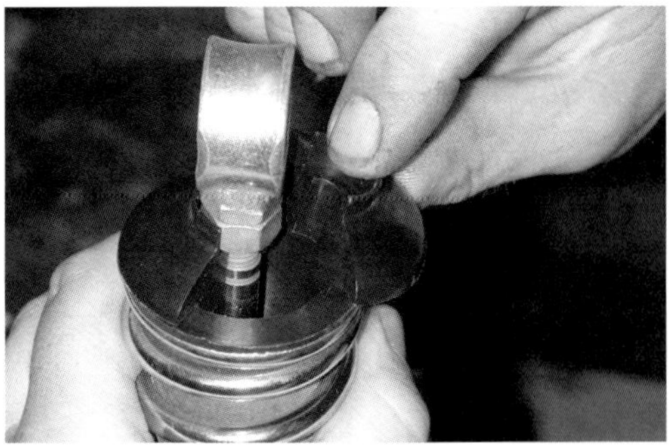

entlastet und lässt sich leicht nach oben herausziehen. Wichtig: Handschuhe und Schutzbrille tragen, falls die Sache nicht so gut klappt wie hier beschrieben.

Wenn man beide Stoßdämpfer in der Hand hat, erfolgt erstmal eine Sichtprüfung. Sind die Dämpfer dicht? Ist die Kolbenstange gerade? Wenn ja, kommt jetzt das Spezialwerkzeug namens Backstein zum Einsatz. Zwei gleich schwere Steine werden unten an die Stoßdämpfer gehangen. Dann werden die Dämpfer nebeneinander aufgehangen und zusammen geschoben. Gleichzeitig lässt man die Steine (je rund 3 kg Gewicht) los. Beide müssen langsam (gedämpft) und parallel bis zum Anschlag der Dämpfer gleiten. Dann stimmt die Dämpfung und ist gleichmäßig. Ungleichmäßige Dämpfung ist eine der Hauptursachen für Fahrwerksunruhen.

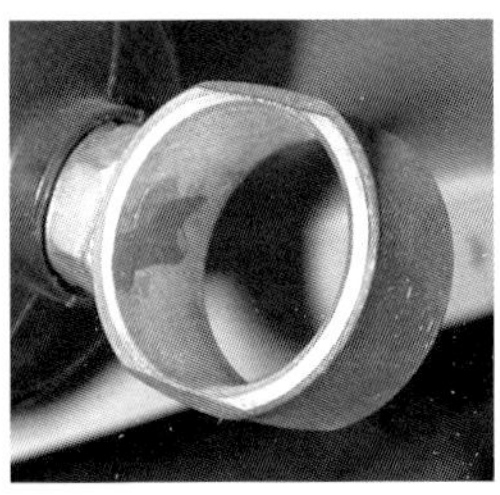

Doch nicht immer ist der Dämpfer schuld. Für Sonderzwecke (Gespann, Militär) hatte MZ etwas härtere Dämpfer im Angebot. Die sind mit einem grünen Punkt im oberen Auge gezeichnet. Wenn jetzt ein

Unwissender einen Normalen und einen Grünen zusammen eingebaut hat, gibt es Unruhen im Fahrwerk.

Häufigster Defekt am Federbein sind festkorrodierte Verstellmuffen. Besonders Gespanne leiden unter starkem Streusalzangriff. Dabei gehen Salz und Alu eine böse Allianz ein und verbinden sich mit dem Stahl der Dämpfer. Wenn die Muffe fest sitzt, hilft oft nur die „mechanische Entfernung", das heißt, die Muffe wird zersägt oder abgemeißelt.

Ist der Dämpfer undicht, sollte man eine Spezialfirma bemühen. Deren Mitarbeiter zerlegen den Dämpfer fachgerecht, wechseln das Öl und dichten den Dämpfer wieder ab. In Eigenleistung funktioniert das mit dem dafür erforderlichen Spezialwerkzeug, aber die Lauferei nach den seltenen Innereien lohnt in keinem Fall.

Also wieder zusammenbauen

Auf den gereinigten Dämpfer wird die dick eingefettete Verstellmuffe gesetzt. Und auch der gesamte Dämpfer bekommt seinen Fettanstrich. Das verhindert Quietschgeräusche, wenn die Feder einmal das Dämpferrohr berührt. Den gleichen Zweck erfüllen „Geräuschdämpfer" aus Kunststoff, die zwischen Feder und Dämpfer eingebaut werden. Dann wird die Verstellmuffe auch weich gestellt und die Feder kräftig vorgespannt. Der schutzbebrillte Helfer setzt nun die beiden Halbschalen wieder ein. Fertig! Jetzt noch eine neue obere Gummimuffe einsetzen und das Federbein

wird wieder montiert. Die untere Muffe braucht in der Regel nicht erneuert werden, sagt man ihr doch das ewige Leben nach. Sollte sie doch getauscht werden, einfach Gummi rausdrücken, neuen einsetzen und ein neues Innenrohr eindrücken.

Dämpfer pflegen

Pflegen heißt hier reinigen und ölen. Gerade bei offenen Dämpfern setzt sich nach einer Pistenfahrt Sand und Schlamm an der Stange und am Filzring des Dämpfers ab. Um die schmirgelnde Wirkung zu mindern, wird solcher Dreck möglichst schnell abgespritzt. Anschließend einen Tropfen Öl an die Dämpferstange, damit der Filzring nicht austrocknet.

Extrem wichtig ist die Pflege der Verstellmuffe. Bei Solomaschinen wird mit der Ölkanne alle 5000 km der Kragen unter der Feder geölt und die Muffe dann bewegt. Bei Gespannen ist die Sache

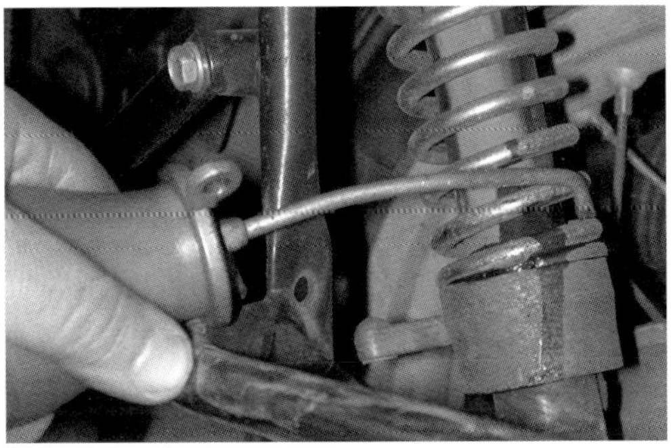

schwieriger. An deren gekapselte Federbeine kommt man mit der Ölkanne nicht ran. Mittels Schraubendreher werden die oberen Halbschalen so verdreht, dass der Spalt dazwischen möglichst groß ist. Hier hinein wird jetzt kräftig Öl gespritzt. Danach werden die Muffen bewegt. Wenn die Muffen sich leichter bewegen lassen, ist das Öl angekommen und die Pflegearbeit beendet.

Andere Dämpfer?

Durch die verschiedenen Federn des MZ-Programms hat der MZ-Fahrer zahlreiche Abstimmungsmöglichkeiten. Fremddämpfer machen oft schon wegen der oberen Befestigung Probleme, da beim MZ-Rahmen die obere Aufnahme sehr kräftig ist. In den Listen der Dämpferhersteller wird jedoch nur der Bolzendurchmesser genannt. Also müsste man einen Dämpfer finden, dessen oberes Auge denselben Innendurchmesser wie bei der MZ hat. Da das aber in keiner Liste steht, ist man gefordert, den Nettesten aller Stoßdämpferhändler zu finden. Der muss dann im Lager die Augen der in Frage kommenden Fremddämpfer messen. Im Zeitalter der elektronischen Teilelager wohl eher selten...

Ein weiteres Problem ist die Gesamtlänge: MZ-Dämpfer sind meist länger als übliche Seriendämpfer. Und sollte man bei der vielen Sucherei fündig geworden sein, gilt es zu beachten, dass der TÜV den meisten Sport- oder Ersatzdämpfern seinen Segen verweigert.

Räder und Reifen: Ein- und Ausbau

RÄDER AUS- UND EINBAUEN IST DOCH EINFACH!

Benötigtes Werkzeug:

- **2 Ring-Maul-Schlüssel, SW 13**
- **1 Ringschlüssel, SW 17**
- **1 Ring-Maul-Schlüssel, SW 22**

Obwohl es sich hier eher um einfache Arbeiten handelt, gilt es dennoch, Besonderheiten zu beachten. Kinderleicht ist der Ausbau des Vorderrads. Die Achsmutter wird abgeschraubt, anschließend die Bremsankerung. Und zwar an der Ankerplatte. Nicht oben am Gabelholm, dort sitzt eine selbstsichernde Mutter.

Die Bremsanker der älteren MZ werden von einem Formstück gehalten. Da reicht es, nur die Radmutter und die Klemmung zu lösen und die Achse rauszuziehen. Ein Radausbau in 20 Sekunden – bei alten MZ ist das möglich.

Der Ausbau des Hinterrades ist ähnlich einfach. Wichtig ist, dass die Kettenspanner und auch die Mutter des Flanschbolzens NICHT gelöst werden. Es wird lediglich die Bremsankerstange an der Bremsankerplatte abgeschraubt. Dann wird die

Steckachse herausgeschraubt. Das Distanzstück lässt sich jetzt herausnehmen. Das Rad wird seitlich aus dem Dämpfungskörper gezogen und kann entnommen werden. Also auch eine Sache von Minuten. Vorsicht: Nicht mit einem der Mitnehmerzapfen den Kettenkasten knacken!

DER RADLAGERWECHSEL

Besonders die serienmäßigen Radlager zeigen recht früh Ausfallerscheinungen. Nicht nur Qualitätsgründe, sondern auch die Bauart der Radlager sorgen für vorzeitigen Verschleiß. Manche MZ erweisen sich als wahre „Lagerfresser". Egal ob „Westlager" oder DDR-Ware, nach einigen tausend Kilometern sind die Lager wieder hin. Häufigste Ursache sind zu kurze Distanzhülsen zwischen den Lagern. Nein, die Dreher bei MZ konnten schon korrekt messen – die Ursache lag häufig am Material der Hülsen. Zeitweise wurde ein sehr weiches Rohr verarbeitet, welches doch sehr an Wasserrohre erinnert. Wenn also der Fahrer beim Radwechsel die Achse auch nur ein bisschen grob anzog, stauchte sich die Hülse und die Kugeln bekamen schädlichen Seitendruck. Dem kann auch das beste Lager nicht widerstehen. Abhilfe schaffen verstärkte Hülsen aus vernünftigem, dickwandigem Material. Gute MZ-Händler haben diese verstärkten Hülsen im Sortiment. Wenn man

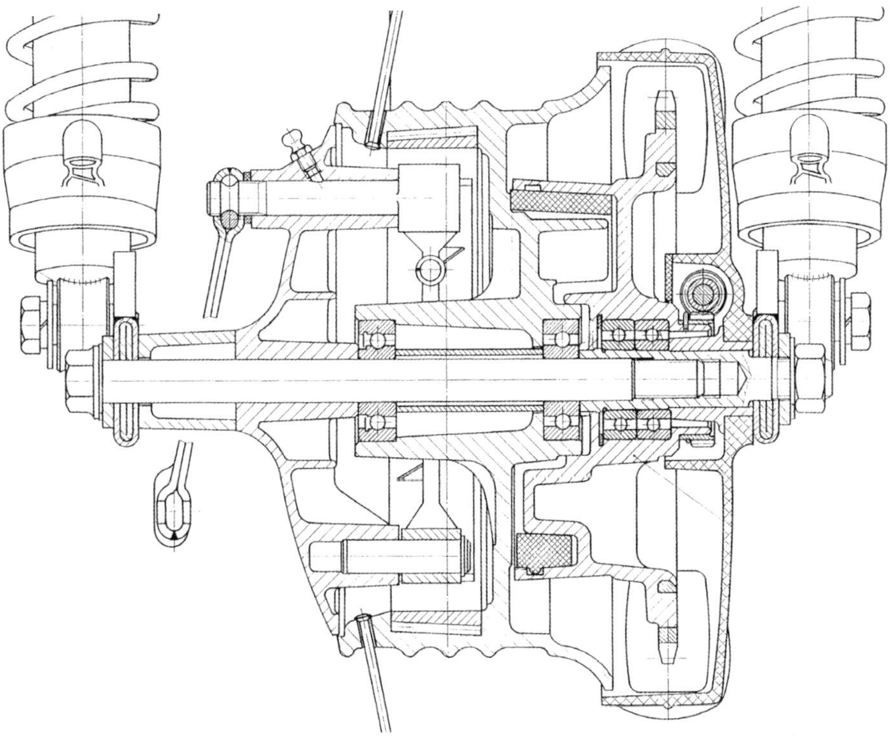

Quantensprung: Links die Radhülse aus DDR „Wasserrohr", rechts die verstärkte Hülse

jetzt noch richtig gute Lager mit Kapselung und Dauerschmierung nimmt, ist man die Sorge um Radlager ein für alle Mal los. Wasserdichte Lager sind unter der Bezeichnung 6302 2RS im Fachhandel erhältlich.

DER WECHSEL DER LAGER

Benötigtes Werkzeug:

- **Schlagdorn, Durchmesser 12 mm**
- **Propanbrenner**
- **Möglichst passenden Schlagdorn**

Nach grober Säuberung wird die Radnabe mit dem Propanbrenner von der Lageraußenseite rundum auf gut 120 °C erhitzt (Spucke verdampft zischend).

Meist reicht es schon, das Rad kräftig auf den Tisch zu stoßen und das Lager fällt heraus. Wenn nicht, wird die Distanzhülse mit dem 12er-Durchschlag zur Seite geschoben und das Lager mit rundum verteilten Schlägen herausgetrieben. Die Hülse fällt heraus. Schnell wird das Rad herumgedreht und das andere Lager heraus geschlagen. Nun wird die Nabe gründlich gereinigt. Bevor die Montage der neuen Lager beginnt, nehmen wir die Lagersitze genau unter die Lupe. Blanke Stellen sind verdächtig, denn hier hat sich das Lager im Aluminium gedreht. Wenn sich die neuen Lager von Hand in die erkaltete Nabe drücken lassen, sind die Sitze schon geweitet. Solange die Lager nicht zu locker sitzen, kann man den Außenring noch mit Lagerkleber einsetzen. Oft hat sich jedoch das Lager in die Nabe hineingearbeitet und so hat sich ein fühlbarer Rand gebildet. Dann ist die Nabe nicht mehr zu retten und sollte entsorgt werden.

Wenn jetzt so ein Altmeister auf den Plan tritt und den Lagersitz mit Körnerschlägen „verkleinert", schickt ihn weg. Diese Räubermethode taugt gerade mal für eine Probefahrt auf dem Hof eines

Masse der Radlagerdistanzhülsen

- **18 x 22 x 37,2 mm**
  Vorderrad mit Trommelbremse alle Modelle
- **18 x 22 x 41,2 mm**
  Hinterrad 125/150er
- **18 x 22 x 52,3 mm**
  Hinterrad mit Trommelbremse
  Alle 250er ab ES/2
- **18 x 22 x 60,8**
  Vorderräder mit Scheibenbremse und Speichen
- **Verstärkte Hülsen werden mit einem Innenmaß von 16 mm gefertigt.**

modernen „Rosstäuschers". Länger hält diese Reparaturmethode nicht.

Nachdem die Lagersitze für gut befunden sind, widmen wir uns nun der Hülse. Genaues Messen zeigt, ob und wie weit das Rohr gestaucht wurde. Kürzer als das angegebene Maß darf die Hülse nicht sein. Allerdings ist ein Zehntelmillimeter mehr Länge erlaubte Toleranz. Sollten noch die dünnen Originalhülsen verbaut worden sein, ist der Austausch gegen die verstärkte Variante Pflicht. Man erkennt übrigens die originalen Rohre an einer deutlich fühlbaren Naht an der Innenseite.

Nun kommen wir zu dem größten Problem bei den Radlagern. Das defekte Lager hat sich zerlegt und nur der Außenring sitzt in der Nabe. Aber auch da hilft eine Portion Know-how. Zuerst wird der Käfig eines der anderen Lager herausgeschlagen. Wir brauchen dessen Kugeln und den Innenring. Vier Kugeln werden nebeneinander in den Außenring gelegt. Dann wird der Innenring eingelegt. Mit einem Dorn werden jetzt die vier Kugeln auf dem Umfang verteilt, dieses „Eigenbaulager" lässt sich leicht austreiben.

Zur Montage

Die gereinigte Radnabe wird auf gut 100 °C erhitzt. Ein neues Lager wird in einen der Lagersitze gedrückt. Bei genügender Erwärmung fällt es fast von alleine in den Sitz. Wenn es nach einigen Sekunden fest sitzt, kann das Rad umgedreht werden. Nun wird die Distanzhülse eingesetzt. Der zweite Lagerring wird nochmal kurz nachgewärmt und das zweite Lager wird montiert. Fertig! Wenn sich die Nabe abgekühlt hat, wird die Arbeit überprüft: Die Lager müssen sich leicht drehen lassen, die Distanzhülse darf nicht klappern. Lassen sich die Lager nicht drehen, hilft ein leichter Prellschlag auf eines der Lager. Klappert die Hülse, wird gezielt auf den Außenring geschlagen, damit sich das Lager setzt.

Speichen

Ein besonderes Highlight sind die geraden Speichen der MZ. Eine gekröpfte Speiche hat an ihrer Kröpfung eine eingebaute Sollbruchstelle. Und wenn die Maschine im Gespann scharf gefahren wird, bricht die Speiche genau dort. Bei den geraden Speichen der MZ ist ein Bruch aus diesem Grunde unmöglich und ist auch sonst sehr selten. Probleme gibt es hin und wieder mit qualitativ schlechten Speichennippeln, wo der Nippelkopf brüchig ist. Aber, wie gesagt, das ist selten und aus westlicher Produktion gibt es hochwertigen Ersatz für Nippel wie auch für Speichen. Der MZ-Fahrer hat mittlerweile die Wahl zwischen Originalspeichen, Superchromspeichen und Edelstahlspeichen; jeweils in normaler und in verstärkter Variante.

Aber eins ist wichtig: Sollte wirklich mal eine Speiche oder ein Nippel brechen, kann man meist noch vorsichtig heimfahren. Nur sollte man dann unbedingt das Rad ausbauen und den Speichenrest entfernen, denn wenn der in die Bremstrommel gerät, sind teure Folgeschäden vorprogrammiert. Genauso wichtig ist es, den Kopf eines gebrochenen Speichennippels unter dem Felgenband zu bergen, da er sonst den Schlauch perforiert und die Luft schlagartig entweicht.

Eine gebrochene Speiche lässt sich rasch ersetzen. Wenn die Speiche eingeschraubt und der Nippel vorgespannt ist, setzt man mit dem Durchschlag einen Prellschlag auf den Kopf der Speiche. Dadurch passt sich der Kopf der Nabe an und die Speiche wird sich später nicht lockern. Per Klangprobe wird die richtige Spannung eingestellt. Die neue Speiche wird solange gespannt, bis sie beim Anschlagen mit einem Schraubenschlüssel genauso klingt wie ihre Nachbarn.

Das komplette Einspeichen eines Rades werde ich hier nicht erklären, das kann man nicht mal eben lernen. Genauso wenig, wie man das Decken eines Daches nach dem Lesen einer Heimwerkerzeitung beherrscht.

Wenn man beim kompletten Neuaufbau eines Rades Geld sparen will, kann man die Speichen selbst einziehen und beim Fachmann zentrieren

lassen. Fahrradmechaniker sind übrigens oft zu zimperlich beim Anziehen der Speichen, man sollte diese Arbeit besser erfahrenen Motorradleuten überlassen.

FELGEN

Die MZ ist mit robusten Alufelgen ausgestattet. Leicht und stabil. Wenn man jedoch mal kräftig einen Bordstein „genommen" hat, ist die Felge reif für den Schrott. Zugegeben, einige kräftige Hammerschläge bringen ein Motorrad mit verzogener Felge sozusagen aus dem Busch zurück in die Zivilisation, eine ernsthafte Reparatur ist jedoch nicht möglich. Also: Felge austauschen!

Bremsenkunde

„Der Sozialismus ist nicht zu bremsen!", rief einst Erich Honecker. Zynische MZ-Fahrer machten daraus: „Im Sozialismus gibt's nichts zu bremsen!" Tatsächlich ist die MZ-Geschichte eine Chronik der Bremsenverbesserungen. Oder waren die MZ-Bremsen doch besser als ihr Ruf?

Zumindest in den fünfziger Jahren war dieser Ruf bestens. Der unvergessene Motorrad-Journalist Carl Hertweck lobte die MZ-Bremsen damals in den höchsten Tönen. Kein Wunder, die Zschopauer Zweitakter verzögerten mit soliden Vollnaben zu einer Zeit, wo die Westdeutschen noch mit primitiven Dosendeckelbremsen zu kämpfen hatten.

Als die Fahrleistungen stiegen, vertraute man in Zschopau weiter auf die bewährten Stopper. Aus dem Geländesport kam die Idee, den Betätigungshebel nach innen in die Bremstrommel zu verlegen. Das war keine so geniale Idee. Da der Hebelarm deutlich schrumpfte, war ein optimaler Hebelwinkel nicht mehr einzustellen. Besonders die Vorderbremse der Gespanne erlangte bei Tourenfahrern einen zweifelhaften Ruf.

Kurzheblig: Die Bremse mit innen liegendem Hebel

Die westliche Konkurrenz machte die Duplexbremse und später die Scheibenbremsen zum Standard, MZ blieb bei der gekapselten Simplexbremse vorn. Bis zur Wende mussten sogar ETZ-Fahrer in der Standardversion einen gehörigen Bremsweg einkalkulieren. Dabei kam die Wende in der Bremstechnik bereits 1981: Die neue ETZ hatte eine Scheibenbremse mit hervorragender Wirkung und perfekter Dosierbarkeit.

Hinten blieb der Bremshebel ausser bei den 125er-Modellen draußen. Die Bremswirkung war stets ordentlich, solange die Bremse kalt war. MZ-Modelle vor 1975 besaßen einen geteilten Bremsring, eingegossen im Aluminium der Nabe. Eine Konstruktion, die nicht funktionieren kann. Durch die Bremserei erwärmt sich das Alu der Nabe und dehnt sich aus. Der geteilte Bremsring macht diese Bewegung mit und wächst. Die Bremswirkung lässt nach. Noch mehr Wärme, noch weniger Bremsleistung. Wer je ein voll beladenes ES-Gespann die Südseite der Turrach herunter trieb, weiß, was ich meine. Fahren, bremsen, schwitzen und stoppen. Warten, bis die Trommel einigermaßen abgekühlt war, und weiter. Das sind die wahrhaft unvergesslichen Erlebnisse im Leben eines Motorradfahrers.

Auf MZ-Treffen gab es daher immer die tollsten Bremskonstruktionen zu sehen. Einige perfekt, andere trieben die TÜV-Prüfer in den Wahnsinn. So haben wir recht früh den Bremssattel eines Ford Escort in die ES transplantiert, als Bremsscheibe diente ein abgedrehter Kanaldeckel...

Andere adaptierten japanische Duplexbremsen und erzielten beste Bremswerte. Dafür brachen jedoch im Gespannbetrieb die bei den Japantrommeln verwendeten, gekröpften Speichen. Hydraulische Betätigungen wurden genauso getestet wie abenteuerliche Hebelverlängerungen. „Ferodo Grün" galt unter Gespannfahrern als DER Bremsbelag und für Ankerplatten der alten MZ-Modelle mit außen liegendem Hebel wurden Mondpreise gezahlt.

Alle diese Basteleien empfehle ich ausdrücklich NICHT zur Nachahmung. Nachfolgend gibt es eine Zusammenfassung von Optimierungsmöglichkeiten der serienmäßigen Bremse.

Verbesserungen an der Vorderbremse

Ja – es ist möglich, mit allen serienmäßigen MZ-Bremsen eine zumindest akzeptable Bremsleistung zu erzielen. Dazu bedarf es eines mehr oder weniger großen Aufwands. Betrachten wir zuerst den Problemfall „Alte Bremse". Bei einer alten Ausführung erkennt man einen geteilten Bremsring an dem dunklen Querstrich auf der Bremsfläche. Besitzer eines solchen Exemplars haben leider Pech gehabt. Aber gute MZ-Händler haben Nachrüstnaben auf Lager. Ein Austausch inklusive neuem Einspeichen und neuen Radlagern ist nicht zu umgehen. Neue Nabe, neue Beläge. Damit die neuen Beläge auch richtig arbeiten und volle Verzögerungsleistung bringen können, werden sie wie folgt individuell angepasst.

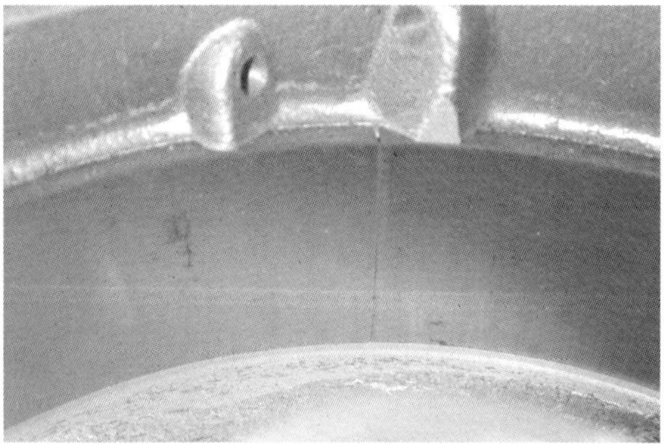

Kein Riss: Der berüchtigte geteilte Bremsring

Nach dem Einbau fährt man ein paar Runden mit viel Bremserei um den Block. Danach Beläge wieder raus und angeschaut. Glänzende Stellen „tragen" bereits, die Stellen ohne Abrieb erzielen noch keine Bremswirkung. Also beginnt eine lohnenswerte Sisyphusarbeit. Mit einer Dreikantfeile werden die blanken Stellen abgetragen, dann wird alles wieder zusammengebaut und Probe gefahren. Nächste Kontrolle: Die tragenden Stellen sind größer geworden. Wieder feilen, einbauen und probieren. Nach jedem neuen Anpassen wird man eine deutliche Verbesserung der Bremse feststellen. Sobald mehr als zwei Drittel der Bremsfläche tragen, stellt sich richtig gute Verzögerung ein. Der Rest erledigt sich durch normales Einbremsen während der Fahrt. Berechtigte Frage: „Warum bremst man nicht direkt ein?" Ganz einfach, bei neuen Belägen geht die gesamte Reibleistung über die kleinen tragenden Flächen. Dabei werden diese Partien überhitzt und „verglasen". Wenn mehr als zwei Drittel der Fläche bereits tragen, gibt es diese Gefahr der Überhitzung nicht mehr.

Richtig gut: sauber tragender Bremsbelag

Das nächste Bremsproblem ist die Stellung der Hebelei. Wenn die Betätigungselemente bei angezogener Bremse im rechten Winkel zueinander stehen, wird die optimale Bremsleistung erzielt. Auf der Fußhebelwelle und am hinteren Bremshebel befindet sich daher eine Vielverzahnung. So lassen sich die Hebel auf den optimalen Winkel einstellen.

Hebelgesetz: Bei betätigter Bremse müssen die Hebel im 90°-Grad-Winkel stehen.

Bei den innen liegenden Hebeln der Vorderradbremse ist das leider nicht möglich. Allerdings arbeiten sich die Bremsbacken an der Auflagefläche des Nockens gerne ein und der Hebelweg wird noch ungünstiger. Gerade bei recycelten Backen, die „nur" neu beklebt wurden, nimmt man seitens der Hersteller auf diese Einlaufspuren keine Rücksicht. Hat man derartige Exemplare erwischt, taugen sie nur für hinten. An der vorderen Bremse sollten daher stets fabrikneue Beläge montiert werden.

Eine weitere Chance zur Optimierung: Moderne Bremsbeläge bringen deutlich mehr Bremsleistung als die Originalbeläge. Besonders Produkte des Herstellers EBC haben sich bestens bewährt.

Der Bremsseilzug muss absolut leichtgängig sein, die Enden müssen mit stabilen Stütznippeln versehen sein. Der serienmäßige Seilzug ist qualitativ einwandfrei. Es gibt jedoch Nachbauzüge aus Fernost, die sämtliche Bremsleistung durch Eigenelastizität auffressen. Geschmiert werden müssen Seilzüge eigentlich nicht, den hohen Drücken im Zug widersteht eh kein Schmierstoff. Etwas Öl dient jedoch dem Rostschutz und verhindert das Eindringen von Feuchtigkeit. Ein Tropfen Öl gehört auch an das Gelenk und besonders an die Seilzugaufnahme am Hebel. Um den Seilzug zu ölen, wird einfach die Stellschraube so gedreht, dass deren Schlitz nach oben weist. Einige Tropfen Öl im Schlitz verteilen sich durch Pumpen am Bremshebel.

Bei der Mühe mag man direkt an den Einbau einer Scheibenbremse denken. Obwohl die Gabeln der TS und der ETZ an den unteren Holmen baugleich sind, kann man den Holm für die Scheibenbremse nicht so einfach montieren. Die Gabelbrücken der ETZ haben einen Mittenabstand von 175 mm, die der TS nur von 170 mm. Diese fünf Millimeter lassen die Bremszange zu nahe an die Speichen rücken, der gesetzliche Mindestabstand lässt sich nicht einhalten.

Ganz schön knapp: Freigängigkeit der Speichen an der Bremszange

„Ich kenne aber einen, der hat das so eingetragen!" Mag sein, aber da hat der TÜV-Mann entweder geschlafen oder war besonders aufgeschlossen gegenüber netten MZ-Fahrern. Auch der Gedankengang, dass man ganz einfach die ETZ-Gabelbrücken in die TS baut oder sogar die ganze Gabel tauschen könnte, ist ein Trugschluss. Denn das Lenkschloss der TS passt nicht an die ETZ und umgekehrt. Einzige Möglichkeit besteht in der Beantragung einer Ausnahmegenehmigung für die lose Diebstahlsicherung.

Eine andere Alternative haben Gespannfahrer, da kann das Vorderrad asymmetrisch eingespeicht werden, um Freiraum für die Bremszange zu gewinnen.

Ein Quell ständigen Ärgers ist auch der Bremslichtschalter. Wenn man die Funktion des kleinen Masseschalters begriffen hat, weiß man ihn auch einzustellen. Das Problem: Wenn man einmal zu weit an der Verstellschraube gedreht hat, muss man die verbogene Kontaktfahne neu ausrichten. Hierzu muss das Rad ausgebaut werden, um den Schalter so zu justieren, dass die Kontaktfahne den Stromkontakt im angezogenen Zustand berührt.

Sauber halten: Sieht der Bremslichtschalter so aus, wird er auch einwandfrei funktionieren.

Wem das zu viel Aufwand ist, der baut gleich einen Zugschalter am Gestänge ein. Leider sind die käuflichen Nachrüstschalter häufig von so jämmerlicher Qualität, dass sie das Plastik nicht wert sind, aus dem sie gemacht wurden. Vernünftige Schalter findet man an schlachtreifen Japanern oder im MZ-Teileregal, nämlich von der ETZ 251.

So – jetzt gehen wir die einzelnen Bremsentypen durch und wagen uns an die Instandsetzung.

Trommelbremse

Kleine MZ haben einen Bremsdurchmesser von 150 mm, die Backen sind mit 316 gekennzeichnet. Die Backen der 160er-Trommeln sind mit 260 gekennzeichnet. Der Ausbau der Bremse wurde bereits unter Radausbau besprochen, also

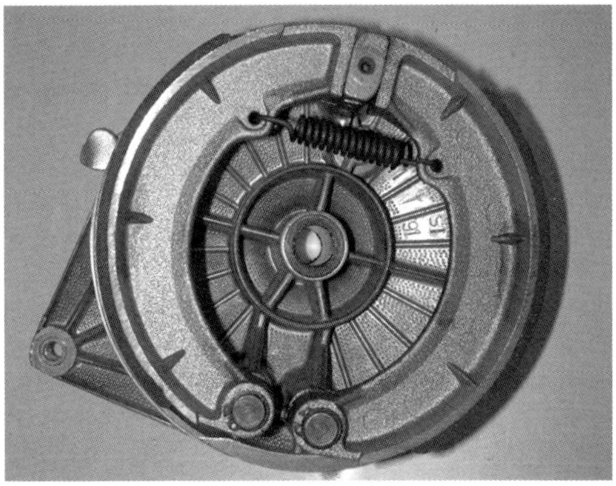

wagen wir uns direkt an die Bremse. Die Beläge sind mit Sprengringen auf den Lagerbolzen befestigt. Mit einer vernünftigen Spreizzange (nicht mit dem Universal-Baumarktgerät) werden die Ringe nur so weit wie nötig gespreizt und abgenommen. Dieselbe Zange hilft auch, beide Backen gleichzeitig mitsamt der Feder abzunehmen. Knickt man nun das Backenpaket zusammen, kann die Feder abgenommen werden. Man versuche bloß nicht, diese Feder bei eingebauten Backen auszuhängen, wie es der Autoschlosser an der Ecke empfiehlt. Üble Fleischwunden oder zumindest gefährlich springende Federn wären die Folge.

Ein kurzer Check noch, bevor die neuen Backen montiert werden. Sitzen die Lagerbolzen fest? Ist die Lagerung des Bremsnockens nicht ausgeschlagen? Normalerweise gibt es hier keine Probleme. Fehlt noch die Reinigung der Bremse. Bremsen werden immer nass ausgewaschen, zuerst mit Teilereiniger, dann mit Entfetterspray. Das „professionelle“ Ausblasen der Trommeln befördert den Bremsstaub in den hintersten Winkel der Werkstatt und in die entlegenste Ecke der Schrau-

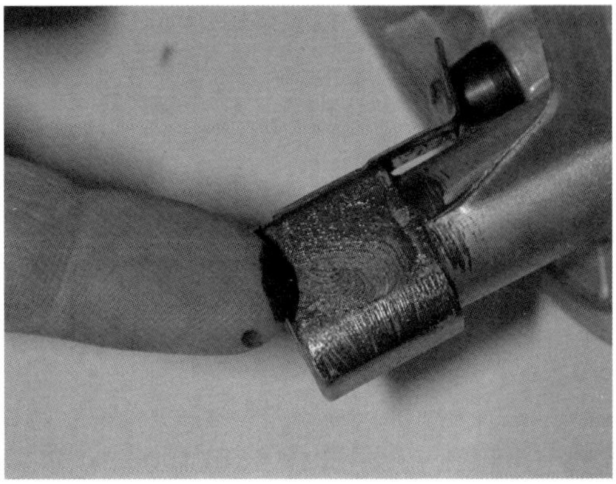

Rechts von oben nach unten: Mit Gefühl dürfen die Sprengringe nur so weit wie eben nötig geöffnet werden.
Universalwerkzeug: Mit den Seiten der Zange lassen sich die Beläge von den Bolzen drücken.
So geht's leicht: Ein Hauch hitzebeständiges Fett auf dem Nocken und den Haltebolzen wirkt Wunder. Damit man es erkennt, wurde für dieses Bild bewusst zu viel Fett genommen.
Auch beim Spreizen der Beläge hilft die Zange.

berlunge. Und wer weiß, ob der Staub der hochgelobten asbestfreien Beläge nicht morgen die nächste böse Krankheit auslöst.

Zur Montage der neuen Beläge wird zuerst die Feder eingehangen. Dann werden die Beläge so gerade eben auf die hauchdünn mit Kupferpaste gefetteten Haltebolzen gesetzt. Mit der Spreizzange werden die Flächen der Beläge so weit auseinander gedrückt, bis der Nocken, dessen Fläche ebenfalls hauchdünn mit Kupferpaste gefettet wird, dazwischen passt. Mit leichten Kunststoffhammerschlägen werden nun die Backen bis zum Anschlag getrieben. Zuletzt die Sprengringe drauf, fertig!

Hinten wird jetzt die Bremse in die Nabe eingesetzt und der Hebel betätigt. An der Feinverzahnung wird der Winkel eingestellt: 90 Grad zum Gestänge bei angezogener Bremse.

Nach der Probefahrt kann man entschieden, ob die Bremsleistung reicht. Wenn nicht, beginnt jetzt die Prozedur mit dem „Einfeilen" der Beläge.

Eine runde Sache – die Scheibenbremse

Die Einführung der Scheibenbremse in der DDR war eine kleine Oktoberrevolution. So viel Nachfrage wie nach den raren Umbausätzen gab

es höchstens im HO-Laden, wenn frische Bananen kamen. Im Westen dagegen war die ETZ seit der Markteinführung mit der Superbremse ausgestattet. Die Dimensionierung entsprach gängigen BMW-Modellen, die Brembo-Anlage war über alle Zweifel erhaben. Probleme gab es bei den ersten Modellen mit der Bremsscheibe. Vereinzelt löste sich die Scheibe vom Trägerkörper. Böse Klapperei war die Folge, schlimmere Schäden waren nicht bekannt. Alle Besitzer einer solchen Bremsanlage können durch einen einfachen Test prüfen, ob ihre Brembo-Scheibe erneuert werden muss. Dazu wird das Motorrad mit angezogener Bremse

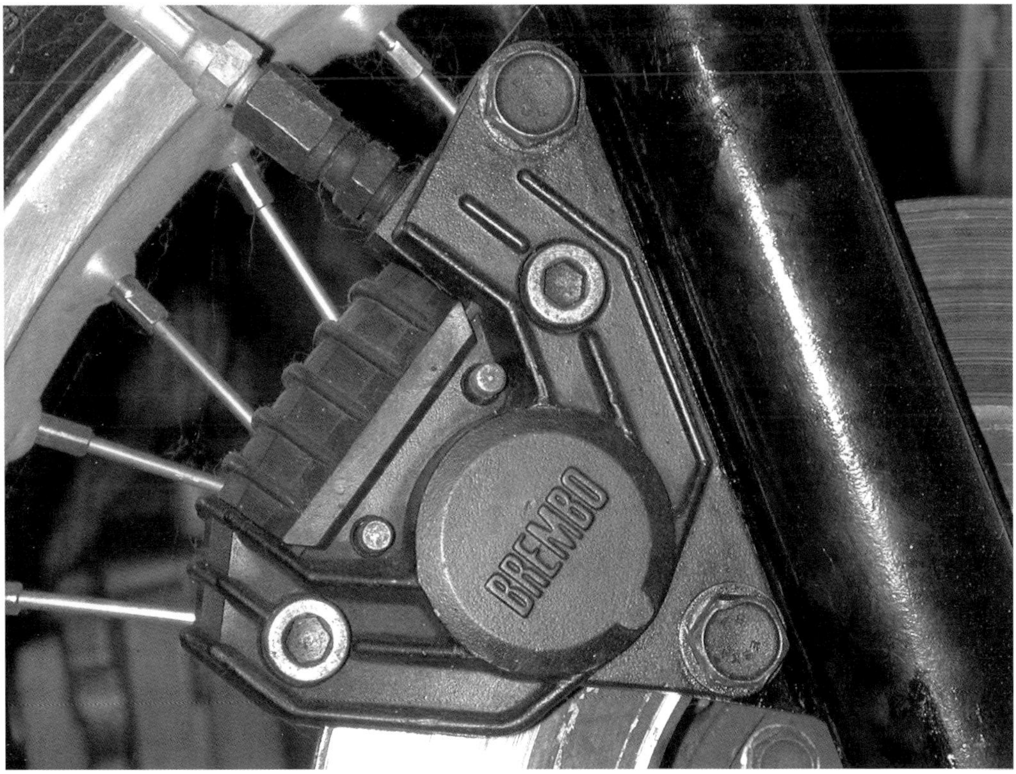

vor- und zurückgeschoben. Die bessere Hälfte oder ein anderer Freiwilliger legt derweil den Finger an die Trennstelle zwischen Scheibe und Träger. Wenn Spiel zu fühlen ist, muss die Scheibe ausgetauscht werden. Am besten gegen eine DDR-Scheibe, denn die kannten dieses Problem nicht...

Ein weiteres Problem ist der Bremshebel der Brembo-Anlage. Dieses Teil ist mittlerweile so selten wie Goldnuggets in der Zschopau.

Eine nette Geschichte am Rande erlebte ein Teilehändler, der den Bedarf an Brembo-Hebeln erkannte und eine Nachfertigung in Taiwan anleiern wollte. Als nach Monaten die Kiste mit tausend Hebeln ankam, erstarrte der gute Mann. Seine Frau hatte das falsche Muster eingepackt. In der Kiste waren tausend originale MZ-Hebel, die schon zu Hunderten im Regal lagen. Mittlerweile würde eine Nachfertigung auch nicht mehr lohnen, denn die meisten MZ sind auf die spätere Armatur umgebaut worden.

Die Teilebeschaffung für die italienische Bremszange ist dagegen kein Problem, da die Anlage unter anderem von BMW, Moto Guzzi und Ducati eingebaut wurde. Dadurch hat die Bremsklötze fast jeder Hersteller im Programm. Wenn man die Stopper nicht unter MZ findet, wird man unter BMW R65 in den Teilekatalogen fündig. Groß ist auch die Auswahl an Qualitäten. Vom Billigbelag bis zur gesinterten „Rennplatte“ gibt es wirklich alles, und das zu moderaten Preisen.

So war es eine der ganz großen Taten der MZ-Macher, die MZ-Bremsanlage so zu konzipieren, dass diese gängigen Beläge weiter passten. Wegen der Beläge wird die MZ-Bremse häufig für einen Brembo-Nachbau gehalten. Was nicht stimmt, so sind die Kolbendurchmesser und das gesamte Innenleben anders. Die Tugenden sind geblieben: Hervorragende Bremsleistung geht einher mit perfekter Dosierbarkeit.

Richtige Probleme gibt es mit der Scheibenbremse nicht, einzig die Mitteldichtung ist bei neuen Zangen hin und wieder undicht. Die Ursache ist meist nicht der Dichtring, sondern Farbe, die dorthin lief, wo sie nichts zu suchen hat. Bei extremen Winterfahrern machen hin und wieder festkorrodierte Bremskolben Ärger. Oft liegt der Grund hierfür in zu alter Bremsflüssigkeit. Ob ein Bremskolben fest sitzt, lässt sich einfach testen. Man legt den Finger in den Spalt zwischen Bremsscheibe und Bremszange. Wenn jetzt die Bremse betätigt wird, darf keine seitliche Bewegung spürbar sein. Wird die Bremsscheibe einseitig bewegt, ist zumindest ein Kolben schwergängig.

Auch eine hydraulische Bremse braucht Wartung

Benötigtes Werkzeug:

- **1 Ringschlüssel, SW 17**
- **1 Durchschlag, Durchmesser 3 mm**
- **1 Wasserpumpenzange**
- **1 breiter Schraubendreher**

Die erste Kontrolle gilt dem Bremsflüssigkeitsstand. Wenn die Bremse dicht ist, sinkt der Stand im Behälter nur durch Verschleiß der Bremsbeläge. Sind die Beläge neu, erreicht die Flüssigkeit die „Maximal“-Marke. Mit zunehmendem Verschleiß sinkt der Flüssigkeitsstand in Richtung „Minimum“. So einfach ist das. Wenn nicht irgendein Neunmalkluger zwischendurch den Behälter aufgefüllt hat. So informiert man sich besser direkt unten an der Bremszange über den Verschleißzustand. Hierzu wird die Kunststoffkappe abgenommen und die Beläge sind sichtbar. Zwei Millimeter pro Belag sollten mindestens sein, auch wenn manche Belaghersteller einen Millimeter für genug halten. Bei so wenig Restbelag wird die thermische Belastung der Bremse jedoch so extrem hoch, dass sich das Belagmaterial von der Trägerplatte löst.

Zum Belagwechsel wird zur Sicherheit erstmal der Deckel des Bremsflüssigkeitsbehälters abgeschraubt und dieser mit einem Lappen abgedeckt oder umwickelt. Falls nämlich jemand die Flüssigkeit bei verschlissenen Belägen aufgefüllt hat, könnte sich im Laufe der folgenden Arbeitsschritte der Lack fressende Saft über den gerade so schön lackierten Tank ergießen.

Zunächst werden die beiden Haltebolzen heraus getrieben. Die Haltefeder liegt nun frei und kann entnommen werden. Da die Bremskolben durch die verschlissenen Beläge weit herausgekommen sind, müssen wir sie zuerst zurückdrücken. Mit der Wasserpumpenzange lassen sich die Kolben über die alten Beläge in ihre Ausgangslage bringen. Achtung: Die Bremszange nicht beschädigen. Auf die Beläge wird keine Rücksicht genommen, da sie ja ersetzt werden. Und jetzt zeigt sich unter Umständen, dass es gut war, den Lappen über den Ausgleichsbehälter zu legen. Lassen sich die Kolben nicht zurückdrücken, wird die Bremszange abgeschraubt. Ein breiter Schraubendreher mit Sechskantansatz wird dann zwischen die Beläge gesteckt. Eine Drehung am Sechskant drückt die Kolben sicher zurück.

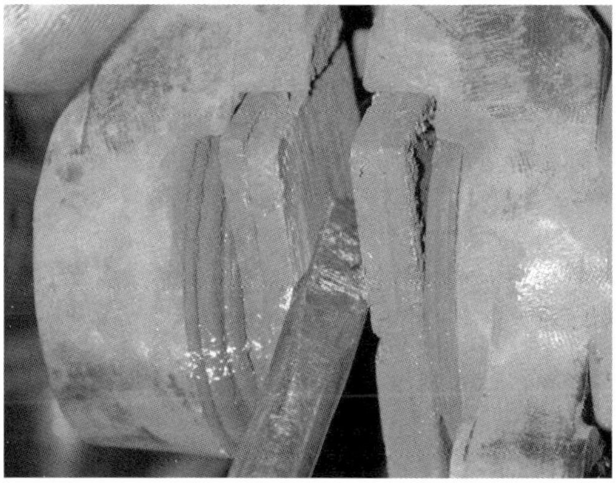

Die Beläge können jetzt aus dem Bremssattel genommen werden. Auf gar keinen Fall darf der Bremssattel auseinander geschraubt werden. Eine Schrauberorgie mit Abdichtung und Entlüftung wäre die Folge.

Mit Bremsenreiniger wird der Bremssattel gründlich gereinigt. Besonders wichtig ist der Zustand der Staubmanschetten. Schlecht sitzende oder gerissene Manschetten werden erneuert. Bevor die neuen Beläge montiert werden, muss der

Hingeschaut: Auf den sauberen Sitz der Manschette kommt es an.

Bremssattel wieder angeschraubt werden. Achtung: Nur Befestigungsschrauben in Originallänge mit Unterlegscheibe verwenden! Wenn die Schraube auch nur einen Millimeter zu lang ist, wird die Bremsscheibe berührt. Das ist keine übertriebene Vorsicht, denn ich habe schon jede Menge ruinierter Scheiben wegen eben dieser vergessenen Unterlegscheibe gesehen.

Bevor die neuen Beläge eingesetzt werden, wird deren Rückseite dünn mit Kupferpaste eingestrichen. Das verhindert Bremsenquietschen und Korrosion. Die Beläge werden eingeschoben. Ein Haltebolzen wird eingesetzt und mit einem leichten Prellschlag an den Anschlag gebracht. Nun wird die Haltefeder eingesetzt. Vorsichtig wird der zweite Bolzen eingeschoben und eine Lasche der Feder wird unter den Bolzen geschoben. Sitzt die Feder richtig, wird der Bolzen in die Endposition geklopft. Die Schutzkappe wird wieder aufgesetzt.

Mit vorsichtigem Pumpen am Handhebel werden die Beläge an die Scheibe gedrückt, bis am Handhebel ein sauberer Druckpunkt spürbar ist. Nun wird der Hebel kräftig gezogen und gut 30 Sekunden festgehalten. Der Hebel darf nicht nachgeben, anderenfalls sind Undichtigkeiten im Hydrauliksystem vorhanden.

Zum Abschluss der Arbeit wird der Bremsflüssigkeitsstand auf „Maximum" aufgefüllt und der Hermetikbalg wird, nachdem er in Form gebracht wurde, wieder eingesetzt. Nun wird der Entlüfterring aufgesetzt. Der Hermetikbalg muss sauber unter dem Ring liegen. Die Verschlusskappe darf nicht übertrieben fest zugeschraubt werden. Stets ein beliebter Fehler, denn wenn die Kappe gnadenlos festgeschraubt wird, zerquetscht man den Balg mit dem Entlüfterring und die Bremsflüssig-

Mit Gefühl: Der Entlüfterring muss sauber auf dem Hermetikbalg aufliegen, dann wird gefühlvoll angezogen.

keit sabbert heraus. Ganz besonders schlaue Zeitgenossen lassen dann den Ring oft bewusst weg. Weil der Gummibalg dann so schön gegen den Deckel dichtet. Ein fataler Fehler, denn wenn es ganz schlimm kommt, findet kein Flüssigkeitsausgleich statt und die Bremsklötze öffnen nicht mehr. Ein böser Sturz kann die Folge sein.

Scheibenbremsbeläge brauchen einige Kilometer, um sich der Bremsscheibe anzupassen. Deshalb auf der Probefahrt häufig und nicht zu stark bremsen, damit sich die Beläge schneller anpassen können. Zur Belohnung gibt es dann eine super Bremswirkung.

Zuweilen muss auch die Bremszange zerlegt werden. Nämlich immer dann, wenn Flüssigkeit zwischen den Hälften austritt. Hier dichtet ein Rechteckring normalerweise zuverlässig ab. Wenn kein Lack zwischen den Flächen ist. Leider nahm man es in der Fertigung häufig nicht so genau und etwas Lack verhinderte die passgenaue Montage der beiden Hälften, was dann die Undichtigkeit zur Folge hat. Zum Wechsel dieses Dichtrings werden die beiden Schrauben gelöst, die den Sattel zusammenhalten. Doch vorher das Wichtigste: Bei Arbeiten an der Bremshydraulik muss der Arbeitsplatz stets blitzblank sein! Kleinste Partikel können später lebenswichtige Ausgleichsöffnungen verstopfen. Sind die Hälften auseinander, kann der Ring mit einer sauberen Spitzzange entfernt werden. Findet man zwischen den beiden Hälften Dichtmasse, weiß man, welch Murkser hier Hand angelegt hat. Die Dichtflächen müssen absolut sauber sein, ansonsten werden sie sauber gemacht. Dabei leistet der gute Bremsenreiniger seinen Beitrag oder ein ganz vorsichtig angesetzter Schaber. Da wir den Sattel derart schön zerlegt auf dem Tisch haben, sehen wir uns jetzt ganz genau die Dichtmanschetten an. Sind diese porös oder, was häufiger ist, aufgequollen werden sie natürlich ohne Wenn und Aber ersetzt. Obwohl das etwas kostet. Denn darunter befinden sich die teuren Kolben, die unbedingt vor Korrosion geschützt werden müssen. Wenn die Kolben nämlich beschädigt sind, ist meistens Rost die Ursache. Und das bringt uns zum nächsten Problem.

Was macht man im Fall eines festsitzenden Kolbens? Gute Kolben lassen sich ja leicht entfernen, doch gute Kolben müssen auch nicht raus. Um indes festsitzende Kolben zu entfernen, bleibt eigentlich nur eine Methode, und zwar mit Hilfe von Hydraulikkraft. Dazu bleibt der Bremssattel zusammen oder wird wieder zusammengeschraubt und mit Dichtring und Anschluss an die Bremsleitung montiert. Mit dem Handhebel wird nun vorsichtig gepumpt. Getreu dem Motto „Der Bessere gibt nach" bewegt sich ein Kolben langsam aus dem Bremssattel. Aber bitte nicht weiter als drei bis vier Millimeter. Nun wird dieser Kolben mit einer einfachen Hilfskonstruktion aus Schrauben und Flacheisen fixiert. Danach wird weiter gepumpt. Jetzt löst sich mit einem Ruck auch der zweite Kolben und wird so weit wie möglich herausgedrückt. Nach dem erneuten Öffnen des Bremssattels lassen sich jetzt beide Kolben herausziehen. Notfalls, wenn sowieso neue montiert werden sollen, mit Hilfe einer Wasserpumpenzange. Mit einem kleinen Schraubendreher lassen sich jetzt die Dichtringe herausnehmen. Der Dichtring geht dabei eh zum Teufel, braucht also nicht geschont zu werden.

Schonen muss man dagegen die Nuten im Bremssattel. Kleinste Beschädigungen besonders in den Bohrungen des Bremssattels können für dauernden Ärger sorgen. Also Vorsicht!

Mit Bremsenreiniger und sauberer Pressluft werden nun die Einzelteile des Bremssattels gereinigt. Leichte Korrosionsspuren im Inneren lassen sich mit sehr feinem Schmirgelleinen (Körnung 1000) wegpolieren, größere Krater sind das Todesurteil für die Bremszange.

Alles sauber, alles klar? Wagen wir uns an den Zusammenbau. Die neuen Dichtringe werden ganz leicht geschmiert und zwar mit speziellem Bremsenfett, einer Art eingedickter Bremsflüssigkeit. Die Dichtringe werden vorsichtig und ohne Werkzeug in die Nuten gedrückt. Mit dem Finger dürfen sich keine Wellen erfühlen lassen. Dann werden die ebenfalls leicht gefetteten Kolben von Hand eingedrückt. Unbedingt darauf achten, dass man sie nicht verkantet. Zuletzt wird eine neue Dichtmanschette aufgezogen.

Vor dem Zusammenbau des Bremssattels wird nun der ebenfalls gefettete Rechteckring eingelegt. Ansonsten bleiben die Dichtflächen trocken. Die Schrauben werden fest angezogen. Jetzt noch die Beläge montieren und ENTLÜFTEN.

DIE ENTLÜFTUNG DER BREMSANLAGE

Benötigtes Werkzeug:

- **1 Ringschlüssel, SW 10**
- **Schlauch, Innendurchmesser 5 mm**

Ich weiß, dass es tolle Entlüftungsgeräte und genauso viele Tipps zur Bremsenentlüftung gibt. Da die alle zusammen den Umfang dieses Buchs sprengen würden, erkläre ich die konventionelle

Entlüften: Der Schlauch auf dem Entlüfternippel mündet in ein Gefäß mit Bremsflüssigkeit.

Methode mit Schlauch und 10-mm-Schlüssel. Da bei der MZ-Bremszange und Hauptbremszylinder nicht zu weit auseinander liegen, lässt sich diese Arbeit auch allein erledigen. Vorteil: Man muss dem Helfer nicht sagen, wann er das Entlüfterventil öffnen und schließen soll. Nachteil: Man kann bei Problemen die Schuld nicht auf den Helfer schieben...

Mit einer Spritze wird der erreichbare Rest der alten Bremsflüssigkeit abgesaugt. Der Behälter wird mit frischer Flüssigkeit gefüllt. Auf das Entlüftungsventil der Bremszange wird ein Ringschlüssel SW 10 und der Schlauch gesteckt. Dessen Ende führt in ein Glasgefäß mit etwas (alter) Bremsflüssigkeit.

Am Handhebel wird nun ungefähr zehn Mal vorsichtig gepumpt und dann der Hebel im gezogenen Zustand festgehalten. Mit dem Ringschlüssel wird das Ventil geöffnet. Blasige Flüssigkeit strömt in den Schlauch. Wieder zudrehen. Erneut wird oben rund zehnmal gepumpt. Bei gezogenem Hebel wird wieder das Ventil geöffnet. Jetzt strömt mehr Flüssigkeit mit weniger Luft. Diese Prozedur muss rund 10 bis 20 mal wiederholt werden, bis die Flüssigkeit im Schlauch blasenfrei austritt. Der Druck am Handhebel ist nun vorhanden, aber immer noch recht teigig. Jetzt kommt der Trick: Der Behälter wird bis „Maximum" gefüllt und mit Hermetikbalg und Entlüfterring verschlossen. Das Motorrad wird um mindestens 45 Grad auf die Seite gelegt und der Handhebel zehn Mal betätigt. Man hört die Luft förmlich entweichen. Das Resultat ist ein wesentlich kräftigerer Bremsdruck. Mit gezogenem Hebel legen wir das Motorrad auf die andere Seite und wiederholen die Pumperei. Wieder gluckert es im Handzylinder. Und zur großen Freude des Schraubers hat der Bremshebel einen richtig festen Druckpunkt. Noch das Entlüfterventil festziehen, die Bremsflüssigkeit auf „Maximum" nachfüllen und die Entlüftungsaktion ist beendet.

Für alle, denen der Bremsdruck jetzt immer noch nicht ausreicht, sei die Umrüstung auf Teflon-Bremsleitungen mit Stahlummantelung empfohlen. Das ist nicht nur der letzte Schrei, sondern auch technisch das Optimum. Es ist praktisch keine Elastizität eines Schlauchs vorhanden. Daraus resultiert ein knüppelharter Druckpunkt. Und das Entlüften geht auch schneller, denn das Loch in der Leitung ist wesentlich kleiner als beim Serienschlauch und fasst somit weniger Bremsflüssigkeit.

Letzter Check, ob alles in Ordnung ist: Beim Bremsen mit dem Finger im Bremsspalt (wurde vorher schon erklärt) prüfen, ob beide Kolben gängig sind. Dann die Bremse eine halbe Minute richtig fest anziehen. Der Hebel muss und wird (bei ordentlicher Arbeit) unbeweglich fest am Druckpunkt verharren. Tatsächlich sind diese beiden simplen Tests die einfachste und wichtigste Kontrolle unserer Arbeit.

Ach so, da ist noch die Sache mit dem Bremslichtschalter. Es gibt Leute, deren „Emmen“ regelrecht Bremslichtschalter fressen. Der einfache Grund ist eine falsche Einstellung. Der Druckschalter wird nur soweit in den Handgriff geschraubt, bis das Stopplicht gerade verlischt. Wenn der Schalter zu weit eingeschraubt wird, liegt der Handhebel in Ruhestellung am Schaft des Schalters an. Dadurch pilzt dieser nach kurzer Zeit auf und der Stößel des Schalters bleibt hängen. Womit der Schalter unrettbar kaputt ist.

Wie komplex die Technik rund um das Thema „Bremse“ ist, zeigt sich in der Länge des Kapitels. Aber lieber ein paar Abschnitte zu viel geschrieben, als das, was man gerade braucht, vergebens zu suchen.

Wie kommt die Kraft auf die Straße?

Der Hinterradantrieb

Die MZ hat den genialsten Hinterradantrieb in der Entwicklungsgeschichte des Motorradbaus. Mit diesem einen Satz könnte man das Kapitel eigentlich beenden.

Natürlich ist das ist eine extreme und provokante Behauptung, wohl wissend, dass ein gewisser Geronimo Cardano im 16. Jahrhundert jenes Gelenk erfand, welches traditionell edle deutsche und italienische Motorräder antreibt.

Dabei hatte auch MZ einmal eine BK, wobei das Kürzel für Boxer-Kardan steht. Aber dennoch halte ich die Kette nach MZ-Machart für das bessere System. Und das aus verschiedenen Gründen. Wer einmal und das speziell beim dicken Italiener, das doppelte Kreuzgelenk wechseln musste, durfte nicht nur seine Brieftasche deutlich erleichtern, sondern der musste sich auch noch beim Heimholen seines Motorrads schwer ins Zeug legen. Denn mit einem kaputten Kreuzgelenk dreht sich oft gar nichts mehr. Man sollte aber auch erwähnen, dass Geronimos Gelenke normalerweise lange halten.

Was unsere MZ angeht, haben die Konstrukteure mit dem Kettenantriebskonzept die beste Lösung für den Hinterradantrieb umgesetzt. Das zeigt sich besonders im Fahrverhalten, wo sich die MZ sehr neutral gibt. Beim Kardansystem treten verschiedene Momente auf, die entweder durch aufwendige Hebelkonstruktionen und Technik unterdrückt werden oder eben vom Fahrer ertragen werden müssen. Und wenn beim Kettenantrieb mal Ersatz fällig ist, sind die Teile erschwinglich und gut zu beschaffen.

Was ist nun das Besondere? Erst einmal haben wir eine Kette, die, wie bei den meisten anderen Motorrädern auch, die Kraft vom vorderen Ritzel über die Kette ans hintere Kettenrad reißt. Das ist also gleich, aber der Unterschied liegt in der Ausführung. Bei der MZ läuft die Kette durch zwei Gummiprofilschläuche, die die Kette nicht nur vor Schmutz und Wasser schützen. Das Geniale ist ein in die Kettenschläuche eingearbeitetes Führungsprofil, das die Kette führt und wirksam am Peitschen hindert. So kann eine MZ-Kette eigentlich nicht von den Ritzeln wandern. Wenn sie zu lose ist, springt sie über. Den hinteren Teil dieses Kettenschutzes bildet ein Kasten aus Bakelit, jenem berühmten, zerbrechlichen Kunststoff aus

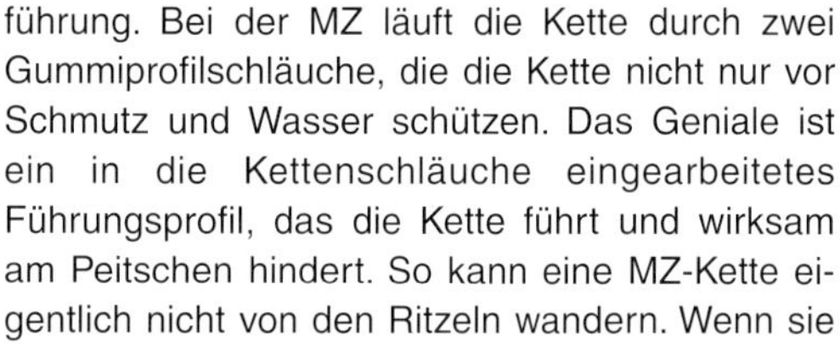

Gute Führung: Diese Stege verhindern ein Peitschen der Kette.

alten DDR-Zeiten. Dieses Material wurde gewählt, weil die alten DDR-Ketten nun mal absoluter Schrott waren. Bei einem Kettenriss, und das kam im Osten häufig vor, blockierte die Kette in den vorher bei MZ üblichen Alukettenkästen. Und das endete für den Fahrer in einer gepflegten Rutschpartie über das sozialistische Blaubasaltpflaster. Der Bakelit-Kasten hingegen explodiert förmlich bei einem Riss der Kette und das Schrottteil kann sich sanft auf der Straße verteilen. Wie schlecht die Ketten waren, konnte man auch den alten DDR-Handbüchern entnehmen: „Wenn mehr als 5

Perfekter Maschinenbau: Der geschlossene Kettenkasten

Röllchen abgeplatzt sind, oder aber 2 Röllchen nebeneinander, ist die Kette zu wechseln. Alle 5000 km ist sie abzunehmen, in Petroleum zu reinigen, neu zu fetten und wieder zu montieren!“ Dennoch wurde dem Ost-Tourer empfohlen, stets Reserveketten mitzuführen, denn wegen der hohen Nachfrage galten Ketten als „Bückware“. Gegen eine entsprechende Gegenleistung kramte der IFA-Fuzzi eine Kette im neutralen Tütchen tief unter dem Ladentisch hervor.

Heute ist das zum Glück anders. Wir haben moderne Hochleistungsketten zur Verfügung. In Standardqualität sind Laufleistungen von über 30.000 km möglich, in vorgedehnter (damit man nicht oft spannen muss) und verstärkter Qualität sind über 50.000 km Lebensdauer zu erreichen. Natürlich vorausgesetzt, man hat eine gute Markenkette gewählt. Leider ist die japanische Kettenindustrie auf dem Vormarsch, weil deren Produkte die europäischen Ketten qualitativ oft übertreffen. Mich schaudert es regelmäßig, wenn ich sehe, wie sich besonders Sparsame auf Oldtimermärkten bei fliegenden Händlern mit alten DDR-Ketten eindecken. Fünf Stück für 20 Euro. Dabei spielt der glückliche Neubesitzer mit seiner Gesundheit, denn nicht immer fliegt die Kette so fein aus dem

Kasten, wie eben beschrieben. Auch so genannte O-Ring-Ketten haben im MZ-Kasten nichts verloren. Die O-Ringe haben die Aufgabe, das Fett in den Rollen der Kette zu halten, sie lassen aber auch kein neues Fett hinein. Und das erschwert die Wartung. Abgesehen davon läuft die Kette ja schön dicht gekapselt in ihrem Kasten.

Abgeschmiert wird die Kette mit einem mittelfesten Fett, das durch den abgenommenen Lichtmaschinendeckel mit einem Pinsel auf der Kette verteilt wird. Bis vor wenigen Jahren gab es Fett in schönen Tuben, da konnte man aus der Tube einen Fettstrang sauber während eines Kettenumlaufs auf die Kette aufbringen. Aber diese Zeiten sind vorbei, also muss der Pinsel helfen. Zu viel Fett tritt am hinteren Kettenkasten aus und besudelt die Felge, zu wenig Fett zehrt arg an der Lebensdauer der Kette. Die Kette läuft mit überraschend wenig Spannung. Wenn das Hinterrad aufgebockt ist, soll man den oberen Kettenschlauch mit zwei Fingern bis auf das Querrohr der Schwinge runterdrücken können. Soweit zumindest die werksseitige Vorschrift. Leider berücksichtigt die Anweisung nicht, dass es verschieden starke Finger gibt. Deshalb jetzt meine Methode. Ich empfehle, die Kette bei geöffnetem Lichtmaschinendeckel zu spannen. Jetzt wird die Kette mit zwei Fingern auf das Querrohr gedrückt, egal wie kräftig. Hinter dem Kettenritzel muss die Kette jetzt noch ein eben fühlbares Spiel aufweisen, dann ist sie richtig gespannt. Bei den 150er bis zur TS wird zwichen Kettenschlauch und Querrohr ein 20 mm dickes Distanzholz eingelegt.

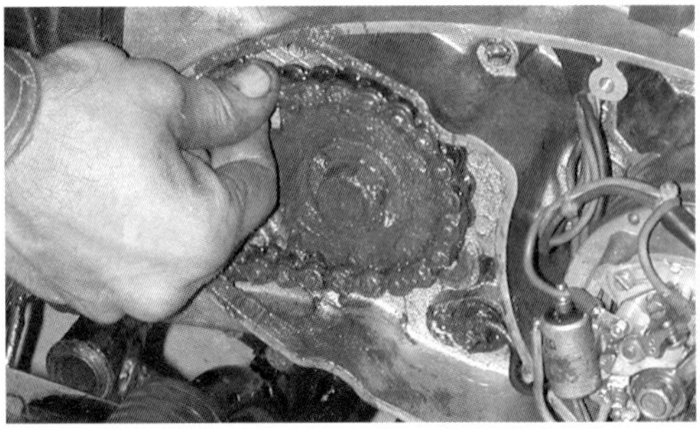

Gut gespannt: Wenn der Kettenschlauch aufs Querrohr gedrückt ist, muss hier leichtes Spiel fühlbar sein.

Zum Einstellen der richtigen Spannung löst man die Mutter des Hinterradflanschbolzens und die Achsmutter. Dann wird die Spannung am Kettenspanner justiert, die Flanschmutter angezogen und sogleich die Spannung nochmals kontrolliert. Und zwar in verschiedenen Stellungen des Hinterrades. Denn die Kettenräder können minimal unrund sein. Wenn man dann beim Überprüfen des Spiels die loseste Stelle erwischt, wird die Kette an anderer Stelle zu stramm laufen, mit erheblichen Folgen. Eine zu stramm justierte Kette überlastet nämlich das Abtriebslager des Motors. Diese Überlastung kann zum Ausfall des Lagers führen, eine teure Motorrevision wird fällig. Der Kettenspanner ist übrigens eine Einstellhilfe und kein Spannwerkzeug. Alle, die schon mal einen Kettenspanner ruiniert haben, sollten eigentlich auf dem nächsten MZ-Treffen zu einer Kiste Freibier wegen Gefühllosigkeit verdonnert werden.

Ich kannte mal jemand, der war besonders pingelig. Alle Schrauben wollte er mit dem genauen Drehmoment anziehen, also gab ich ihm die entsprechende Tabelle. Die Tabelle schließt mit den Worten: „Alle M6-Schrauben 18 Nm". Und tatsächlich zog „Mister Perfekt" mit seinem neu erstandenen Drehmomentschlüssel die Kettenspannerschraube mit eben diesen 18 Nm an. Die Kette war stramm wie eine Harfenseite. Nach ein paar Metern gab es einen großen Knall und das Getriebeöl lief raus. Das Abtriebslager war von der Kette aus dem Gehäuse gerissen worden.

Das hintere Kettenrad der MZ ist nicht nur ein Kettenrad, sondern eine komplette geniale Antriebseinheit. Das präzise Kettenrad ist in einen Aluminiumkörper eingegossen, der sich auf zwei starken Kugellagern dreht. Die Lager sitzen auf einem Flanschbolzen, der fest mit der Schwinge verschraubt wird und dessen Position vom Kettenspanner eingestellt wird. Diese Konstruktion leitet alle Kettenkräfte auf diese Lagerung. Die Radlagerung und der Antrieb sind völlig voneinander getrennt. Diesen Dämpfungskörper gab es früher nur komplett. Zum Leidwesen umweltbewusster Sparer musste ja im Reparaturfall immer der gesamte Körper weggeworfen werden, auch wenn nur der Zahnkranz versaut war. Nun gibt es diesen Dämpfungskörper auch als Tauschteil. Der Zahnkranz ist dann verschraubt und kann einzeln gewechselt werden. Bei der Erstanschaffung ist der Tauschkörper etwas teurer und das Abdrehen des alten Zahnkranzes ist eine wirklich undankbare Arbeit. Aber spätestens beim ersten gewechselten Zahnkranz hat sich der Mehrpreis gelohnt.

Im Dämpfungskörper sitzt der eigentliche Antriebsdämpfer, ein Gummiformteil, welches die Antriebskräfte stoßfrei auf das Hinterrad überträgt. Wie wirksam diese Anordnung ist, merkt man erst, wenn man eine MZ fährt, die im DDR-Eigenbau auf japanische Gussräder „umgestellt" wurde. Die MZ wird zum Springbock, das muss man erlebt haben.

6. VOM TANK ZUM AUSPUFF

Fehler im Kraftstoffsystem

Kleinste Fehler in der Kraftstoffversorgung können für große Schäden verantwortlich sein. Die Symptome mangelnder Spritversorgung zeigen sich in Form von unerklärlichen Aussetzern, Motorüberhitzung und sogar Kolbenschäden.

Grundlage einer sicheren Spritversorgung ist eine Durchflussmenge von mindestens 16 Litern pro Stunde. Hier stellt sich einem dann die Frage: „Wenn meine MZ doch nur 4 Liter auf 100 km verbraucht, wozu benötigt sie dann 16 Liter pro Stunde?“ Ganz einfach, beim Vollgasbeschleunigen, an der harten kurzen Steigung und beim Überholvorgang. Dann steigt der Kurzzeitverbrauch ins Unglaubliche und auch kerngesunde Motoren neigen in diesen Fahrsituationen zum Abmagern – wenn sie nicht die 16 Liter (12 Liter bei den kleinen Modellen) pro Stunde zur Verfügung haben. Falls weniger Kraftstoff durch die Düsen läuft, spricht man eben vom Abmagern des Gemisches. Ein deutliches Zeichen ist gut hörbare Klingelei oder ein helles Rasseln in der Beschleunigungsphase. Beide Geräusche sind die Vorstufe zu einem Kolbenklemmer.

Konsultiert man bei Verdacht auf Abmagerung den Spezialisten, wird oft der Spritschlauch abgezogen, der Benzinhahn geöffnet und auf Grund der Stärke des Strahls über die Kraftstoffversorgung orakelt. „Hat genug Sprit!“, lautet dann das fachmännische Urteil. Und die lausige Fehlersuche geht weiter. Hätte der Auchfachmann den Spritfluss korrekt ermittelt, wäre er jetzt nicht mit seinem Latein am Ende. Die einzig legitime Methode zur Ermittlung der verfügbaren Kraftstoffmenge ist, die Schwimmerkammer abzuschrauben und den Benzinhahn zu öffnen. Über 15 Minuten lässt man den Kraftstoff in einen Kanister laufen. Mindestens vier Liter (drei Liter bei den kleinen Modellen), besser noch mehr, sind erforderlich, um den Motor stets mit reichlich Gemisch zu versorgen.

Einstellung: Die große Schraube ist die Umluftschraube. Hier wird der Leerlauf geregelt. Die vordere Schraube ist verplombt, hier wird das Leerlaufgemisch eingeregelt. Normalerweise darf die Schraube bleiben, wie sie ist.

Zwei Ergebnisse dieser Messung sind nun möglich: Es kommt genügend Sprit oder eben nicht. Wenn genügend Sprit fließt und es dennoch zu Abmagerungserscheinungen kommt, wird die Ursache beim Vergaser oder bei der Zündung gesucht. Mehr dazu findet man in dem entsprechenden Kapitel.

Gehen wir nun mal von zu wenig Kraftstoff aus. Dann wird das Kraftstoffsystem systematisch untersucht. Die erste Prüfung gilt der Tankdeckelbelüftung: Das Loch im Tankdeckel muss einwandfrei durchgängig sein. Als Motorradfahrer steht man hier gerne mal ratlos vor dem Phänomen, dass man wochenlang problemlos fährt. Und ausgerechnet bei der Urlaubsfahrt bleibt das Ding nach 20 Kilometern stehen. Tankrucksack runter, der Blick in den Tank verheißt Gutes. Also weiter. Nach 20 Kilometern das gleiche Spiel. Bis dann der entscheidende Geistesblitz kommt. Der Tankrucksack verstopft die Belüftungsbohrung. Wer also mit viel Gepäck fährt, baut sich einen Drahtbügel auf den Tankdeckel, der für eine freie Lüftung sorgt. Oder er montiert einen Deckel mit Schlauchanschluss, von dem aus ein Schlauch an die frische Luft geführt wird.

Der nächste Prüfpunkt ist der Benzinhahn. Laufen an dessen Stutzen weniger als die 16 Liter durch, haben wir die Ursache für die Abmagerung gefunden. Mit etwas Glück liegt sie im Feinfilter. Von Hand wird der Wassersack unten am Hahn abgeschraubt. Dessen Inhalt wird nicht verschüttet, sondern genau begutachtet. Auf dem Grund dieses Abscheiders sammeln sich Dreck und Wasser. Dreck stammt meist von Verrostungen im Tankinneren. Wasser kann durch Kondensation, beim

Drecksack: Im Wassersack sammeln sich alle Schwebstoffe aus dem Tank.

Bitte mit Filter: Im Feinfilter sammelt sich aller Schmutz, der dem Vergaser schaden kann. Zusätzliche Spritfilter sind nicht nötig.

Tanken oder durch die Hand eines bösen Mitmenschen in den Tank kommen. Von unten erreicht man jetzt den Feinfilter. Das kleine Sieb lässt sich von Hand heraus schrauben. Der Feinfilter lässt sich mit Druckluft oder Bremsenreiniger von innen nach außen frei pusten. Alles sauber? Dann noch mal auslitern. Reicht die Menge immer noch nicht, muss der Hahn ab. Natürlich ist in solchen Fällen der Tank randvoll und man hat keine Lust auf die Sauerei beim Entfernen des Hahns. Aber alles Jammern nützt nichts, der Sprit muss raus. Zumindest soviel, dass man den Tank auf die Seite legen kann. Dann wird der Hahn mit einem 19-mm-Schlüssel abgeschraubt. Am Benzinhahn befindet sich oben der Grobfilter und das Steigrohr für die Reservestellung. Besonders im verschmutzten Zustand bleibt beides gern im Tank hängen. Mit einem kleinen Schraubendreher gehen wir unter den Rand und hebeln das Sieb vorsichtig heraus. Diesem langen Siebfilter sollte man eine besonders gründliche Reinigung spendieren, denn er fängt die meisten Partikel aus dem Tank ab. Von in-

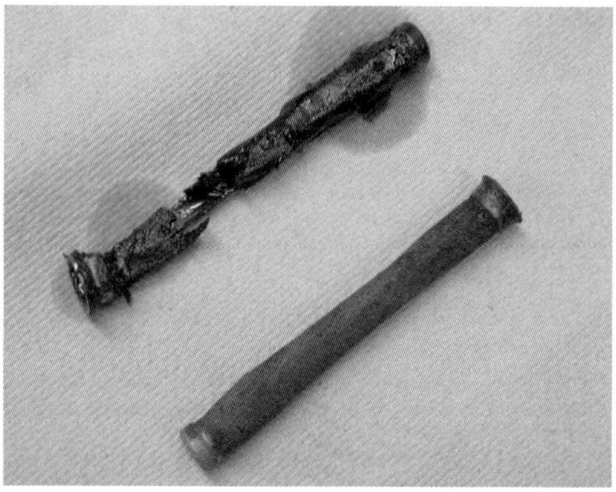

Zerfressen: Ein durch chemische Reaktion im Tank zerstörter Grobfilter, darunter ein Filter im Originalzustand.

nen nach außen mit Waschbenzin oder Bremsenreiniger tüchtig durchspülen, dann mit Pressluft trocknen. Oft ist das Messinggewebe zerfressen, dann hilft nur noch der Austausch.

Innerhalb des Siebfilters befindet sich das Steigrohr für die Reservestellung. Es ist in einem Gewinde am Hahn befestigt. Meint man, zu früh auf Reserve schalten zu müssen, kann durch Kürzen dieses Röhrchens um ein paar Millimeter die Reservemenge reduziert werden.

An der Vorderseite des Benzinhahns befindet sich das Federblech, welches die Ventilplatte mit dem Hebel gegen die Vierlochdichtung presst. Nach dem Lösen der beiden Befestigungsschrauben kann der Hebel abgenommen werden. Eine der Hauptursachen für Spritmangel liegt in dieser Vierlochdichtung. Ahnungslose ziehen die beiden Schrauben bis zum Anschlag fest und drücken so die Vierlochdichtung zusammen, wodurch aber auch die Bohrungen in der Dichtung verengt werden und die Folge ein gedrosselter Spritdurchfluss ist.

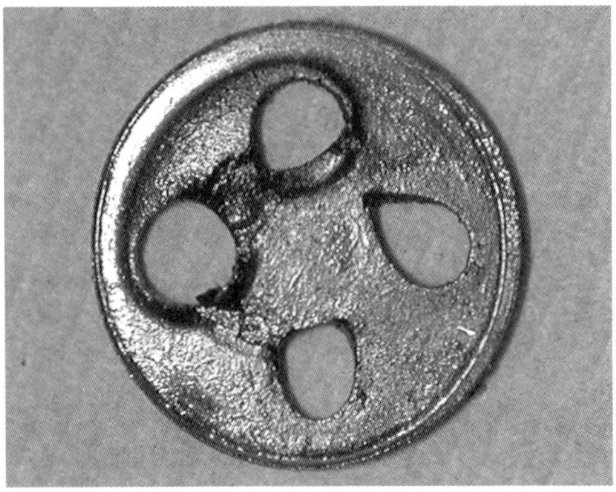

Versteckter Fehler: Eine gequollene Vierlochdichtung ist die Ursache vieler Schäden.

Die Bohrungen im Benzinhahnkörper werden mit einem Nagel oder Bohrer gereinigt.

Rohrputz: Diese Kanäle werden gründlich gereinigt.

Mit einer neuen Dichtung wird die Ventilplatte mit dem Hebel montiert. Die Schrauben für das Federblech werden nur so weit angezogen, bis der Hebel sich leicht gehemmt drehen lässt. Besser zu lose als zu fest, nachjustiert wird später bei vollem Tank. Der Feinfilter wird eingeschraubt und der Wassersack handfest aufgeschraubt.

Wenn der Tank innen sauber ist, wird in die Nut der Überwurfmutter eine Fiberscheibe eingelegt. Das Gewinde am Tank ist ein Rechtsgewinde, jenes am Hahn ein Linksgewinde. Das Reserveröhrchen wird eingeschraubt und der Siebfilter auf den Benzinhahn gesetzt. Die Mutter mit Dichtung wird eine halbe Umdrehung auf den Benzinhahn geschraubt. Nun wird der Hahn in den Gewindestutzen am Tank gesteckt und mit dem 19-mm-Schlüssel fest angeschraubt.

Ein in den letzten Jahren sehr häufig auftretendes Übel sind innerlich total verrottete Tanks. Obwohl, wie so oft geschrieben, der Tank vor einer längeren Fahrpause randvoll getankt wurde. Seit der Einführung des bleifreien Benzins kommt es immer häufiger vor, dass sich das Benzin mit der Zeit in eine übel stinkende, hoch aggressive Brühe verwandelt, die den Tank in Rekordzeit verrosten lässt. Über das Wie und Warum dieses Phänomens kann nur gemutmaßt werden.

Besonders ärgerlich ist die Rosterei, wenn es sich um ein hoch seltenes Spritfass der ETS oder der BK handelt.

Ich empfehle daher seit einigen Jahren, die Tanks vor der Winterpause zu entleeren, von innen mit Öl einzunebeln und offen stehen zu lassen.

Die Reinigung vergammelter Tanks

Doch ist ein solcher korrodierter Tank noch zu retten? Ja, zumindest in den meisten Fällen. Dazu brauchen wir eine Schaufel Splitt, Wasser und einen Betonmischer. Dazu ein paar Pfund Bleischrot und einen alten Staubsauger. Und Pressluft wäre auch noch gut.

Die gammlige, stinkende Dreckbrühe aus dem Tank wird möglichst komplett ausgeschüttet. Nein, natürlich nicht ins Altöl, sondern in einen speziellen Behälter! Der wird später beim Umweltmobil abgeliefert. Nun wird der Tank mit dem Dampfstrahler bei einer Tankstelle mit Ölabscheider außen und innen sauber gedampft.

Ein paar Kilo gewaschener Splitt werden jetzt mit etwas Wasser in den Tank gefüllt. Der Tank wird verschlossen und in den Betonmischer gelegt. Mit ein paar alten Lumpen und Holzklötzen wird er wackelsicher im Mischer verkeilt. Nach einer guten Stunde Karussell fahren, haben Wasser und Split den Dreck und Rost sicher vom Tankinneren abgewaschen. Doch ein derart gereinigter Tank wird wieder rosten. Also kommen Split und Wasser raus und Bleischrot rein. Woher bekommt man Blei? Bei Schützenvereinen sammeln sich die blauen Bohnen im Kugelfang, der Glaser hat immer Reste alter Bleiverglasungen. Und in Gardinenschnüren findet man ebenfalls die bleihaltige Füllung. Mit Blei befüllt, aber diesmal ohne Wasser, wandert der Tank wieder in den Betonmischer. Das Blei reibt letzte Rostnester weg und sorgt für eine dünne Schutzschicht auf den Tankwänden. Schließlich schüttet man das Blei aus und stellt den göffneten Tank ein paar Tage in die Sonne. Letzte Blei- und Rostreste werden mit Pressluft und Staubsauger entfernt. Fertig.

Mittlerweile gibt es auch chemische Wundermittel, die recht gut funktionieren sollen. Da mir praktische Erfahrungswerte mit solchen Tanksiegeln fehlen, kann ich auch nicht sagen, ob die funktionieren. In Oldtimerzeitungen gab es jedenfalls schon Jubelhymnen.

So – der Tank ist sauber, also weiter beim Spritsystem. Zwischen Benzinhahn und Schwimmerkammer gibt es für den Sprit nur noch ein Hemmnis, nämlich das Schwimmerventil. Und genau dieses Bauteil hat mich einmal beim Anstieg zur Turracher Höhe beinahe zur Weißglut gebracht. Die Symptome wie Aussetzer, Rasselei und böser Leistungsverlust wiesen klar auf einen Fall von Spritmangel hin. Also Benzinschlauch abgezogen, aber der Saft floss mehr als reichlich. Schwimmerkammer ab, da kam nur ein Rinnsal. Also Schwimmer auch noch ab und Schwimmerventil ausgebaut. Ich traute meinen Augen nicht: Ein dicker Faden hatte sich im Ventilkegel verkeilt. Raus damit und weiter. Nach 20 Minuten dasselbe Spiel. Wieder war die Ursache so ein komischer Faden. Also Benzinhahn kontrollieren. Fehlanzeige, keine Fäden. Dann kam ich drauf. Der Originalbenzinschlauch ist gewebeverstärkt, aber nicht resistent gegen bleifreien Sprit. Der Sprit löste die innere Schlauchwandung auf und die Gewebefäden machten sich selbständig. Seitdem bin ich ein Freund durchsichtiger PVC-Schläuche. Die werden zwar knüppelhart, gestatten aber immer einen Blick auf das Geschehen.

Leitungslehre: Links der oft nicht bleifreifeste Gewebeschlauch, in der Mitte der gute doppelwandige Schlauch und rechts der PVC-Schlauch, der nach längerem Betrieb verhärtet.

Technisch ebenfalls einwandfrei sind doppelwandige moderne Schläuche, möglichst mit einem Inneren aus VITON. Unbedingt bewährt hat sich der Schlauch mit der Aufschrift „Gates Multifuel“, den es im guten Autozubehörhandel gibt. Vorsicht: Die verbreiteten schwarzen Schläuche mit von außen sichtbarem Gewebe sind nicht immer beständig gegen den bleifreien Sprit.

Wie man jetzt besagtes Schwimmerventil prüft und einstellt, und welche Tücken der Vergaser sonst noch birgt, wird im Vergaserkapitel erklärt.

Vergaserwissen

Grundsätzliches

Eines kann der Vergaser nicht: Gas machen. Im Vergaser wird der Kraftstoff tröpfchenweise mit Luft gemischt. Je nebelartiger diese Tröpfchen sind, desto besser ist die Gemischbildung. Ein absolut perfektes Gemisch wäre im Ergebnis ein Gas. Deshalb wohl der Name „Vergaser“. Von der Wirkung her dürfte so ein Vergaser höchstens Zerstäuber heißen. Er funktioniert, wie eine Mischung aus Gartenspritze und Klospülung.

Erfahrene DDR-Bürger kennen noch die Nebula-Spritze, bei der eine, von einer Luftpumpe erzeugte, scharfe Luftströmung am oberen Ende eines Steigrohres einen Unterdruck zur Folge hat und so die Flüssigkeit in den Luftstrahl gesaugt wird. Eine gute Vernebelung war das Ergebnis.

Nichts anderes passiert auch im Vergaser. Da Motoren jedoch empfindlich auf falsche Kraftstoff-Luft-Verhältnisse reagieren, ist das genaue Niveau des Kraftstoffes im Steigrohr wichtig. Reguliert wird das Niveau durch den Schwimmer, der das Ventil je nach Benzinstand in der Schwimmerkammer öffnet und schließt. Prinzipiell Gleiches passiert in der Klospülung, wer neugierig ist, kann ja mal unter den Deckel des Wasserkastens schauen.

Da Motorräder in verschiedenen Lastbereichen betrieben werden, ist der Vergaser in drei Systeme

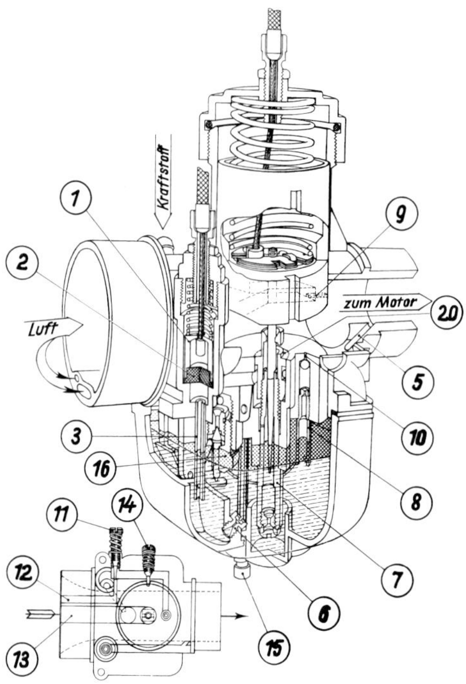

Ostalgie: Die DDR Variante einer Spraydose. Man pustet ins Röhrchen und zerstäubt so den Wirkstoff. In diesem Fall war es der Einheitsduft Fri-Lu. Mit dieser Mimik wurde auch das Insektengift „Mucks“ in die Bude geblasen.

aufgeteilt: Es gibt ein Leerlaufsystem, einen Teillastbereich und den Vollgasbereich.

Im Leerlaufsystem wird eine, durch die Leerlaufdüse begrenzte Kraftstoffmenge mit einer, durch die Leerlaufluftschraube regulierten Luftmenge gemischt.

Im Teillastbereich wird die Menge des Kraftstoffes, der aus dem Düsenstock aufsteigt, durch eine konische Nadel (Teillastnadel) am Gasschieber begrenzt.

Im Volllastbereich ist der Kraftstofffluss nur noch durch den Durchmesser der Hauptdüse begrenzt.

Die Düsen werden bei MZ schlauerweise mit ihren tatsächlichen Maßen gekennzeichnet. So steht „125“ für eine Bohrung in der Düse von 1,25 mm. Je höher der Wert der Düse ist, desto fetter wird das Gemisch. Eine Düse muss man sich als eine Art Mengenbegrenzer vorstellen. Etwa so, als wenn man einen dicken Wasserschlauch mit einem kleinen Röhrchen reduziert. Da bestimmt dann das Röhrchen die Durchlaufmenge, der Schlauchdurchmesser ist völlig egal.

Bei fettem Gemisch reden wir von einem hohen Kraftstoffanteil im Benzin-Luft-Gemisch, bei magerem Gemisch ist nur wenig Kraftstoff mit der Luft vermischt. Die Kunst der Vergaserentwickler und auch der Vergasereinsteller liegt nun darin, das optimale Gemisch für den jeweiligen Betriebszustand zu finden. Eine echte Gratwanderung. Ein sehr fettes Gemisch sorgt für eine gute Innenkühlung des Motors, ein zu mageres Gemisch verbrennt sehr heiß und kann für Schäden an Kolben und Zylinder sorgen. Zu fett eingestellte Motoren verlieren viel von ihrer Leistung, magere Motoren rennen dagegen sehr gut. Wenn das Gemisch dann noch weiter abgemagert wird, sinkt dann wieder die Leistung. Für den klassischen Zweitaktmotor liegt das beste Gemisch einen Tick fetter als das optimale Gemisch. Das bringt Betriebssicherheit in kritischen Momenten. Wenn man beispielsweise mit einem optimal eingestellten Gespann im Windschatten eines schnellen Lkws Anlauf nehmen will, wird im Sog des Lasters zwangsläufig das Gas ein Stück zurückgenommen. In dem Moment magert das Gemisch ein Stück mehr ab als eingestellt. Bei einem optimal mager laufenden Motor könnte hier ein blitzschneller Kolbenklemmer auftreten. Deshalb fahren wir stets mit etwas Kraftstoffüberschuss, das sorgt für Betriebssicherheit in allen Lebenslagen.

Sportfahrer haben früher die richtige Hauptdüse auf der Straße ermittelt. Mit einer Düse, von der man wusste, dass sie zu fett ist, wurde die Hochstgeschwindigkeit ermittelt. Die nächst kleinere Düse brachte dann einen kleinen Geschwindigkeitszuwachs. Wiederum eine Nummer kleiner sorgte für noch mehr Speed. Bis so die maximale Geschwindigkeit erreicht war. Dann nahm man die nächst „fettere" Düse und hatte das optimale, ganz leicht überfettete Gemisch gefunden.

Ähnlich ging man so bei der Einstellung für den Teillastbereich vor. Nachdem die Hauptdüse gefunden war, wurde durch einen Anschlag am Gasschieber (Röhrchen über dem Seilzug) der Gasweg auf 2/3 begrenzt. Das ist der Wirkungsbereich des Konus der Teillastnadel. In fettester Stellung – die Nadel steht ganz oben – ermittelte man wieder die Höchstgeschwindigkeit. Bei der nächsten Fahrt wurde die Nadel eine Raste tiefer gestellt, die Geschwindigkeit stieg noch ein bisschen. Noch eine Raste tiefer blieb die Geschwindigkeit gleich. Zur Sicherheit stellte man jetzt wieder eine Raste fetter und die optimale Einstellung mit der nötigen Sicherheit war gefunden.

Wie der aufmerksame Leser gemerkt hat, habe ich für den letzten Absatz bewusst die Vergangenheitsform gewählt. Heute haben die modernen Sportfahrer Prüfstände, messen die Abgastemperaturen und andere Parameter und – kommen auf die gleichen Ergebnisse. Bei einigen MZ-Modellen habe ich diese Messungen auf der Straße selbst durchgeführt und habe immer etwas fettere Düsen ermittelt, als vom Werk angegeben. Warum ist das so? Zum Teil liegt das daran, dass Werke gerne eine möglichst magere Düsenbestückung wählen, um die Verbrauchswerte in den Katalogen schön niedrig zu halten. Das ist bis heute so. Wer erreicht schon mit seinem Auto die Werte aus dem Prospekt?

Zum anderen gab es in der DDR völlig andere Benzinsorten. Hier sei ein Ausflug in die zweitaktende Autowelt erlaubt. Wer mit seinem serienmäßig eingestellten Wartburg mit Normalbenzin im Westen fuhr, kämpfte mit ständigem Motorklingeln. Erst die Verwendung von Superbenzin oder die Montage einer dickeren Kopfdichtung schafften Abhilfe. Fuhr man mit dem Zweitakter in den Osten, waren alle Probleme wie weggeblasen. Das genaue „Warum" konnte ich nie ergründen, es lag wohl an der anderen Zusammensetzung des Benzins. Zumindest von den Angaben her müsste der Westsprit ja eine höhere Oktanzahl gehabt haben.

Zurück zum Vergaser. Die Begriffe „fett", „mager" und „Gemisch" führen immer wieder zu argen Missverständnissen. Gemeint ist das Verhältnis von Luft zu Kraftstoff. All das hier beim Vergaser Gesagte hat mit dem Benzin-Öl-Gemisch nichts zu tun.

Weiter geht es jetzt mit den Besonderheiten der einzelnen MZ-Vergaser.

Die alten Flachschieber

Flachschiebervergaser haben seit jeher die Konstrukteure fasziniert. Der flache Blechschieber behindert den Gasfluss im Vollgasbetrieb weit weniger als ein Rundschieber. Dafür dichtet der Blechschieber bei weitem nicht so gut ab wie sein runder Kollege. Die prinzipielle Funktion ist jedoch völlig gleich.

Bei alten ES-Modellen wurden anfangs BVF-Flachschiebervergaser verbaut. Sie liefen zuverlässig und problemlos. Und stellen heute den Restaurator dieser Fahrzeuge vor echte Probleme. Denn Ersatzteile für diese Vergaser sind so gut wie nicht mehr zu bekommen. Fündig wird man eventuell an alten DDR-Stromaggregaten. Dort fanden diese Vergaser gerne Verwendung.

Vergaser ohne Anschlag

Mit den ES/2-Modellen hielten Zentralschwimmervergaser Einzug bei MZ. Die zentrale Anordnung der Schwimmerkammer sorgt für ein stets gleiches Kraftstoffniveau. Eine gute Lösung und gerade wichtig im Gespannbetrieb. Denn bei seitlich angeordneter Schwimmerkammer sorgen die Fliehkräfte für Abmagerung in der einen und Überfettung in der anderen Kurve.

Schlechter war das Fehlen eines Leerlaufanschlages. In den 60er-Jahren fürchtete man in der DDR das Schieberuckeln von Zweitaktern wie der Teufel das Weihwasser. Beim Bergabfahren sollte der Schieber komplett zu schließen sein. Damit man nun an der Ampel nicht ständig „sportlich" den Motor per Gasgriff bei Laune halten musste,

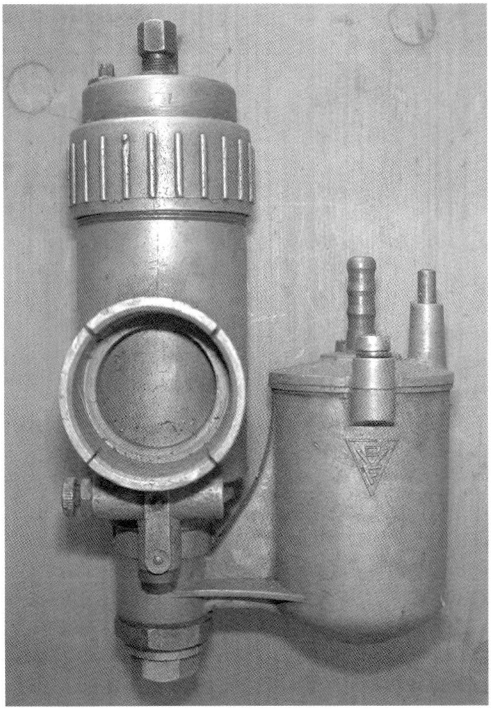

Klobig: Der Rundschiebervergaser der ES 250/1 mit seitlicher Schwimmerkammer.

Ohne Anschlag: Die Vergaser der ES 250/2 Baureihe. Solche Vergaser kamen auch bei den auf 17 PS gedrosselten TSsen zum Einsatz.

ersann man ein System, das erlaubte, bergab den Schieber schließen zu können und trotzdem an der Ampel einen sauberen Leerlauf zu haben. Eine Feder im Gasgriff sorgte dafür. Man konnte dann den Griff gegen die normale Drehrichtung betätigen und so den Schieber völlig schließen.

So schön dieses Prinzip gedacht war, so schlecht funktionierte es im praktischen Betrieb. Stellte man die Leerlaufdrehzahl am Zug in Geradeausfahrt sauber ein, gab es beim Lenkereinschlag entweder rasende Drehzahlen oder einen absterbenden Motor. Kaum jemand schaffte es, den Seilzug so einzustellen, dass die Länge beim Lenken nicht beeinflusst wurde. Also gingen die ES-Fahrer dazu über, das Gas so niedrig einzustellen, dass der Motor in der „schnellsten" Lenkerstellung gerade sauber läuft. Womit auch das Geheimnis geklärt ist, warum ES-Fahrer beim Ampelstopp oft den Lenker eingeschlagen halten.

Vergaser mit Anschlag

Erst 1973, mit Einführung der TS 250, wurden die MZ-Zentralschwimmervergaser mit einer Anschlagschraube ausgeliefert. Endlich war eine vernünftige Leerlaufeinstellung möglich. Die Sache mit dem Schieberuckeln war bei sauberer Einstellung kein Problem. Voraussetzung war ein langsamer Leerlauf bei leicht fett eingestelltem Leerlaufsystem. Diese Einstellung wird wie folgt durchgeführt:

Bei einer möglichst niedrigen Leerlaufdrehzahl wird die Leerlaufluftschraube zunächst ganz hinein gedreht und anschließend eine gute halbe Umdrehung geöffnet. Je weiter die Schraube heraus gedreht wird, umso mehr Luft wird im Leerlaufbereich zugemischt. Ab einer halben Umdrehung wird die Schraube nun ganz langsam heraus geschraubt. Die Leerlaufdrehzahl steigt allmählich an. Sobald der Motor jetzt gerade eben sauber rund läuft, ist die richtige Einstellung gefunden. Je nach Modell ist die Schraube dann zwischen 0,8 und 1,5 Umdrehungen geöffnet. Eine Tücke ist dabei zu beachten: Oft sind die Sitze der Leerlaufschrauben durch brutales Anziehen so weit eingeschlagen, dass die Windungen der Hemmfeder unter der Schraube aufeinander liegen. Dann meint man, den Anschlag der Schraube gefunden zu haben. Die Einstellung schlägt fehl. Deshalb vor der Einstellung überprüfen, ob bei ganz eingedrehter Schraube die Feder noch nicht „auf Block" liegt.

Eine Besonderheit gibt es bei den auf 17 PS gedrosselten TS-Modellen. Bei deren Typprüfung

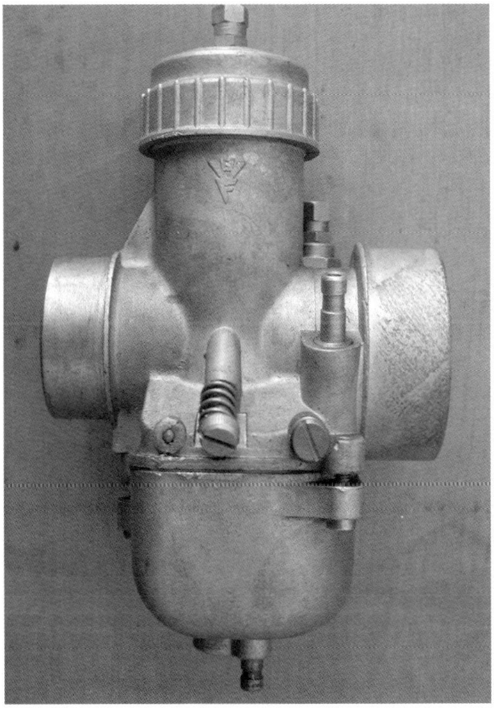

Mit Anschlag: Vergaserbaureihe 30N2-(3-5) mit Schieberanschlag (schräg) und Leerlaufluftschraube (hinten).

hatte ein TÜV-Mann Ruckeln im Schiebebetrieb festgestellt. Das fand der Mann so gefährlich, dass er auf eine Lösung drängte. Man besann sich auf den 26er Vergaser der ES 175 der, ohne Anschlagschraube, im Schiebebetrieb auch nicht ruckelte. Der Prüfer war glücklich, die MZ-Gemeinde nicht. Fortan hatte man sich wieder mit einem kaum einstellbaren Leerlauf rumzuschlagen.

Eine weitere Tücke liegt in zu guten Passungen bei fast neuen Vergasern oder neuen Gasschiebern. Durch den Sog werden die Schieber zur vorderen Wand der Schieberbohrung gesaugt und beißen sich dort ein paar Millimeter vor dem Anschlag fest. Rasante Drehzahlen im Leerlauf sind die Folge. Es gibt zwei Möglichkeiten zur Abhilfe. Feine Leute polieren den Schieber auf Hochglanz, was der Leichtgängigkeit extrem förderlich ist. Faulere Leute ziehen hingegen die Gasfeder in die Länge und erhöhen so die Vorspannung. Beide Methoden funktionieren und sorgen für perfekten Leerlauf.

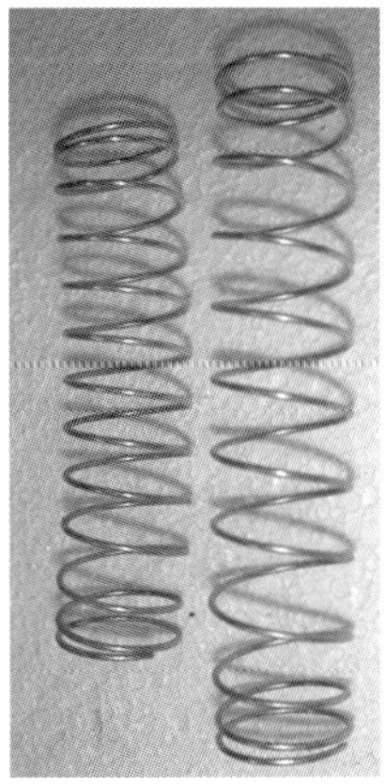

Umluftvergaser

Als Reaktion auf verschärfte Abgasbestimmungen wurde gegen Ende der ETZ 250-Baureihe (1987) ein völlig neuer Vergaser eingeführt. Beim Umluftvergaser bildet im Prinzip ein kleiner Verga-

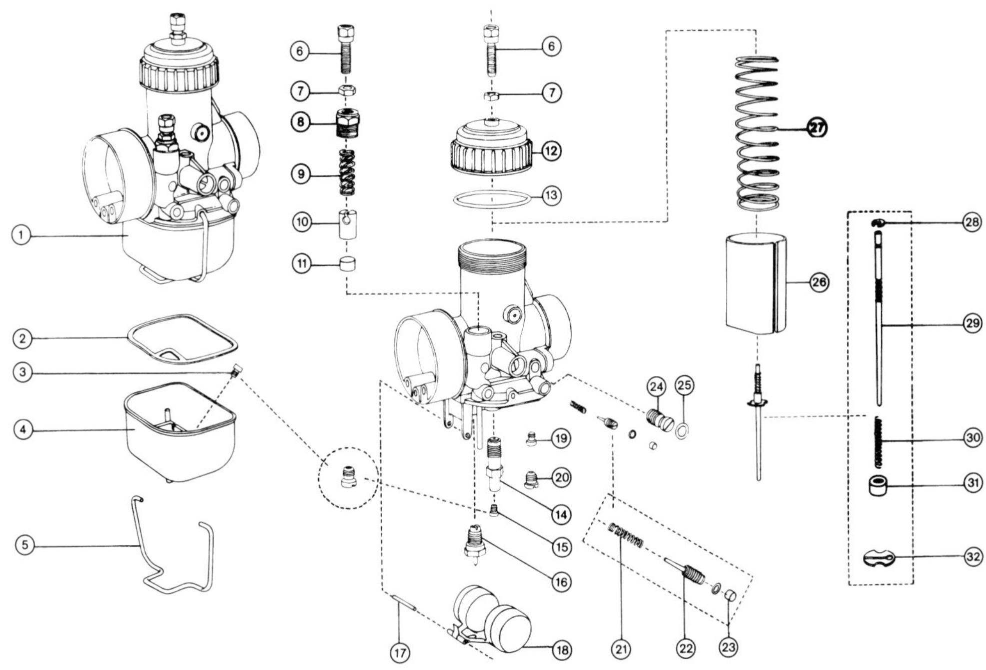

Umweltfreund: Der Umluftvergaser kam ab 1987 an den großen MZ zum Einsatz.

ser im Vergaser das Leerlaufgemisch. Dieses System ist dann auch nur im Leerlauf wirksam. Dadurch wird eine Beeinflussung des Gemisches im Teillastbereich vermieden.

Die Leerlaufluftschraube wird bei diesem Vergaser werksseitig fest eingestellt und verplombt. Da es für Bastler ja nichts Interessanteres als verplombte Schrauben gibt, wird diese Plombe gerne geöffnet und der Vergaser wild verstellt. Deshalb sei hier die Grundeinstellung verraten: Die Leerlaufluftschraube wird fest eingedreht und zirka 2,5 Umdrehungen geöffnet. Anschließend wird die Umluftschraube ganz eingedreht und vier Umdrehungen wieder heraus geschraubt.

Mit der Umluftschraube wird schließlich die Leerlaufdrehzahl auf einen möglichst niedrigen Wert justiert. Entgegen der üblichen Drehrichtung: Beim Hineindrehen verlangsamt sich die Drehzahl, beim Herausdrehen steigt sie an.

Bevor sich aber jetzt die Leute zu Wort melden, die diesen Vergaser trotz allem nicht sauber eingestellt bekommen, noch ein wichtiger Tipp: Der Gasschieber muss unter allen Umständen fest schließen. Am Gaszug ist daher ein Spiel von ein bis zwei Millimetern einzustellen. Was oft an einem zu kurzem Zug scheitert. Kein Problem –, lässt man die Kontermutter unter der Einstellschraube weg passt alles.

Ganz feine Leute stellen jetzt noch mit einem CO-Tester den Vergaser bei Leerlaufdrehzahl ein. Der richtige Wert liegt bei 2,5 bis 3,5 Vol.% CO und wird meist erreicht, wenn die Leerlaufluftschraube 2,5 Umdrehungen geöffnet ist.

Die Sache mit den Bings

Für viele MZ-Fahrer heißt das technische Optimum „Bing Vergaser“. Alle Probleme mit der Gasfabrik seien durch die Montage eines der Nürnberger Meisterstücke wie weggeblasen. Kein Schieberuckeln, ein niedriger Verbrauch und eine geradezu kinderleichte Einstellbarkeit lasse sich nur mit einem Bing-Vergaser erzielen, so die Meinung. Nicht zuletzt wurden die türkischen Kanuni-MZ mit einem Bing-Vergaser ab Werk ausgestattet. Ein Vorteil für Schrauber und Tuner liegt zweifellos im Ersatzteilsortiment von Bing. Es gibt fertig zusammengestellte Sätze von Düsen, Nadeln und Federn.

Um einer Euphorie vorzubeugen: Auch der Bing-Vergaser vollbringt keine Wunder. Dennoch hat er Vorteile. Dieser Vergaser lässt sich wirklich kinderleicht einstellen, der Motor reagiert prompt auf die kleinste Drehung an der Leerlaufluft und die lästige Ruckelei im Schiebebetrieb ist tatsächlich auf ein Minimum reduziert.

Aber: Auch der BVF-Vergaser lässt sich auf ein solches Verhalten hin trimmen. Ein gut eingestellter BVF funktioniert genau so, wie ein gut eingestellter Bing. Der Unterschied liegt in der Einstellbarkeit. Während die Fahrer beim BVF noch am Schwimmerstand herumdoktern, sich allmählich ans rechte Leerlaufluftverhältnis herantasten, dreht der Besitzer eines Bing-Vergasers schon lange seine Runden. Das Geheimnis liegt wohl im Detail. Die Verarbeitung ist präzise, die Federn sind kräftig und der werksseitig eingestellte Schwimmerstand stimmt einfach. Bei BVF habe ich da schon abenteuerliche Dinge erlebt. Ein

Schwimmer steht hoch, einer niedrig und das ab Werk. Oder die mit „130“ gestempelte Düse hatte nur den Durchmesser einer „118“. Aber, wie gesagt, wer sich mit dem BVF auskennt, erzielt die gleichen Ergebnisse wie mit einem Bing-Vergaser.

SCHRAUBEREI AN DER GASFABRIK

Soviel zu den unterschiedlichen Vergasern. Da es nur noch für die BVF-Zentralschwimmervergaser Ersatzteile gibt und sowieso 95 % des MZ-Bestandes damit ausgestattet sind, erkläre ich jetzt die Schrauberei an diesen Geräten.

Zum Ausbau der Vergaser wird die vordere Klemmung gelöst. Dann wird die hintere Schelle des Gummis entfernt. Der Vergaser wird gegen den Druck des Gummis nach hinten gezogen und aus der Klemmung geschwenkt. Nun lässt er sich

Komplett: Die gesamte Startvergasereinheit wird komplett am Zug herausgezogen.

nach vorn vom Ansauggummi abziehen. Der Deckel wird abgeschraubt und mitsamt Seilzug und Gasschieber heraus gezogen. Mit einem 13-mm-Schlüssel (SW 14 bei ES) wird der Startvergaser heraus geschraubt und am Seilzug herausgezogen. Durch Zusammendrücken der Druckfeder lässt sich jetzt der Seilzug aus der Befestigung aushängen. Vorsicht, dass jetzt keine Teile verloren gehen. Im Gasschieber sitzt die Teillastnadel, eingehängt im Federblech. Darüber die Druckfeder und schließlich der Deckel mit Dichtung. Bei der ES ist der Deckel mit einer Überwurfmutter befestigt.

Schon jetzt kann der Zustand dieser Teile begutachtet werden. Der Gasschieber darf keine starken Riefen haben. Glänzende Stellen auf Grund von Verschleiß sind kein Problem. Riefige Schieber findet man häufiger an Maschinen mit Ölpumpe, hier fehlt das schmierende Zweitaktöl.

Die Teillastnadel muss gerade sein und darf keine eingelaufenen Stellen haben. Da der Verschleiß meist in der Nadeldüse liegt, ist ein Tausch von Nadeldüse und Nadel alle 35.000 km ratsam. Beschädigungen finden sich häufig am Deckel oder an der Überwurfmutter. Immer wieder werden diese Verschraubungen mit der Pumpenzange vergewaltigt. Dann darf man sich nicht wundern, wenn bei so einem Vergaser ab und an der Schieber klemmt.

Die nächste Kontrolle gilt dem Startvergaser. Normalerweise sitzt im Starterkolben eine dicke Gummidichtscheibe. Fehlt sie, hat man die Ursache für die ewigen Startprobleme gefunden. Sitzt sie an ihrem Platz, muss sich unten vom Sitz des Starterrohres ein deutlicher Ring abzeichnen. Ist dieser Ring geschlossen und die Dichtscheibe nicht rissig, ist der Startvergaser einwandfrei.

Grenzfall: Der Ring auf dem Startergummi ist zwar schön ausgebildet, wechseln sollte man den Gummi aber wegen seiner zerklüfteten Oberfläche.

Dann kann der leere Vergaser auf den Kopf gestellt werden. Nach dem Entfernen der drei Halteschrauben (Bügel beim Umluftvergaser) kann die Schwimmerkammer abgebaut werden. Der Schwimmer dreht sich auf einer Achse, die mit einem kleinen Durchschlag mit viel Gefühl heraus geschlagen wird. Nun lässt sich der Schwimmer vorsichtig abnehmen.

Ganz vorsichtig: Mit einem feinen Körner kann man festsitzende Schwimmerachsen befreien.

In der Schwimmerkammer befindet sich seitlich die Starterdüse, die für die Gemischanreicherung zuständig ist. Unter dem Schwimmer ist das Schwimmerventil eingeschraubt. Es besteht aus drei Teilen, dem Gehäuse, der Nadel und der Düse. Die Düse für die 250er-Modelle hat einen Durchmesser von 2,0 mm, die der 150er einen von 1,5 mm. Der Kegelsitz der Nadel darf nicht ringförmig eingelaufen sein. Zur Dämpfung des Schwimmerventils befindet sich in der Nadel ein durch eine Feder vorgespannter Stift. Dieser muss fühlbar federn, ansonsten wird die Nadel ersetzt. Verschleiß am Ventil ist selten, dennoch sollte es zerlegt werden, um die beiden Zulaufbohrungen zu reinigen.

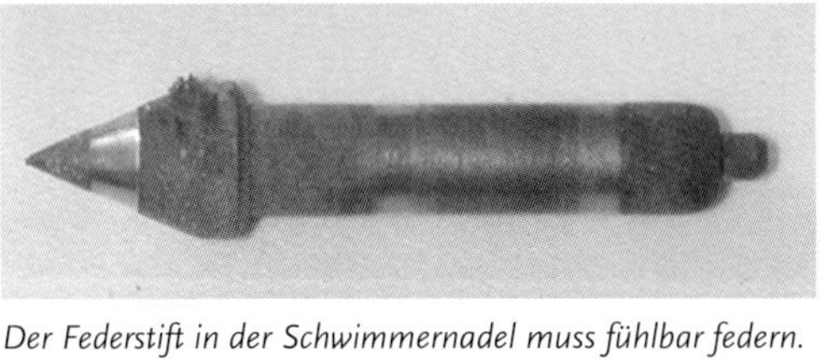

Der Federstift in der Schwimmernadel muss fühlbar federn.

Nun ragt aus der Mitte des Vergasers noch der Düsenstock empor. Am unteren Ende (das bei auf dem Kopf stehenden Vergasern oben ist) sitzt die Hauptdüse. Sie begrenzt die Kraftstoffmenge im Volllastbereich. Die Hauptdüse wird mit einem möglichst genau passenden Schraubendreher heraus geschraubt. Beim Blick durch die Düse zeigen sich mögliche Verschmutzungen. Wenn erforderlich, wird die Düse mit einer weichen Borste gereinigt. Auf keinen Fall darf dafür ein Bohrer oder ein Stahldraht verwendet werden.

Mit einem Ringschlüssel SW 8 wird der Düsenstock heraus geschraubt. Bei manchen Vergasern

Fingerspitzengefühl: Mit dem Zeigefinger wird die Anschlagzunge aufs Ventil gedrückt. Der Federstift wird eingedrückt. Nun wird der Schwimmer auf Parallelität geprüft.

gibt es eine Querbohrung, die auf jeden Fall frei sein muss. Eine nicht durchlässige Bohrung kann starkes Nachschlagen bei Bergabfahrt und einen unruhigen Leerlauf zur Folge haben.

Jetzt befinden sich noch die beiden Einstellschrauben im Vergaser. Die Leerlaufluftschraube darf keine Einlaufspuren am Konus aufweisen. Andernfalls ist sie zu erneuern. Bei der Standgasschraube ist nur ein Punkt zu kontrollieren: der Rundlauf des Zapfens. Wenn dieser Zapfen nur ein bisschen verbogen ist, wird man beim Einstellen des Leerlaufs schier verrückt.

Alle erreichbaren Bohrungen des Vergasers werden nun mit Bremsenreiniger und Pressluft durchgeblasen. Der gereinigte Vergaser ist jetzt klar zur Montage.

In der Bohrung für den Gasschieber befindet sich bei den Vergasern ab Baujahr 1973 eine kleine Bohrung mit einem Kerbnagel, der leicht in die Schieberbohrung ragt. Dieser Kerbnagel muss absolut fest sitzen. Nun werden die Einstellschrauben in die Bohrungen gedreht. Bei der Leerlaufluftschraube wird noch mal geprüft, ob die Feder nicht „auf Block" sitzt. Dann wird die Schraube ganz hereingedreht und direkt auf die angegebene Grundeinstellung justiert.

Das komplettierte Schwimmerventil wird eingeschraubt. Nun kommt die „Plätscherprobe“ des Schwimmers. Nahe ans Ohr gehalten wird er geschüttelt. Wenn es im Inneren des Schwimmers plätschert, ist Benzin im Schwimmer. Ein undichter Schwimmer ist auf jeden Fall reif für den Schrott, ein Nachlöten ist zwecklos. Wenn der Schwimmer dicht ist, werden die beiden Flöße möglichst parallel zueinander ausgerichtet. Der Schwimmer wird eingesetzt und die Achse vorsichtig durchgepocht. Wichtig: keine festen Schläge, denn wenn eines der beiden „Ohren“ abbricht, ist der Vergaser komplett hin. Mit einem Tiefenmaß wird nun der Schwimmer eingestellt. Mit dem Zeigefinger wird der seitliche Schwimmeranschlag an das Gehäuse gedrückt. Die Schwimmerunterkante soll nun 34 (+1) mm von der Trennfuge des Vergasergehäuses entfernt sein. Wenn nicht, ist die Anschlagzunge nachzubiegen. Das Maß 34 mm wird auf beiden Seiten des Schwimmers überprüft. Nun wird die Betätigungszunge des Schwimmers mit dem Finger auf das Schwimmerventil gedrückt (der Federstift wird mit eingedrückt). Jetzt muss der Abstand zwischen Schwimmerkante und Gehäusetrennfuge 27 mm betragen. Die Einstellung des Schwimmers ist eine der wichtigsten Maßnahmen am Vergaser und muss entsprechend sorgfältig durchgeführt werden.

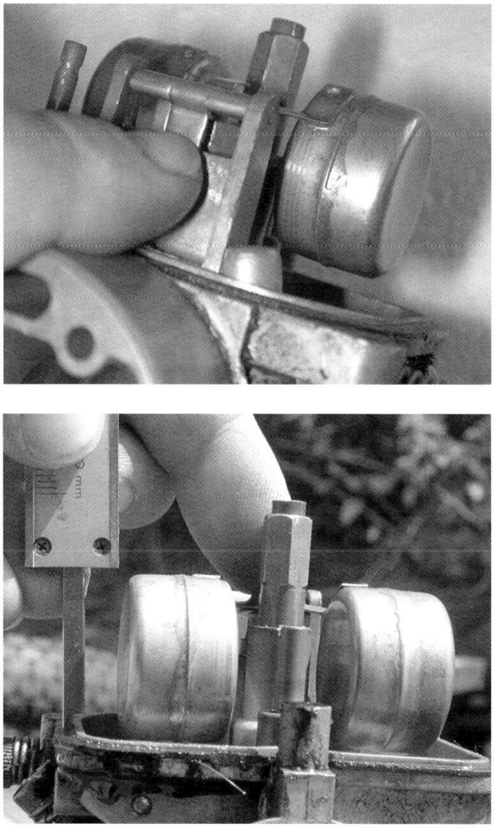

Oben: Anschlag: Diese Zunge wird gegen das Gehäuse gedrückt. Jetzt wird das Maß 34 (+1) mm zwischen Schwimmerkante und Gehäusetrennfuge (mit Dichtung) eingestellt.
Unten: Bei eingedrücktem Federstift wird jetzt das Maß 27 mm justiert.

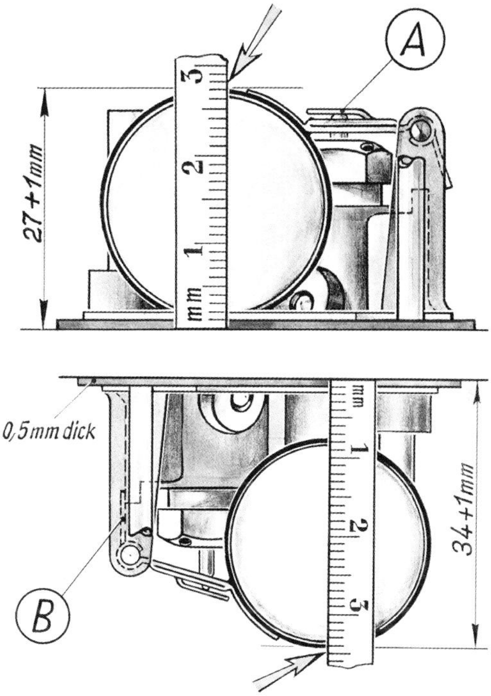

Oben: Messung bei geöffnetem Schwimmer.
Unten: Messung bei geschlossenem Schwimmer

Als nächstes wird die Nadeldüse eingeschraubt. Mit einer Düsenlehre wird die Größe der Hauptdüse überprüft. Wenn nötig, darf mit einer Düsenreibahle nachgearbeitet werden. Nachgearbeitete Düsen sollte man kennzeichnen, damit es nicht zu Verwechselungen kommt. Bei einigen Modellen liegt die richtige Düsengröße genau zwischen zwei käuflichen Düsen, da kommt man um Nacharbeit nicht herum. So liegt die ideale Düsengröße bei der ETZ bei 1,38 mm. Eine derart spezielle Düse kann der MZ-Händler liefern.

Die Hauptdüse wird eingeschraubt, dann kann die Schwimmerkammer mit einer neuen Dichtung verschlossen werden.

Jetzt wird die Teillastnadel in die richtige Kerbe eingehangen. Bei der ETZ hat sich die zweitfetteste Stellung bewährt. Das untere Blech des Nadelhalters wird in die zweite Kerbe von unten eingehangen. Korrekt bezeichnet ist das die Kerbe Nummer vier. Die werksseitig angegebenen Werte beziehen sich auf die Anzahl der Kerben von oben gesehen.

Eine Besonderheit gibt es beim Umluftvergaser. Dessen Haltefeder sitzt von unten am Schieber. Diese Nadel darf nur von der Innenseite der Haltefeder verstellt werden. Wenn die Nadel von außen eingesetzt wird, überdehnt man die Feder. Die wird sich dann lösen, durch den Motor wandern und bösen Schaden anrichten.

Der Nadelhalter wird in den Gasschieber eingesetzt. Nun wird die Schieberfeder in den Schieber gesetzt. Mit dem Deckel wird die Feder gespannt und der entspannte Gaszug in das Durchgangsloch im Schieber eingesteckt. Mit einer seitlichen Bewegung wird der Gaszug in die Arretierung geschoben. Die Feder wird entspannt und der Gasschieber kann eingesetzt werden. Der Schieberausschnitt zeigt nach hinten. Unbedingt darauf achten, dass der Führungsstift in der entsprechenden Nut sitzt.

Jetzt wird nur noch der Startschieber eingesetzt und festgeschraubt. Fertig!

Der Vergaser kann jetzt wieder montiert werden. Wichtig ist, das die Klemmschrauben nicht allzu fest angezogen werden. Sonst verzieht sich das Vergasergehäuse und der Schieber wird klemmen.

Luftfilter und Ansauggeräuschdämpfung

Was soll ein Luftfilterkapitel? Den Kasten aufschrauben und die Patrone wechseln – kann doch jeder. Das ist zwar richtig, aber es gibt eine Menge Fehler, die im Ansaugbereich gemacht werden und deren Folgen bis zum technischen Totalausfall führen.

Beruhigte Luft

Mofafriseure kennen das. Kaum hat man den Luftfilter draußen, rennt das Gefährt wie der Teufel, hat dafür aber keinerlei Manieren mehr. Der Grund liegt nicht im fehlenden Filter, sondern daran, dass der gemeine Mofabastler mit seinem Luftfilter auch sämtliche anderen Ansaugteile entfernt. Und die werden dringend gebraucht.

Das Geheimnis sauberen Motorlaufs liegt in der Zufuhr absolut ruhiger Luftmassen. Bei unserem Mofafreak zieht selbst bei mickrigen 40 km/h ein Orkan am offenen Vergaser entlang und sorgt für schlechteste Luftverhältnisse. Mal gibt es einen Überdruck, dann wieder einen Unterdruck, gegen den der Motor kräftig ansaugen muss. Zur wirksamen Luftberuhigung haben die MZ-Techniker schon immer absolut wirkungsvolle Systeme entwickelt.

Beginnen wir bei den ganz alten ES-sen. Hier befanden sich Filter und Ansaugkasten unter dem Fahrersitz. Eine gute und problemfreie Lösung, denn im Sitzkasten herrscht Windstille. Ausgerüstet war das System mit einem tückischen Drahtluftfilter. Die Wirkungsweise dieser Siebfilter beschrieb der Tester Hertweck schon in den 50er-Jahren recht sarkastisch: „Hier wird der Dreck aus der Luft stäubchenweise gesammelt, um dann teelöffelweise in den Motor befördert zu werden.“ Tatsächlich sammelt sich auch im gut eingeölten Drahtgeflecht Staub, der aber mit der Ansaugluft immer wieder in den Motor gelangt.

Abhilfe brachte erst der Papierfilter, der mit der MZ ES 250/2 Einzug hielt. Ein riesiger Kasten beruhigte die Luft nachhaltig, was zu einem kaum hörbaren Ansauggeräusch führte. Die Bezeichnung „Ansauggeräuschdämpfer“ stand zu recht in den Prospekten. Vier Schrauben halten den Deckel aus Duroplast, der Filter selbst wird mit einer Feder gehalten. Ein Ansaugschnorchel aus

Gummi ragt weit in diesen Deckel und verlängert nochmal den Weg der Luft zum Vergaser.

Ein ähnliches System reinigt die Luft bei den kleinen Modellen seit der ES 150. Nur ist hier der Kasten zur Luftberuhigung wesentlich kleiner.

Wie ein rohes Ei behandeln: Der voluminöse Luftfilterkasten der ES besteht aus Duroplast.

Genial gelöst war das Ansaugsystem der TS 250. Durch das gelochte obere Rahmenrohr wird die Ansaugluft aus der staubarmen Zone unter dem Tank angesaugt. Durch einen Flansch am Rahmen gelangt die Luft in den Filterkasten. Der Clou an der Sache war der Luftfilterdeckel, der mit einer zentralen Schraube zu öffnen war. Ein Handgriff und die Filterpatrone war draußen. Ein absolut wirkungsvolles System. Bei einer Saharadurchquerung 1988 mit einer TS und einer ETZ galt es, den Luftfilter der ETZ allabendlich aufwendig auszubauen und auszuklopfen. Dabei kam immer eine ganze Hand voll Sand zum Vorschein. Bei der TS war diese Reinigung nur alle drei Tage nötig und höchstens ein Teelöffel Sand hatte sich gesammelt. Die Sache war in einer Minute erledigt.

Da haben es die ETZ-Fahrer schwerer. Wie bei der ES sitzt der Luftfilterkasten auf der Beiwagenseite, was die Erreichbarkeit nicht gerade erleichtert. Zudem hat man die 12-Volt-Batterie vor den Luftfilterkasten gesetzt. Dahinter liegt der Luftfilterdeckel. Der Filter selbst ist dann noch mit einer 6-mm-Mutter befestigt. Nicht nur umständlich, sondern auch Quell vieler Probleme. So kann man sehr leicht ein Kabel der Elektrik unter dem Filterdeckel einklemmen und sorgt so für Nebenluft und einen deftigen Kurzschluss.

Genial: Der Luftfilterdeckel der ES wird mit einer einzigen Zentralmutter geöffnet.

Angesaugt wird auch bei der ETZ durch den Rahmen. Bis 1987 kam die Luft dort durch ein „Fenster" herein. Damit möglichst viel der Blechkonstruktion durchströmt wurde, war an der Anschlussstelle des Luftfilterkastens ein Gummischnorchel im Rahmen angebracht. Dieses Gummiteil sorgt zuweilen für seltsame Störungen. Das Motorrad läuft völlig normal bis plötzlich, irgendwann bei Vollgas, der Motor stehen bleibt. Nach dem Stopp ist alles wieder normal. Völlig grundlos tritt dieses Phänomen irgendwann wieder auf. Die Ursache dafür ist das Gummirohr, das sich aus seiner Verankerung unter dem Tank gelöst hat und sich bei hohem Luftdurchsatz zu-

Ansauglöcher: Die neueren Rahmen der ETZ sind stabiler.

sammenzieht. In unregelmäßigen Zeitabständen und ohne Vorankündigung. Bei den beschriebenen Störungen ist daher der Tank zu entfernen. Unter ihm muss ein Gumminippel herausragen, mit dem der Schnorchel fixiert ist. Der Wechsel dieses Schnorchels erfordert übrigens einen Schrauber-

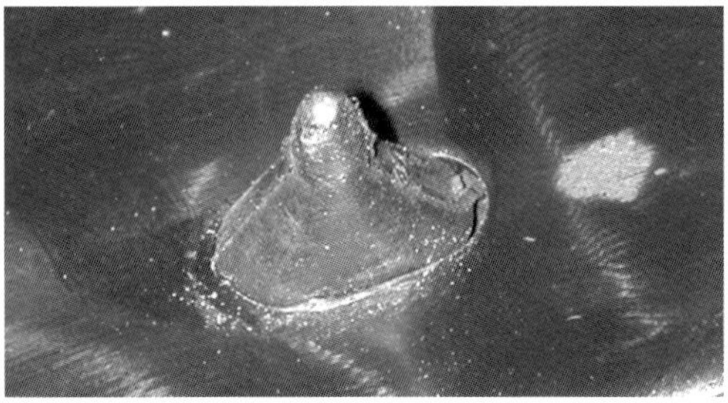

akt einzigartiger Heldenhaftigkeit. Dazu muss nämlich das Hinterrad raus und das Schutzblech ab. Dann wird der komplette Luftfilterkasten entfernt und der Schnorchel kann eingeschoben werden. Mit einem Besenstiel wird nun der Gumminippel durch das Loch im Rahmen gefummelt.

Seitens MZ wurde diese Konstruktion des Ansaugsystems 1987 geändert. Der Grund dafür war nicht nur die aufwendige Prozedur, sondern auch Rahmenschäden im Bereich um das Ansaugfenster, verursacht durch extreme Gespannbelastung. Das Fenster und der Schnorchel waren Vergangenheit, die Luft wurde wie bei der TS durch Löcher unter dem Tank angesaugt. Deshalb bevorzugen Gespannprofis und „Schnellermacher" die neuere Rahmenvariante.

Der Wechsel der Filterpatrone wurde leider nicht verbessert und so muss man immer noch mit Batterie und Kabeln kämpfen.

DIE SACHE MIT DER NEBENLUFT

Ein stetiger Kampf gilt der Nebenluft. Um den Kompromiss zwischen Zuverlässigkeit und Leistung zu finden, wird der Vergaser sehr sorgfältig abgestimmt. Dabei wird der im Ansaugsystem herrschende Unterdruck berücksichtigt. Wenn nun an irgendeiner Stelle „falsche" Luft angesaugt wird, bekommt der Motor einen Luftüberschuss. Dieses Abmagern führt zu einer heißeren Verbrennung. Besonders gut eingestellte Motoren reagieren noch empfindlicher auf Nebenluft als zu fett eingestellte Exemplare. Daher lohnt hier die Suche nach Undichtigkeiten im Ansaugsystem besonders. Ein untrügliches Indiz für „falsche Luft" ist hörbare Rasselei bei Vollgas. Wer dieses Geräusch ignoriert, wird Sekunden später durch einen deftigen Kolbenklemmer „gemaßregelt".

DIE BELIEBTESTEN STELLEN FÜR FALSCHLUFT

125er-ES bis TS

Bei den alten ES gab es einen Unterdruckschlauch, der vom Ansaugschlauch abging. An dessen Stutzen tauchten immer wieder Risse auf. Abhilfe schafft hier der Tausch gegen den Ansaugschlauch der TS-Modelle. An dieser Variante fehlt zwar der Unterdruckschlauch, dieser wird aber auch nicht benötigt.

Häufig gibt es verzogene Ansaugstutzen am Zylinderflansch. Ursache sind zu fest angezogene Befestigungsschrauben am Zylinder.

250er-ES und ETS

Diese Modelle leiden unter porösen Ansaugschläuchen. Oft ist auch der Schlauch am Zylinder nicht richtig montiert. Die Nut des Gummis muss sauber im Ansaugkasten einrasten. Die Ansaugkästen selbst bestehen aus einem spröden Kunststoff. Zu fest angezogene Befestigungsschrauben sorgen für Risse im Kasten. Eine weitere Stelle, an der Undichtigkeiten entstehen, ist das Dichtgummi zwischen Ansaugkasten und Rahmen. Es besteht aus weichem Moosgummi und zerfällt mit den Jahren. Abhilfe schafft hier eine Isomatte aus dem Campingbedarf, aus der man recht einfach einen besseren Ersatz anfertigen kann.

Ein weiteres Problem sind die Klemmschrauben am Vergaserflansch. Werden diese zu fest angezogen, öffnet sich der Stutzen an anderer Stelle. Ein wichtiges Indiz für die Schrauberqualitäten des Vorbesitzers. Die Schlitze am Stutzen müssen im gelösten Zustand absolut parallel sein. Wenn die Schlitze zusammengezogen sind, ist der Stutzen (und vielleicht auch der Vergaser) Schrott.

TS 250

Unter dem runden Luftfilterdeckel befindet sich eine Gummidichtung. Die muss unversehrt sein und darf auf keinen Fall vergessen werden. Zwischen Rahmen und Luftfiltergehäuse gibt es wie bei der ES eine Moosgummidichtung, auch hier hilft notfalls ein Stück Isomatte.

Wie bei der ES werden auch bei der TS die Ansauggummis nach ein paar Jahren porös. Besonders an der Rückseite der Falten bilden sich Risse. Falschluft an dieser Stelle ist nicht zu unterschätzen und führt meist zu unangenehmen Kolbenschäden. Etliche MZ-Fahrer haben das nicht geglaubt und die falsche Sparsamkeit mit einem neuen Zylinder bezahlt.

Besonders tückisch sind die auf 17 PS gedros-

selten Modelle. Hier gab es zwei Möglichkeiten des Vergaseranschlusses: Entweder wurde der kleinere Ansauggummi der ETS montiert oder man legte einen Reduzierring ein. Heute oft die einzige Möglichkeit, da originale ETS-Ansauggummis kaum mehr zu bekommen sind. Wichtig ist, dass der Reduzierring sauber sitzt. Leider wird der oft vergessen. Ganz bewusst wird dann der Gummi weiter über den Vergaser gezogen und mittels Schlauchschelle am Gehäuse befestigt. Dass so eine Konstruktion nicht lange hält, ist genauso klar wie der sichere Kolbenklemmer, wenn der Gummi wieder abrutscht.

ETZ 250

Der Ansaugkasten befindet sich auf der linken Seite des Rahmens, der Luftfilter auf der rechten. Diese Konstruktion bietet an etlichen Stellen unerwünschter Nebenluft leichten Zugang. Dort, wo das Luftfiltergehäuse an den Kastenrahmen angeschraubt wird, gehört eine Formdichtung hin. Neben der Abdichtung soll diese dicke Dichtung Unebenheiten zwischen Blechrahmen und Luftfiltergehäuse ausgleichen.

Sollte die Luftfilteranlage einmal vom Rahmen abgebaut worden sein, ist folgende Montagereihenfolge zu beachten. Zuerst wird der Luftfilterkasten mit der dicken Dichtung an den Rahmen angeschraubt. Die Dichtung wird beidseitig mit dauerelastischer Dichtmasse eingestrichen. Nun wird die Dichtung zwischen Luftfiltergehäuse und Ansaugkasten montiert. Die gibt es in zwei Ausführungen: Die Schaumgummidichtung ist der späteren Pappdichtung vorzuziehen. Vor der Montage werden die Dichtflächen des Luftfiltergehäuses und die Dichtflächen des Ansaugkastens dünn mit Dichtmasse bestrichen. Vor der Montage eine Viertelstunde warten, bis die Dichtmasse angetrocknet ist. Nun werden die Schrauben durch das Filtergehäuse gesteckt. Mit diesen Schrauben wird die Dichtung fixiert. Dann werden die Schrauben gleichmäßig, ohne jede Gewalt bis zum Anliegen des Filterkastens am Gehäuse beigedreht. Erst wenn alle Schrauben richtig sitzen, werden sie gleichmäßig festgezogen. Ganz zum Schluss wird der Ansaugkasten mit einer M6-Schraube am Rahmenausleger befestigt.

Ich schildere diese Banalität derart haarklein, weil die meisten Motorschäden an der MZ durch eben diese Verbindung zwischen Luftfiltergehäuse und Ansaugkasten entstehen. Selbst bei Motorrädern, die frisch vom Band liefen, waren die vier Schrauben des Filterkastens meist nicht richtig angezogen. Die Neckermänner konnten damals ein Lied davon singen. Zudem haben Selbstschrauber immer wieder einige der Schrauben schief ins Alu gedreht. Deshalb der Tipp, die Schrauben von Hand bis zum Anschlag reinzudrehen und erst dann einen Schraubendreher zu benutzen.

Schlamperei: Die Schrauben am Luftfilterkasten der ETZ sind oft lose, ausgerissen oder schief eingedreht. Böse Falschluft ist die Folge.

Wenn hier ein Gewinde ruiniert ist, kommt man leicht auf die Idee, eine Schraube mit Mutter zu verwenden. Dagegen ist nichts einzuwenden, solange man selbstsichernde Muttern und Unterlegscheiben verwendet. Bei Verwendung von normalen Muttern besteht immer die Gefahr, dass sie sich lösen und dann geradewegs in den Motor gesaugt werden. Um sich die Arbeit zu erleichtern, wird ein Zehner-Schlüssel so zurechtgebogen, dass man die Muttern erreicht.

Schließlich wird der Luftfilter montiert.

Aber auch hier kann man Fehler machen. Die zentrale Befestigungsschraube muss auf den Luftfilter justiert werden. Hierzu wird die Filterpatrone eingesetzt und die konische Blechscheibe aufgesteckt. Die Gegenmutter wird jetzt so lange rein gedreht, bis die Blechscheibe an der Mutter und am Filter anliegt. Jetzt wird die Blechscheibe entfernt und die Mutter genau fünf Umdrehungen weiter gedreht. Dadurch wird die richtige Vorspannung des Filters eingestellt. Eine selbstsichernde Mutter an dieser Stelle ist Pflicht, will man nicht bei jedem Filterwechsel diese Einstellprozedur wiederholen. Nun wird die Konusscheibe montiert und mit einer einfachen Mutter nebst Scheibe festgezogen. Zuletzt wird der Deckel auf den Filter gesetzt und gefühlvoll festgeschraubt. Die Deckeldichtung ist aus Moosgummi und muss sorgfältig montiert werden. Eine Nase am Blech hilft dabei. Wichtig: Keine Kabel einklemmen.

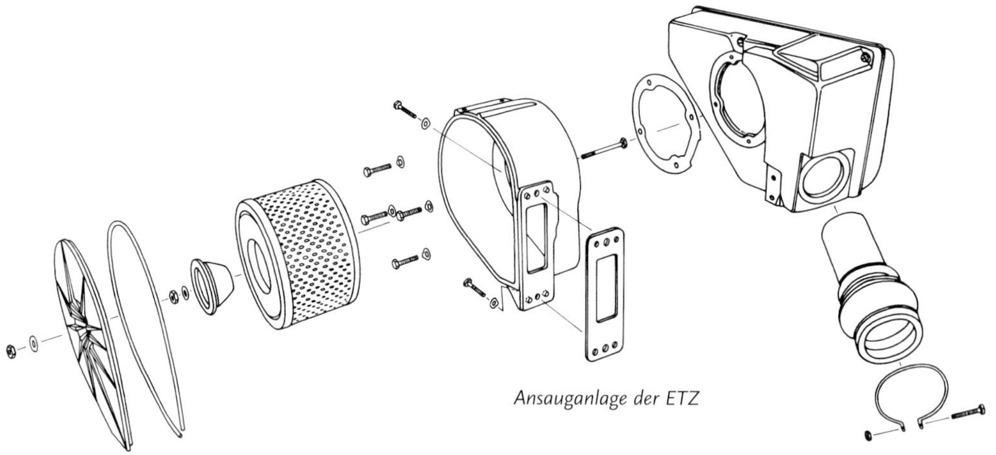

Ansauganlage der ETZ

Einstellungssache: Die Konusscheibe muss den Filter halten ohne zu quetschen.

Wenn das Ansaugsystem derart sorgfältig montiert wird, dankt der Motor das mit Zuverlässigkeit. Nebenluft ist eben ein sehr gutes Beispiel für den Spruch: „Kleine Ursache, große Wirkung".

Nie ohne Filter

Aus seligen Mofazeiten ist so manchem noch das ewige Luftfilterentfernen in (guter?) Erinnerung. Bei der MZ bleibt der Filter auf jeden Fall drin. Der Gasstrom wird direkt vom Vergaser auf das untere Pleuellager gelenkt. Das sorgt für gute Kühlung und Schmierung. Da hat schmirgelnder Straßenstaub nun wirklich nichts zu suchen.

Wenn man wirklich sein Gefährt für Sportzwecke tunen will, kann man dem Motor durch Lochen des Luftfilterdeckels eine extra Portion Luft verschaffen. Auf diese Extraluft muss der Vergaser natürlich durch eine neue Düsenbestückung abgestimmt werden. Im Straßenverkehr ist die Maßnahme nicht zulässig. Das Ansauggeräusch ist nicht mehr zu überhören und die Leistung steigt an.

Unbedingt nötig wird das Perforieren des Deckels, wenn im Sporteinsatz Vergaser mit einem Durchmesser von mehr als 32 mm montiert werden. Richtig effektiv wird die Maßnahme übrigens nur, wenn das perforierte Außenpapier am Luftfilter entfernt wird.

Fremdluftfilter bringen in der Regel keine Leistungssteigerung. Besonders die hochgelobten, amerikanischen Wunderfilter scheiterten bei meinen Versuchen an der MZ kläglich. Die besten Ergebnisse haben die Papierfilter des VEB-Papierverwertung Niederschlag, Post Bärenstein gebracht. Unter dem Namen Filtrak werden die guten Papiereinsätze heute noch gefertigt.

Rennsportbegeisterte werden jetzt zwar noch einwerfen, dass man aber früher für Rennen die Motoren mit völlig offenem Trichter ausgerüstet hat. Das ist völlig richtig, aber solche Triebwerke waren ja auch nicht auf Langlebigkeit ausgelegt, sondern wurden nach jedem Rennen einer Totalüberholung unterzogen.

Auspuff

An keinem Bauteil wird fröhlicher herum manipuliert als am Auspuff. Die tollsten Tricks kursieren an den Lagerfeuern aller Motorradtreffen. Dabei ist der beste Auspuff oft ein intakter Seriendämpfer. Dabei sind sie absolut legal und bringen volle Leistung.

Während zwanzig ETZ-Jahren habe ich natürlich auch verschiedenste Auspuffanlagen ausprobiert. Legale und illegale, das gebe ich hier gerne zu. Die Suche nach dem letzten Quentchen Leistung ist gerade bei Zweitaktbesessenen ein beliebter Sport. Nachfolgend findet der interessierte Leser meine Erfahrungen. Wobei nochmal erwähnt sei, dass die illegalen Anlagen natürlich allenfalls für den Sporteinsatz gedacht sind und auf keinen Fall für den normalen Straßenbetrieb taugen.

Sebring

Der wohl einzige Austauschauspuff für die ETZ mit legaler Prüfnummer. Allerdings bringt er keine Mehrleistung und führt zu einer erheblich höheren Zylinderkopftemperatur. Mit einem ewig langen 12-mm-Bohrer habe ich einmal die Bohrungen im Prallblech – einen richtigen Gegenkonus hat das Ding nicht – erweitert. Mit Erfolg, denn die Mehrleistung war spürbar und die Zylinderkopftemperatur ging auf Normalwerte zurück. Allerdings war die Geräuschentwicklung auch gut für heftiges Herzrasen bei Polizeikontrollen.

Rostnest: Die „Schwarzverchromung" des Sebring Topfes war nicht sehr haltbar.

Die „Schwarzverchromung" des Auspuffs hat sich als nicht besonders rostschützend erwiesen und die Bördelung des Auspuffkrümmers war nicht immer passend.

MZ do Brasil

In den 80ern haben die Zschopauer mal MZ-Baugruppen nach Brasilien geliefert. Am Amazonas entstand daraus die „MZ do Brasil". Die optisch einer Kawasaki nachempfundene Maschine ging wie der Teufel. Dank des brasilianischen Auspuffs. Die Motordrehzahl wurde um beinahe 1000 Umdrehungen angehoben, die Abstimmung war fantastisch. Allerdings mit entsprechendem Lärm. Die Bördelung des Krümmers war, vorsichtig formuliert, ungenau, der Auspuff war einfach mit schwarzer Farbe lackiert. Für Sportfahrer war der Auspuff interessant, allerdings ist er heute kaum noch zu bekommen.

Micron

Die Auspufftüte von Micron war optisch ein Genuss. Eine richtige Rennbirne mit Nachschalldämpfer. Ordentlich verchromt und mit einem guten Sound. Hinten ließen sich zwei verschiedene Schalldämpfer anschrauben, einer mit E-Prüfzeichen, der andere mit dem Hinweis „Do not use for Highway". Dafür war der Renndämpfer der Hit schlechthin. Bei entsprechender Feinarbeit am Motor waren fast 2000 Umdrehungen mehr möglich – unter einer infernalischen Geräuschentwicklung. Schraubte man den Straßendämpfer drauf, sah das Ganze zwar sehr attraktiv aus, hatte auch einen schönen Ton, brachte aber keinerlei Mehrleistung. Ganz böse Buben orderten daher beide Schalldämpfer...

Der türkische Nachrüsttopf

Seit die MZ in der Türkei gebaut wird, gibt es auch türkische Ersatzteile. Dabei scheint die Serienstreuung recht groß zu sein. Viele der Maschinen, die mit diesen „Türkentöpfen" ausgerüstet sind, gehen wie der Teufel, mindestens aber wird mit diesem Dämpfertyp die Serienleistung erreicht. Serienstreuung durch Handarbeit? Der Ton entspricht der Serie, die Optik ist ebenfalls mit dem Originalteil identisch. Allerdings rosten diese Auspuffe teilweise wie russische Kohlefrachter.

Der Edelstahltopf

Gute MZ-Händler bieten rostfreie Auspufftöpfe im Tausch an. Hierbei wird der Einsatz des Seriendämpfers in einen neuen Blechmantel aus Edelstahl eingebaut. Die Edelstahlauspuffanlagen funktionieren so gut wie der Serienauspuff, glänzen aber durch ewige Rostfreiheit. Wer denkt, ein Edelstahlauspuff bräuchte keine Pflege, der irrt.

Streusalz und Dreck brennen sich auch in rostfreien Stahl ein und sorgen für unansehnliche Flecken. Dagegen hilft regelmäßige Pflege mit Edelstahlpolitur.

Der Originalauspuff

Die Erfahrung hat gezeigt, dass der Originale der Beste ist. Hier stimmt die Leistung, der Auspuff rostet nicht stark und alles ist legal. Zudem gibt es den Auspuff zu einem moderaten Preis. Unterscheiden muss man zwischen Schalldämpfern aus DDR-Fertigung und Anlagen aus der Zeit nach der Wende. Die neueren Anlagen sind im Material besser und äußerst sauber verarbeitet. Was natürlich auch seinen Preis hat. Der ist doppelt so hoch, wie bei dem in der Türkei gefertigten Ersatzteil.

Kleine Modellkunde

Seit man auf Oldtimermärkten mit MZ-Auspuffteilen geradezu überschüttet wird, antworten die fliegenden Händler auf die Frage „Ist der Auspuff auch für meine MZ?“ stets mit einem „Ja“. Egal, ob es stimmt oder nicht. Was nicht unbedingt böse Absicht ist. Diese Leute haben irgendwann einmal eine Kiste Auspufftöpfe ergattert und wollen diese nun an den Mann bringen. Ohne Ahnung verhökern sie jetzt die Schalldämpfer nach Gutdünken. Um dennoch ein Schnäppchen machen zu können, muss man wissen, welcher Auspuff an welche MZ gehört.

ES 150

Zweigeteilter Auspufftopf mit 35 mm Durchmesser des Krümmerflansches. Direkt nach dem vorderen Konus sitzt die Trennfuge, das hintere Auspuffteil ist zigarrenförmig.

TS 125/150

Einteiliger Auspuff mit flachem, eingezogenem Ende und zentralem Abgasloch.

ETZ 125/150

Einteiliger Auspuff mit einem Flachkonus am Ende Krümmerdurchmesser 35 mm.

Wichtig: Alle 250er haben 40 mm Krümmerdurchmesser

ES 250/1

Zweiteiliger Auspuff mit zigarrenförmigem Endteil. Der Auspuff fand auch bei der ES 250/2 bis zur Leistungssteigerung auf 19 PS weiter Verwendung.

ES 250/2 und ETS 250

Zweiteiliger Auspuff mit flachem, eingezogenem Endstück. Wichtig: Bei der Montage müssen die Löcher in Auspufftopf und Endstück um 90 Grad versetzt montiert werden, sonst gibt es Leistungsverlust.

TS 250 und 250/1

Einteiliger gerader Auspuff mit Flachkonus am Ende. Wesentlicher Unterschied zur ETZ: Im Ende sitzt eine (verschweißte) Mutter. Kann man den Finger weit reinstecken, hat man einen ETZ-Auspuff erwischt. Beim TS-Auspuff stößt man auf diese Mutter.

ETZ bis Baujahr 1983

Zwei Jahre erfreute der „Schweinerüssel“ die MZ-Fahrer. Ein ellenlanger Auspufftopf mit zwei Löchern am Ende, nicht zerlegbar. Originale

„Schweinerüssel“ sind heute wohl nicht mehr zu bekommen. Technisch ist die Montage des neueren Auspuffs kein Problem. Allerdings muss dann die hintere Auspuffstrebe erneuert oder gekürzt werden.

ETZ ab Baujahr 1983

Um 7 Grad hochgezogen und kürzer. Mit einem kurzen Konus am Ende. Das war die Botschaft der DDR-Formgestalter an die Motorradwelt. Tatsächlich sieht der neue Auspuff wesentlich gefälliger aus. Bei der Fingerprobe stößt man auf keine Mutter.

Warum ich immer von der Fingerprobe rede: Auf Märkten sind die Töpfe normalerweise in Wellpappe verpackt. Mit dem Fingertest kann man den richtigen Auspuff auch ohne Auspacken herausfinden.

Ab 1987 hat man den Endkonus hinten abgeflacht. Der Grund waren die Zulassungsbehörden vieler Länder, die auf sichtbare Prüfzeichen bestanden. Um diese einstanzen zu können, war die Fläche nötig.

Wichtiger Anschluss

Beim Anschluss des Auspuffs am Zylinder sieht man zuweilen die abenteuerlichsten Konstruktionen. Weil viele Schrauber mit dem Auspuffgewinde nicht klar kommen, werden die wildesten Halterungen erfunden. Dabei ist die Auspuffmontage eigentlich ganz einfach. Erforderlich ist reichlich Fingerspitzengefühl und ein stabiler Hakenschlüssel.

Alle Auspuffanlagen der MZ sind mit Überwurfmuttern befestigt und mit einer konischen Bördelung abgedichtet. Zur Montage wird die Überwurfmutter von Hand bis zum Anschlag eingeschraubt. Erst wenn die Mutter wirklich weit im Zylinder eingeschraubt ist, wird der Hakenschlüssel angesetzt. Dann aber mit aller Macht. 180 bis 200 Nm Drehmoment sind erforderlich, also das Gewicht eines Zweizentnermannes auf dem Hakenschlüssel ist gerade richtig.

Eine Ausnahme bildet die Auspuffbefestigung der ES 250/2. In das übliche Innengewinde des Zylinders wird ein Adapterstück geschraubt, in das der Krümmer eingesteckt wird. Mit einer Klemmschelle wird der Auspuff daran befestigt. Eine gute Idee mit Pferdefuß. Denn ohne ein ganz spezielles Werkzeug ist es nicht möglich, das Adapterstück fest genug einzuschrauben. Die Motorvibrationen tragen ein Übriges dazu bei, den zu lockeren Adapter weiter zu lösen. Da der sich aber wegen der Klemmung nicht losdrehen kann, wird das Gewinde allmählich pulverisiert. Um das Adapterstück wirklich fest einzudrehen, muss man sich ein Werkzeug selber bauen. Ein massiver Rundstahl, dessen Außendurchmesser gerade mal in den Adapter passt, wird an einem Ende kreuzweise eingeschnitten. In diese Schnitte werden 2-mm-Blechstücke eingelegt, die stramm in die Schlitze des Adapters passen müssen. Auf das andere Ende des Rundstahls wird eine Mutter mit 27-mm-Schlüsselweite geschweißt. So kann eine hohe Kraft übertragen werden. Wem das alles zu umständlich ist, kann einen Krümmer der späten ETS-Modelle montieren. Der ist, wie die späteren Krümmer, mittels Überwurfmutter befestigt. Nachrüstkrümmer sind immer mit einem Dichtkonus am Ende ausgestattet. Wer diesen Krümmer an den alten Zylinder montieren will, muss den Konusbund absägen.

Empfindlich: An diesen Adapter wird der Krümmer der ES geklemmt.

Selbstbauwerkzeug: Eingelegte Blechstreifen stellen die Verbindung zwischen Eindrehwerkzeug und Adapter her.

Die korrekte Montage eines MZ-Auspuffs erkläre ich jetzt am Beispiel der ETZ. Zuerst wird die Schelle lose auf den Flansch des Topfes geschoben. Dann wird der Krümmer mit aufgesteckter Überwurfmutter in den Auspufftopf gesteckt. Eine Besonderheit sind die Auspuffanlagen bei den auf

17 PS gedrosselten Motorrädern. Deren Krümmer ragt rund 25 cm weiter als normal in den Auspuff hinein, wodurch die Strömungsverhältnisse grob verschlechtert werden. Normalerweise darf der Auspuff nur auf der Länge des Flansches in den vorderen „Diffusor" eingesteckt werden. Jeder Millimeter weiter kostet Leistung.

Der Auspuff der ETZ ist ab Baujahr 1983 um sieben Grad nach oben hochgezogen. Die Schweißnaht des Topfes muss daher stets zur Achsmutter zeigen. Die hintere Auspuffschelle wird jetzt lose mit der Auspuffstrebe verschraubt. Die kleinere Hälfte der Schelle gehört an die Radseite. Die Strebe wird jetzt oben am Rahmen angeschraubt. So muss man nicht ständig den schweren Topf hoch halten. Jetzt wird die Überwurfmutter mit Kupferpaste eingestrichen und vorsichtig ins Zylindergewinde eingedreht. Es erfordert zuweilen Geduld, den Gewindegang richtig zu erwischen. Bitte niemals versuchen, die Überwurfmutter mit dem Hakenschlüssel von Anfang an hineinzudrehen. Das Gewinde wird unter Garantie beschädigt. Es gibt zwar Spezialisten, die zerstörte Gewinde erneuern, jedoch kostet die Reparatur eine Stange Geld. Also lieber mit entsprechender Vorsicht ans Werk gehen. Will es nicht gelingen, das Gewinde einzudrehen, versucht man es notfalls mit der Mutter allein. Wenn auch das nicht klappt, hat man entweder furchtbar zittrige Finger oder das Gewinde ist defekt. Wenn ein Murkser vorher eine Mutter mit dem Hakenschlüssel „reingewürgt" hat, stehen die Chancen sehr schlecht. Ist jedoch nur der erste Gewindegang ruiniert, kann man mit einer 1,5er-Gewindefeile noch etwas retten. Eine Geduldsarbeit. Man kann auch versuchen, eine Werkstatt zu finden, die das Gewinde mit einem Gewindebohrer nacharbeiten kann. Dazu ist aber ein teurer Bohrer (50 x 1,5) erforderlich und den hat nicht jeder.

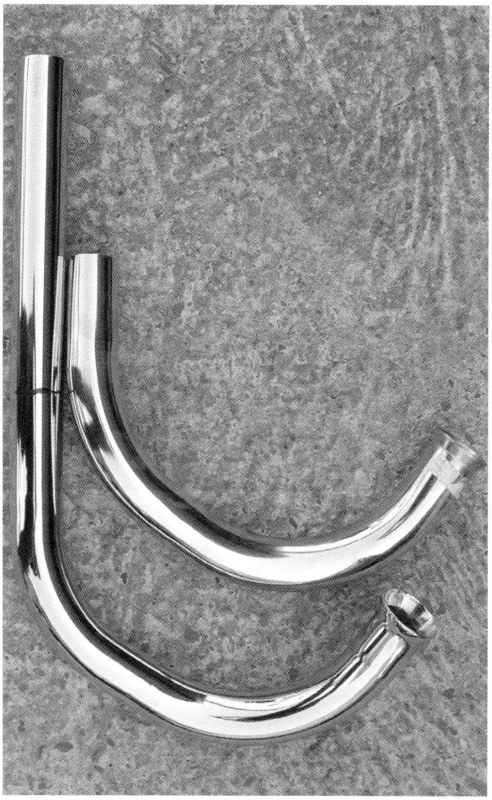

Krümmertuning: Das lange 17 PS Rohr schluckt vier PS.

Gehen wir nun davon aus, dass die Mutter ge-

packt hat. Dann wird jetzt das Winkelblech unter dem Motor lose angeschraubt. Die Auspuffschelle wird so gedreht, dass sie auf dem Winkelblech aufliegt. Hierauf wird das Halteblech für die Schrauben gelegt und die Sechskantschrauben montiert. Die Federringe unter den Muttern nicht vergessen. Beginnend mit der Auspuffmutter werden alle Schrauben „lauwarm" angezogen. Im zweiten Durchgang wird die Auspuffmutter endfest montiert. Keine Angst, ein gesundes Gewinde reißt nicht aus. Die Schrauben der unteren Schelle werden angezogen, danach die obere Schraube der hinteren Schelle, dann die Auspuffstrebe. Zum Schluss wird die untere Schraube der Schelle angezogen. Mit der Schelle wird die Schweißnaht verdeckt.

Eigentlich fertig. Doch an der unteren Schelle wirft das Blech in der Trennfuge des Auspuffs gerne eine Falte, durch die knatternd Abgas austritt. Kein Problem, ein Schlag mit einem kräftigen Schraubendreher schließt die Sabberstelle.

Pflege

„Wie oft muss ich meinen Auspuff ausbrennen?" Eine viel gestellte Frage. Kurze Antwort: „Nie!" Früher, als lahme Zweitakter mit 1:25er-Gemisch unterwegs waren, mussten die Auspuffanlagen in der Tat regelmäßig mit der Lötlampe frei gebrannt werde. Mit viel Dreck und Gestank.

An dieser Stelle ein dickes Sonderlob an die Leute, die den MZ-Auspuff abgestimmt haben. Selbst bei schonender Fahrweise ist das Auspuffende einer richtig eingestellten MZ stets pulvertrocken. Kurz gesagt, ein Motor ist richtig eingestellt und gesund, wenn die Farbe der Auspuffmündung und die der Zündkerzenelektrode identisch sind – und das ist meist der Fall.

Tatsächlich ist der Auspuff durch saubere Verbrennung selbstreinigend. Aber was ist, wenn der Vorbesitzer seinen Motor mit fettem Zweitaktgemisch verkoken ließ und durch untertouriges Kurzstreckenfahren jede Selbstreinigung verhinderte? Dann muss man die Drehzahlen allmählich steigern, damit die Ölkohle, die nicht nur im Auspuff, sondern auch im Brennraum und zwischen den Kolbenringen pappt, kontrolliert verbrennen kann. Was sie teilweise auch recht spektakulär macht. Als ich mal eine Polizeimaschine aus Erichs Wachbataillon zum TÜV fuhr und im Büro auf die Anmeldung wartete, kam ein aufgeregter Autofahrer rein. „Ihr Motorrad brennt!" Tatsächlich fauchte aus dem Auspuff der abgestellten Maschine ein Vulkan aus brennender Ölkohle und Zweitaktölteer. Resultat vieler Jahre Hinterherzuckelei in der Kolonne der Staatskarossen. Danach rannte die Polizeimaschine wie der Teufel, der Auspuff war völlig frei.

Wenn zu fettes Gemisch die Ursache für solche Kokeleien ist, muss langsam abgemagert werden. Fünf Punkte bei jedem zweiten Tanken sind genau richtig, sofortiges Abmagern würde zu Glühzündungen oder Kohleablösungen führen. Beispiel: Ist der Vorbesitzer mit 1:25 gefahren, reduziert man bei jedem zweiten Tanken auf 1:30, 1:35, 1:40 usw., bis das vorgeschriebene Gemisch erreicht wird.

7. ELEKTRIK

Aufbau der 6-Volt-Elektrik

Fährt man mit einer 6-Volt-MZ im heutigen Verkehr, mag man die Werbesprüche auf der Leipziger Messe 1967 kaum glauben: „Die leistungsstarke 6-Volt-Lichtanlage sorgt für perfekte Ausleuchtung der Fahrbahn!"

Tatsächlich war die Gleichstromlichtanlage damals Stand der Technik. Heute wird so etwas gern als „trübe Funzel" bezeichnet. Doch mit einigen Tricks kann man auch aus 6 Volt etwas Brauchbares zaubern. Bevor wir zur Verbesserung der Elektrik kommen, muss deren Aufbau klar sein.

Herzstück der Elektrik ist die Gleichstromlichtmaschine. Sie besteht aus dem mit der Kurbelwelle drehenden Anker und der außen liegenden Feldwicklung. Die Feldwicklung wird elektrisch magnetisiert. In diesem Magnetfeld läuft der Rotor. Mit steigender Drehzahl wird ein ständig steigender Strom erzeugt. Ein elektromechanischer Regler sorgt nun beim Erreichen einer zuvor eingestellten Spannung für die Abregelung des Magnetfeldes in der Feldwicklung.

Soweit, so theoretisch.

In der Praxis liegt einer der Hauptnachteile der 6-Volt-Anlage in den hohen Spannungsverlusten an Verbindungen und an Verbrauchern. So muss peinlich genau auf fest sitzende Steckverbinder und ausreichend groß dimensionierte Kabel geachtet werden.

Wenn die eingeregelte Spannung erreicht ist, leitet der Reglerschalter den Strom an die Batterie weiter. Die wird mit der Ladespannung auf einem konstanten Ladeniveau gehalten. Da dieser Lade-

Bauteile: Regler, Lichtmaschine und Anker der 6-Volt-Anlage

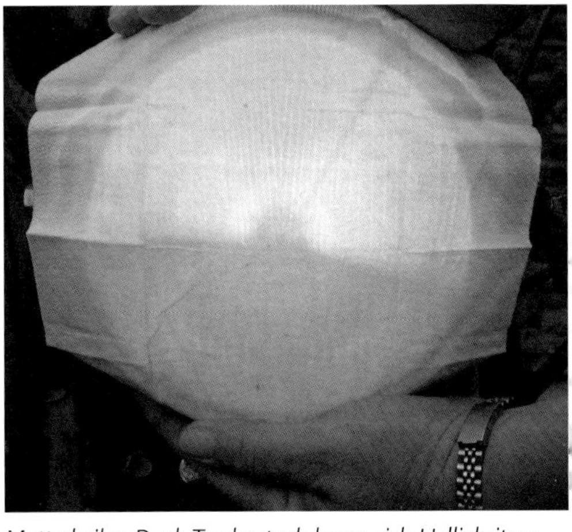

Mattscheibe: Dank Taschentuch lassen sich Helligkeitsunterschiede am Scheinwerfer erkennen.

strom immer etwas höher als die Batteriespannung (Bordspannung) ist, kann man eine einfache Funktionsprüfung mit einem Papiertaschentuch durchführen: Bei niedriger Leerlaufdrehzahl wird das Taschentuch als Mattscheibe über den eingeschalteten Scheinwerfer gespannt. Dann wird die Drehzahl gesteigert. Wird das Licht nun deutlich heller, arbeitet die Lichtmaschine korrekt.

Aus der Batterie wird die gesamte elektrische Anlage gespeist. Wichtigster Verbraucher ist die Zündspule. Der Strom in der Primärwicklung wird vom Zündkontakt bei jeder Kurbelwellenumdrehung unterbrochen. Dadurch entsteht in der Sekundärwicklung ein Strom von rund 12-15.000 Volt, der an der Zündkerze für den richtigen Funken sorgt. Der Zündkondensator verhindert dabei zu starken Abbrand auf den Kontaktflächen.

Weitere Verbraucher sind die Beleuchtung und die Blinkanlage des Fahrzeugs. Serienmäßig wird der Strom der Blinker über einen Hitzdraht-Blinkgeber gesteuert. Kleinste Schwankungen in der Bordspannung sorgen für veränderte Blinkfrequenz. Verhindern kann man das mit einem elektronischen Blinkgeber, dessen Frequenz bei unterschiedlichen Spannungen stets konstant bleibt.

Blinkgeber: Links der mechanische „Hitzdraht-Blinkgeber", rechts der gute elektronische

Elektrischer Aufbau 12 Volt

Dank Drehstromlichtmaschine gehört Strommangel seit der ETZ 250 endgültig der Vergangenheit an. Eine Bordspannung von 12 Volt und eine Lichtmaschinenleistung von 15 Ampere lassen reichlich Spielraum für alles erdenkliche elektrische Zubehör.

Bei einer Drehstromlichtmaschine wird das rotierende Feld im Lichtmaschinenrotor erzeugt. Der dreiphasige Drehstrom wird im Stator erzeugt und über die Leitungen UVW zum Gleichrichter geleitet. Die Leistungsdioden formen den Wechselstrom in Gleichstrom zur Batterieladung um. Der Strom von den Erregerdioden fließt über die Klemme 61 zum Regler. Über die Kontaktfahne DF am Regler fließt der Erregerstrom über die Kohlen zum Rotor. Beim Erreichen von rund 14 Volt fährt der Regler die Feldspannung herunter und regelt so die Batterieladung ab.

Störungen an der 12-Volt-Anlage sind selten. Fehler sind oft leicht zu erkennen. Außerdem haben pfiffige MZ-Händler für anfällige Teile sinnvolle Abhilfen im Angebot.

Im Folgenden werden wir die einzelnen Bauteile der elektrischen Anlage besprechen und schauen, ob der Austausch gegen modifizierte Zubehörteile möglich ist.

Lichtmaschinenrotor

Der Rotor der Drehstromlichtmaschine ist als kompakter Klauenpolanker ausgeführt. Dank der kompakten Bauweise werden Durchmesser und somit Fliehkräfte gering gehalten. Probleme mit den Wicklungen sind den neueren ETZ-Modellen daher völlig fremd. In der ersten Baureihe gab es leider häufig Probleme mit Windungsschluss und Masseschluss im Bereich der Verbindung mit dem Kollektor. Diese Anker sind zum Glück leicht an den deutlich sichtbaren Anlötplatten zu erkennen. Werden auf Teilemärkten billig ETZ-Rotoren angeboten, sind es meist diese Problemkinder. Und kein Ersatzteil dieser Welt kann so billig sein, als dass man einen Schaden in Kauf nehmen kann.

Problemlos waren dagegen die nachfolgenden Serien. Ab Ende 1984 wurden die besseren Anker verbaut, erkennbar an den im Spulenkern verschwindenden Drahtenden. Bei diesen Ankern ist mir nicht eine defekte Wicklung bekannt – dafür aber reihenweise eingelaufene Schleifringe. Eine direkte Folge sinnloser Auflagen der DDR-Politbonzen. Buntmetalle waren selten, also suchten die Genossen im kollektiven Ringelpiez nach Alternativen für bewährte, aber teure Buntmetallschleifringe. Die gefeierte Lösung lag in Schleifringen aus Graphit. In einigen Autolichtmaschinen haben sich derartige Ringe bewährt. Jedoch am Kurbelzapfen eines Zweitaktmotors hielten sie den Resonanzen der Kurbelwellenlager nicht lange

Abgewetzt: Diese Graphitschleifringe haben es hinter sich.

stand. Erste kleine Ausbrüche sorgten für nachhaltige Schäden. Einmal Abziehen der Lichtmaschine, ohne vorher den Kohlehalter zu entfernen, reicht, um mit dem entstehenden Kratzer den Grundstein für einen heldenhaften Selbstzerstörungsprozess des Kollektors zu legen.

Abhilfe kam mal wieder von findigen Händlern. Solide Kollektoren aus Buntmetall wurden unter Vorfinanzierung teurer Herstellungswerkzeuge angefertigt. Warum ich „teuer" erwähne? Ganz einfach, oft meckern MZ-Fahrer über den Preis eines Ankers mit neuen Kollektoren im Austausch. Der sei ja teurer als der neue vom Teiletrödel. Stimmt, dafür garantiert der Buntmetallkollektor ja auch eine wesentlich längere Lebensdauer.

Repariert: dauerhafter Buntmetallkollektor

Den Sinn der dauerhaften Schleifringe haben auch die MZ-Nachfolger in Istanbul erkannt. Deren Kanunis verzichteten von Anfang an auf das Experiment mit den Graphitringen. Wer heute mit einer MZ auf große Tour gehen will, sollte allein zur eigenen Nervenberuhigung auf die Buntmetallkollektoren umgerüstet haben.

Stator

Mit diesem Bauteil gibt es nur höchst selten Probleme. Wenn die rote Lampe einmal unterwegs glimmt, ist die Ursache meist bei den Kabelverbindungen U, V, W zu suchen. Hier unten, an der Kontaktplatte der Lichtmaschine, fließen richtig deftige Ströme über die drei schwarzen Kabel zum Gleichrichter. Wenn hier nur eine Verbindung nicht den rechten Anschluss hat, raucht die Anschlussplatte mitsamt einem Stück des Kabelbaums ab.

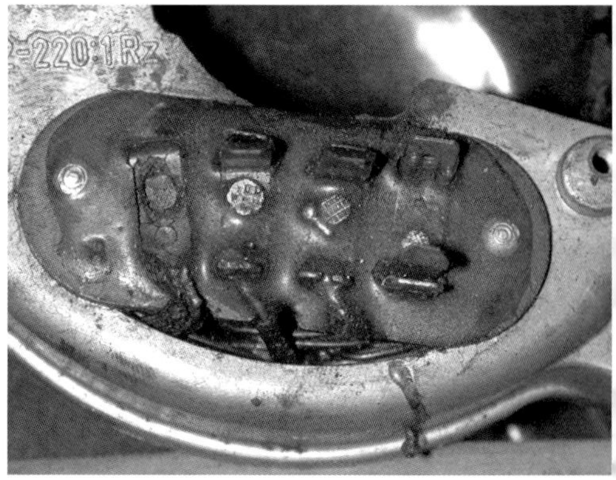

Abgefackelt: verbrannte Anschlussplatte der Drehstromlichtmaschine

Glücklicherweise ist hier Ersatz nicht nur billig, sondern auch recht einfach einzubauen. Die alte Anschlussplatte wird ausgenietet und an den Verbindungen zu den Statorkabeln abgelötet. Diese Drähte werden sorgfältig blank geschmirgelt und gut mit der neuen Platte verlötet. Dann wird die neue Platte an der Lichtmaschine fest genietet. Leute ohne Nietwerkzeug dürfen auch ein Gewinde in die Nietbohrungen an der Lichtmaschine schneiden und die Platte festschrauben. Wichtig:

Alles neu: sauber verlötete Anschlussplatte

Die Anschlussdrähte so biegen, dass keinerlei Verspannungen auf die Platte einwirken.

Mit neuen, unisolierten Messingsteckverbindern werden nun drei neue schwarze Kabel angefertigt, mit einem Mindestquerschnitt von 2,5 mm^2. Die Kabel können ganz beliebig aufgesteckt werden. Nur mit der absolut passenden Quetschzange lassen sich die Verbinder sicher befestigen. Wer sich das nicht zutraut, lässt diese Kabel beim MZ-Händler oder Autoelektriker anfertigen.

Nur so geht's: die richtige Quetschzange

Der gleichgerichtete Strom fließt über das rotgelbe Kabel D+ vom Gleichrichter zum Regler. Auch hier ist auf beste Verbindung und ausreichenden Kabelquerschnitt zu achten. Worauf die MZ-Macher nicht geachtet haben, war ein ausreichender Wetterschutz der seitlichen Anschlüsse am Gleichrichter. Sie liegen genau im Spritzwassernebel und sehen nach einem Winter entsprechend verkeimt aus. Da helfen nur regelmäßige Reinigung und eine dicke, fettige Schutzschicht. Vorzugsweise aus Batteriepolschutzfett.

Das braune Kabel D- teilt das Schicksal seines Nachbarn. An beiden Enden. Denn es gammelt nicht nur am Gleichrichter, sondern auch am Sicherungskasten. Den hat man ebenfalls, wie zum Korrosionstest, in den Spritznebel des Hinterrades montiert. Auch hier hilft nur reinigen und fetten. An den Steckkontakten, an den Sicherungen und – ganz wichtig! – an den Nieten auf der Rückseite. So liegt das Geheimnis einer zuverlässigen Elektrik in guten Kabeln und sauberen elektrischen Anschlüssen.

Unwissen sorgt oft für unnötig lange Fehlersorge. Die ETZ-Modelle gehören zu den wenigen Fahrzeugen, bei denen der Erregerstrom mit einer eigenen Sicherung abgesichert ist. Eine Feinsicherung 2 Ampere (träge) schmilzt, wenn zu hohe Ströme fließen. So ist eine ständig defekte Feinsicherung auch ein Indiz für irgendeine faule Stelle im Stromhaushalt.

Oft unbekannt: Die linke Sicherung im (total versifften) Sicherungskasten ist die Feinsicherung.

Schon häufig haben selbst gestandene Autoelektriker Ewigkeiten getüftelt und etliche Teile ausgetauscht, weil sie nichts von der Existenz dieser simplen Sicherung wussten. So liegen diese Sicherungen auch nicht in den Teileregalen, sondern hängen in den Blisterpacks der Radiohändler. Moderne Autoradios sind mit genau dieser Sicherung gegen Überspannungen geschützt.

Um die Gleichrichterdioden zu kontrollieren, werden sie über Kreuz mit einem Durchgangsprüfer getestet. In der einen Richtung muss der Strom fließen, in Gegenrichtung muss die Diode sperren. Schäden an den Dioden sind selten, häufiger sind Kriechströme durch Streusalznebel. Dem kann man wiederum mit Fettspraynebel vorbeugen.

Mechanischer Regler

An diesem Bauteil sind Schäden häufiger zu finden. Magnetspulen regeln beim Erreichen der eingestellten Spannung über die Reglerkontakte den Erregerstrom herunter. Dabei werden recht hohe Ströme mechanisch geschaltet. Auf den Kontakten findet ein steter Austausch des Kontaktmaterials statt. Wodurch sich auf dem einen Kon-

Kontakte: Links ist der Reglerschalter, rechts der Rückstromschalter des mechanischen Reglers. Hier der 12-Volt-Regler.

takt ein Krater und auf dem anderen ein Hügel bildet. Eine saubere Einstellung ist dann nicht mehr möglich. Die Kontakte mit einer Feile nachzuarbeiten ist wenig erfolgreich, denn wenn die harte Oberfläche der Kontakte erst einmal angegriffen ist, hilft nur ein Austausch des Reglers. Vorzugsweise gegen einen kontaktlosen, elektronischen Regler.

ELEKTRONISCHER REGLER

Der Wechsel ist einfach und in wenigen Minuten durchzuführen. Dafür hält der Regler dann auch ewig und arbeitet zuverlässiger als das mechanische Serienteil. Wichtig ist, dass man den elektronischen Regler genau nach Einbauanleitung montiert. Auch hier müssen die Anschlüsse sauber ausgeführt sein. Befestigt wird der Regler mit stabilen Kabelbindern zwischen den Rahmenrohren. Die Suche nach einem geeigneten Regler

Problemlos: Dies ist der elektronische Regler für die ETZ.

gestaltet sich nicht einfach, da die meisten Elektronikregler auf wesentlich stärkere Autolichtmaschinen abgestimmt sind. Aber die MZ-Händler haben das passende Teil im Angebot.

Unter der Sitzbank befindet sich ein Kondensator. Ein weiteres Beispiel für die Mangelwirtschaft in der DDR. Wenn es wieder einmal keine Batterien gab, konnte man die MZ dank der guten Selbsterregung der Lichtmaschine anschieben. Der Kondensator pufferte dann zuverlässig die Spannungsspitzen und simulierte quasi eine Bat-

Heute unnütz: Dieser Kondensator sollte fehlende Batterien puffern.

terie. Da heute die Versorgungslage auf dem Batteriesektor als problemlos anzusehen ist, wird dieser Kondensator ausgebaut und kann so auch nicht mehr für irgendwelche geheimnisvollen Zündaussetzer bei Streusalzeinwirkung sorgen.

Lichtmaschine 6 Volt

Private Reparaturmöglichkeiten an der Lichtmaschine beschränken sich auf eine systematische Fehlersuche sowie die Beseitigung von Kurzschlüssen und Unterbrechungen. Normalerweise treten Schäden selten an der Feldwicklung, sondern eher am außen liegenden Regelwiderstand auf. Eine systematische Fehlersuche ist nur für das komplette System von Anker, Feldwicklung und Regelwiderstand möglich.

FEHLERSUCHE FELDWICKLUNG UND ANKER

Nach einer optischen Kontrolle auf lose Kohlefedern, abgenutzte Kohlen und lose Steckverbindungen kann mit einer einfachen Prüflampe eine erste Diagnose getroffen werden. Die Kabel an den Klemmen D+ und DF werden abgezogen. Dann werden die beiden freien Steckkontakte miteinander verbunden. So werden Feld und Anker parallel geschaltet. Diese Verbindung ist gleichzeitig ein Anschlusspunkt für einen Pol einer kleinen Prüflampe. Der andere Pol der Prüflampe wird gegen Masse gehalten. Der Motor wird gestartet und die Prüflampe beobachtet. Dabei können folgende Szenarien auftreten:

- **Wenn die Prüflampe bei niedrigen Drehzahlen leuchtet, sind Feld und Anker in Ordnung.**

- **Wenn die Prüflampe nicht leuchtet, ist die Wicklung von Feld oder Anker defekt.**
- **Wenn die Prüflampe bei mittleren Drehzahlen glimmt, ist eine der Wicklungen unterbrochen oder es liegt ein Defekt an den Kohlen oder am Kollektor vor.**

Achtung: Den Motor mit dieser Schaltung nur so lange wie eben nötig laufen lassen, sonst raucht die Feldwicklung ab.

So, bei Verdacht auf Schäden an der Feldwicklung wird diese elektrisch überprüft. Vor der Prüfung auf Masseschluss wird der Masseanschluss der Feldwicklung vom Lichtmaschinengehäuse gelöst und der Regelwiderstand abgebaut. Ein Kabel des Durchgangsprüfers wird an Masse gelegt, das andere an DF. Zeigt der Durchgangsprüfer auch nur geringen Durchgang an, hat die Feldwicklung einen Masseschluss.

Mit der nächsten Prüfung lässt sich ein Windungsschluss ermitteln. Ein Ohmmeter wird zwischen der Klemme DF und dem Minusende des Feldes geschaltet. Der Wert muss zwischen 17,0 und 2,5 Ohm liegen. Bei Werten unter 1,7 liegt ein Windungsschluss vor.

Viele Fehler kann man auch optisch gut erkennen. Die Verbindungsstellen der Feldspulen untereinander werden auf Unterbrechung geprüft. Ein Blick auf die Eisenkerne der Spulen offenbart manchmal blanke Stellen – ein Fehlerbild, das meist bei den 150er-Modellen auftritt. Wem sich das gerade beschriebene Schadensbild zeigt, der hat gerade einen bösen Kurbelwellenlagerschaden diagnostiziert.

Am Lichtmaschinenanker sind Schäden meist am Kollektor sichtbar. Einen eingelaufenen Kollektor erkennt man an tiefen Laufspuren von den Kohlen. Ein eingelaufener Kollektor lässt sich auf der Drehbank in bestimmten Grenzen nacharbeiten. Anschließend sind die einzelnen Felder mit einer Reißnadel und einer ganz kleinen Feile nachzuarbeiten.

Bestzustand: Dieser 6-Volt-Kollektor ist in mustergültigem Zustand.

Die elektrische Prüfung erfolgt dann mit einem Durchgangsmessgerät. Alle Felder des Kollektors müssen untereinander verbunden sein. Keines der Felder darf eine elektrische Verbindung zur Masse des Konus aufweisen (Prüfung auf Masseschluss). Doch auch dieser Test ist nur statisch. Denn wenn der Anker mit 6000/min rotiert, können die Fliehkräfte eine blanke Stelle an die Masse drücken, die bei der Prüfung im Stillstand keine Verbindung hat. Bei großen Zweifeln lieber mal den Anker probeweise tauschen, um auf Nummer Sicher zu gehen.

Regelwiderstand

„Wenn die am Regler eingestellte Bordspannung erreicht ist, wird die Spannung begrenzt, indem der Erregerstrom in der Mittellage des Reglerschalters über den Regelwiderstand fließt und in der Oberlage des Reglers die Feldwicklung an Masse geschlossen wird!" Alles kapiert? Wenn nicht, ist das auch nicht weiter schlimm. So kompliziert, wie es einmal in einer Werksanleitung ausgedrückt wurde, ist die Prüfung des Regelwiderstandes auch nicht. Dazu wird der Widerstand ausgebaut und mit einem Messgerät auf Durchgang geprüft. Einen durchgebrannten Widerstand erkennt man am verbrannten Isolierlack der Spule. Beim geringsten Zweifel wird der Widerstand gewechselt. Liegt ein Defekt am Regler selbst vor, ist meist der Widerstand mit in die ewigen Jagdgründe gegangen. So wirkt der Widerstand als eine Art Sicherung für die Lichtmaschine.

Fehlerquelle: Der Regelwiderstand muss einwandfrei sein.

Die Kohlen

Häufigste Schadensursache an der Lichtmaschine sind die Kohlen. Eine gewaltige Portion

Strom muss durch die kleinen Teile fließen. Haben sich die Verbindungen in den Kohlen selbst gelockert, nimmt der Strom den bequemeren Weg über die Kohlefedern. Die glühen dann blitzartig aus und denken gar nicht mehr daran, die Kohlen auf den Kollektor zu drücken. Ganze Schraubergenerationen haben nach haltbareren Federn gesucht. Hätten diese Leute direkt neue Kohlen eingebaut, hätte die Lichtmaschine gleich wieder mit der betriebsnotwendigen Stromproduktion begonnen.

Wichtig ist auch die Länge der Kohlen. Neun Millimeter sind das absolute Minimum.

Die Ladekontrollleuchte

Einfachstes Messinstrument ist die serienmäßige Ladekontrollleuchte. Bei stehendem Motor und eingeschalteter Zündung muss sie leuchten. Sobald die Drehzahl über einen niedrigen Leerlauf hinausgeht, muss sie erlöschen.

Erlischt die Lampe nicht, kommen folgende Fehler in Frage:

- **Eine der Leitungen (D+ oder 61) hat einen Masseschluss**
- **Die Feldwicklung hat einen Masseschluss**
- **Der Regler ist defekt**

Leuchtet bei eingeschalteter Zündung die Lampe nicht auf, können folgende Schäden vorliegen:

- **Die Batterie ist leer**
- **Die Sicherung ist defekt**
- **Die Leitung 30 von Batterie+ zur Klemme 30 (Zündschloss) oder das Massekabel ist unterbrochen**
- **Das Kabel D+ an der Lichtmaschine bis D+ am Regler ist unterbrochen**
- **Das Kabel vom Regler 61 bis zur Zündspule 61 und zur Ladekontrollleuchte ist unterbrochen**
- **Der Regler ist defekt**

und, natürlich der einfachste aller Gründe für eine Fehlfunktion der Kontrollleuchte:

- **Die Birne ist kaputt**

Der Regler

Vorsichtig wird die Kappe des Reglers abgenommen. Wenn die Batterie nicht ausgebaut ist, und man mit der Kappe einen der Kontakte im Inneren berührt, knistert es gar furchtbar. Rechts und links am Regler befinden sich die Schaltkontakte. Das einfache Kontaktpaar rechts ist der Rückstromschalter. Er schaltet bei niedrigen Drehzahlen die Batterie zu und verhindert bei ausgeschaltetem Motor eine Entladung der Batterie.

Das doppelte Kontaktpaar ist der Reglerschalter. Der regelt beim Erreichen der eingestellten Spannung die Stromzufuhr zum Magnetfeld der Lichtmaschine ab und verhindert so ein Überkochen der Batterie.

Kommen wir zur Einstellung des Reglers.

Reglereinstellung in Selbsthilfe

Die mit Abstand häufigste Frage am Telefon: „Meine TS kriegt Aussetzer, wenn ich mit Licht fahre und den Blinker einschalte.“ Standardantwort: „Elektrik überprüfen und Regler einstellen.“ Damit ich diese Prozedur nicht zu oft vorbeten muss, hier die Grundlagen in Kurzfassung:

Als Erstes werden sämtliche Anschlüsse auf elektrische Verwendbarkeit überprüft. Alle Lüsterklemmen, Klingeldrähte und sonstige Improvisationsteile, die sich in einem langen Maschinenleben so angesammelt haben, werden verbannt. Die Verschmutzung und Korrosion der Schalter und des Sicherungskastens erleichtern dem Strom nicht gerade seine Aufgabe. Also werden diese Stellen erstmal gründlich gesäubert und blank gemacht, anschließend mit einem Tropfen Öl, oder besser Kupferfett, versehen. Dann prüft man die Kohlen auf ausreichende Länge und die Kohlefedern auf richtige Spannung. Die Federkraft gleicht der in einem Kugelschreiber. Der Regelwiderstand sollte auch optisch einwandfrei sein und nicht nach Ampere riechen.

Wenn alles klar ist (nur dann funktioniert die Sache), kann man nun den Regler einstellen. Man demontiert vorsichtig (sonst knallts) die Reglerkappe und schaut zwischen die Kontakte. Wenn sich zwischen den Kontaktflächen ein Krater gebildet hat, wandert das Meisterstück der AKA-Elektrik auf den Müll. Wenn nicht, schließen wir jetzt ein genaues Spannungsmessgerät an der Batterie an und lassen den Motor laufen. Auf der einen Seite ist ein Doppelkontakt. Dieser stützt sich gegen eine Blattfeder ab, die ihre Spannung von einem Alugegenhalter erhält. Durch vorsichtiges Verbiegen in Richtung der Feder steigt die Bordspannung, beim Zurückbiegen sinkt sie ab. Die

Gib Strom: Verbiegen der Anschlagzunge zur Feder hin erhöht die Bordspannung.

Spannung wird bei einer Drehzahl um 4500/min gemessen. Der Aluwinkel wird nun so eingestellt, dass die Spannung bei eingeschaltetem Licht 7 bis 7,2 Volt beträgt. Ohne Licht sind das 7,6 bis 7,8 Volt.

Eine Gegenkontrolle kann man nun bei eingeschaltetem Licht an der Birne machen: Der Spannungsabfall darf nicht mehr als 0,3 Volt betragen. Ansonsten ist noch irgendwo ein „Widerstandsnest" in der Verkabelung.

Wenn man nun einen NC-Akku hat, kann man die Spannung an der Birne auf 7,5 bis 7,8 Volt einregeln. Das gibt ein Superlicht, würde aber eine Bleibatterie zum Kochen bringen und die Birnen schneller verschleißen lassen.

Die Einstellung der 12-Volt-Anlage funktioniert genauso, nur werden hier 13,6 Volt mit Licht und 14 Volt ohne Licht einjustiert. Der Spannungsabfall zur Birne sollte 0,2 Volt nicht überschreiten.

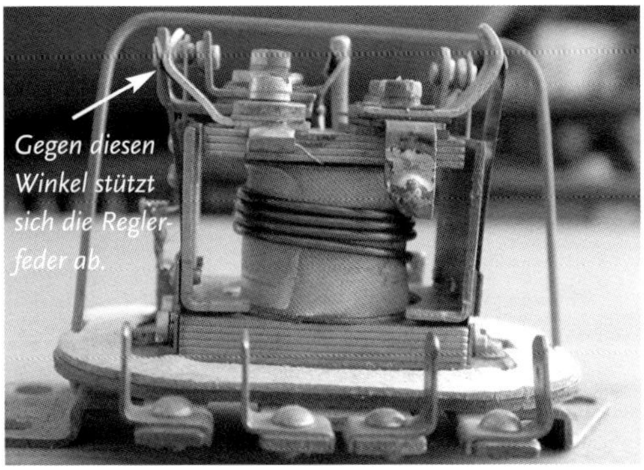

Mechatronik: Die Kontakte des mechanischen Reglers müssen sauber sein.

6-Volt-Batterie und Alternativen

Serienmäßig wurde bei den MZ-Motorrädern eine Blei-Säure-Batterie 6 Volt/12 Ah eingebaut. Die darf mit bis zu 6,9 Volt Ladespannung betrieben werden. Wir stellen den Regler auf eine Spannung an der Birne von 7 bis 7,2 Volt ein. Da ein geringer Spannungsverlust auf dem Weg zur Batterie normal ist und sowieso am Tage mit Licht gefahren werden muss, passt diese Einstellung. Damit haben wir ein gutes Licht und eine stets volle Batterie. Und ein paar Nachteile: Die Kohlen verschleißen etwas schneller, die Birnen haben eine geringere Lebensdauer und die Batterie gast etwas mehr als bei der serienmäßigen Einstellung. Dafür haben wir nachts richtig schön weißes Licht vor der MZ.

Aber es geht noch besser. Der VEB Grubenlampe Zwickau hatte damals wunderschöne Nickel-Cadmium-Laugenakkus (NC-Akkus) im Angebot. Das sind die schwarzen Batterien mit den

Für die Ewigkeit: Der Laugenakku des VEB Grubenlampe Zwickau

fünf Zellen. Die hatten das ewige Leben und vertrugen einen deutlich höheren Ladestrom. 7,5 bis 7,8 Volt an der Birne sorgen für absolutes Superlicht und einen stets vollen Akku. Seit nunmehr 10

Jahren werden diese Akkus nicht mehr produziert. Macht aber nichts, die Lebensdauer der Laugeakkus ist fast unbegrenzt. Also kann man einen dieser Wunderakkus bedenkenlos auf dem Oldiemarkt kaufen.

Im Elektronikversand gibt es so genannte Blei-Gel-Akkus. Bei denen ist durch Zugabe von Kieselsäure die flüssige Säure zu einem Gel verwandelt. Das sorgt für absolute Wartungsfreiheit, lange Lebensdauer und eine gute Beständigkeit gegen Tiefentladung. Gel-Akkus werden wie normale Flüssig-Akkus geladen und können in jeder Lage eingebaut werden.

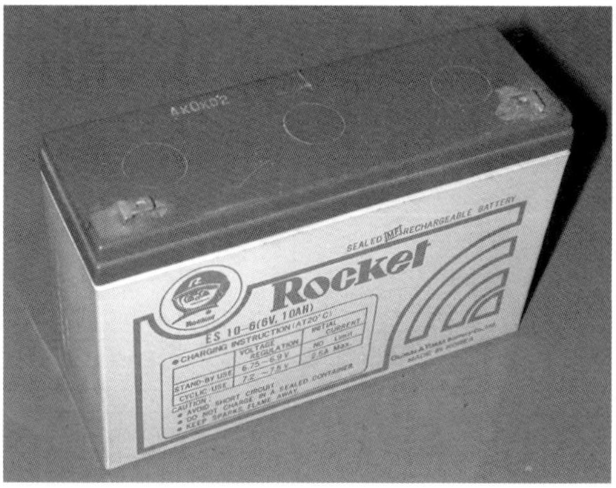

Passt nicht: Die meisten Gel Akkus passen nicht in die normale Halterung. Bei diesem sind zudem die Anschlüsse zu mickrig.

Auf Motorradtreffen sieht man oft die berühmte Autobatterie im Beiwagen. Man sollte aber beachten, dass die Maschine immer noch gestartet werden kann, auch wenn der Akku durch Luftmatratzenpumpe, Zeltleuchte und andere Gimmicks fast leer ist. Aber dann wirkt der Stromspeicher als gigantischer Verbraucher und überlastet Regler und Lichtmaschine aufs Gemeinste. Ein durchgebrannter Regelwiderstand ist da noch die geringste Folge.

Die schlimmsten Autobatterien sind die geschenkten. Die taugen im Oldiekäfer des Kumpels nicht mehr für den Anlasser und sollen dann die MZ versorgen. Mal abgesehen davon, dass solche angeschlagenen Batterien eine derart hohe Ladungsaufnahme haben, dass elektrische Schäden vorprogrammiert sind, gibt es Autobatterien, gerade zur Winterzeit, bei vielen Händlern im Sonderangebot – neu.

Verbesserung durch Relais

Die meisten Störungen der Bordelektrik beruhen auf schlechten Steckverbindern, verkeimten Sicherungskästen und ranzigen Schaltern. Da bleibt nichts anderes übrig, als systematisch jeden elektrischen Anschluss und jeden Schalter zu reinigen und mit Vaseline, Kupferfett oder Öl zu schützen. Allein diese Maßnahmen bringen schon eine gehörige Portion Extralicht. Noch effektiver ist die Schaltung der Beleuchtung über Arbeitsstromrelais. Diese pfiffigen Magnetschalter verbinden die Batterie und die Anschlüsse der Lampe auf direktem Wege, die Schalter dienen nur noch der Ansteuerung.

Jahrelang habe ich fertig verkabelte Relaissätze zur Lichtverbesserung verkauft und nicht einer dieser Kunden hat jemals mehr über schlechtes Licht geklagt. Ein solcher Relaissatz ist leicht selbst herzustellen.

Taglichtschaltung

Ein weiterer Kniff ist die Tageslichtschaltung: Ein Arbeitsstromrelais wird so geschaltet, dass über einen separaten Schalter der Abblendfaden der Scheinwerferbirne einzeln zugeschaltet werden kann. Diese Schaltung hilft jede Menge Strom zu sparen, birgt aber ein tückisches Sicherheitsrisiko. Wird es Dunkel, leuchtet der Hauptscheinwerfer wunderbar die Straße aus. Gerne wird vergessen, die Rücklichter für die Nacht einzuschalten. Man läuft Gefahr, hinten völlig unbeleuchtet durch die Nacht zu fahren.

Tückische Stellen

Einige Stellen an der Elektrik der MZ-Motorräder sind besonders anfällig für korrosionsbedingte Spannungsverluste. Besonders oft leidet der Sicherungskasten unter Rost und Dreck. Da wird dann mit reichlich Schmirgel und Kriechöl nach Abhilfe gesucht, meist jedoch ohne Erfolg. Niemand kommt auf die Idee, die Unterseite des Sicherungskastens zu prüfen. Unter den Nieten, die

Braucht Konservierung: Der Leitungsverbinder wird ab und an mit Polfett eingesprüht.

die Federn und die Steckkontakte verbinden, gammelt es gewaltig im Verborgenen. Da hilft nur die Erneuerung des Sicherungskastens. Der Neue wird dann regelmäßig auch von unten gut eingeölt.

Weiterer Problempunkt ist der Leitungsverbinder unter der Sitzbank. Auch diese Leiste muss regelmäßig gegen Korrosion geschützt werden. Ideal zum Korrosionsschutz eignet sich Batteriepolschutzspray.

Zuweilen wird das Plastik des Leitungsverbinders brüchig. Dann können sich zwei Steckverbinder berühren und verursachen Chaos. Leider aber nicht immer, sondern nur im dicken Schlagloch. Da haben schon Leute das halbe Motorrad auseinander genommen, bevor dieser Fehler gefunden wurde.

Eine weitere Tücke liegt im Zündschloss. Wie beim Sicherungskasten kann sich unter den Nieten kaum sichtbarer, aber gut isolierender Rost bilden. Zwischen den Anschlüssen 15/54 vorn am Zündschloss befindet sich ein Leitungsblech, das zuweilen verrottet oder einreißt. Bei unerklärlichen Aussetzern ruhig mal diese Verbindung überprüfen.

Tückisch: Wenn Korrosion die angenieteten Stromfahnen unterwandert gibt es unerklärliche Ausfälle.

12-Volt-Batterie und Alternativen

Bei Batterien gilt der Grundsatz: Kapazität schadet nicht. Mit den Jahren wurden die 12-Volt-Akkus immer kleiner. Wer statt des serienmäßigen 9-Ah-Akkus einen 15-Ah-Akku montieren kann, besitzt einfach mehr elektrische Reserven. Das gilt auch für eine Autobatterie im Beiwagen. Aber bitte eine Gute. Denn die ausgelutschte Batterie, die im vollgeladenen Zustand den Anlasser kaum noch gedreht bekommt, sorgt für zügiges Ableben selbst der besten Lichtmaschine in Rekordzeit. Durch den extremen inneren Widerstand werden bei der Ladung gewaltige Ströme benötigt.

Eine Autobatterie macht auch nur so richtig Sinn, wenn man sie gleichzeitig als Stromquelle auf dem Campingplatz für alles Mögliche braucht. Abgesehen vom Gewicht braucht der Bleiklotz auch noch einen Haufen Platz im Beiwagen. Aber auch Solofahrer können in den Genuss einer hohen Versorgungsenergie für ständige Verbraucher kommen, indem sie auf die Gel-Akkus umrüsten. Die halten nicht nur länger als normale Säure-Akkus, sondern liefern auch viel Strom. Zudem sind sie absolut rüttelfest, was besonders Geländefahrer freut.

Gel-Akkus gibt es bei vielen Elektronikversendern zu reellen Preisen. Allerdings oft mit miesen Anschlüssen. Daher sollten nur solche Akkus gekauft werden, die über richtige Kabelösen und nicht nur über schmale Steckverbinder verfügen. Der beste Gel-Akku ist der, der gerade noch in die Batteriehalterung passt und die größte Kapazität besitzt. Da lohnt sich dann auch der Mehrpreis, denn man hat eine Batterie für viele Jahre erstanden.

Wer beim serienmäßigen Akku bleibt, muss für regelmäßige Pflege sorgen. Wobei der richtige Säurestand auf der Checkliste ganz weit oben steht. Neu gekaufte Akkus sind trocken vorgeladen. Das bedeutet für den Käufer: Säure einfüllen, ein paar Stunden warten und losfahren. In manchen Betriebsanleitungen stehen noch detaillierte Pläne zur stufenweisen Ladung der Batterie. Diese Behandlung betrifft die nicht vorgeladenen, alten DDR-Akkus, und daher haben solche Schriften heute nur noch einen Wert als historisches Dokument.

Wenn man einen neuen Akku beim Motorradhändler kauft, ist der in der Regel gefüllt und weist den richtigen Säurestand auf. Billiger sind Batterien im Versand zu beziehen. Mit dem Nachteil, dass gefüllte Akkus nicht verschickt werden dürfen. Man muss sich die Säure beim Autozubehörhändler kaufen und selbst einfüllen. Dabei sind Schutzbrille und Handschuhe Pflicht. Nicht umsonst sind auf den Behältern die Gefahrenzeichen so sichtbar angebracht. Und die Chance, mit ein paar Spritzern die Jeans zu durchlöchern, steigt proportional zum Wert der Hose...

Die benötigte Säuremenge geht aus der Anleitung zum Einbau der Batterie hervor. Bei der Erstbefüllung werden die Zellen bis zwei Millimeter über die Maximal-Marke gefüllt. Wenn sich die Separatoren nach einigen Minuten voll gesogen haben, stimmt dann auch der Säurestand. Der Akku gast mit geöffneten Verschlüssen deutlich brodelnd vor sich hin. Nach ein bis zwei Stunden kann dann gegebenenfalls der Säurestand mit destilliertem Wasser korrigiert werden.

Destilliertes Wasser wird auch dann nachgefüllt, wenn der Säurestand im Betrieb nachgelassen hat. Niemals darf Batteriesäure zum Nachfüllen eines bereits gefüllten Akkus benutzt werden.

Die weitere Pflege beschränkt sich auf die Konservierung der Batteriepole und Anschlüsse mit Polschutzfett. So geht man sicher, nicht irgendwann vorzeitig mit totalem Elektronikausfall auf der Strecke zu bleiben.

Bei im Winter stillgelegten Motorrädern empfiehlt es sich, den Akku in einem geheizten Raum aufzubewahren. Vor dem Wiedereinbau kommt der Akku dann ein paar Stunden ans Ladegerät. Wichtig: Immer die Faustregel für den Ladestrom beachten. 1/10 der Batteriekapazität sollte nicht wesentlich überschritten werden. Bei der serienmäßigen 9-Ampere-Batterie beträgt der Ladestrom gerade mal 0,9 Ampere. Ein 1-Ampere-Ladegerät ist also hier das Höchste der Gefühle.

Pflege: Der Säurestand wird mit destilliertem Wasser korrigiert.

Übrigens – ich mische fleißig die Begriffe Batterie und Akku. Korrekt gesehen ist ein Akku eine Zelle eines Stromsammlers. Eines dieser Akkus hat eine Spannung von 1,5 Volt. Sechs dieser Zellen werden zu einer Batterie im gemeinsamen Gehäuse vereint. Im Allgemeinen werden die Begriffe Akku und Batterie für Fahrzeugbatterien wahlweise verwendet.

Elektrische Verbesserungen

Strom ist am ehesten mit Wasser zu vergleichen: Beim steten Fluss von Plus zu Minus wird Energie genutzt. Solange der Fließvorgang beim kühlen Nass nicht durch Steine, Müll oder Wassermangel gehemmt wird, dreht sich das Mühlrad schnell. Doch sobald etwas im Weg liegt, ist es schnell aus mit der Bewegung.

Genauso ist es beim Strom. Hier liegen keine Steine im Weg, sondern miese Verbinder und faule Kabel. Neunzig Prozent aller elektrischen Ausfälle gehen auf das Konto einer ungepflegten Elektrik. Dabei lässt sich ein zuverlässiger Stromkreis leicht realisieren. Die Zutaten: vernünftige Steckverbinder, gute Kabel und ein paar Gramm Fett.

Kabel, Stecker und Verbindungen

Drei Eigenschaften machen ein Kabel brauchbar fürs Motorrad. Neben einer flexiblen Kupferseele und einer stabilen Isolierung ist der richtige Querschnitt wichtig. Elektrisch nicht relevant, aber eine echte Arbeitserleichterung ist die Verwendung der richtigen Kabelfarbe.

Bei der Qualität brauchen wir uns in Deutschland keine Sorgen zu machen. Fahrzeugkabel wird nach DIN gefertigt, und es gibt die Leitungen in allen möglichen Farben und Querschnitten. Man findet die richtigen Kabel bei guten Autoelektrikern, die auch gerne mal bereit sind, die gewünschte Meterzahl von der Rolle abzuschneiden. Beim Großhändler wird gutes Kabel nur in 50-Meter-Ringen verkauft und das reicht dann für zehn Motorräder.

Nun gibt es in den Schaltplänen eine Menge mehrfarbige Kabel. Bei Schwarz-Weiß oder Weiß-Gelb zuckt der Elektriker auch mal mit den Schultern – „Hamwernich" ist die Standardantwort. Also auf zur nächsten Bezugsquelle. Beim Autoschrotter kann man sich gleich ganze Kabelbäume aus den Wracks schneiden. Für ein paar Cent oder zum Nulltarif wird man bei den dicken Kabelbäumen heutiger Autos rasch fündig. Oft ergattert man bei der Aktion noch ein paar tolle wasserdichte Steckverbinder, Sicherungshalter oder Relais, mit denen sich elektrisches Zubehör prima anschließen lässt.

Folgende Querschnitte werden benötigt:

0,75 mm Ø

werden für die Ansteuerung von Relais, die Verdrahtung schwacher Stromquellen wie Standlicht und Kontrolllampen sowie für die Verbindungen vom Steuerteil der Elektronikzündung zum Geber verwendet. Hier können bei den extrem geringen Strömen sogar noch weit dünnere Kabel eingesetzt werden.

1,5 mm Ø

ist der häufigste Kabelquerschnitt. Beinahe alle Verbindungen werden mit diesem Querschnitt ausgeführt. Bei 1,5 mm Ø gibt es ausreichende Reserven, und die gängigen Quetschverbinder sind für 1,5 bis 2,5 mm Ø ausgelegt. Alle Leitungen, die nicht bei den folgenden Querschnitten aufgeführt sind, werden in 1,5 mm Ø ausgeführt.

2,5 mm Ø

wird für stark belastete Leitungen verwendet. Wie das Kabel vom Sicherungskasten zum Zündschloss und das Verbindungskabel vom Regler D+ zum Sicherungskasten und zur Lichtmaschine. Wird der Hauptscheinwerfer sinnvoller Weise über Relais geschaltet, wird auch das Kabel von der Sicherung zum Relais und vom Relais zur Lampe in 2,5 mm Ø ausgeführt.

Zusatzscheinwerfer und Zusatzhupen werden ebenfalls über Relais und Kabel mit 2,5 mm Ø Querschnitt versorgt.

4 mm Ø

Überall wo richtig heftige Ströme fließen, sind derart dicke Kabel ratsam. Beide Batteriekabel, die Kabel von D+ zum Regler und von D- zur Batterie sind derartige Ampere-Pipelines.

So wichtig wie gute Kabel sind gute Stecker. Die bestehen vorzugsweise aus Messing und sind unisoliert. Nur dann lassen sie sich auch mit Hobbymitteln zuverlässig befestigen und können die hohen Ströme übertragen. Es sei auch hier nochmal darauf hingewiesen, dass das Elektrosortiment mit schönen bunten Verbindern und der Quetschzange vom Wühltisch des Discounters meist das Heimtragen nicht wert ist.

Zum Anschluss der Verbinder an das Kabel haben wir zwei Möglichkeiten: sauber quetschen oder sauber löten. Eine perfekte Quetschverbindung lässt sich nur mit der richtigen Quetschzange realisieren. Die gibt es beim Werkzeughandel und nirgends sonst. Schon gar nicht in Supermarktregalen.

Einfache Zangen kosten ab 15 Euro aufwärts, Zangen mit Übersetzung sind ab 70 Euro zu haben. Wer diese Arbeiten häufiger macht, der sollte diese Summe investieren, denn besonders bei den dicken Querschnitten ist jede Menge Muskelkraft erforderlich.

In der Handhabung sind beide Zangen gleich. Man isoliert etwa 5 bis 7 Millimeter Kabel sauber ab. Dabei darauf achten, dass keine Kabeladern beschädigt werden. Bis 2,5 mm Ø leistet auch die billige automatische Abisolierzange aus dem Baumarkt gute Dienste.

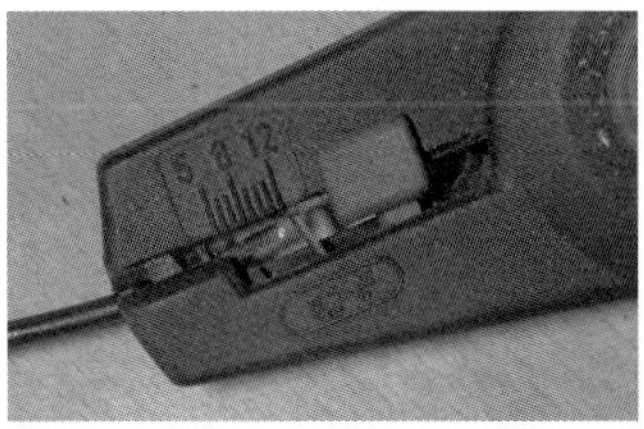

Das abisolierte Kabel wird jetzt so in den Verbinder eingelegt, dass das blanke Ende vollständig im vorderen Bereich und die Isolierung vollständig im hinteren Teil des Verbinders liegt. Nun wird der Verbinder mit dem Kabel so in die Zange eingelegt, dass die geschlossene Seite des Verbinders unten liegt. Die Unterseite der Zange ist die Seite

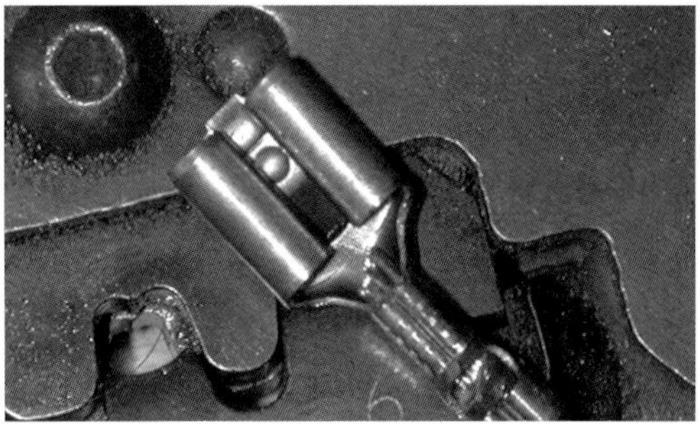

mit der breiten Matrize (oben ist also die Seite mit der doppelt eingefrästen Matrize). Der Verbinder wird so weit durchgeschoben, bis beide Einfräsungen der Zange voll auf die Zungen des Verbinders drücken. Schließlich wird die Zange bis zum Anschlag zugedrückt. Die Laschen des Verbinders müssen vollständig umgebördelt sein. Ein einfacher Test zeigt, ob die Verbindung gut ist: Der Verbinder darf selbst mit stärkstem Zug nicht vom Kabel getrennt werden können.

Ab Kabel mit 2,5 mm^2 Querschnitt zeigen sich übrigens die Vorteile einer Zange mit Übersetzung. Mit dem Standardwerkzeug muss man nämlich über den Händedruck eines Profiboxers verfügen.

Wer keine Quetschzange hat, kann auch zum Lötkolben greifen. Ein Tropfen Lötzinn auf einem 30-Watt-Kolben überträgt die Wärme sauber auf den Verbinder. Die Mitte des Verbinders wird nun verzinnt. Das abisolierte Ende des Kabels wird ebenfalls sauber verzinnt. Nun wird der Verbinder noch mal aufgeheizt, bis das Zinn flüssig ist. Das verzinnte Kabelende wird in den Verbinder gelegt. Sofort geht die Wärme in das Kabel über und sorgt für eine dauerhafte Verlötung der Verbindung. Zum Schluss werden die Enden des Verbinders zur Zugentlastung mit einer Spitzzange sauber um das Kabel gebogen – fertig.

Eine solche Lötverbindung ist dauerhaft, muss aber geübt werden. Wenn zu viel Wärme im Spiel ist, glüht selbst der beste Messingstecker aus. Die Verbindung ist dann mieser als mit dem billigsten Supermarktstecker.

Relais und Schnellverschlüsse

Die beste elektrische Verbindung taugt nur soviel, wie der daran verwendete Schalter. Während die Schalter in der Kombination an der ETZ selbst hohe Ströme sicher übertragen, kollabieren die hoch belasteten Schalter der ES- und TS-Modelle oft schon nach einem Salzwinter. Und selbst ein neuwertiger TS-Abblendschalter hat einen messbar hohen Übergangswiderstand.

Sichere Abhilfe schaffen Arbeitsstromrelais. Die kleinen Wunderdinger sind nichts weiter als elektromagnetische Fernbedienungen. Schaltet man beispielsweise das Abblendlicht über Relais, wird nur ein geringer Schaltstrom über den Lichtschalter geleitet. Dieser Strom schließt elektromagnetisch einen starken Kontakt. Über diesen Kontakt wird dann der Strom direkt vom Pluspol der Batterie über ein kräftiges Kabel an die Birne geleitet.

Ein anderes Beispiel ist der anfällige Bremslichtschalter im Hinterrad. Diese etwas windige Konstruktion schaltet schon im Neuzustand die 42 Watt der beiden Stopplichter eines Gespanns nur unzureichend. Kommt dann noch Korrosion dazu, ist Schluss mit Stopplicht. Dagegen wird der schwache Strom eines Relais sauber geschaltet. Der eigentliche Strom zur Versorgung der Stopplichter fließt dann über den kräftigen Arbeitskontakt des Relais.

Merke: Je mehr Relais in einem Fahrzeug bei Schalterbetätigung klacken, desto robuster ist die Elektrik ausgelegt.

Ein weiteres Thema sind Schnellverschlüsse. Will man beispielsweise wahlweise mit und ohne Beiwagen fahren, kommt schnell der Wunsch nach einem Zentralstecker auf. Oft sieht man phantasievolle Konstruktionen aus Computerkabeln oder Steckeinheiten aus dem Starkstrombereich. Bei-

Abschaltbar: Die DDR Anhängersteckdose kann so geklemmt werden, dass beim Einstecken des Steckers die rechten Blinker an der Maschine ausgeschaltet werden.

des ist für unsere Zwecke ungeeignet. Die eher filigranen Computerkabel werden zur Elektroheizung und die Starkstromsteckeinheit findet wegen der klobigen Bauform keinen rechten Platz.

Da eignen sich Anhängersteckdosen schon besser. Kabel bis 2,5 mm² können verzinnt in den Schraubklemmen befestigt werden. Bereits bei der alten 7-poligen Steckdose hat man reichlich freie Steckerplätze. Ein Clou sind die alten DDR-Steckdosen, denn sie verfügen über zwei schaltbare Kontakte. Mit denen lässt sich dann beispielsweise der rechte Maschinenblinker automatisch deaktivieren, wenn der Beiwagenstecker eingestöpselt ist.

Besonders wasserdicht und zuverlässig sind die neuen 13-poligen Steckdosen. Da bleiben zwar jede Menge Pole unbelegt, dafür gibt es den Luxus einer absolut sicheren Verbindung.

Elektrisches Zubehör

Viel Zubehör benötigt viel Strom. Wer seine TS mit Zusatzscheinwerfen und Extrahupen aufmotzt, darf sich nicht wundern, wenn irgendwann die 60/90-Watt-Lichtmaschine den Geist aufgibt. 60/90 Watt bedeutet: Man kann der Lichtmaschine ständig 60 Watt, kurzfristig bis zu 90 Watt entnehmen. Früher, zu Zeiten der RT- und der ersten ES-Modelle, waren es gar nur 45/60 Watt.

Das reichte früher auch völlig aus. Man schaltete am Tag das Licht einfach nicht ein und hielt es nach Nachtfahrten für selbstverständlich, die Batterie einmal wöchentlich zum Doping ans Ladegerät zu hängen. Heute hat uns der Gesetzgeber per Dekret zum Fahren mit Licht am Tage verdonnert. Und da sieht die „Energiebilanz" doch recht nüchtern aus. Nehmen wir einmal an, alle elektrischen Verbindungen sind mustergültig. Unser Abblendlicht frisst 45 Watt, das Rücklicht noch mal deren 10. Für die Zündung müssen wir 15 Watt veranschlagen. Noch mal mindestens 10 Watt werden für das dauernde Nachladen der Batterie benötigt. Mit einem Dauerverbrauch von 80 Watt sind wir dann schon kräftig im Kurzzeitbereich der Lichtmaschine. Wenn man die Blinker mit 2 x 21 Watt und das Stopplicht mit 21 Watt dazu nimmt, wird die „Lima" überlastet. Die Batterie muss als Puffer herhalten. Im Gespannbetrieb kommen dann noch das zweite Stopplicht und das zweite Rücklicht dazu.

Mit einem schön hoch eingestellten Regler und einer guten Batterie funktioniert das dann mal gerade so. Aber auf keinen Fall gibt es irgendwelche Reserven für noch so kleine Zusatzverbraucher.

Die 12-Volt-Modelle habe ich in diesem Zusammenhang nicht erwähnt. 180/210 Watt Lichtmaschinenleistung sind über alle Zweifel erhaben. Elektrische Klimmzüge sind da nicht nötig.

Eifrige Bastler puschen die 6-Volt-Lichtmaschine mit einem Trick auf 12 Volt hoch. Ein 12-Volt-Regler regelt bei 13,6 Volt ab. Die Lichtmaschine macht die Tortour auch eine ganze Weile mit, wird aber sehr hoch belastet. Vor allem aber steigen die Wattzahlen nicht nennenswert. Denn trotz dieser Änderung bleibt die Lima ein schwacher Gleichstromgenerator und wird nie die Leistung einer Drehstromlichtmaschine erreichen. Ich halte da eben mehr von 7,8 Volt und einem NC-Akku. Aus dieser Energiequelle erhält man, wie an anderer Stelle beschrieben, schön helles Licht, ohne die Lichtmaschine zu überfordern.

Echte Verbesserung: Die tschechische Lichtanlage bringt zuverlässige 12 Volt und eine gute elektronische Zündung.

Spannungsreserven

Bei der 6-Volt-Anlage lohnt sich auch die Suche nach versteckten Reserven. Eine Möglichkeit ist die bereits erwähnte Tageslichtschaltung. Nur der vordere Scheinwerfer muss leuchten, den Strom für die Rücklichter kann man sich sparen.

Eine weitere Einsparmöglichkeit versteckt sich in der Blinkanlage. Wenn man Blinker mit Reflektoren verwendet, reichen in der Regel 10-Watt-Birnen aus. Für diese gibt es aus dem Rollerbereich intermittierende Blinkgeber. Diese Wunderdinger schalten den Strom nicht an und aus, sondern von vorne nach hinten. So wird die elektrische Belastung beim Blinken halbiert.

ELEKTRONISCHER BLINKGEBER

Serienmäßig wurden in den MZten Hitzdrahtblinkgeber verbaut. Diese prähistorischsten aller Blinkgeber sind nicht nur leistungs-, sondern auch vibrationsabhängig. Zudem benötigen sie für das Erwärmen des Hitzdrahtes eine Menge Strom.

Da ist der Einbau eines elektronischen Blinkgebers eine gute Lösung. Hier wird die korrekte Blinkfrequenz elektronisch mikrosekundengenau eingeregelt und das bei niedrigstem Stromverbrauch. Der Wechsel zum elektronischen Blinkgeber ist ein Kinderspiel. Man steckt die beiden Anschlüsse des alten Blinkgebers um und installiert ein zusätzliches Massekabel. Probleme gibt es bei Fahrzeugen, bei denen die Ladekontrolllampe und die Blinkerkontrolle kombiniert sind. Da fangen viele elektronische Blinkgeber an zu spinnen und verweigern den Dienst. Die Lösung: Man muss die Funktionen der Kombileuchte trennen. Die serienmäßige Leuchte wird zur Ladekontrollleuchte und eine neue Leuchte übernimmt die Blinkerkontrolle. Die kann dann auch so platziert werden, dass man sie im Sonnenlicht erkennen kann.

Besseres Licht ohne Mehrverbrauch kann man auch durch 6-Volt-H4-Lampen erzielen. Man muss etwas suchen, um eine passende Lampe mit Prüfzeichen zu bekommen, da die meisten nicht zugelassen sind. Die Birnen gibt es in drei Ausführungen. Nicht empfehlenswert sind Lampen mit Biluxsockel und H4-Birne. Die passen zwar in den alten Lampeneinsatz, blenden aber den Gegenverkehr durch Streulicht so heftig, wie drei Autos mit schlecht eingestellten Xenonbrennern. So etwas hat natürlich keine Zulassung, also Finger weg. Schickt man seinen Gegenverkehr mit derartigem Blendwerk in den Straßengraben, freut sich die Versicherung und zahlt keinen Cent. So kann die tolle Birne schnell sämtliches Privatvermögen vernichten.

Es gibt noch zwei 6-Volt-H4-Lampentypen, die passen nur in H4-Einsätze, blenden aber daher nicht. Da gibt es 35/40-Watt-Birnen, die leuchten so hell wie gutes Bilux-Licht, sparen aber 15 Watt Strom. Oder man nimmt die 45/50-Watt-Birnen. Die sind hell wie 12-Volt-H4-Birnen und brauchen so viel Strom wie der serienmäßige Scheinwerfer. Beide Typen haben aber keine Zulassung.

UNSITTE RÜCKWÄRTSGANG

Immer wieder verblüffen MZ-Gespannfahrer durch wilde Rückwärtsfahrkünste. Quell der Freude ist dabei ein elektrischer Rückwärtsgang. Über einen zweiten Zündkontakt oder eine besondere Schaltung in der elektronischen Zündung bekommt der Motor auf Knopfdruck Zündungen nach dem oberen Totpunkt verpasst. Da ein Zweitakter grundsätzlich in beiden Richtungen funktioniert, läuft der Motor bei niedrigem Leerlauf plötzlich in Gegenrichtung.

Doch der scheinbar geniale Trick kann böse nach hinten losgehen. Die elektrische Umsteuerung ist alles andere als schonend. Man stelle sich vor: Der Motor dreht mit 800 Umdrehungen vorwärts, um dann binnen einer Hand voll Zündungen in die Gegenrichtung geprügelt zu werden. Da fliegen schon mal Kupplungen vom Konus oder Kurbelzapfen brechen ganz ab. Die Ölpumpe läuft rückwärts und zieht Luft. Der Kolben ist etwas außermittig montiert und wird bei solchen Aktionen sehr ungünstig belastet. Also, Finger weg von derartigen Rückwärtsgangumbauten. Die Verkäufer solchen Professionalmurkses reden sich immer gern mit dem Messerschmitt Kabinenroller raus. Dessen Motor lief auch über einen zweiten Kontakt rückwärts. Allerdings wurde beim „Karo“ der Motor abgestellt und rückwärts wieder gestartet.

TÜV ODER NICHT TÜV

Lampen und Birnen sind bauartgenehmigungspflichtig. Ein Prüfzeichen in Form einer E-Nummer oder einer Wellenlinie muss zu finden sein. Wenn nicht, ist Vorsicht geboten. Das gilt natürlich auch, wenn offensichtlich östliche oder fernöstliche Bauteile mit deutschen (E1) oder DDR-(E15)-Prüfzeichen angeboten werden. Diese Firmen kupfern die Lampen mitsamt Prüfzeichen ab. Passiert hier ein Unfall durch Blendung oder Ausfall, hält die Versicherung sich erstmal am Fahrer schadlos. Denn der Anbieter vom Teilmarkt ist meist schon längst über alle Berge.

Zusatzscheinwerfer müssen nicht eingetragen werden. Der Anbau muss allerdings nach Vorschrift erfolgen. In den Anbauanleitungen sind die vorgeschriebenen Maße genau aufgeführt.

Eine Ausnahme vom Prüfzeichen ist möglich: die „in-etwa-Wirkung“. Der TÜV-Mann kann lichttechnische Teile ohne Prüfzeichen mit diesem Vermerk genehmigen. Wenn beispielsweise das Rücklichtglas einer alten ES nur noch ohne Prüfzeichen erhältlich ist, weil die teure Prüfung für den Anbieter unerschwinglich ist, kann der TÜV-Mann bescheinigen, dass das Nachbauteil lichttechnisch wie das Original funktioniert. Eben „in etwa“.

Bei Blinkern und Rücklichtern ist die Bescheinigung „in etwa Wirkung“ einfach zu bekommen. Nachbauscheinwerfer scheuen die TÜV-Leute in der Regel wie der Teufel das Weihwasser.

Zündeinstellung

Zum optimalen Motorlauf ist eine perfekte Zündeinstellung wichtig. Egal, ob durch Zündkontakt oder kontaktlos gesteuert, der Funke muss das Kraftstoffgemisch genau im richtigen Moment entfachen.

Dazu muss erst einmal der genaue Zündzeitpunkt festgelegt werden. Bei den 250er-Modellen beträgt der Idealwert 2,75 mm vor dem oberen Totpunkt, bei den kleinen Modellen ist 2,5 mm genau der richtige Wert. Zur Ermittlung dieser Kolbenstellung gibt es verschiedene Methoden. Bei Modellen mit seitlicher Zündkerze wird die Kolbenstellung entweder mit der speziellen Messlehre oder mit der Lötdraht-Räubermethode (beschrieben im Kapitel über den Viergangmotor) festgestellt. Bei allen anderen MZ befindet sich das Kerzenloch oben auf dem Zylinderdeckel.

Mit Tiefenmaß

Die einfachste Methode ist es, die Kolbenstellung mit einem Tiefenmaß zu ermitteln. Hierzu wird das Tiefenmaß im Bereich des oberen Totpunkts bis auf die Oberfläche des Kolbens durchgeschoben. Dann wird der Motor durchgedreht. Der Kolben schiebt dabei das Tiefenmaß bis zum oberen Totpunkt zusammen. Zu diesem Maß wird dann der Wert des Zündzeitpunkts addiert, das Ergebnis an der Skala eingestellt und mit der Feststellschraube gesichert.

Nun wird der Motor langsam in Rotationsrichtung gedreht und das Tiefenmaß wieder in die Kerzenbohrung eingeführt. Der Moment, an dem der Kolben das Tiefenmaß berührt, ist der Zündzeitpunkt.

Mit der Messuhr

Die genaueste Methode ist zweifellos die Einstellung mittels Messuhr. Hierzu wird eine Messuhr mit Zündkerzenadapter ins Kerzengewinde eingeschraubt. Die Hemmschraube des Adapters wird so eingestellt, dass sich die Messuhr verschieben lässt. Die Kurbelwelle wird jetzt langsam über den oberen Totpunkt gedreht. Der ist erreicht, wenn der Zeiger seine Drehrichtung ändert. Der Nullpunkt der Skala wird auf diesen Umkehrpunkt eingestellt. Nun wird der Motor genau 2,75 mm (2,5 mm bei 150er-Modellen) entgegen der Drehrichtung gedreht. Dies ist der Zündzeitpunkt.

Mit der Einstelllehre

Wer die originale Einstelllehre besitzt, kann den Zündzeitpunkt blitzschnell ermitteln. Die Einstelllehre wird eingeschraubt und die Messskala nach unten gedrückt. Dann wird der Motor einmal über den oberen Totpunkt gedreht. Dabei stellt sich die Lehre automatisch auf den Nullpunkt ein. Jetzt wird der Kolben bis zur Anzeige des richtigen Zündzeitpunktes zurückgedreht – fertig.

Mit der Gradscheibe

Eine 360°-Gradscheibe wird mit der Kurbelwellenmutter auf der Kurbelwelle befestigt. Dabei wird die Null-Grad-Stellung genau auf den oberen Totpunkt gesetzt. Ein improvisierter Drahtzeiger weist auf diesen Wert. Nun wird der Motor bei den 250ern um 21° (23° bei den kleinen Modellen) zurückgedreht. An dieser Stelle ist der Zündzeitpunkt.

Einstellung des Kontaktabstandes

Steht der Zündzeitpunkt fest, wird der Kontaktabstand eingestellt. Im Bereich der größten Öffnung, also kurz nach dem oberen Totpunkt soll dieser Abstand 0,3 mm betragen. Das Blatt 030 einer Fühlerlehre muss sich leicht einschieben lassen, ohne zu klappern oder zu klemmen. Das Maß 0,3 mm wird nach leichtem Lösen der Halteschraube des Kontakts an der exzentrischen Einstellschraube justiert. Beim Anziehen der Halteschraube ändert sich erfahrungsgemäß der Abstand noch einmal, daher wird die Einstellung zum Schluss nochmals geprüft und notfalls korrigiert.

Auf dem Berg: Der Kontaktabstand wird auf der höchsten Stelle des Nockens eingestellt.

Einstellung des Zündzeitpunktes

Stimmt der Kontaktabstand, wird eine Prüflampe zwischen der Stromschiene des Kontaktes und dem Motorblock angeschlossen. Besonders pfiffig sind die überall erhältlichen Messing-

Wie dafür gemacht: Die Prüflampe passt in die Gehäusegewinde.

prüflampen. Die Prüfspitze ist durch eine Schutzkappe gesichert. Die Kappe wird entfernt und das M6-Gewinde der Lampe passt genau in die Bohrung einer der Befestigungsschrauben des Motordeckels.

Bei eingeschalteter Zündung leuchtet die Lampe bei geschlossenem Kontakt auf. Im Moment der Kontaktöffnung springt der Zündfunke an den Kerzenelektroden über. Zu diesem Zeitpunkt erlischt die Lampe.

Von diesem Arbeitsschritt an ist die Einstellung von Kontaktzündung und Elektronikzündung gleich. Bei der Elektronikzündung wird die Prüflampe zwischen der Klemme 1 an der Zündspule und der Gehäusemasse geklemmt. Zusätzlich wird die Kerze im Stecker immer sicher an Masse gelegt. Bei Erreichen des Zündzeitpunktes erlischt die Lampe. Zusätzlich ist das kräftige „Knack“ des Zündfunkens ein akustisches Signal für den Zeitpunkt der Zündung. Wer eine Piranha-Zündung hat, braucht die Lampe nicht, denn eine Leuchtdiode auf der Blackbox zeigt den Zündzeitpunkt an.

Einstellung: An den oberen Langlöchern wird der Zündzeitpunkt eingestellt. Hier ist volle Frühzündung eingestellt.

Um den Zündzeitpunkt zu korrigieren, wird das Verstellsegment leicht gelockert und in den Langlöchern verschoben. Ein Verschieben des Segments nach links (gegen die Fahrtrichtung) ergibt einen früheren Zündzeitpunkt, ein Verschieben nach rechts ergibt einen späteren. Die genaueste Feineinstellung erreicht man durch leichtes Klopfen mit Schraubendreher und Hämmerchen gegen den Ansatz der Stellplatte.

Oben: Die untere Schraube am Kontakt ist die Halteschraube. Darüber sitzt die Exzenterschraube zur Einstellung des Kontaktabstandes.
Unten: Spätzündung – die Stellplatte ist auf volle Spätzündung justiert.

Nach dem Anzug der beiden Befestigungsschrauben wird der Zündzeitpunkt noch einmal kontrolliert. Dabei darf er bis zu 0,2 mm über den angegebenen Werten liegen (Toleranzbereich). Elektronische Zündungen sollen möglichst genau eingestellt werden, da sich der eingestellte Wert nie mehr verändern wird.

EINSTELLEN DES SCHMIERFILZES

Zur Schmierung der Gleitfläche des Kontakts dient ein Schmierfilz. Dessen Halter ist in einem Langloch befestigt. Es ist äußerst wichtig, dass dieser Filz den Zündnocken nicht dauerhaft, sondern nur auf dem Berg des Nockens berührt. Dieses Maß wird mittels des Langloches eingestellt.

Zur Schmierung des Kontaktfilzes gab es in der DDR das berühmte „Unterbröl“. Dieses zäh klebrige Unterbrecheröl gibt es heute nicht mehr. Wir drücken daher mit der Ölkanne etwas Getriebeöl in den Filz.

Gut geschmiert: Nach dem Lockern dieser Schraube kann der Schmierfilz im Langloch verschoben werden.

VERSCHIEDENE KONTAKTE

Es gibt normale Kontakte, die aus einem zähen Kunststoff gefertigt sind. Außerdem gab es spezielle Sportkontakte, deren stärkere Feder für mehr Andruck sorgte. Dem höheren Anpress-

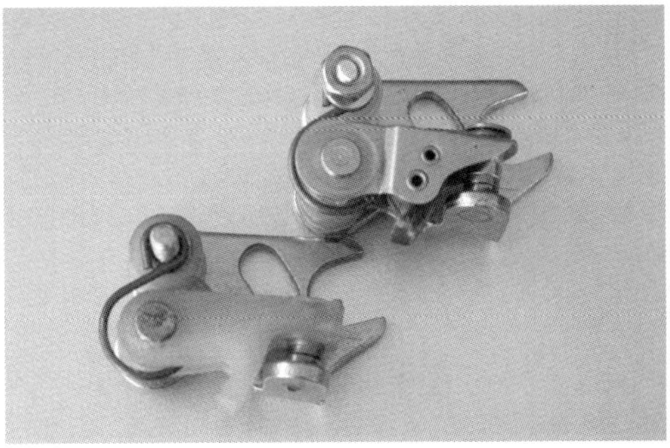

Verstärkt: Oben ist der verstärkte „Sportkontakt“, darunter der Serienunterbrecher.

druck begegnete man durch härteres Kontaktmaterial. Solch verstärkte Kontakte eignen sich für höhere Drehzahlen, verschleißen aber durch den höheren Druck schneller.

Auf die Frage, welchen ich bevorzuge, werde ich stets antworten: „Eine Elektronikzündung!“

Elektronische Zündungen

Bei herkömmlichen Zündanlagen wird der Zündfunke von einem Kontakt gesteuert. Bis zu 6000 funkende Öffnungs- und Schließvorgänge sorgen für die Abtragung des Kontaktmaterials – bei jeder Umdrehung des Motors. So beginnt Verschleiß bereits unmittelbar nach dem Auswechseln der Kontakte und nach jeder noch so genauen Zündeinstellung.

Neunzig Prozent des Kontaktverschleißes sind im Abbrand der Kontakte zu suchen, zehn Prozent Verschleiß fallen an der Gleitfläche zwischen Zündnocken und Kontakt an. Überhaupt erst möglich wird die Kontaktzündung durch den Kondensator. Unmittelbar nach dem Öffnen des Kontaktes springt der Funke über. Genau in diesem Moment fließt der Strom über den Kondensator, der durch seine Kapazität übermäßige Funkenbildung dämpft. Bei außerordentlich hohem Kontaktverschleiß und unerklärlichen Zündaussetzern liegt die Ursache oft in einem defekten Kondensator.

Schäden am Kondensator sind oft mechanisch feststellbar: Wenn beim Entfernen oder Anziehen der Kabelschraube sich das Innenleben mitdreht, ist der Schaden klar. Aber es gibt auch elektrische Schäden. Im Zweifel kann jeder Boschdienst und jeder Motorradhändler einen defekten Kondensator mit einem Testgerät erkennen.

Manche dieser Dienstleister neigen leider dazu, den Kondensator immer zu wechseln. Technisch eher unsinnig, denn Kondensatoren unterliegen keinem Verschleiß und überleben daher etliche Zündkontakte.

Besonders tückisch ist das immer wiederkehrende Angebot eines dubiosen Teilehändlers. Dieser Pseudoadlige, nennen wir ihn „Graf Koks“, bietet seit Jahren MZ-Kondensatoren im billigen Zehnerpack an. Nur sind das leider keine Zündkondensatoren, sondern die Pufferkondensatoren für eine Fahrt ohne Batterie. Baut man nun gutgläubig das Sonderangebot in die Zündung ein, kämpft man weiter mit unerklärlichen Fehlern. Den Fehler beim Kondensator zu suchen, weist man

Verwechslungsgefahr: Nur der obere ist der echte Zündkondensator.

weit von sich, denn der wurde ja gerade gewechselt. Also, ganz wichtig: Der korrekte Kondensator hat einen Wert von 0,22 µF. Die Kondensatoren des „Grafen Koks" haben dagegen 2,2 µF, also die zehnfache Kapazität.

KONTAKTGESTEUERTE VORLÄUFER

Ganz ohne Kondensator kommen die kontaktgesteuerten Elektronikzündungen aus. In der Frühzeit der Elektronik waren sie als Allheilmittel für stotternde Käfermotoren in jedem besseren Versandhauskatalog zu finden. Tatsächlich sorgt diese Einfachelektronik für ein zehnfach längeres Kontaktleben. Der Kontakt steuert, wie ein Relais, nur einen schwachen Geberstrom, die wahre elektrische Schaltarbeit übernimmt ein kontaktloser Transistor.

Noch heute werden solche Zündanlagen für die MZ angeboten und haben durchaus eine Daseinsberechtigung. Zwar spart man sich das Einstellen der Zündung nicht auf ewig, kann die Intervalle aber verfünffachen. Dafür kann man bei Ausfall der Elektronik durch Umstecken einiger Kabel wieder auf die alte Kontaktzündung umrüsten. Ein Vorteil, den besonders Fernreisende zu schätzen wissen.

Der Einbau solcher Zündanlagen ist recht einfach. Wer eine Zündung einstellen kann, kann auch die Elektronik montieren. Also alle Leser dieses Buches.

ENGLISCHE FUNKENSPENDER

Vollkommen wartungsfrei, weil kontaktlos, sind „normale" Elektronikzündungen. Zu den Pionieren auf dem Gebiet gehörte die britische Firma Piranha. Die heute unter dem Namen Newtronic verkauften Anlagen sind durch eine Infrarotlichtschranke gesteuert. Eine ausgesparte Steuerscheibe ersetzt hier den Kontakt und schaltet verschleißfrei den Zündstrom. Weit verbreitete Vorurteile gegen britische Motorradelektrik sind unbegründet, die Piranhas arbeiten weitestgehend problemlos. Kleinere Probleme gibt es lediglich beim Zusammenfummeln des Elektroniksteckers, denn dieser muss sorgfältig mit der beiliegenden Dichtmasse versiegelt werden. Das Elektronikkabel darf nicht scheuern. Aber sonst ist die Anlage vorbildlich. Zusätzliches Highlight: Eine Leuchtdiode auf der Blackbox zeigt den exakten Zündzeitpunkt an und erleichtert die (bei allen Elektronikzündungen) fällige, genaue Ersteinstellung. Danach kann man die Anlage für alle Zeiten getrost vergessen.

Ein weiterer Vorteil besteht darin, dass es die Piranha Zündung sowohl in 6 als auch in 12 Volt gibt und daher auch für alte MZ bestens geeignet ist.

Mit Lichtschranke: Die optische Elektronikzündung von Piranha/Newtronic

DIE LEIDIGE DDR-ELEKTRONIK

Derartige Vorteile erkannten auch die Entwickler in der DDR. So entwickelte man eine magnetfeldgesteuerte Elektronikzündung, die rasch in Serie ging. Vielleicht zu rasch. Der umlaufende Magnet drehte sich in einem Lager über der Geberspule. Die wiederum stützte sich an einem Bolzen ab, der anstelle des Kontaktes angeschraubt war. So war die Anlage rasch gegen die Serienzündung austauschbar. Vermutlich waren es Vibrationen des Kugellagers, die für Unterbrechungen im Geberteil und somit zum völligen abrupten Ausfall führten.

Verbesserungsfähig: Die erste DDR-Elektronik. Defekte Geber können repariert werden.

Wer solch eine Zündung sein Eigen nennt: bitte im Falle eines Defektes nicht wegwerfen. Gute MZ-Händler reparieren diese Anlagen durch den Einbau haltbarerer Elektronik nachhaltig.

DIE KURZZEITIGE VERBESSERUNG

Diese Fehler blieben auch in der DDR nicht unbemerkt. So entwickelten die Ingenieure des Keramikkombinates eine zweite Generation der Zünd-

Selten zu bekommen: Die gute Hermsdorfer Zündung

anlage. Mit einem festen Geberteil anstelle des Kontaktes und einer wunderschön kleinen Blackbox. Diese Anlage lief unbedingt problemlos. Der Nachteil: Diese tollen Zündanlagen sind kaum mehr zu bekommen. Wenn, dann unter der Nachwendebezeichnung „Keramische Werke Hermsdorf".

Kompaktes Strompaket

Die MZ-Zweitakter aus „Nach-DDR-Produktion" und die türkischen Kanunis sind mit einer modernen, kompakten Lichtmaschine ausgestattet. Hier wurden elektronischer Regler, Gleichrichter und elektronische Zündung integriert. Was in der Praxis gut funktionierte, erwies sich im Reparaturfall als Sorgenkind. Ersatzteile für diese Version sind kaum aufzutreiben. Da bleibt ein Trost: Zurückrüsten auf frühere Elektrik ist problemlos möglich.

Die tschechische Alternative

Mittlerweile gibt es aus tschechischer Produktion Nachrüstzündanlagen und sogar stärkere Lichtmaschinen. Bisher funktionieren diese Bauteile problemlos. Man bekommt die Umbauteile bei guten MZ-Händlern, die für die Anlagen sogar zwei Jahre Garantie gewähren.

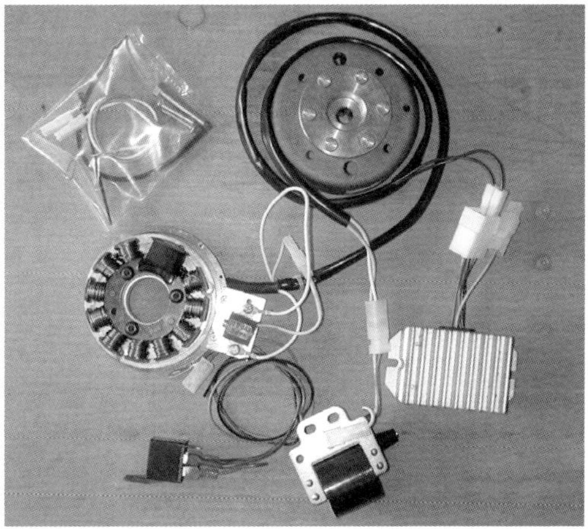

Komplettsatz: Die tschechischen Zündungen gibt es auch als Komplettsatz inklusive einer neuen Lichtmaschine. So lassen sich auch 6-Volt-Anlagen auf 12 Volt umrüsten.

Vorsicht vor der Spannung

So gut elektronische Zündungen sind, so gefährlich ist die höhere Zündspannung. Während alte Kontaktzündungen Funken zwischen 8 und 12.000 Volt erzeugen, schicken elektronische Zündungen bis zu 30.000 Volt auf die Kerze.

Während der Schlag einer Kontaktzündung unvorsichtige Schrauber unsanft zur Vorsicht mahnt, kann ein Schlag der elektronischen Zündung empfindliche Herzen böse schädigen. Deshalb bei Arbeiten an der Zündanlage immer die Kerze im Stecker sicher an Masse halten und einen Sicherheitsabstand zur Elektrode wahren.

Auch vor dem Arbeiten an ausgeschalteter Zündung immer die Kerze an Masse halten und den Motor einmal durchdrehen. Denn bei vielen elektronischen Zündungen lauert ein letzter Funke in irgendeinem Bauteil, der unerwartet losgehen kann.

8. ALLES UNTER KONTROLLE

Bedienelemente

Lenker, Fußrasten und das Hebelwerk verbinden Fahrer und Maschine. Deshalb ist hier die einwandfreie Funktion und Einstellung der einzelnen Komponenten mehr als wichtig. Zur richtigen Montage und Einstellung sind einige kleine Kniffe erforderlich. In den einzelnen Rubriken werde ich die Besonderheiten entsprechend der Baugruppen und Baujahre beschreiben. Wer also zum Beispiel wissen will, wie der Kupplungszug der ES 250 von 1961 gewechselt wird, findet die Anleitung im Abschnitt Seilzüge.

1. LENKER

Bei den frühen ES waren geschweißte Lenkerkonstruktionen die Regel. Während im Westen standardisierte Lenkerrohre mit Klemmschellen befestigt wurden, konstruierte man für jedes MZ-Modell einen eigenen Lenker. Der Nachteil: Ein Austausch des Lenkers wird fast unmöglich.

Der Lenker der RT- und ES 125/150-Maschinen ist mit einer zentralen Mutter am Lenkrohr befestigt. Die Montage ist unproblematisch. Nach dem Abbau eventueller Blechverkleidungen und dem

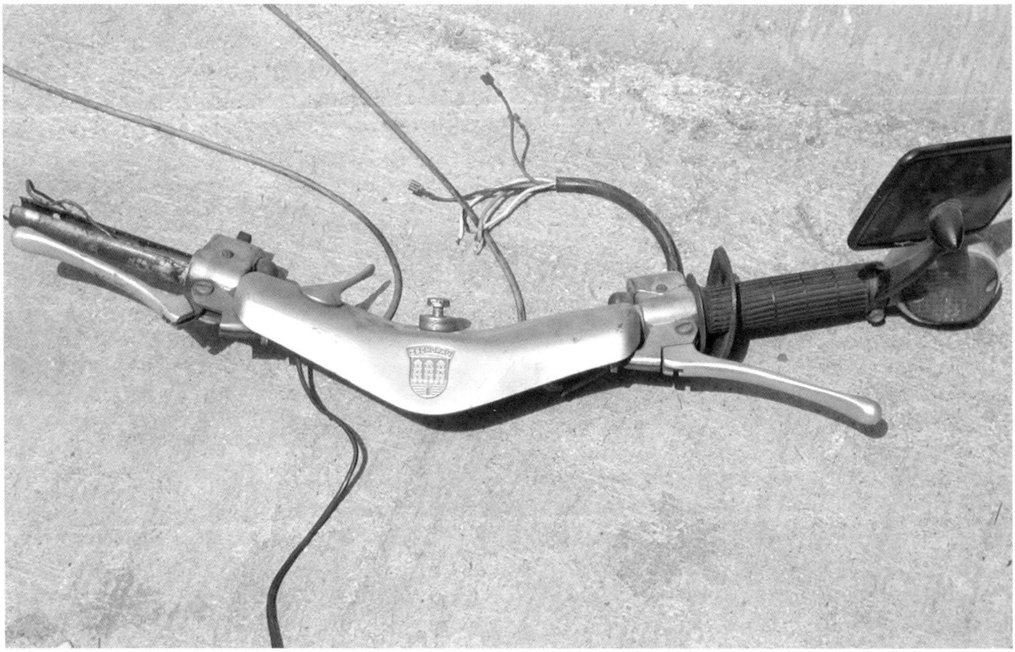

Komplettteil: Der Lenker der kleinen ES-Modelle

Entsichern der Sicherungsbleche (nicht bei allen Modellen vorhanden) kann die Zentralmutter entfernt werden. Der Lenker lässt sich dann komplett abnehmen.

Schwieriger ist die Sache bei den großen ES-Modellen. Hier werden zwei Lenkerstummel in ei-

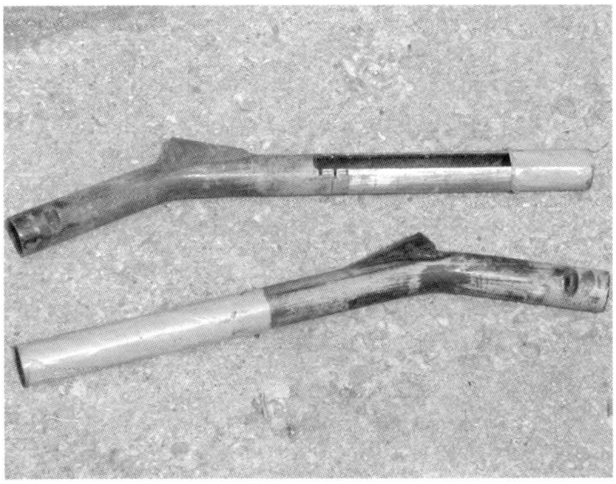

Stummel: Die Lenker der ES 250/2

nem Klemmkopf aus Aluminium befestigt. Der sehr komplex gebaute Klemmkopf hält nicht nur die Lenkerstummel sondern auch Lenkungsdämpfer, Verkleidungsblech und bei Polizeimaschinen die Windschutzscheibe. Nach dem Entfernen zweier Klemmschrauben lassen sich die Lenkerstummel heraus ziehen. Eine Lösung, die viele Bastler zu falscher Selbsthilfe verleitete. Gerade im Gespannbetrieb wollten viele Fahrer einen höheren oder breiteren Lenker. Dazu wurde der auserkorene Lenker einfach in der Mitte durchgesägt und in die Bohrungen geprügelt. Zu dem Gewalteinsatz sahen sich diese Hobbyschrauber genötigt, weil der Traumlenker durch seine Verchromung im Durchmesser größer war, als der Originallenker, der im Bereich der Aufnahme weder verchromt noch lackiert war und einwandfrei passte. Also kloppte der pfiffige Bastler einen Schraubendreher in die Klemmung und weitete diese auf. Nun ließen sich die Rohre einstecken. Nicht aber die Klemmschrauben. Also griffen diese brutale Menschen zur Bohrmaschine und jagten einen 8-mm-Bohrer durch die Bohrungen für die Klemmschrauben. Dabei wurde der harte Lenker natürlich kaum angekratzt, der Klemmkopf aber für alle Zeiten ruiniert. Auch kräftiges Anziehen der Klemmschrauben nutzt jetzt wenig, da eine gute Klemmung nicht hergestellt werden kann. Also wurden die Schrauben gnadenlos festgezogen. Bis es zur Rissbildung am Klemmkopf kam.

Deshalb gilt: Finger weg von ES-Modellen mit nicht serienmäßigen Lenkern. Es sei denn, ein neuer Klemmkopf liegt bei. Denn als Neuteil ist der Klemmkopf so gut wie nicht mehr zu bekommen und die meisten Gebrauchtteile sind auch schon gnadenlos vermurkst. Einzige Ausnahme sind die ES-Modelle der NVA. Die hatten einen geteilten Geländelenker mit geschraubter Querstrebe, der

Glücksfund: Dieser korrodierte Klemmkopf ist dank sauberer Passungen zu gebrauchen.

in den Klemmkopf passte, ohne diesen zu beschädigen. Den Lenker gab es nur in NVA-Grün und mit zwei eingepressten Kerben für die Klemmschrauben.

Seit Einführung der ETS 250 hielten auch bei MZ „normale" Klemmbefestigungen für den Lenker Einzug. Seither lassen sich alle beliebigen Zubehörlenker befestigen, solange sie den Segen der TÜV-Prüfer bekommen.

An dieser Stelle eine kleine Warnung. Zu DDR-Zeiten wurden in einigen „Rohrkombinaten" so genannte „Westernlenker" für Mopeds und Bonanzaräder hergestellt. Diese Rohrgestelle sind nach der Wende auf vielen Teilemärkten aufgetaucht. Auf Grund der hauchdünnen Materialwandstärke sind diese Lenker am Motorrad lebensgefährlich. Deshalb Vorsicht bei unbekannten Lenkern. Wenn ein Lenker nicht einwandfrei identifizierbar ist, lieber liegen lassen. Das bei heutigen Nachrüstlenkern übliche Prüfzeichen ist nicht immer vorhanden, Lenker aus DDR-Produktion waren nicht gestempelt.

2. Hebel

Brems- und Kupplungshebel sind bei der MZ problemlos. Originale Hebel gibt es auf Teilemärkten für die gängigsten Modelle. Einzig bei den ETZ-Modellen sind schlechte Nachbauten der Hebel im Umlauf. Während beim Kupplungshebel das Nachbauteil echte Gorillapranken erfordert, gibt es beim Bremshebel Probleme mit der Hydraulik. Der Betätigungszapfen dieses Billighebels ist zu lang und drückt ständig auf den Bremskolben. Dadurch kann kein Druckausgleich in der Bremsanlage erfolgen und die Scheibenbremse kann jäh und unerwartet fest gehen.

Problematisch ist auch der Ersatz für die frühen Brembo-Anlagen. Den Brembo-Hebel gibt es so gut wie nicht mehr. Deshalb beim Kauf einer Gebrauchtmaschine auf den guten Zustand des Hebels achten. Oft erzählen Verkäufer Dinge wie: „Diese Bremse gibt es auch bei der BMW R 65!" Stimmt zwar, trotzdem schwindelt der Kerl, ohne rot zu werden. Es gab zwar diese Bremse bei den Weiß-Blauen, aber nicht diesen Hebel.

Pflege brauchen die Hebel nicht, ein Tropfen Öl am Gelenk bei jeder Durchsicht reicht völlig aus.

3. Seilzüge und Griffe

Die Seilzüge sind ein Kapitel für sich. Ein- und Ausbau, Pflege und Einstellung sowie Reparatur sind wichtige Bereiche. Beginnen wir mit dem Ein- und Ausbau der Züge, geordnet nach dem Verwendungszweck.

Gaszug

Vergaserseitig ist die Befestigung der Seilzüge bei allen MZ-Modellen ähnlich. Man entfernt den Vergaserdeckel. Bei alten Modellen wird die Überwurfmutter gelöst, bei den Modellen ab 1975 wird der ganze Deckel abgeschraubt. Am Seilzug wird der Gasschieber mit Druckfeder und Deckel aus dem Gehäuse gezogen. Im Gasschieber sind zwei Bohrungen nebeneinander. Eine Bohrung ist durchgängig, die andere nur halb. In dieser ist der Seilzug eingehängt. Man entlastet den Zug durch Zusammendrücken der Feder. Nun wird das Seilende von der Einhängebohrung in die Durchgangsbohrung geschoben. Der Seilzug kann entfernt werden.

Die vergaserseitige Montage geschieht in umgekehrter Reihenfolge. Dabei ist auf den richtigen Sitz sowohl der Teillastnadel im Nadelhalter als auch des Nadelhalters im Gasschieber zu achten. Der Zug wird von oben eingeschoben, die Gasfeder wird mit den Bauteilen zusammengedrückt. Nun beginnt die Fummelei, den Gaszug durch die Durchgangsbohrung zu schieben. Schließlich wird der Zug zur Einhängebohrung herüber geschoben. Die Feder wird entlastet, der Seilzug sitzt.

Beim Einsetzen des Gasschiebers muss der Schieberausschnitt nach hinten zeigen. In dieser Stellung passt der Arretierstift am Gehäuse in die Nut des Schiebers. Fehlt dieser Stift, kann sich der Schieber verdrehen; der Vergaser funktioniert dann nicht.

Da gibt es noch die Schrauber, die es schaffen, die Teillastnadel beim Einbau zu verbiegen. Mit etwas Gefühl gelingt es jedoch leicht, die Bohrung der Nadeldüse zu treffen. Dennoch sind verbogene oder sogar abgebrochene Nadeln keine Seltenheit.

Gasgriffseitig gibt es den Geradweggriff der ES-Modelle und den Wickelgriff, der mit den ETS-Modellen Einzug hielt. Prinzipiell ist der Geradweggriff wegen der absoluten Seilschonung die bessere Lösung, leider ist der Drehweg sehr lang. Deshalb nannte man diesen Griff früher „Tourengas". Als Sportgas wurde der Wickelgriff bezeichnet. Wegen der geringeren Innenreibung ist das Gas trotz geringem Drehwinkel sehr leicht zu bedienen. Obwohl Wickelgriffe theoretisch anfälliger für Seilrisse sind, gilt das für die MZ nicht. Wie alle MZ-Seilzüge überzeugt auch der Gaszug durch absolute Langlebigkeit.

Beim Geradweggriff werden der Abschlusspilz oder der Blinker demontiert. Die Halteschraube findet man in einer Bohrung am Drehgriff. Manchmal ist der Gummigriff verdreht, dann muss man diese Bohrung erfühlen. Der Drehgriff lässt sich dann nach rechts heraus drehen. In der Lenkernut bleibt das Schiebestück mit dem Seilzug zurück. Der Zug lässt sich dann leicht aushängen. Um Schieberuckeln zu vermeiden, ist das Schiebestück geteilt. In einer Aufnahme sitzt eine kleine Druckfeder, gegen deren Federkraft man den Gasgriff auf Null zurück drehen kann.

Bei der Montage darf diese Feder nicht vergessen werden. Die Lenkernut wird mit Fett geschmiert und das Schiebestück wird eingesetzt. Der Zug wird eingehangen. Nun wird die Nut im Drehgriff gefettet und der Griff montiert. Der Abschlusspilz (oder der Blinker) wird eingesteckt und mit der Schraube gesichert. Je nach Ausführung wird noch ein Zwischenring oder der Spiegel montiert.

Der Wickelgriff ist wie der Geradweggriff mit einer Schraube gesichert. Der Abschlusspilz wird entfernt und der Drehgriff ein Stück nach rechts abgezogen. Nun lässt sich der Drehgriff etwas zurückdrehen und der Zug kann aus der Nut entnommen werden.

Bei den ETZ-Modellen mit Ölpumpe befinden sich zwei Aufnahmen am Drehgriff. Beide Züge werden parallel nebeneinander eingehangen.

Beim Wickelgriff werden die Zugaufnahmen und das auf dem Abschlusspilz laufende Drehgriffende gefettet. Nach dem Einbau wird das Seilzugspiel bei Vergasern mit Anschlagschraube so eingestellt, dass beim Aufsitzen des Schiebers auf der Schraube am Zug ein Spiel von 1 bis 1,5 mm fühlbar ist. Besonders wichtig ist dieses Spiel bei den Umluftvergasern. Hier muss der Schieber bei geschlossenem Gas voll aufsitzen, ausreichend Spiel am Zug ist hier besonders wichtig.

Starterzug

Zum Wechsel des Starterzuges wird der gesamte Startmechanismus nach dem Lösen der Verschraubung am Seilzug herausgezogen. Die Rückholfeder wird zusammengedrückt und der Zug kann ausgehangen werden. Bei der Gelegenheit wird gleich noch der Dichtkolben des Startvergasers auf festen Sitz und einwandfreien Zustand untersucht.

Am Lenker ist der Starterzug mit einem Tonnennippel im Betätigungshebel montiert. Man hängt den Zug zuerst am Widerlager und dann am Hebel aus.

Äußerst wichtig: Bei der Montage ist ein Spiel am Startvergaser von 1 bis 2 mm einzustellen.

Bei den ETZ-Modellen ist der Startvergaserhebel neben dem Gasgriff am Lenker montiert. Die Bremsarmatur wird gelöst und einige Millimeter nach links geschoben. Dann wird der Betätigungshebel ebenfalls nach links geschoben und der Zug kann ausgehangen werden. Unbedingt zu beachten ist, dass eine Verlängerung der Hemmfeder des Gasgriffs um einige Millimeter nach außen ragt. Diese Verlängerung wird in einen Schlitz am Hebel gesteckt und verhindert so die Verdrehung. Die Schwergängigkeit des Startvergasers kann durch Verschieben der Bremsarmatur gegen den Hebel eingestellt werden.

Abgebrochene Starterhebel gibt es bei der ETZ wie Sand am Meer. Die Ursache liegt in der runden Hemmfeder. Wenn die trocken läuft, wird der Hebel extrem schwergängig und bricht letztlich ab. Also stets reichlich fetten.

Kupplungszug

Die Montage des Kupplungszuges der 250er wird im Kapitel Kupplungseinstellung ab Seite 145 erklärt.

Eine tückische Besonderheit stellt der Kupplungszug der ganz alten ES dar. Dort wurde der Kupplungszug direkt in die Zugschnecke im Seitendeckel montiert. Eine Fehlkonstruktion allererster Güte. Ob mans glaubt oder nicht, der ganze Kupplungsdeckel muss bei diesen Fahrzeugen abgebaut werden. Nach Werksempfehlung wurde dazu das Motorrad auf die rechte Seite gelegt. So konnte wenigstens das Öl im Motor bleiben.

KLEINE MODELLREIHE

Bei den kleinen Modellreihen ist der Kupplungszug am Betätigungshebel im rechten Seitendeckel montiert. Der Seitendeckel wird entfernt, der Zug lässt sich leicht aus- und einhängen. Dabei gibt es zwei Dinge zu beachten: Der Deckel muss möglichst gerade seitlich abgezogen werden, um die Kupplungsdruckstange nicht zu verbiegen. Zwischen Druckstange und Betätigungsschnecke liegt eine 4-mm-Kugel, die nicht verloren gehen darf. (Bei manchen Modellen kann die Kugel auch zwischen Drucknagel und Stange sitzen.)

Die Grundeinstellung der Kupplung wird wie bei der Kupplungsmontage TS 125 beschrieben durchgeführt. An der Einstellschraube am Griff wird ein Spiel von 1 bis 2 mm eingestellt.

Bremszug vorn

Zu den alten Bremsanlagen mit außen liegendem Bremszug gibt es nicht viel zu sagen. Wenn da der Hebel auf der Vielverzahnung so eingestellt ist, dass im angezogenen Zustand Zug und

Bremse einen rechten Winkel bilden, wird der Reifen auch schön pfeifen.

Dieses Pfeifen ist es, was die MZ-Fahrer seit der ES/2 oft schmerzlich vermissen. Seit der vordere Bremshebel ins Innere der Trommel gewandert ist, hat die Bremswirkung mangels Hebelübersetzung stark nachgelassen. Der 90°-Winkel bleibt ein Traum und der innere Hebel ist viel zu kurz. Also müssen wir das Beste daraus machen. Tipps zur Bremsenoptimierung findet man im Bremsenkapitel. Viele Reserven liegen auch im Seilzug. Der muss in einem großen Bogen verlegt sein. Beide Nippel müssen gut geölt sein und der Zug muss leichtgängig sein. Ein gut geölter Zug setzt keinen Rost an und läuft daher schön leicht. Dabei bringt das Öl keinen nennenswerten Schmiereffekt. Gerade mal drei kleine Stellen zwischen Seil und Hülle übertragen jede Menge Kraft, da wird selbst der beste Schmierstoff weggedrückt. Deshalb verwenden wir zur Schmierung möglichst dünnes Öl. Das schwemmt Dreck und Abrieb wunderbar aus der Hülle und sorgt so für leichten Lauf.

Zum Wechsel der innen liegenden Züge muss das Vorderrad ausgebaut werden. Per Daumendruck entspannt man den Bremshebel und hängt den Zug zuerst am Widerlager und dann am Nippel aus. Schließlich wird der Zug am Lenkerhebel ausgehangen.

Der neue Seilzug kann auf folgende Weise mit dem korrosionshemmenden Öl versorgt werden: Man nimmt eine Gummitülle für die Seilzugstellschraube der ETZ ab Baujahr 1987. Diese große Hülle steckt man gerade eben mit dem kleinen Ende auf den Außenzug. Dann hält man die Hülle nach oben und füllt sie mit Öl. Durch Bewegen des Seiles in der Hülle wird das Öl so „durchgepumpt".

Bremszug hinten

Bei den 125/150er ES und TS wird die Hinterradbremse über einen kurzen, kräftigen Seilzug betätigt. Dieser Zug ist absolut unproblematisch, ein wenig Öl an den Nippeln ist die einzig nötige Pflege.

Der Ein- und Ausbau funktioniert ähnlich wie an der Vorderbremse beschrieben und sollte keine Probleme bereiten.

Ölpumpenzug

Der Zug der Ölpumpe ist ein gern gehätscheltes Problemkind. Der serienmäßige Zug war zu steif, so dass die Pumpe beim Gaswegnehmen nicht schnell genug in Ausgangsstellung zurückgehen konnte. Ein fetter Motorlauf konnte die Folge sein.

Abhilfe schafft ein ganz weicher vieldrähtiger Zug, wie er von guten MZ-Händlern angeboten wird. Wichtigster Punkt ist die Einstellung des Zuges. Verwendet man die werksseitigen Markierungen zur Pumpeneinstellung, wird der Vollgasanschlag nicht wie nötig vom Gasschieber, sondern von der Pumpe gebildet. Die Folge ist eine nach kurzer Betriebszeit ausgeschlagene Pumpenwelle. Dann droht ein Totalausfall der Pumpe, der nach rund 150 Kilometern zu einem festgefressenen Pleuellager führt. Woher ich das weiß? Ganz einfach, ein Freund hat es erlebt und ich habe ihn nachts um zwei von der Autobahn geholt.

Deshalb, obwohl zuvor schon erklärt, noch mal die richtige Einstellung der Pumpe: Bei Vollgasstellung (der Gasschieber muss richtig am oberen Anschlag klacken) wird der Pumpenzug so eingestellt, dass ein deutliches Spiel an der Ölpumpenbetätigung fühlbar bleibt. Oft sind die Pumpenzüge zu kurz, dann muss die Kontermutter unter der Stellschraube am Motorgehäuse entfernt werden. Sollte das Spiel dann zu groß sein, kann eine dünne Unterlegscheibe statt der Kontermutter montiert werden.

Anfertigung und Reparatur

Seilzüge gibt es fertig konfektioniert oder als Meterware. Diese Lösung ist billig und im Falle von Oldtimern oft die einzige Möglichkeit, einen passenden Zug zu bekommen. Zur Herstellung von Seilzügen benötigt man ein Nippelsortiment, je eine Rolle Innen- und Außenzug, Seitenschneider, Zange und einen Lötkolben.

Schlaumeier, die jetzt etwas von ach so tollen Schraubnippeln erzählen, sind nur zu faul zum Löten. Dafür werden sie bei nächster Gelegenheit mit gerissenem Zug am Straßenrand stehen. Der Grund fürs schnelle Reißen des Zuges sind die Druckschrauben der Schraubnippel. Hier werden die Seelen des Seils punktuell so stark gequetscht, das sie mit der Zeit brechen. Es gibt eine einzige Sorte Schraubnippel aus dem Flugzeugbau, die nicht quetschen, sondern das Seil großflächig greifen. Da sie an der MZ aber nur an einer einzigen Stelle passen und zudem extrem teuer sind, erkläre ich hier die Lötmethode.

Anhand des alten Seilzuges wird die Länge des Außenzugs ermittelt. Mit einem guten Seitenschneider aus dem Werkzeughandel wird der Außenzug abgelängt. Auf beide Seilenden werden nun die passenden Endkappen aufgesetzt und ganz leicht mit einem Körnerschlag festgesetzt.

Diese Kappen sind äußerst wichtig. Sie verhindern das Durchziehen des Zugs durch die Stellschrauben bei hoher Belastung.

Nun wird der Innenzug auf Länge abgeschnitten. Jetzt zeigt sich, ob der Seitenschneider etwas taugt. Ein gutes Modell kappt den Zug so, dass er sich problemlos in den Außenzug schieben lässt. Die Murkszange hingegen quetscht die Zugadern einfach platt und sorgt für Wutausbrüche und blutige Finger beim Einfädeln des Seils in die Hülle.

Der passende Lötnippel wird weit auf den Zug geschoben. Mit dem Lötkolben oder einer ganz weichen Flamme wird das Zugende erwärmt und sauber verzinnt. Nun wird der Nippel ein Stück vorgezogen, erwärmt und auch verzinnt. Das Seilzugende wird nun ein paar Millimeter ausgefranst (hierzu eignet sich der Murksseitenschneider). Das Seil wird wieder erwärmt und der Nippel wird in den „Seilpuschel" gezogen. Mit dem Lötkolben wird so lange nachgeheizt, bis das Lot zwischen „Puschel" und Nippel sauber fließt. Mit der Restwärme wird der Nippel richtig schön mit Lot ausgefüllt, bis die Sache sauber aussieht.

Ganz wichtig ist es, den Zug nicht zu weit zu verzinnen. Das Ende würde nach dem Aushärten zu steif, um sich der Hebelgeometrie sauber anzupassen. Richtig verlötete Seilzüge stehen in Zuverlässigkeit und Festigkeit den Serienzügen in nichts nach.

Zur Pflege der Züge gehört regelmäßiges Ölen als Korrosionsschutz. Entweder wird der Schmierstoff mittels der eben beschriebenen „Tüllenmethode" oder an der Verstellschraube eingefüllt. Hierzu wird bei Brems- und Kupplungszug die Stellschraube möglichst weit heraus gedreht. Der Schlitz der Stellschraube wird nach oben gedreht und mit Öl gefüllt. Mehrmaliges „Pumpen" befördert das Öl ins Innere des Zuges.

Wichtig ist auch der Tropfen Öl am Hebelgelenk und an der Einhängebohrung des Zuges. An dieser Stelle entstehen lästige Knack- und Knirschgeräusche. Eine nicht geschmierte Zugaufnahme ist meist auch die Ursache für chronisches Seilzugreißen: Der Zug wird dann unter Belastung genickt und bricht direkt am Nippel ab.

Beim Kupplungszug der 250er kann man sich die Pflege übrigens meist schenken, denn ein Teil der Getriebeentlüftung geht zwangsläufig durch den Zug ins Freie. Dieser schwache, ölige Strom reicht aus, den Zug dauerhaft zu konservieren. Kritisch wird es nur, wenn der Kupplungszug den ganzen Fahrer konservieren möchte. Die Öldusche ist untrügliches Zeichen für einen defekten Wellendichtring.

4. Fussrasten

Was gibt es zu den Fußrasten schon zu sagen? Außer dass sie beim Sturz verbiegen. Oder bei Gespannfahrern. Viele der Dreiradtreiber verwechseln die Rasten mit Steigbügeln und tappen mit dem ganzen Körpergewicht auf die linke Raste. Speziell bei der ETZ mit dem schmalen Rahmen und den weit ausladenden Rasten hängt bald die linke Raste erbärmlich weit runter. Merke: Ein Motorrad ist kein Pferd und hat deshalb auch keine Steigbügel. Man steigt erst auf und stellt dann die Füße auf die Rasten. Gleichmäßig belastet halten die Fußrasten der ETZ auch dicke Brocken in stehender Haltung im Gelände aus.

Auf keinen Fall darf man auf aufgebockten Motorrädern herum turnen. Der Ständer wird enorm belastet und der Ständeranschlag löst sich in Wohlgefallen auf. Dieses Anschlagstück ist aus einer richtig schön DDR-mäßigen Textilmüll-Plaste-Kunstharzkombination gepresst und soll bei Überlastung wegbrechen, um den Rahmen zu schonen. Wenn also die MZ aufgebockt auf beiden Rädern steht, ist ein Austausch dieses Anschlageinsatzes angeraten.

Bei den letzten ETZ-Modellen wurde der Anschlag gegen ein aufgeschweißtes Flacheisen ersetzt, das bei Überlastung die Kräfte voll in den Rahmen weiterleitet. Also darf man bei diesen Modellen erst recht nicht auf dem Ständer herum turnen.

Geländefahrer rufen gern nach stärkeren und vor allem klappbaren Fußrasten: Bitteschön, die Volksarmee hatte ähnliche Wünsche. Die Rastenanlage der Armee ist leicht gegen die Serienteile austauschbar, ein Seitenständer (ohne TÜV-Segen) mit einem wunderbaren Entenfuß fürs Sandparken kann angeschraubt werden.

Zum Wechsel der Rastengummis nimmt man einen 22-mm-Mausschlüssel und einen Hammer. Der Schlüssel wird hinter das Rastengummi gehalten. Selbst angeklebte Gummis lassen sich so leicht entfernen. Neue Rastengummis werden mit Reifenmontierpaste eingecremt und mit dem Hammer aufgeschlagen. Kein Spüli verwenden, denn die Gummis werden sonst immer wieder abrutschen.

Der gleiche Trick funktioniert natürlich auch mit den Lenkergummis, ich werde ihn aber dort nicht noch mal wiederholen.

9. ALLGEMEINE FEHLERSUCHE

Störungen am Motorrad sind ärgerlich, noch ärgerlicher ist es, die Ursache nicht zu finden. Meist sind es Kleinigkeiten, die einem die Freude am Motorradfahren vermiesen. Solche Kleinigkeiten zu finden, bedarf viel Erfahrung. Ich habe die häufigsten Störungen und die möglichen Ursachen dafür aufgelistet. Dabei verzichte ich bewusst auf teure Messgeräte, denn diese Fehlersuchpläne sollen auch am Straßenrand funktionieren. Bei der Reihenfolge der Fehlersuche habe ich mich an den Fragen meiner Kundschaft orientiert und so stehen die häufigst genannten Probleme ganz am Anfang.

Wie zum Beispiel die Frage: „Warum bekommt meine MZ immer Aussetzer, wenn ich blinke?“ In diesem Falle ist ganz klar mangelnde Spannung verantwortlich für einen Elektrikfehler.

Beginnen wir mit der 12-Volt-Zündanlage. Da schreibt das Werk in der Reparaturanleitung die Prüfung mittels Oszillograph vor. Doch es geht auch anders. Statt die Hobbygarage in ein High-tech-Labor mit zuckenden Bildschirmen zu verwandeln, benutzen wir eine Prüflampe. Mit 12 Volt und 21 Watt. Ja, richtig: Wir nehmen einen ganz einfachen MZ-Blinker mit zwei Kabeln dran. Diese beiden Kabel nennen wir A und B. Wobei A und B stets austauschbar sind, da die Polung für die Glühlampe unwichtig ist. Eine Krokodilklemme an A und B erleichtert die Arbeit kolossal. Die 21 Watt Lampenleistung sorgt dabei für etwas Belastung des Stromkreises, damit werden die Ergebnisse deutlicher.

Sofern nicht anders beschrieben, wird die ganze Prüfung bei abgestelltem Motor und bei ausgeschalteter Zündung durchgeführt. Alle Kabel bleiben auf den Kabelsteckern, es sei denn, hier steht etwas von Abziehen.

Nun aber los.

Prüfung der Lichtmaschine

Prüfung des Rotors auf Masseschluss und Unterbrechung

Die Krokodilklemme A wird an die Klemme 51 des Reglers geklemmt. An der Lampe liegt so Plus an..

Das Kabel DF wird am Regler abgezogen und das abgezogene Kabel wird mit der Krokodilklemme B verbunden. Jetzt muss die Prüflampe leuchten.

Nun wird die Verbindung des abgezogenen DF-Kabels mitsamt der Klemme B an Masse (Reglerkappe) gelegt. Die Prüflampe muss deutlich heller leuchten.

Folgende Schlüsse lassen sich ziehen:

Leuchtet die Prüflampe nicht heller, liegt ein Masseschluss im Rotor vor. Bei der ersten Prüfung wird der Strom über die Rotorwicklung geleitet. Der Widerstand der Wicklung lässt die Lampe

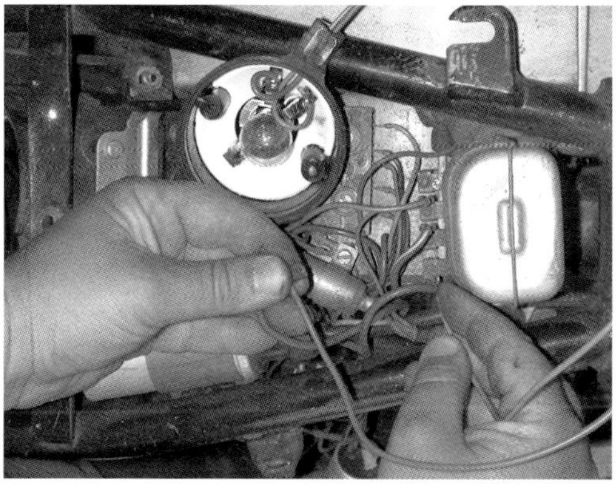

dunkler leuchten. An Masse gelegt, wird die Wicklung überbrückt und das Licht der Lampe wird heller.

Leuchtet die Lampe nicht, ist die Verbindung zwischen Regler, Sicherungskasten, DF-Kabel und Kohle unterbrochen oder die Wicklung des Ankers selbst ist defekt. Im ersten Fall ist die Ursache meist eine Feinsicherung, deren Wechsel das Motorrad umgehend wieder mit Strom versorgt.

Prüfung des Stators auf Unterbrechung und Masseschluss

Am Gleichrichter werden die Kabel U, V und W abgezogen. Das Kabel U wird an Plus (Regler 51 oder Batterie-Plus) gelegt. Klemme A der Prüflampe wird mit V oder W verbunden und B wird an Masse gelegt. Dann muss die Prüflampe leuchten.

Leuchtet die Prüflampe nicht, gibt es eine Unterbrechung im Stator oder an den Kabeln.

Nun die Gegenprobe. Klemme A wird an Batterie-Plus gelegt. Klemme B wird nacheinander mit U, V und W verbunden. Die Prüflampe darf dabei nicht leuchten.

Leuchtet die Lampe auf, hat der Stator oder eines der Kabel einen Masseschluss.

Prüfung des Reglers

Kontrolle auf richtige Masse

Kabel DF am Regler abziehen. Klemme A auf D+ legen und Klemme B auf die Reglerkappe.

Jetzt muss die Prüflampe leuchten. Leuchtet die Lampe nicht, ist keine ausreichende Masse am Regler vorhanden.

Prüfung auf Masseschluss und Wicklungsunterbrechung

Kabel DF wird am Regler abgezogen. Klemme A wird mit D+ verbunden. Klemme B wird mit der leeren Klemme DF am Regler verbunden. Nun muss die Prüflampe schwach leuchten. Leuchtet die Lampe nicht, ist die Wicklung des Reglers unterbrochen.

Mit einem Schraubendreher wird eine direkte Verbindung zwischen Klemme DF am Regler und der Reglerkappe hergestellt. Die Prüflampe muss deutlich heller leuchten. Wenn sich die Helligkeit nicht ändert, hat der Regler einen Masseschluss.

Prüfung der Reglerkontakte

Am Regler wird das Kabel 61 abgezogen. Das Kabel 51 wird abgezogen und auf Klemme 61 gesteckt. Klemme A wird an DF geklemmt, Klemme B wird an Masse angeschlossen. Die Reglerkappe wird abgenommen. Die Prüflampe sollte jetzt hell leuchten.

Die Kontaktfahne auf der Reglerseite (Doppelkontakt) wird mit dem Finger so weit vorsichtig abgehoben, bis kein Kontakt mehr vorhanden ist (Neutralstellung). Die Prüflampe muss sichtbar schwächer leuchten. Bleibt die Lichtstärke konstant, ist der Vorwiderstand des Reglers defekt.

Nun wird die Kontaktfahne bis zum rechten Kontakt bewegt. Die Prüflampe muss ausgehen.

Weiter geht's zum rechten Reglerschalter (Rückstromschalter). Am Anschluss der Prüflampe wird nichts geändert. Hier wird nun der Kontakt abgehoben (nach links). Dann muss die Prüflampe verlöschen.

Prüfung der Ladekontrollleuchte

Die Zündung wird eingeschaltet, die Ladekontrollleuchte geht an. Nun wird Kabel 61 am Regler abgezogen, die Kontrollleuchte geht aus. Bleibt die Leuchte an, ist im Instrumentenbereich oder im Kabelbaum ein Kurzschluss vorhanden.

Allgemeine elektrische Tests

Keine Spannung im Bordnetz
- Batterie leer
- Sicherungen defekt
- Kabel lose

Batterie kocht über, starker Flüssigkeitsverlust
- Regler zu hoch eingestellt oder Regler defekt

Kurzschluss, Sicherungen fliegen raus, Kabel werden heiß oder verschmoren
- Lose Klemmen, durchgescheuerte Kabel, defekte Lampen oder viel zu dünne Kabel

Ladekontrolle geht nicht aus
- Kabel oder Stecker zwischen Lichtmaschine, Gleichrichter und Regler unterbrochen
- Kohlen klemmen im Schacht, sind defekt oder die Federn sind erlahmt
- Regelwiderstand oder Regler ist defekt
- Lichtmaschine ist defekt

Kein Zündfunke
- Kerze defekt
- Kerzenstecker defekt
- Zündkabel defekt
  Besonders defektanfällig sind die blauen Entstörkabel. Statt aus Kupfer sind diese Kabel mit Kohlestaub gefüllt, was zu wunderbaren Unterbrechungen führt.
- Zündspule defekt
- Elektronikzündung defekt

Prüfung der Elektronikzündung

Hat das Motorrad eine Elektronikzündung, wird schwerpunktmäßig erst einmal hier nach einem Fehler gesucht. Ganz wichtig dabei: Die elektronische Zündung darf und kann nicht mit der Prüflampe getestet werden. Für diese Arbeiten wird ein Spannungsprüfer oder eine Prüflampe mit LED-Anzeige verwendet.

Prüfung des Gebers (DDR-Zündanlage)

Das rote Kabel 15g wird am Geber abgezogen und mit dem Messgerät verbunden. Das Minus-Kabel des Messgerätes liegt an Masse. Die Zündung wird eingeschaltet, das Messgerät darf keine Spannung anzeigen. Werden jetzt 12 Volt angezeigt, ist der Geber defekt.

Prüfung des Steuerteils

Das grüne Kabel 1 wird von der Zündspule entfernt. Das Messgerät wird zwischen dem abgeschraubten grünen Kabel und der Klemme 15 an der Zündspule angeschlossen. Nach dem Einschalten der Zündung wird der Motor langsam durchgedreht (ohne Kerze). Während einer halben Kurbelwellenumdrehung müssen 10 bis 12 Volt angezeigt werden. Am Zündzeitpunkt geht die Spannung auf 0 zurück. Nach einer weiteren halben Kurbelwellenumdrehung muss die Spannung wieder ansteigen.

Ist der beschriebene Spannungsverlauf nicht vorhanden, ist das Steuerteil defekt.

Zusätzlich gibt es da noch ein paar hinterhältige Fallen in der Elektrik, die man bei verzweifelter Fehlersuche unbedingt beachten muss:

- Wenn sich eine der Klemmschrauben im TS-Abblendschalter löst, gibt es einen bösen Kurzschluss, der gerne übersehen wird.

- Die Hupe kann sich verdrehen oder die Haltebleche brechen ab. Dann fällt die Hupe mit dem Pluspol zwischen Zylinder und Rahmen und sorgt für wunderbare Störungen.

- Zwischen zwei Klemmen am Zündschloss gibt es eine Messingbrücke. Bricht diese, gibt es unerklärlichen Stromausfall.

- Die beiden seitlichen Kabel am Gleichrichter der 12-Volt-Modelle liegen korrosionsgefährdet im Schmutzwasserstrom. Sind die Kabel verrottet, gibt es Aussetzer und Stromausfälle.

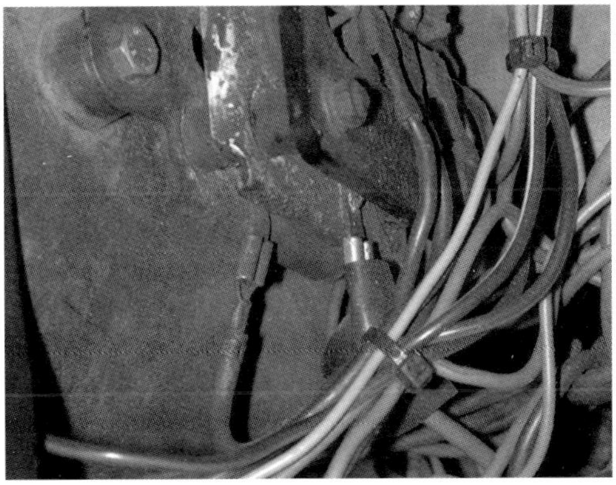

- Die Massepunktschraube der ETZ sitzt auf dem Luftfilterkasten. Die Masseverbindung dorthin wird über eine Schraube an der Ecke des Luftfilterkastens mit dem Rahmen hergestellt. Hat diese Schraube keine einwandfreie Verbindung, gibt es unerklärliche elektrische Störungen, nach denen man ewig suchen kann. Eine Fehlersuche, die auch segensreich sein kann: Wochenlanges Suchen nach einem Elektrikfehler brachte mich mit meiner Frau zusammen. Heute ist der Fehler bekannt, dafür hat es zwischen uns gefunkt und die Verbindung hält länger als alle elektrischen Verbindungen an unseren MZten.

- Eine weitere Falle ist der Sicherungskasten. Nicht nur Korrosion im sichtbaren Bereich, sondern besonders an den Nieten auf der Rückseite verhindert den Stromfluss. Also sollte man bereits den neuen Sicherungskasten beidseitig konservieren.

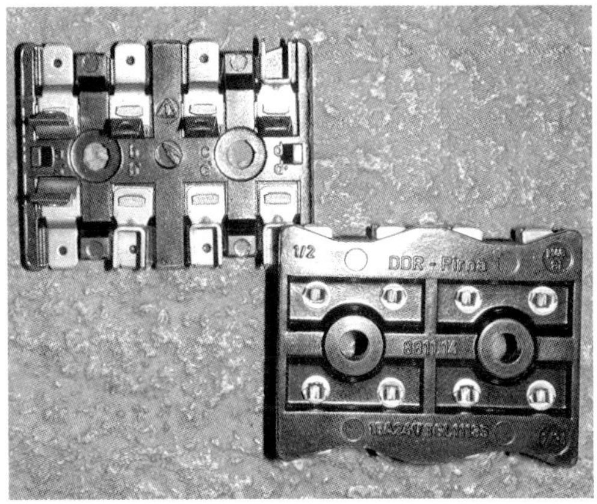

Fahrwerksprobleme

Das Fahrwerk einer MZ zeichnet sich durch absolute Spurtreue und gutes Kurvenhandling aus. Treten Unruhen im Fahrwerk auf, muss systematisch danach gesucht werden.

Wichtigster Punkt ist dabei der Luftdruck. Der muss absolut stimmen. Ich fahre bei der Solo ETZ mit 2,1 bar vorn und 2,5 bar hinten, wohl wissend, dass das von den Werksangaben abweicht, aber ich komme damit hervorragend klar. Nachmachen jedoch auf eigene Verantwortung.

Den werksseitig empfohlenen Luftdruck kann man im Tabellenteil nachlesen.

Da man bei Fahrwerksproblemen alles durchprüfen muss, hier die Checkliste in Kurzform.

- Radlager: spielfrei und leichtgängig

- Räder: sauberer Rundlauf und korrekt gespannte Speichen

- Radflucht: sauber gespurte Räder

- Schwingenlager: fest und spielfrei

- Lenkkopflager: leichtgängig und spielfrei

- Hintere Federbeine: gleichmäßig gut gedämpft

- Dämpfer vorn: gleichmäßige Dämpfung und Ölstand.

- Teleskope: keine blanken Stellen, keine Riefen und kein übermäßiges Spiel

Voraussetzung ist natürlich, dass Gabel und Rahmen gerade sein müssen. Wie man die einzelnen Punkte nachprüft, steht in den jeweiligen Kapiteln.

Motorprobleme

Probleme am Motor haben meist eine klare Ursache. Im Folgenden werden die gängigsten Störungen und deren Ursache stichpunktartig behandelt. Die ausführlichen Vorschläge zur Beseitigung der Probleme gibt es dann jeweils in den Kapiteln.

Leistungsverlust
- Vergaser oder Zündung falsch eingestellt oder defekt
- Auspuff durch viel zu viel Zweitaktöl verkokt
- Falschluft
- Luftfilter verstopft oder Ansaugrohr zusammengezogen
- Zu viel Öl im Getriebe
- Kolben-/Zylinderbereich verschlissen
- Wellendichtringe Kurbelwelle defekt
- Kurbelgehäuse undicht

Laufgeräusche aus dem Zylinder
- Nadellager defekt
- Pleuellager defekt
- Kolbenring gebrochen
- Zylinder/Kolben extrem verschlissen

Verdünntes Getriebeöl
- Kurbelwellendichtringe undicht
- Kurbelgehäuse zum Getriebe hin undicht

Ungewöhnliche Motorgeräusche
- Motorhalterung gebrochen
- Silentgummis verschlissen
- Motor lose in Halterung

Klingeln aus dem Zylinder
- Spaltmaß zu klein
- Zu viel Frühzündung
- Schlechter Sprit
- Zu niedriger Wärmewert der Kerze
- Falschluft
- Zu mageres Benzin-Luft-Gemisch
- Kurbelwellendichtringe defekt

Kupplung rutscht
- Federn zu schwach
- Beläge verschlissen
- Falsche Grundeinstellung
- Korrodierter Seilzug
- Ausgeschlagene Betätigungsschnecke
- Zu wenig Spiel am Lenkerhebel

Kein Kraftschluss zum Hinterrad
- Kupplung vom Konus geflogen
- Kettenrad von Kurbelwelle gelöst
- Primärritzel verschlissen
- Primärkette gerissen
- Keilverzahnung am Primärrad ausgeschlagen
- Verzahnung des inneren Mitnehmers ausgeschlagen
- Vernietung des inneren Mitnehmers abgerissen

Geräusche im Primärtrieb bei eingelegtem Gang und gezogener Kupplung bei 250er-Modellen
- Innerer Mitnehmer defekt
- Nadellager defekt
- Kupplungsdrucklager defekt

Geräusche im Primärtrieb im Leerlauf
- Fremdkörper in Primärverzahnung
- Zu viel Axialspiel des inneren Mitnehmers
- Lagerschaden
- Drehzahlmesserantrieb defekt
- Kickstartermechanismus defekt

Fußschalthebel hängt
- Rückholfeder gebrochen

Laute Schaltgeräusche
- Kupplung trennt nicht
- Leerlaufdrehzahl zu hoch
- Falsches Getriebeöl
- Schaltarretierschraube ohne neue Dichtung

Gänge springen raus
- Hinterschliff an den Zahnrädern verschlissen
- Arretierung defekt

Heulen und Rattern aus dem Getriebe
- Zahnräder verschlissen
- Zu wenig Getriebeöl
- Lager defekt
- Schaltung defekt

Ölverlust
- Blindstopfen der Wellen nicht versiegelt
- Gehäuseschraube sitzt auf
- Gehäuseschraube nicht fest
- Dichtringe unter Ölablass und

Arretierschraube undicht
- Gehäusedichtungen undicht
- Dichtring defekt
- Dichtkappen lose
- Mitteldichtung undicht

Vergaserprobleme
- Kolbenklemmer
- Zu mageres Gemisch
- Falschluft
- Teillastnadel falsch eingestellt oder defekt

Vergaser läuft über
- Schwimmer undicht und voll gelaufen
- Schwimmerventil undicht
- Schwimmer falsch eingestellt
- Fremdkörper im Schwimmerventil

Motor hat keinen Leerlauf
- Anschlagschraube falsch eingestellt
- Schieber ausgeschlagen
- Vergasergehäuse ausgeschlagen
- Luftschraube geschlossen
- Luftkanal verstopft
- Leerlaufdüse dicht

Motor schlägt nach
- Leerlaufluft falsch eingestellt
- Zu hohe Leerlaufdrehzahl

Motor nimmt kein Gas an
- Kraftstoffpfütze im Kurbelgehäuse
- Vergaser läuft über
- Nadelhalter gebrochen
- Nadel defekt

Motor klingelt
- Zu niedriges Kraftstoffniveau
- Tankbelüftung dicht
- Zu wenig Benzinfluss
- Hauptdüse verstopft
- Zu kleine Hauptdüse
- Schlechter Sprit

Motor springt nicht an
- Kein Kraftstoff
- Kraftstoffpfütze im Kurbelgehäuse
- Startdüse verstopft
- Startergummi defekt
- Startergummi aus Kolben gefallen

Schlechtes Übergangsverhalten
- Falscher Schieber
- Schieber defekt
- Teillastnadel ausgehangen oder falsch eingestellt
- Falsches Schwimmerniveau

Zu wenig Leistung
- Kraftstoffniveau zu hoch
- Schwimmer undicht
- Ventil undicht
- Teillastnadel und Düse stark eingeschlagen
- Startvergaser undicht
- Zu große Hauptdüse

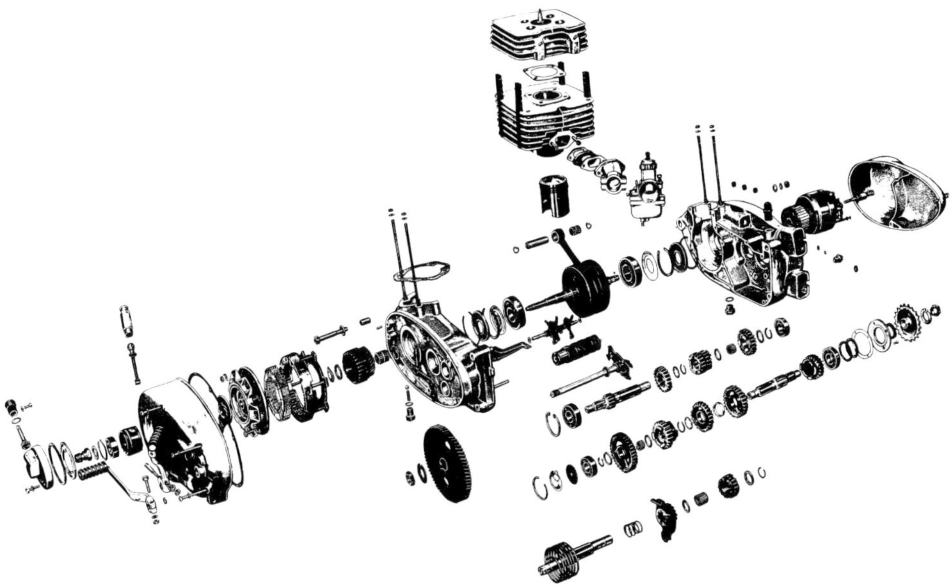

10. MOTORINSTANDSETZUNG

Montage von Kolben und Zylindern – einfache Fehlersuche

WEIL IMMER WIEDER DANACH GEFRAGT WIRD: ZUNÄCHST DREI WICHTIGE KURZANLEITUNGEN

Es ist recht einfach, Schäden an Kolben und Zylinder am noch eingebauten Motor festzustellen. Man schraubt einfach die Überwurfmutter des Auspuffkrümmers mit dem Hakenschlüssel aus dem Bordwerkzeug ab. Danach löst man die Befestigungsschraube des Auspuffs rechts unter dem Motor, zieht den Krümmer vorsichtig nach vorne aus dem Flansch und legt das Ganze auf den Boden. Ein untergelegter Lappen verhindert dabei Kratzer unter dem Krümmer. Mittels Taschenlampe und einem Spiegel (ein Rückspiegel eignet sich da hervorragend) schaut man nun in den Auslasskanal und beobachtet dabei den Kolben. Hat der Kolben den oberen Totpunkt erreicht, lässt sich das Kolbenhemd prima begutachten. Es dürfen keine Riefen oder Klemmstellen zu sehen sein. Eine Klemmstelle erkennt man als metallisch hell glänzende Fläche auf dem matten Aluminium des Kolbens.

Danach dreht man den Kolben weiter runter, so dass die gesamte Ringzone zu sehen ist. Die Ringe müssen alle beim leichten hin und her Drehen der Kurbelwelle minimales Spiel zeigen – das Stoßspiel. Die Zone über den Ringen ist der Feuersteg. Hier darf kein starker Ölkohlebefall zu erkennen sein, sondern die Fläche sollte sich riefenfrei und aluminiumfarben präsentieren. Jetzt kann der Krümmer wieder dran geschraubt werden, denn wenn sich der Kolben in einwandfreiem Zustand zeigt, dürfte auch der Zylinder in Ordnung sein.

Findet sich Ölkohle am Kolbenhemd, gibt es verschiedene Verschleißstufen und Diagnosen. Die Ölkohle entsteht durch Vorbeiblasen von Verbrennungsrückständen an den Kolbenringen. Auf Neudeutsch (Altenglisch) haben sie den schönen Namen „Blow-By-Gase“. Der MZ-Kolben hat drei Ringe. Bleiben die Blow-By-Gase innerhalb dieser drei Kolbenringe, kann der Kolben meist noch ein Drittel der bisherigen Laufzeit weiter benutzt werden. Reichen die Durchblasungen weiter als zirka 1 cm unterhalb des unteren Ringes oder sind die Ringe sogar festgebacken, so ist ein Austausch anzuraten. Bei auslassseitig einwandfreiem Kolben macht man die Gegenprobe an der Einlassseite. Durch den Einlasskanal kann man das Kolbenhemd auf der kalten Seite des Kolbens betrachten. Hier dürfen ebenfalls keine Riefen oder Klemmstellen zu sehen sein. Riefen auf der Einlassseite haben ihre Ursache meist durch Staub im Ansaugsystem. Luftfilterkontrolle zahlt sich eben aus.

Übrigens sitzen hinter dem Luftfilter vier M6-Schlitzschrauben, deren festen Sitz man anlässlich des Luftfilterwechsels überprüfen sollte. Stichwort Falschluft!

Wenn Ansaugstutzen und Krümmer demontiert sind, ist bei den meisten MZ das Ziehen des Zylinders kein Problem. Man demontiert den Tank und lockert (allmählich, über Kreuz, denn auch beim Lösen kann man den Deckel verziehen) den Zylinderdeckel (wenn man Kopf sagt, fangen die Puristen an zu schimpfen!). Nach dem Abnehmen des Kopfes (jawoll!) lässt sich der Zylinder nach oben wegziehen. Ein Helfer sollte jetzt bereitstehen und den Kolben stützen, denn schließlich ist das Ding empfindlich. Oft geht der Zylinder jedoch nicht ab, dann hat ein Trottel die Fußdichtung mit

Spezialdichtmasse (Fachjargon: Bärenscheiße) angepappt. In diesem Fall wird der Zylinder durch axiale Schläge mit einem Gummihammer losgeklopft. Bei ETZ- und ES-Modellen kollidiert der Zylinder mit dem oberen Rahmenrohr – da muss man den Motor lösen und ein Stück absenken. Eine Ecke in den Rahmen zu flexen ist verboten und auch technisch wenig vorteilhaft.

Jetzt gilt es, den Kolben vom Pleuel zu lösen. Dazu werden die beiden Sicherungsringe entfernt und der Kolbenbolzen mittels des Kolbenbolzenführungsdorns (schweres Wort, aber wichtig) mit dem Handballen heraus gedrückt. Bei einer tollen Passung geht das. Wenn nicht, wird der Kolben mit einer weichen Flamme von oben (weil von da auch bei der Verbrennung die Hitze kommt) auf ca. 80 °C erhitzt. Wenn das Nadellager wieder verwendet werden soll, muss die Laufrichtung markiert werden.

Am abgebauten Zylinder kann man jetzt sehr schön den Verschleiß erfühlen. An der Stelle, wo der obere Kolbenring seine Laufrichtung ändert, entsteht eine Verschleißkante. Ist sie deutlich fühlbar, sollte man den Zylinder zur (Regenerierungs-) Kur schicken. Ist die Kante auch nur andeutungsweise spürbar, darf man schon keine Kolbenringe mehr wechseln. Die Neuen würden sich dann nicht mehr auf den Zylinder einlaufen und der nächste Motorschaden ist vorprogrammiert.

Nun kann man den Pleuel sehr schön einer Begutachtung unterziehen. Die Lauffläche des Nadellagers darf absolut keine fühlbaren Riefen aufweisen. Das untere Pleuelauge muss seitlich ein leichtes Spiel haben. Dabei darf keine der beiden Kupferscheiben zurückfedern. Andernfalls könnte der Pleuel krumm sein. Blaue Stellen weisen auf Überhitzung hin, ein Kurbelwellentausch ist angesagt, da Überhitzung den Käfig des unteren Nadellagers verspröden lässt.

Wenn der Motor weniger als 3000 km gelaufen hat, kann man bei der Gelegenheit das obere Nadellager gegen ein einreihiges INA-Lager austauschen – bei höherer Laufleistung ist ein zweireihiges zu verwenden. Die einreihige Variante ist wesentlich tragfähiger, aber dafür ein bisschen lauter im Lauf.

Vor der Kolbenmontage ist das Spiel des Bolzens im leicht eingeölten Nadellager zu prüfen: Der Bolzen muss sich leicht, ohne zu wackeln, drehen lassen. Nun wird der Kolbenbolzen mittels des Führungsdorns in den Kolben eingedrückt. Starker Handballendruck sollte genügen. Die Dichtung wird trocken oder mit Graphitfett eingeschmiert auf die Dichtfläche gelegt. Die Stehbolzen werden gut eingefettet, um der Korrosion durch das aggressive Wintersalz vorzubeugen. Jetzt wird der Kolben, nach dem Ausrichten der Ringe auf die Führungsstifte, von einem Helfer oder einem tollen Gabelbrettchen gehalten und der Zylinder (an dieser Stelle ein Sonderlob an die MZ-Macher, für die prima Führungsfase am Zylinder) gleitet mit sanftem Druck über den Kolben. Nun dieselbe Kopfdichtungsstärke verwenden, die vorher montiert war, den Kopf drauf, (bitte alles vorher reinigen) und die Sache über Kreuz mit dem richtigen Drehmoment anziehen Das bedeutet 25 Nm bei M8 und 40 Nm bei M10. Beim Anziehen der Schrauben kommt es übrigens weniger auf die Stärke als auf die Gleichmäßigkeit an. Mit einem 2-mm-Lötdraht, der durch das Kerzenloch gegen die Zylinderwand gehalten wird, ermitteln wir nun das Spaltmaß (siehe Motormontage ETZ). Beim Durchdrehen sollte der Draht bei den neueren 250ern auf 0,9 bis 1,2 mm zusammengedrückt werden.

Die Auspuffmutter wird mit Kupfer- oder Graphitpaste eingesalbt und von Hand bis zum Ende eingedreht. Erst dann wird die Mutter mit dem Hakenschlüssel auf 150 bis 180 Nm richtig gut festgezogen.

Der Motor wird dann rund 1000 km bei Drehzahlen zwischen 3000 und 5000/min eingefahren. Gute Fahrt!

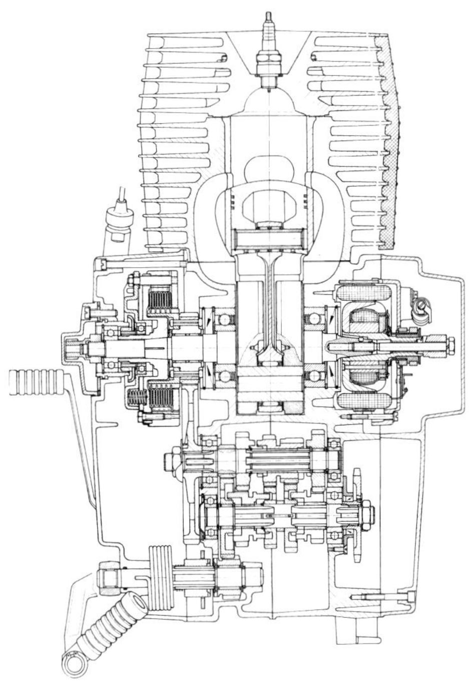

Ölpumpe einstellen, Gemischschmierung

Die Ölpumpe, mit der viele MZ ausgerüstet sind, birgt den Nachteil scheinbarer Problemlosigkeit. Viele Jahre Erfahrung mit diesem wunderbar faulen Teil haben uns vom Gegenteil überzeugt. So braucht sie einige Wartungspunkte, um zuverlässig zu arbeiten. Wichtig ist erst einmal, dass ein weicher, geschmeidiger Seilzug montiert ist, weicher als der Gaszug. Wenn nicht – nachrüsten. Dann kommen wir zur richtigen Einstellung. Es gibt eine tolle Markierung, die jedoch nicht immer stimmt und dem armen Motor zu viel Öl verschreibt. Die korrekte Einstellung ist einfach. Man gibt am Gasgriff Vollgas (der Schieber muss oben anschlagen) und stellt am Ölzug ein leichtes Spiel ein (0,2-0,8 mm), fertig.

Nie am Anschlag: Bei Vollgas muss hier am Seilzug noch ganz leichtes Spiel fühlbar sein.

Zur Wartung gehört aber mehr. Alle Gelenke und Seilzugenden werden mit etwas Fett geschmiert. Vor und nach einem Winter sollte der Öltank völlig entleert werden, für den Fall, dass sich dort Wasser am Ablauf gesammelt hat. Bei Minusgraden friert es dann ein und die Schmierung versagt. Auch wichtig: Der Belüftungsschlauch des Tanks muss durchgängig sein und sein Ende muss zu einer sauberen, trockenen Stelle unter der Sitzbank reichen. Saharafahrer stecken hier einen handelsüblichen Spritfilter auf. Die Entlüftung der Pumpe ist einfach. Man löst die Entlüfterschraube (die mit der roten Dichtung) und pustet leicht in den Belüftungsschlauch. Das Öl muss an der Schraube blasenfrei austreten. Schraube wieder anziehen – fertig.

Natürlich sollte sich im Öltank auch stets genügend Öl befinden, wobei das Schauglas trügerisch sein kann. Am besten, man füllt bei jedem zweiten Tanken nach.

In den Tank gehört normales Mineralzweitaktöl. Ein Schuss MoS_2-Konzentrat schadet nicht, Bio-

Entlüftung: Nach dem Lösen der Kreuzschlitzschraube mit roter Dichtung kann die Luft aus dem System gepustet werden.

lube bringt finanziell nur etwas bei Mischung 1:100. Das geht mit der normalen Ölpumpe leider nicht. Fahrer ohne Ölpumpe geben das Öl in den Tank. 1:50 ist das fetteste zulässige Gemisch. Außer bei uralten Modellen mit dem Pleuellager aus Bronze. „Gut schmier – gut fahr", sagte der Alte bei Minol, ein bisschen mehr Öl schadet nicht. Schadet doch! Denn zu viel Öl wirkt sich wie folgt aus: Die Kolbenringe pappen in ihrer Nut fest und können ihre beiden Hauptaufgaben, Abdichtung und Wärmeableitung, nicht mehr erfüllen. In der Folge verliert der Motor Leistung und überhitzt. Wenn er jetzt nicht festgeht, wird es noch schlimmer – die Ölkohle kann sich am Kolben vorbei ins Kurbelgehäuse mogeln, das Pleuellager verkokt und gibt seinen Geist auf.

Da ist ein magereres Gemisch schon vorteilhafter. Denn der Motor braucht ja nur so viel Öl, wie er für seine Schmierreserve benötigt – das Mehr geht als blauer Dunst zugunsten der Zweitaktgegner durch den Auspuff, in Form von unverbrannten Kohlenwasserstoffen (krebserregend).

Nun gibt es biologisch abbaubare Zweitaktöle, mit denen man zwei Fliegen mit einer Klappe schlagen kann. Zum einen kann man bedenkenlos Mischung 1:100 fahren (auch wenn der alte Tankwart das nicht glauben mag), zum anderen sind die Ölrückstände biologisch abbaubar. MZ gibt ausdrücklich das Öl Castrol Biolube dafür frei. Wir haben es probiert – es funktioniert problemlos. Ich selbst fahre alle MZ-Motoren mit normalem Zweitaktöl (mit 2 % Molykote-A-Zusatz) schon seit vielen Jahren im 1:100-Betrieb und das ohne Probleme, mit extremer Lebensdauer (allerdings mit SKF-Kugellagern und Tribotec-Beschichtung des

Zylinders) und bei strammer Fahrweise. Ich möchte dies aber nicht als Allgemeinempfehlung herausgeben, da ich für eventuelle Schäden und vor allem wegen der Ablehnung von Garantieansprüchen nicht haften kann und will.

Meine Tauschmotoren mit SKF-Lagern hatte ich stets für eine Mischung von 1:70 Mineralöl mit 2 % Molykote-A freigegeben und dafür garantiert. Probeweise habe ich diese Motoren übrigens mit 1:150 gefahren, ebenfalls ohne Probleme.

An diesen Zahlen sieht man also, dass der Zweitakter durch vernünftige Ölreduzierung eine Image-Rettung erhalten kann. Und der Geldbeutel profitiert auch noch davon.

Einstellung der Kupplung und Wechsel des Seilzuges

Die Grundeinstellung der 250er Modelle

Eine saubere Grundeinstellung ist Voraussetzung für eine einwandfrei funktionierende Kupplung. Drei Schauben werden gelöst und man kann den Verschlussdeckel über der Kupplungsmutter entfernen. Die zwei Mitnehmer der Stellplatte greifen in entsprechende Aussparungen an der Lagerbuchse. Über diese Stellplatte wird die Grobeinstellung der Kupplung vorgenommen – und nur über diese Stellplatte! Wer versucht, die Lagerbuchse mit einem Schraubendreher oder Durchschlag zu drehen, wird die Aussparungen knacken. Dann ist die Lagerbuchse hin und das Teil ist nicht gerade billig. Da ich dennoch immer wieder ausgebrochene Aussparungen auch an „werkstattgepflegten“ MZ-Modellen sehe, hier noch einmal: „Drehen der Lagerbuchse nur über die Verstellplatte!“

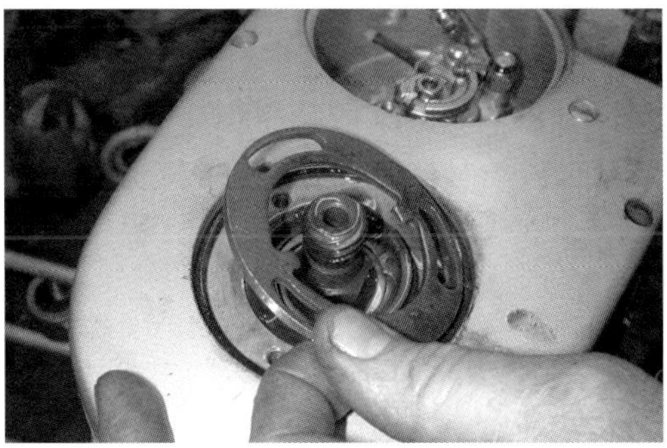

Bei vielen MZ sind auf der Lagerbuchse zwei Kerben eingefräst. Diese erleichtern die Grobeinstellung. Werden diese beiden Kerben mit einem Lineal verbunden, muss die Verlängerung des Lineals zwischen der Ölstandskontrollschraube und der unteren Gehäuseschraube liegen. Dann stimmt die Grobeinstellung. Wenn die Lagerbuchse richtig montiert wurde! Die hat nämlich ein mehrgängiges Gewinde und kann somit auch verdreht montiert werden. Wenn das so ist, vergessen wie die Sache mit dem Lineal und wenden Methode zwei an.

Messhilfe: Wenn man die beiden Kerben in der Lagerbuchse mit einem Lineal verlängert muss das Lineal zwischen diesen beiden Schrauben liegen. Dann stimmt die Grobeinstellung.

Dazu muss der Kupplungszug abgebaut werden. Die Stellschraube am Handhebel wird weit hinein gedreht. Dadurch wird der Seilzug entlastet. Unten, wo der Kupplungszug in den Motorblock

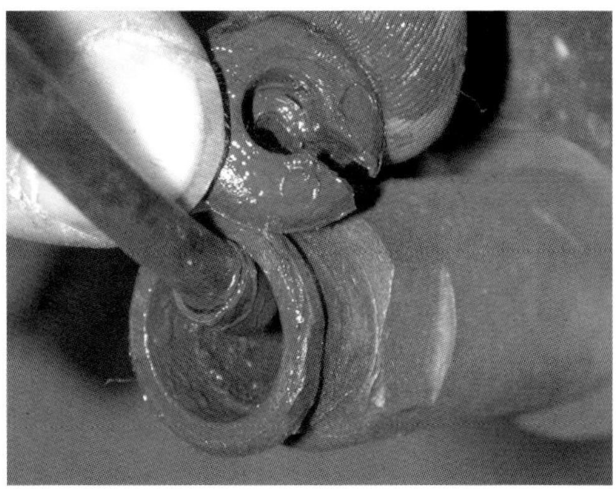

Ganz einfach: Nach dem Hochziehen des Seilzuges kann man den Stecknippel herausnehmen

mündet, wird die Gummikappe hochgezogen. Auf der Stützhülse für den Seilzug befindet sich der geschlitzte Stecknippel. Der wird entfernt. Nun wird die Stützhülse heraus geschraubt und der Kupplungszug lässt sich aus der Zugspindel entfernen.

Für die Grobeinstellung wird die Zugspindel über die Stellplatte weit nach hinten gedreht. Die Spindel wird so weit heraus gezogen, bis zwischen der Mitte der Bohrung für die Zugaufnahme und der Auflagefläche für die Stützhülse am Gehäuse ein Maß von 11 Millimetern eingestellt ist. Jetzt stimmt die Grundeinstellung. Auf keinen Fall darf jetzt die Kupplung betätigt werden oder die Stellplatte verdreht werden. Der Dichtring wird eingelegt und der Verschlussdeckel wird festgeschraubt. Unter die drei Halteschrauben werden stets neue Aludichtringe gelegt. Wichtig: Nicht vergessen, die alten Dichtringe zu entfernen! Tatsächlich habe ich schon Deckel abgebaut, in denen pro Bohrung bis zu zehn solcher platten Dichtringe steckten. Und eigentlich sollten das auch die Spezialisten begriffen haben, die aus reiner Faulheit die alten Dichtringe drin lassen.

Nochmal Grobeinstellung: 13 Millimeter zwischen Hülsenmitte und Gehäusefläche sind richtig.

Um den neuen Seilzug zu installieren, wird erst einmal die Stützhülse über den Zug gesteckt. Nun wird der Zug in die Nippelaufnahme der Zugspindel eingehangen. Die Stützhülse wird mit den Fingern bis Anschlag eingedreht und erst am Ende des Gewindes mit dem 19-mm-Schlüssel angezogen. Dieses Gewinde ist wieder so ein bevorzugtes Opfer gefühlloser Schrauberfinger. Das Gewinde im Kupplungsdeckel lässt sich bei Defekten kaum reparieren, deshalb immer mit der gebotenen Sorgfalt arbeiten. Die Stützhülse bekommt weder Dichtung noch Dichtband – und hält dennoch dicht.

Nun wird der Stecknippel eingesetzt. Dieser Nippel ist eines der wichtigsten Utensilien im Portemonnaie eines MZ-Fahrers. Reißt einmal der Kupplungszug, geht der Stecknippel oft fliegen. Der Ersatzzug ist ohne diesen Nippel völlig nutzlos. Wohl dem, der das 1-Euro-Teil greifbar mitführt.

An der Stellschraube der Seilzugarmatur wird nun die Feineinstellung vorgenommen. Ein Spiel von 1 bis1,5 mm ist genau richtig. Diese Feineinstellung ist nach einigen Kilometern Fahrstrecke zu wiederholen. Bei korrekter Feineinstellung ist die Einstellschraube sehr weit heraus geschraubt. Dies ist optisch ungewöhnlich, aber konstruktiv so gewollt. Man muss es halt nur wissen, um Leute davon abzuhalten, diese Schraube anders und somit falsch einzustellen.

Die Kupplungseinstellung der kleinen Modelle wurde bereits im Motorkapitel TS 125 erklärt.

11. INSTANDSETZUNG ETZ- UND TS-FÜNFGANG

Alles ohne Motorausbau

MZ-Motorräder sind so aufgebaut, dass viele Arbeiten „mal eben" erledigt werden können, ohne den Motor aus dem Rahmen zu nehmen. Ich habe diese Arbeiten hier aufgeführt, denn es gibt nichts Ärgerlicheres, als den Motor unnötigerweise auszubauen. Zusätzlich gibt es eine Liste der dafür benötigten Werkzeuge.

Folgende Arbeiten lassen sich bei eingebautem Motor durchführen:

- **Alle Arbeiten an der Lichtmaschine**
- **Arbeiten an der Zündanlage**
- **Wechsel des Kurbelwellendichtrings (nur bedingt möglich)**
- **Nachziehen der Motorverschraubungen**
- **Wechsel des Leerlaufschalters**
- **Wechsel des Kettenrades**
- **Wechsel der Abtriebsdichtungen**
- **Abdichten der Lagerstopfen**
- **Alle Arbeiten an der Kupplung**
- **Alle Arbeiten am Primärantrieb**
- **Alle Arbeiten am Kickstarterantrieb**
- **Arbeiten an der Schaltarretierung**
- **Wechsel des Kurbelwellendichtrings (nur bedingt möglich)**
- **Zylinder- und Kolbenwechsel (möglich bei teilweisem Lösen und Absenken des Motors)**

Benötigtes Werkzeug:

- **Ring-Maul-Schlüssel, SW 10, 13, (16), 17, (18), 19, (21), 22, 24; () = ab Baujahr 1988 möglich**
- **Innensechskantschlüssel SW 5 mm**
- **Hakenschlüssel 45- 50 mm**
- **Abdrückschraube für Lichtmaschinenrotor**
- **1 Satz Schraubendreher**
- **1 Zündkerzenschlüssel**
- **1 Kupplungsabzieher**
- **1 Schlosserhammer (400 g)**

Benötigte Hilfsmittel:

- **Ölkännchen mit Zweitaktöl**
- **Fusselfreie Putzlappen**
- **Bremsenreinigerspray**
- **Fetttopf mit Pinsel**
- **Rolle Klopapier**
- **Nicht aushärtende Dichtungsmasse**

Montage ETZ unter dem rechtem Deckel

DIE SCHRAUBEREI AM ETZ-MOTOR

Das Dilemma bei den meisten Schrauberbüchern ist, dass das Problem, mit dem man sich rumschlägt, immer an der Stelle des Buches abgehandelt wird, wo man gerade nicht danach sucht. Deshalb habe ich versucht, der Sache ein Stück Logik zu verpassen.

Beginnen wir mit dem ETZ-Motor. Aus gutem Grund: Das ist der meistgefahrene Motor, zudem ist die Schrauberei ähnlich dem Fünfgang-Motor und in vielen Punkten verwandt mit dem Viergang-Triebwerk.

Bei diesen Motoren werd' ich dann nicht mehr die ganze Prozedur wiederholen, sondern nur das erzählen, was für diesen Motor wichtig ist. Alles andere kann man dann im ETZ-Kapitel nachlesen.

Als Montagereihenfolge habe ich die gewählt, die nach meinen Erfahrungen die günstigste darstellt. Dabei werde ich immer die Inhalte der entsprechenden Deckel oder Gehäuse abhandeln. Logischerweise beginnen wir jetzt mit dem ETZ-250-Triebwerk.

Montagearbeiten unter dem rechten Seitendeckel

Mit einem Innensechskantstiftschlüssel – so lernen es die Azubis, Lehrlinge darf man ja genauso wenig sagen wie Inbusschlüssel – entfernt man die unteren drei Schrauben des rechten

Deckels, als Letztes die obere Schraube. Denn so kann der Deckel, speziell beim Gespann, sich nicht verkanten und weder Kabel noch Gummis zerstören.

Vor uns liegen nun die beiden Stuben des Motors. In der vorderen werkelt Drehstromlichtmaschine und Zündung, im zumeist dreckverschmierten Hinterzimmer reißt das Antriebsritzel mit

geballter Zweitaktpower die Kette durch die Schläuche. Ein erster scharfer Blick bei der Zustandskontrolle geht unter die Lichtmaschine. Steht hier eine kleine Pfütze, gilt es deren Herkunft zu klären. Also Finger rein und Geruchsprobe. Riecht es nach Öl und ist fettig, kommt die Ursache aus der hinteren Kammer und ist weniger schlimm. Dann ist nämlich nur etwas Kettenfett (hier gilt übrigens nicht: viel hilft viel) durch die Kabelführung für den Leerlaufschalter ins Limagehäuse gesickert. Ist es dünnflüssiges Getriebeöl, heißt es abwarten, da es kein Riesenproblem ist; das kriegen wir aber später.

Riecht der Finger aber stark nach Sprit, ist Vorsicht geboten. Dann ist der Wellendichtring beim Teufel. Und das kann doppelt peinlich sein. Erst mal kommen dadurch die berühmt-berüchtigten Zweitaktschäden zustande. Der Motor kann Patschen, kann durch Falschluft klemmen oder Leistung verlieren. Alles Dinge, die ein solcher Motor eben netterweise lassen sollte. Aber die Folgen der unerwünschten Benzinquelle können noch gemeiner sein und sich gegen den Bremsfuß des Fahrers richten. Denn durch die Leckage bildet

sich im Lichtmaschinenraum ein explosionsfähiges Gemisch, das im ungünstigen Fall vom Funken des Kontakts oder der Limakohlen entzündet wird. Und mir sind zwei Fälle bekannt, wo der Deckel wirklich davonflog und dem armen Fahrer (und dessen Fuß) einen bösen Schreck einjagte. Und zum Erzählen am Stammtisch ist dieses Erlebnis auch nichts, denn welcher leidlich nüchterne Mensch glaubt diese Story?

Auf jeden Fall lässt sich der Dichtring notfalls auch von außen wechseln. Dies ist eine der tollsten Änderungen des Motorenkonzepts der 250er seit 1976. Leidgeprüfte ES-Vielfahrer nicken zustimmend mit dem Kopf. Zum Wechsel des Dichtrings kommen wir später.

Doch warum ist das Ding kaputt? Natürlich kann er verschlissen sein, das passiert nun mal.

Oder der letzte Schrauber hat ihn falsch eingebaut, auch das passiert öfters. Oder das Kurbelwellenlager hat die Hufe hochgerissen und das passiert, wenn die Lagerqualität schlecht war oder der Monteur zu der schlampigen Sorte gehörte.

An dieser Stelle sieht man schön, dass Schrauberei eine Kettenreaktion ist. So erklärt sich auch, warum dieses Buch so umfangreich ist. Hangeln wir uns also weiter an dieser Kette lang. In der Mitte der Lichtmaschine dreht sich die Ankerschraube, auch – ganz modern – Rotorhalteschraube genannt. Auf diese stecken wir einen 13-mm-Ringschlüssel und versuchen die Kurbelwelle auf und ab zu heben (radial). Ist hier eine Bewegung gegenüber der Lichtmaschine zu sehen, hat das Lager ausgedient. Besonders gut sieht man es im Moment der Öffnung des Zündkontaktes. Bei eingeschalteter Zündung entsteht ein Zündfunke an der herausgedrehten und in den Kerzenstecker gesteckten Kerze, wenn man die Schraube auf und ab hebt. Wenn hier Spiel feststellbar ist, gehört das Lager zum Schrott. Ist sehr viel Spiel vorhanden und es klappert während unserer Probe, ist nicht nur das Lager völlig hin, sondern womöglich auch der Lagersitz böse ausgeschlagen. Endgültig ist das erst nach der kompletten Demontage sichtbar.

Die nächste Arbeit ist, die Lichtmaschine auf die Werkbank zu bekommen. Zuerst werden die Kabel abgezogen. Kennzeichnen muss man sie nicht, wenn die originalen Kabelfarben sichtbar sind. Grün sitzt am Kontakt (natürlich nicht bei Elektronikzündung), Braun am Gehäuse, Masse. Und an der Klemme DF sitzt ein grünes Kabel mit einem winzigen blauen Streifen (liebe Kabelwerker, den hättet Ihr bei der Planerfüllung auch ein bisschen dicker machen können!). Und JETZT werden die beiden Schrauben des Kohlehalters gelöst. Nun dessen Kabelschuhe vorsichtig ablösen, sonst sind die Kupferdrähte aus den Kohlen raus. Vergisst man das Ding abzuschrauben, werden die empfindlichen Lichtmaschinenschleifringe (aus Graphit, denn Kupfer gab es im real existierenden Sozialismus nun mal nicht genug) zerbröselt, sofern sie nicht schon kaputt genug sind. Die drei Kabel an den Klemmen U, V, und W werden abgezogen und nicht besonders gekennzeichnet. Denn weil wir es mit einer Drehstromlichtmaschine zu tun haben, ist die Polung unwichtig.

Unser Generator wird von drei Schräubchen gehalten. Diese werden entfernt und nun ziehen wir die Feldwicklung sauber und gerade ab. Wenn es schwer geht, helfen einige sehr leichte Klopfer mit dem kleinen Plastikhammer rund um das Gehäuse. Die Innenseite des abgezogenen Gehäuses betrachten wir genau wie die Außenseite des Rotors kritisch auf Schleifspuren. Findet man derartige Spuren, die auf die gegenseitige Berührung der beiden Bauteile hinweisen, ist die Diagnose leider eindeutig. Das Kurbelwellenlager ist ein hoffnungsloser Fall für die Schrotttonne.

Richtige Reihenfolge: Zuerst Kohlehalter entfernen

... dann Lichtmaschinenschrauben lösen

... zum Schluss Lichtmaschine vorsichtig abnehmen.

Jetzt geht es ans Abziehen des Rotors. Hierzu sollte dieser schonend blockiert werden. Brutale Zeitgenossen legen hierzu einen Gang rein, knallen die Bremse fest und – verbiegen irgendwas im Motor. Denn das Blockieren nach dieser Methode geht über einige Wellen, die nicht für solche Belastungen gebaut sind. Also lieber richtig zu Werke gehen.

Richtig heißt in diesem Fall, dass ein dicker Hammerstiel in den Auslass gesteckt wird. Diese Methode hat sich seit Ewigkeiten bewährt und noch keinen Schaden verursacht. Und so sollte man auch dabei bleiben. Dazu wird mit einem vernünftigen Hakenschlüssel (40-50 mm) die Auspuffmutter gelöst. Da die Mutter mit bis zu 200 Nm festgezogen wurde, ist das Lösen nicht ganz einfach, aber ein notfalls aufgestecktes Rohr kann helfen. Jetzt wird nur noch die Schraube des vorderen Auspuffhalters (SW 17 mm) unter dem Motor gelöst, dann kann man den ganzen Auspuff vorziehen und nach unten ablegen. Nur noch eine Halteschraube der hinteren Auspuffstrebe gelöst und der Auspuff lässt sich entfernen. Es ist wichtig, dass für diese Montage keine Schellen gelöst werden, da die nie wieder richtig dicht werden. Ein Blick in den Auslasskanal zeigt uns, ob der Kolben auf dem unteren Totpunkt (UT) steht. Wenn ja, stecken wir einen möglichst dicken Hammerstiel weit in den Kanal. Um den Motor auf UT zu drehen, wird einfach die Ankerhalteschraube bewegt. Aus gesundheitlichen Gründen sollte man darauf verzichten, während dieser Arbeit mit dem Finger zu fühlen, wo der Kolben gerade steht. Denn ein bisschen zu weit mit dem Schraubenschlüssel an der Welle gedreht und man muss die restliche Arbeit mit einem Finger weniger schaffen.

Da der Motor nun blockiert ist, lässt sich jetzt die Ankerhalteschraube mit dem Ringschlüssel SW 13 herausdrehen. Der Rotor geht natürlich noch nicht runter, da er ziemlich fest auf einem Konus sitzt. Nun wird der Zündnocken von Hand abgewackelt, kommt der nicht direkt, wird mit einem kleinen Plastikhammer „nachgetupft“. Man hüte sich aber jetzt vor den Motorrad-Spezialisten der „alten Schule“. Die kommen mit dem 6-mm-Stift, den jeder Fahrer einer alten „Weißblauen“ im Werkzeugkasten hat. Nur bei MZ macht man es eben anders. Hier wird einfach eine Ankerabdrückschraube M10 x 70 in den Rotor gedreht. Über ein Abdrückgewinde im Rotor wird dieser nun vom Konus gepresst. Kommt der Rotor nicht direkt runter, wird die Drückschraube festgespannt und bekommt einen trockenen Schlag auf den Kopf. Danach sollte sich die Sache gelöst haben. Der Rotor wird abgenommen und vorsichtig abgelegt.

Die empfindlichen Graphitschleifringe dürfen nicht beschädigt werden. Ein guter Platz für den Rotor ist daher zum Beispiel eine Papprolle. Bevor man den Rotor wegpackt, verdienen die Schleifringe eine genaue Sichtkontrolle. Die Ringe sollen ein gleichmäßiges Tragbild aufweisen und dürfen nicht tief eingelaufen sein. Vor allem dürfen keine Haarrisse vorhanden sein. Defekte Schleifringe lassen sich beim Fachbetrieb durch westliche Buntmetalllaufringe dauerhaft ersetzen. In dem nackten Kurbelwellenstumpf befindet sich eine kleine Zylinderrolle zur Lagerfixierung des Rotors. Die muss entweder fest sitzen oder sollte entfernt werden, sonst findet man sie beim späteren Zusammenbau garantiert nicht wieder.

Jetzt sitzt nur noch der Dichtring in dem vorderen Raum. Den defekten Ring kann man mit etwas Geschick von außen wechseln. Mit einem alten angeschliffenen 4-mm-Schraubendreher wird nun der Sicherungsring aus seiner Nut gehebelt. Ganz,

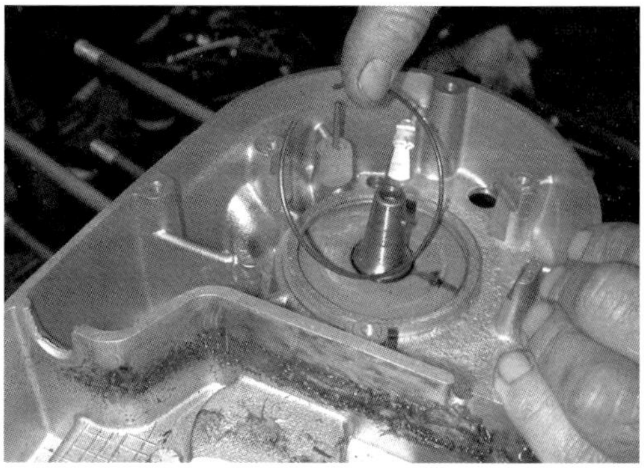

ganz frühe Modelle der TS/1 hatten hier einen Innensprengring, den man natürlich nur mit der entsprechenden Zange entfernen kann. Laut Werkstatthandbuch geht das nicht, aber es gibt Räubermethoden. Methode 1 ist, mit einer kleinen Bohrmaschine vorsichtig ein oder zwei 5-mm-Löcher in den Dichtring zu bohren, genau in der Mitte zwischen Lagersitz und Wellenstumpf. Dabei muss man aber ganz, ganz vorsichtig sein, bereits 3 mm hinter dem Dichtring sitzt eine Ölleitscheibe aus dünnem Blech. Wird sie beschädigt muss eine neue gekauft werden. Bei brutalen Menschen wird der Bohrer dann auch noch bis ins Lager gedrückt und das bedeutet dann Komplettmontage. Aber auch die erklären wir in diesem Buch.

In die beiden 5-mm-Löcher stechen wir zwei Haken aus 4-mm-Schweißdraht und ziehen den Ring heraus. Hierbei darf der Ring sich ruhig verbiegen – Hauptsache, er geht raus, denn hin ist er ja sowieso. Methode 2 ist, den Ring an der Dichtlippenseite mit einem ungehärteten Werkzeug herauszuhebeln, das geht mit einem weichen, breiten Schraubendreher. So ein Exemplar hat jeder Besitzer eines japanischen Zweirades in seinem Billigbordwerkzeug. Ansonsten macht man die Feilprobe an einem Baumarktwerkzeug, nimmt eine Feile Späne vom Werkzeug, ist es weich genug. So, der Schraubendreher wird zwischen Wellendichtring und Wellenstumpf gesteckt und so verdreht, dass sich die Klinge an der Rundung des Wellenstumpfes abstützen kann. Mit dieser Bewegung geht man rund um die Dichtlippe und kann so den Dichtring rausfummeln.

Hinter dem Dichtring sitzt ein dicker 72-mm-Innensprengring, den man mit einer passenden Sprengringzange entfernen kann. Dazu kommt es, wenn man mit einer der eben vorgestellten Räubermethoden doch die dahinter liegende Ölleitscheibe beschädigt hat und diese wechseln muss. Übrigens keine Schande, dies kann beim Dichtringausbau jedem passieren, auch ich habe diese Dinger schon in die Tonne befördert. Die Ölleitscheibe kriegt man am Besten mit einem Magneten rausgezogen. Bevor man sie entsorgt, sollte man sie aber auch als Fehlerindikator nutzen. Sieht man ihr nämlich an, dass sie sich ab und zu munter mitgedreht hat (in diesem Fall ist der Außenrand der Scheibe schön poliert und der Fixierungspunkt weggeschliffen), hat sich auch das Lager in seinem Sitz mitgedreht und das Gehäuse ist ein Fall für den Schrottplatz.

Hat die Ölleitscheibe Risse, ist der Zustand von Kolben und Zylinder so schlecht, dass die Verbrennungen am Kolben vorbei ins Kurbelgehäuse geschlagen sind, eine ganz gründliche Komplettüberholung ist angebracht.

Sind die Scheibe und der Dichtring mit schwarzem Ruß überzogen, hat der Vorbesitzer auf den alten Minol-Tankwart gehört und immer brav 1:25 oder 1:33 getankt – von wegen „gut schmier, gut fahr“. Das überschüssige Öl hat jetzt die Kolbenringe verklebt und die Ölkohle ist am Kolben vorbei in den Kurbelraum eingedrungen. Man braucht nur wenig Phantasie, um zu ahnen, wie die leistungserzeugenden Bauteile in einem solchen Motor aussehen. Das Werk gibt für den ETZ-Motor ein Mischungsverhältnis von 1:50 an und gibt 1:100 bei Verwendung von Castrol Biolube frei. Ich fahre alle Motoren, die ich mit westlichen Legern versehen habe mit einer Mischung von 1: 75. Da bin ich auf der sicheren Seite. 1:100-Mischung habe ich auf weiten Strecken problemlos ausprobiert. Allerdings ist mir das Risiko, bei Mischfehlern in den motorzerstörenden Bereich abzugleiten, zu hoch. Deshalb die Entscheidung für 1:75. Als Öl verwende ich mineralisches Zweitaktöl mit einer Zugabe von 2% Mos_2 Konzentrat.

Zu guter Letzt grinst uns jetzt das Kurbelwellenlager an. An dieser Stelle lassen sich viele Rückschlüsse auf den Motorzustand und dessen Vorgeschichte ziehen, aber es lässt sich keine Reparatur von außen durchführen. Denn das Lager sitzt so fest auf dem Wellenzapfen, dass es in der Regel mit einem Spezialaußenabzieher, wie ihn der Kugellagerfritze für teures Geld verkauft, nicht abzuziehen ist. Und der Wechsel eines einzelnen defekten Lagers ist sowieso eine so zweifelhafte Sache, dass ich rate, die Finger davon zu lassen.

Aber da der Motorradfahrer und insbesondere der Motorradschrauber ein neugieriger Kerl ist, kommt jetzt die Sache mit der Lagerdeutung. Und das hat nichts mit Kaffeesatzlesen zu tun.

Der erste Blick zeigt, ob das Lager blank oder rußig ist. Ursache und Wirkung sind dieselben wie bei der Ölleitscheibe. Das Lager kann aber nicht nur rußig, sondern auch russisch sein, denn in der Tat finden sich gerade in Motoren, die in der DDR gelaufen sind, immer wieder irgendwelche minderwertigen Ostblocklager, die einfach dem arbeitgebenden VEB „weggefunden“ worden waren. Laut Honecker übrigens eine legale Sache, denn der zitierte es ja oft: „Aus den sozialistischen Betrieben ist noch viel mehr rauszuholen!“ Spaß beiseite, die Lager der Kurbelwelle sind extrem beansprucht und müssen daher bester Qualität entsprechen. Dies konnten die meisten Ostblocklager nicht und dem benötigten Qualitätsstandard entsprachen leider auch häufig die serienmäßig eingebauten DDR-Lager nicht.

Sollte also Ruß vorhanden sein, wird er abgewischt und das Lager näher betrachtet. Als Erstes betrachten wir den Käfig, der die Kugeln auf Distanz zueinander hält. Aufgrund der speziellen Eigenschaften eines Zweitaktmotors sollte der Käfig nicht aus Blech, sondern aus Spezialkunststoff bestehen. Sieht man ein Blechlager, so weiß man eines sicher, nämlich, dass der Motor schon einmal auseinander war und der Schrauber nicht viel Ahnung von seinem Tun hatte. Oder er gehörte zu den Fachleuten, für die Lager mit Kunststoffkäfig sowieso nichts taugen, weil sie ja selber schon in Fachzeitungen gesehen haben, dass die Lager bei hohen Temperaturen schmelzen werden. In der Tat zeigte man in diesem vielzitierten Bericht ein Lager mit einem geschmolzenen Käfig. Dieser Defekt tritt aber nur auf, wenn das Lager durch eine andere Beschädigung heiß läuft. Bei solchen Temperaturen wird aber auch der Blechkäfig heiß. Aber mehr davon steht im Lagerkapitel.

Auf dem Lager steht eine Kennung. Die Originalbezeichnung lautet: DKF- DDR 6306 C 4. Entweder war der Motor mit einem so bezeichneten Lager noch nicht auf, oder aber er wurde mit Originalteilen instandgesetzt. Hat das Lager einen westlichen Ursprung, dann findet man zuerst das Kürzel des Herstellers (z.B.: SKF, FAG) und dann 6306 C3 oder C4. Der Grund hierfür ist, dass man beide Toleranzklassen benutzen kann, wobei auch ein C3-Lager einwandfrei läuft und viel leichter zu beschaffen ist. Wer mehr wissen will, dem sei nochmal das Kapitel über die Lager empfohlen. Sollte man jetzt in seinem Motor die Kombination West-Lager mit Stahlkäfig finden, so kann das zwei Ursachen haben. Zum einen die eben beschriebene Unwissenheit über die Robustheit von Kunststoffkäfigen oder schlichtweg Geiz, weil das passende Lager (6306 C3) mit Blechkäfig ein sehr gängiges und damit billiges Industrielager ist. Also haben wir Erich eben Unrecht getan – auch Westarbeiter „organisieren" zuweilen. Im Idealfall findet man die Westlager und den Kunststoffkäfig, das bedeutet, der Motor wurde überholt und der Schrauber hatte Ahnung, hoffentlich nicht nur von Lagern.

Bleibt jetzt noch die Zustandskontrolle der Lager. Alle Kugeln und die sichtbaren Laufringe müssen tadellos blitzblank sein, selbst die kleinste Riefe oder Scharte im Material (für die ganz Genauen unter den Lesern: Pitting genannt) qualifiziert die Lager für die Schrottkiste.

Das Laufspiel des Lagers kann auch ohne Abplatzungen zu groß geworden sein. Legt man den Finger in die Spalte zwischen Außen- und Innenring und bewegt mit der anderen Hand den Kurbelzapfen auf und nieder, darf kein Spiel fühlbar sein. Meint man etwas gefühlt zu haben, versucht man nun den Lagerkäfig mit den Kugeln mittels eines Bleistiftendes zu drehen. Gelingt dies leicht, dürfte das Spiel zu groß sein.

Zu guter Letzt kommen wir zu einer besonders unangenehmen Prüfung, dem Zustand der Lagersitze. Defekte Lagersitze sind zum Glück bei Fünfgang-250ern selten, sind aber bei ETZ 150 öfters und bei den alten TS 150 häufig zu finden.

Man stellt den Schaden fest, indem man versucht, den Lageraußenring im Gehäuse zu bewegen. Durch Auf- und Abbewegen des Kurbelzapfens darf weder am Außenring noch am Kurbelzapfen Luft spürbar sein. Spürbare Bewegung am Außenring bedeutet Alu für den Schrotthändler, Bewegung am Innenring zeigt, dass man dringend eine Tauschkurbelwelle braucht.

Kann man den Außenring, und wenn es noch so schwer geht, im Gehäuse drehen, ist dieses hin. Diese Bewegung sieht man sehr schön auf der Ölleitscheibe abgezeichnet (hatten wir eben schon einmal). Gleiches gilt für den Innenring. Dreht sich der – auch mit Gewalt – auf dem Kurbelwellenzapfen, heißt es Abschied von der Welle nehmen. Schlaue Leute kommen jetzt mit dem wunderbarsten spaltfüllenden Lagerkleber (der, der hält, was er verspricht), aber leider falsch gedacht. Bei so einer Klebeaktion kann man das Lager im meist einseitig ausgelaufenen Sitz nicht sauber zentrieren. Und ein schief laufendes Lager hat eine Lebensdauer wie die erste Stufe einer Mondrakete.

Zwei Gründe gibt es für Lagerkleber: Der erste Grund – und das ist ein guter –, wenn die Panne im Busch eine Stunde vor der landesweiten Revolution stattfindet und man nur noch weiter muss. Der zweite Grund, wenn der Lagersitz sich zwar schon bewegt, aber noch kein tiefer Schaden vorhanden ist. Letzteres lässt sich aber nur dann beurteilen, wenn der Motor zerlegt ist und bleibt eine Notlösung, denn das festgeklebte Lager lässt sich später oft nur noch durch Zerstörung demontieren.

Und diese Art von amateurhaftem Rumwerkeln, dicht an der Grenze zur Kriminalität, ist der Grund, warum ich auf diese Kleberfetischisten nur sehr schlecht zu sprechen bin. Denn diese Zeitgenossen kleben alle möglichen Teile im MZ-Motor fest und besitzen die Dreistigkeit, dann das Ganze als frisch überholt an einen Ahnungslosen zu verkaufen. Das Tückische an so einer Reparatur ist, dass ein murksgeklebter Sitz still ist wie ein Präzisionsteil aus der Sportabteilung, hingegen ein kaputter Lagersitz rumpelt, wie eine Ladung Eierkohlen. Und ich bin öfters der, der dem armen Käufer dann sagen muss, dass er für sein sauer verdientes Geld einen Motor gekauft hat, der nicht mal als Tauschteil angenommen wird. Da ist auch der Entsorgungshinweis mit den Nordseefischern wenig tröstlich, die nehmen so einen (ölfreien) Motor gerne als Grundanker...

So, jetzt ist mal Schluss mit dem Lagerbandwurm. Es muss ja auch noch etwas in dem eigentlichen Lagerkapitel zu lesen sein.

Jetzt kommt erstmal der hintere Raum des rechten Gehäuses dran. Hier gibt es ein Kettenritzel, eine Ritzelabdichtung und einen Leerlaufschalter und sehr oft auch eine Pfütze Getriebeöl. Zu der kommen wir später.

Zunächst betrachten wir das Kettenritzel. Beim Abbau dieses Ritzels am eingebauten Motor wurden schon viele MZ-Motoren zerbastelt. Die Mutter M16 x 1,5 (SW 24) ist mit einem Sicherungsblech gegen Lösen gesichert. Dieses muss aufgebogen werden. Rein logisch schlägt man das Blech mit einem kleinen Flachmeißel axial zurück. STOP! Beim Schlag in axialer Richtung wird die Getriebewelle in Richtung Gehäuse geschlagen. Hierbei wird der Sprengring, der das Getriebeeingangslager festhält, stark belastet. Bei Überlast platzt die Sprengringnut aus dem Alu, denn die Materialstärke ist dort sehr dünn. Die Problematik entsteht besonders bei den dickeren Normsicherungsblechen aus westdeutscher Produktion, bei denen man mit mehr Kraft gegen das Blech vorgehen muss als bei der weichen DDR-Variante (ich meckere also nicht immer sinnlos über DDR-Qualität). Das Gehäuse ist dann hin, aber das Schlimmste passiert, wenn man diesen Schaden nicht sofort bemerkt. Im Extremfall wandert die Welle bei der nächsten Fahrt im Gehäuse. Und wer dann das Gemahle im Block überhört (es gibt furchtbar laute Helme), hat auf einmal zwei Gänge gleichzeitig im Eingriff. Dann blockiert das Hinterrad so, als ob jemand einen Stock zwischen die Speichen gesteckt hätte. Nichts hilft mehr, höchstens ein schneller Kettenriss (die DDR-Kette hat also doch Vorteile), der Sturz ist spektakulär und fast unvermeidlich.

Also – das Sicherungsblech wird radial, von der Seite her, aufgeschlagen. Dem Lager tut das nichts, der Sprengring bleibt unbelastet. Jetzt geht es darum, die Mutter zu lösen. Hierzu wird unbedingt ein gekröpfter, langer Ringschlüssel oder eine stabile Sechskantstecknuss verwendet. Wer es nicht glaubt, der soll sich doch mit seinem Maulschlüssel das Fell von den Fingern reißen. Das wird passieren, denn lösen lässt sich eine korrekt angezogene Ritzelmutter mit einem Maulschlüssel nicht.

Das Ritzel dreht sich mit, die Sache muss blockiert werden. Und jetzt können wieder Fehler gemacht werden. Eben habe ich an anderer Stelle von einer Kolbenblockierung gesprochen, hier geht das nicht. Denn bei eingelegtem Gang und blockiertem Kolben geht die gesamte Haltekraft über alle Wellen des Motors, die verwinden sich dann auf das Übelste. Hier sieht man wieder mal, wie einfach das Kaputtschrauben geht.

Richtig blockiert wird das Ganze bei abgenommener Kette und mit einem Ritzelhalter. Dieser lässt sich leicht aus einem Flachstahl und einem Stück Kette zusammenschweißen. Eine Räuber-

methode ist es, die Hinterradbremse zu treten und über die Kette das Ritzel zu blockieren. Das sei erlaubt, wenn man nach der Montage des Ritzels eh die Kette wechseln will, denn die Sache ist eine Tortur für die Kette. Und ganz besonders der Helfer, der die hintere Bremse tritt, muss zuverlässig sein, sonst rutscht man selbst mit dem besten Ringschlüssel ab und erfährt dabei, wie dünn menschliche Haut doch ist.

Die Mutter des Ritzels sitzt sehr fest, ca. 80 Nm Drehmoment sind erforderlich, und Achtung! - manchmal löst sich die Mutter urplötzlich. Da sollte den Fingern nichts im Weg sein...

Das Ritzel sitzt auf einer Keilwelle und lässt sich normalerweise von Hand abziehen. Sollte das nicht so sein, ist hier eine der wenigen Stellen, wo man beim MZ-Motor mit dem ansonsten geächteten Klauenabzieher arbeiten darf.

Unter dem Ritzel befindet sich der Dichtringträger.

Die Wiedermontage beim Ritzelwechsel geschieht in umgekehrter Reihenfolge. Die einzige Falle zeigt sich beim Aufschieben des Ritzels auf die Keilwelle. Geht die Verzahnung stramm, reizt es, mit Hammer und Rohrstück nachzuhelfen. Aber welche fatalen Folgen eine zu hohe axiale Belastung haben kann, kennen wir ja noch vom Fall des falschen Aufbiegens des Sicherungsblechs (Stichwort: Sprengringnut).

Rutscht das Ritzel nicht von selbst auf die Welle, kann man es vorsichtig ohne Sicherungsblech mit der Mutter auf seinen Sitz drücken. Kein Schaden, kein Sturz. Danach die Mutter wieder runter, neues Sicherungsblech drauf und die Mutter festgezogen. 80 Nm ist das richtige Drehmoment für alle, die einen passenden Schlüssel besitzen. Für alle anderen ohne Drehmomentschlüssel: 32 kg Handkraft werden am Ende eines 25 cm langen Schlüssels gebraucht. Zu wenig Anzugsmoment gibt eine ruinierte Keilwelle, zu viel macht Ärger beim nächsten Lösen. Und Finger weg vom Pressluftschrauber – eine nicht mehr lösbare Mutter wäre noch die harmloseste Folge.

Jetzt endlich kommen wir zu der Ölpfütze. Sie gibt es leider oft und da sich hinter dem Ritzel eine Abdichtkappe befindet, muss die ja auch undicht sein. Obwohl das passieren kann, läuft die Sache meist so: Man entfernt die Kappe bei abgenommenem Ritzel nach dem Lösen dreier Schlitzschrauben, wechselt den Dichtring und die Papierdichtung und baut alles inklusive den hinter der Dichtkappe befindlichen Ausgleichsscheiben wieder sorgfältig zusammen und der Kram bleibt un-

dicht. So – Ölpfütze, die nächste. Der Garagenvermieter schimpft über den Ölfleck und die Mopedkumpels lästern über das Auslaufmodell, also alles auseinander und jetzt mit Dichtmasse montiert. Wieder zeigt sich das Motorrad als Kater, der sein Revier markiert. Also liegt es da wohl auch nicht dran. Die Tücken sitzen weiter unten am Gehäuse. Hier befindet sich der Leerlaufschalter. Tausende dieser Schalter wurden schon für den Übeltäter gehalten, teuer gewechselt, abgedichtet und verschmiert, nichts bessert sich. Natürlich kann auch der Schalter undicht werden, aber eben selten. Ist er kaputt, kann man ihn mit einem 13-mm-Steckschlüssel leicht rausdrehen. Achtung – bei der Wiedermontage vorsichtig sein, denn der Schalter besteht aus Kunststoff und ein abgebrochener Schalter ist ein echtes Problem.

Ich kenne eigentlich nur zwei Ursachen für den Ölverlust an dieser Stelle. Meist ist es eine undichte oder herausgefallene Blechdichtscheibe links neben dem Leerlaufschalter. Der Motor hat drei dieser Scheiben, die gewölbt sind und mit der hohlen Seite nach unten ins Gehäuse eingeschlagen werden. Bei den beiden größeren klappt das auch recht gut, weil die einen richtigen Sitz haben und beim Schlag auf die Wölbung aufpilzen und dann recht sauber Abdichten. Die kleine Scheibe hat aber keinen Sitz und wird nur durch die Passung gehalten. Und da läuft dann eben das Öl durch. Das wurde auch im Werk erkannt und die neueren Motoren haben diese Scheibe zusätzlich verstemmt. Doch Abhilfe ist einfach. Mit einem passenden Durchschlag wird die Scheibe gerade gesetzt und ca. 2-3 mm tief eingeschlagen. Nun wird das Gehäuse mit Bremsenreiniger peinlich genau entfettet und die Dichtscheiben werden mit Zweikomponenten-Kunstharzkleber (gibt es in einer praktischen Zwillingsmischspritze) versiegelt. Silikon, Kaltmetall usw. sind erprobt, taugen hier nichts und werden daher auch nicht benutzt.

Ein letzter Übeltäter kann eine der Gehäuseschrauben in diesem Bereich sein. Eine lose Schraube findet man recht einfach. Hier wird der Schraubenkanal im Gehäuse oft mit Dichtmasse versiegelt und wenn Öl entlang einer losen Schraube aus dem Gehäuse rinnt, hat das Öl die Dichtmasse bereits überwunden und wird durch Nachziehen allein nicht mehr dicht. Abhilfe schafft eine unter den Schraubenkopf gelegte Aludichtscheibe, 6 x 10 mm flach (Kupfer geht auch). Anziehen, fertig.

Tückisch wird es, wenn irgendwer eine etwas zu lange Schraube eingedreht hat oder das Gewindeloch im Gehäuse nicht tief genug ist. Dann nämlich sitzt die Schraube vermeintlich fest, der Kopf kann aber nicht ziehen. Besonders tückisch ist eine derart aufsitzende Schraube, wenn sie abreißt. Das passiert sehr schnell und ein solches Pech lässt sich nur durch eine Komplettdemontage wieder gutmachen.

Man findet eine solche Schraube durch seitliches Bewegen des Schraubenkopfes mit einem Schraubendreher. Eine aufsitzende Schraube lässt sich am Kopf erkennbar bewegen, obwohl man sie nicht mehr festdrehen kann. Als Abhilfe, wenn man den Übeltäter heraus bekommt, nützt es, eine 5 mm kürzere Schraube mit Dichtring zu verwenden – anziehen, fertig! Reißt die Schraube beim Lösen ab, heißt es: Pech gehabt. Dann muss der Motor auseinander, um den Übeltäter zu entfernen.

Im nächsten Kapitel werden wir nun die Arbeiten im Kupplungsbereich und am Primärantrieb unter dem linken Deckel erledigen. Danach kommen Arbeiten an Kolben und Zylinder dran. Auch die Wiedermontage des Kurbelwellendichtrings und der Lichtmaschine werden bei der Motorkomplettmontage erklärt.

Was erwartet uns hinter dem linken Deckel?

Benötigtes Werkzeug:

- **2 Ring-Maulschlüssel SW 10**
- **1 Ringschlüssel SW 19**
- **1 Ringschlüssel SW 24**
- **1 Ringschlüssel, gekröpft, SW 22**
- **Schraubendreher 8 x 2**
- **1 Kupplungsabzieher**
- **Plastikhammer**

Auf dem linken Seitendeckel befindet sich ein kleiner runder Deckel, der mit drei Schlitzschrauben gehalten wird. Je nach Ausführung ist er geschlossen oder beinhaltet den Drehzahlmesserantrieb. Der Deckel wird einfach abgenommen. Dahinter finden wir einen Gummi-O-Ring und eine Stellplatte. Die beiden Teile werden entfernt, die Position der Stellplatte wird beim Zusammenbau sowieso neu eingestellt. Nun wird die Schraube des Schalthebels gelockert. Der Schalthebel lässt sich abziehen. Lässt er sich nicht von seiner Verzahnung wackeln, darf man eine Schraubenzieherklinge mit Gefühl leicht in den Spalt der Hebelverzahnung drücken. Der KICKSTARTER bleibt DRAN. Immer wieder musste ich Motoren reparieren, bei denen irgendein Stratege den Kickstarter abmontiert hat. Bei der MZ ist der nun mal Bestandteil des Gehäusedeckels. Entfernt wird der Trethebel nur dann, wenn der Deckel schon runter ist und an der Kickstartermechanik gearbeitet werden muss.

Jetzt wird der Deckel nur noch von fünf M6-Schlitzschrauben gehalten. Die sechste Schraube ist nicht am Deckelrand, sie liegt etwa in Höhe des Schalthebels und braucht nicht entfernt zu werden. Sie dient der Kontrolle des Getriebeölstandes. Oft genug kommt es vor, dass ahnungslose Hobbyschrauber Opfer jener überstarken Zeitgenossen werden, welche diese Kontrollschraube anziehen, als hinge davon das Wohl unserer ganzen MZ ab. Beim übereifrigen Einsatz des Schlagschraubers zum Lösen offenbart sich dann die Sterblichkeit eines jeden Materials und die Schraube liegt mitsamt einem Alukranz vom Gehäusedeckel im Getriebeöl. Also beachten: Nur leicht anziehen und gewaltfrei lösen. Aber bei der jetzigen Demontage kann diese Schraube drinbleiben.

Die fünf Schlitzschrauben werden entfernt. Nun hängt der Deckel nur noch an der Kurbelwellenmutter. Die sitzt sehr fest und dreht sich mit der Kurbelwelle mit. Also muss der Motor blockiert werden. Dies geschieht wieder mit dem Hammerstiel im Auslass. Halbwissende legen den Gang rein und treten die Hinterradbremse. Dabei wird, wie schon beim Kettenritzel, die Schraubkraft über alle Motorwellen und Zahnräder sowie die Kette geleitet. Diese Bauteile treten dann in den Wettbewerb, welches wohl bei diesem Gewaltakt als erstes den Geist aufgibt. Also lieber richtig blockieren. Wenn die Mutter ab ist, hängt der Deckel nur noch auf dem Sitz des Kupplungsstützlagers der Kurbelwelle. Normalerweise lässt sich der Deckel nun mit einigen Schlägen mittels Plastikhammer lösen.

Ganz wichtig: Der Kickstarter bleibt dran.

Dazu haben die Konstrukteure extra eine Schlagfläche am Deckel angegossen. Sie sitzt hinten, dort wo der Kupplungszuggegenhalter eingeschraubt wird, am Deckel. Ein Sonderlob dem Werk dafür. Hängt der Deckel auf der Hinterseite, hilft leichtes Bewegen des Kickstarters.

Lässt sich der Deckel nicht lösen, kann der Kurbelwellenstumpf im vorderen Lager festkorrodiert sein. Hier hilft putzen und einsprühen mit Kriechöl. Sollte diese Behandlung erfolglos bleiben, basteln wir uns eine Vorrichtung. Mit den drei Befestigungsschrauben des kleinen Deckels schrauben wir die Kupplungsstellplatte so weit an (ohne Deckel), dass die drei Schrauben jeweils 10 Umdrehungen drin sind. Da hängt dann die Stellplatte lose dran. In der Nähe der Schrauben können wir nun einen kleinen Dreiklauenabzieher ansetzen und den Deckel abziehen. Selbst wenn die Stellplatte dabei zum Teufel geht, ist das immer noch billiger als ein neuer Deckel.

Es ist geschafft, der Deckel ist runter, Kupplung und Primärtrieb liegen auf der zum OP-Tisch umgewandelten Werkbank.

Hatte die Emme Schaltschwierigkeiten, Gänge flogen raus oder wollten nicht rein, kann es an der Schaltarretierung liegen. Und genau das lässt sich in dieser Montagestufe erkennen, aber nicht reparieren. Denn zur Reparatur müssen Kupplung und Primärtrieb runter. Nun könnte das Schrauberherz wieder ruhig schlafen, nach der Diagnose, dass es nur eine Kleinigkeit ist, die ihn während der letzten 600 km Urlaubsfahrt fluchen ließ. Dafür kommt jetzt die FRÜHDIAGNOSE SCHALTARRETIERUNG:

Das Primärrad ist das große Zahnrad hinter der Kupplung. Der Verursacher der Schaltschwierigkeiten kann ein defekter oder ausgehangener Arretierhebel sein.

Die im Primärrad befindlichen Öffnungen dienen eigentlich dem Einsatz eines Klauenabziehers, uns erlauben sie, einen Blick auf das Geschehen zu werfen, und helfen bei der Diagnose der nervigen Schaltstörung.

Drehen wir eines der Fenster nach unten, sehen wir die Rolle des Schaltarretierhebels. Die läuft auf dem so genannten Stern der Schaltwalze. Dieser Stern sorgt mit seiner speziellen Kurvenform für das sichere Einrasten der Gänge. Die Schaltwalze wird durch den Fußschaltmechanismus nur soweit gedreht, dass der Gang etwas über halb „drin“ ist. Der federbelastete Rollenhebel dreht die Schaltwalze jetzt weiter, bis der Gang sauber eingerastet ist.

Da das nicht immer so ist, wie es sein soll, kommen wir zu den Fehlern, die am Rollenhebel durch die Öffnungen im Primärrad zu sehen sind. Ein Fehler kann sein, dass sich der Niet, der die Rolle hält, in die ewigen Jagdgründe vibriert hat. Die Rolle liegt dann irgendwo im heimischen Keller („Das ist also die komische Scheibe, die beim Deckelabnehmen im Öl lag“) und der Stumpf des Hebels kratzt unwillig in der Nut des Schaltsterns herum. Das bedingt schweres Schalten. Fast gar nicht mehr schalten kann man, wenn der Rollenhebel aus seiner Führung gesprungen ist. Die Führung wird dadurch erreicht, dass der Stern mit

einer passenden Blechscheibe abgedeckt wird. Durch diese Scheibe ist die Rolle des Hebels nie ganz sichtbar. Bei brutal hastigem (ver-)schalten kann es passieren, dass der Hebel aus der Führung springt und vor der Abdeckscheibe sitzt. Dies ist einer der beiden Fälle, wo eine Reparatur der Schaltung durch das Fensterchen möglich ist. Mit einer feinen Spitzzange lässt sich der Hebel wieder in seine Nut bringen – fertig.

Das funktioniert nicht, wenn die Abdeckscheibe des Schaltsterns abgefallen ist. In diesem Fall hat ein Könner die Halteschraube nicht richtig gesichert, die badet dann gemeinsam mit der Abdeckscheibe im Öl und das bedeutet: Jetzt muss der Primärtrieb runter.

Drehen wir nun eines der Primärradfenster in eine 9-Uhr-Position, sehen wir die Feder, die den Rollenhebel betätigt. Oder wir sehen sie nicht. Dann ist sie entweder gebrochen oder hat sich ausgehängt. Mit viel Glück finden wir jetzt die zweite einfache Reparaturmöglichkeit. Mit einer Spitzzange und viel Gefühl kann man sie wieder auf den Kerbnagel hängen. Es sei denn, der ist rausgefallen, dann muss eben demontiert werden.

Los geht's mit der Demontage des Primärantriebs. Beginnen wir mit dem Abziehen der Kupplung. Diese sitzt auf einem Konus und verlangt nach gekonnter Behandlung. Maschinenbaulehrlinge kennen das: Wenn es um das Thema Konus geht, wird der toleranteste Meister zum Superpingel. Denn nirgends lassen sich so verhängnisvolle Fehler machen, wie bei der Montage und Demontage von Konussen aller Art. Aber da unsere Kupplung bestens auf diesem Relikt deutschen Feinmaschinenbaus hockt, muss fachgerecht gearbeitet werden. Und da hab ich die tollsten Dinger gesehen. Als auf einem Elefantentreffen an den verschlammten Hängen eines Talkessels reihenweise MZ-Kupplungen verrauchten, weil ihre Treiber sie zum Holztransportschiff degradierten, ging ein findiger Schrauber hin und hebelte die Kupplungen gewaltsam mit zwei LKW-Montierhebeln vom Konus. Bei so einer Frevelei kann einem schon anders zumute werden. Diesen Barbaren störte es auch nicht, dass sich dabei die Gehäuse böse Schmisse einfingen. Was ihn ebenfalls nicht sonderlich berührte war, dass die Kurbelwellen danach eierten wie ein Lämmerschwanz. Schließlich hatte er halt pro „Reparatur" ´nen Hunni im Sack.

Nein, man bekommt die Kupplung nur mit einem Spezialabzieher herunter. Hier bedeutet „Spezial", dass er ein passendes Druckstück hat, dass er exakt aufs Abziehgewinde der Kupplung passt und dass er ausreichend stabil ist, um einen Zug von ca. 2-3 Tonnen zu übertragen. Denn so fest sitzt die Kupplung zuweilen auf dem Konus. Noch viel fester, wenn ein Auchfachmann das Ding mit Wunderkleber gesichert hat. So was darf man nie, nie machen. Besonders Schlaue kommen jetzt mit Opas Klauenabzieher, der ja so stark ist, dass Opa damit im Krieg sogar Panzerbremstrommeln runtergerissen hat – jedoch mit so viel ungeführter Kraft hat man die Wahl zwischen einer verzogenen Kupplungsgrundplatte und einem verbogenen oder geplatzten Kurbelzapfen. Mit viel Glück und konsequenter Anwendung der Murphyschen Gesetze passiert alles auf einmal. Freuen kann sich nur der MZ-Händler – ein 500er rauscht in die Kasse. Der richtige Kupplungsabzieher hat ein Innengewinde M24 x 1,5 (M26 x 1,5 für Viergang-Motoren), besteht aus gutem Stahl, hat ein Druckstück zur Kurbelwellenschonung und eine Abziehspindel M14 x 1,5.

Nun stecken wir das Druckstück des Abziehers mit der zylindrischen Seite auf den Wellenstumpf und setzen den Abzieher an, indem wir ihn gut fest aufs Abziehgewinde schrauben. Nun wird die

Spindel angezogen. Jetzt zeigt sich, was der vorherige Motorenmonteur konnte. Geht die Kupplung leicht ab, hat er gemurkst, zu den möglichen Fehlern dabei kommen wir bei der Montage. Eine richtig montierte Kupplung braucht eine kräftig angezogene Abdrückspindel, um dann mit einem satten Knacks den Konus zu verlassen. Reicht die Armkraft nicht aus, um den 24er- und 19er-Schlüssel gegeneinander zu verspannen, hilft ein kräftiger Prellschlag auf die Spindel. Ein Hammer zwi-

schen 400 und 800 Gramm ist dafür schon ausreichend. Peng, knack, die Kupplung hängt am Abzieher.

Kommt sie dann immer noch nicht, war der Vorschrauber ein Brutalo und hat die Kupplung mit dem vorher erwähnten Wundermittel festgepappt. Dann kommt es drauf an, welches Mittel er genommen hat. Es gibt diesen Schraubensicherungslack in Leicht, Mittel und Endfest. Bei Endfest hilft nur die Flex oder das Wegschmeißen des Motors. Die Kupplung geht nie mehr runter. Bei Mittelfest und Leicht hilft der Brenner. Durch starkes Erhitzen verliert man zwar die Kupplung, aber die Kurbelwelle kann gerettet werden. Starkes Erhitzen heißt in diesem Falle: Am Konus müssen ca. 150 °C anliegen. Das bedeutet, die Kupplung muss blau werden als Zeichen dafür, dass die Wärme durch die verwinkelte Konstruktion gelangen konnte. Dabei verkoken natürlich die ölgesättigten Beläge und das führt zu einer enormen Qualmentwicklung. Die übergekochte Kartoffelsuppe riecht dagegen wie Rosenwasser. Mit zunehmender Hitze wird die Spindel fester gezogen und irgendwann löst sich das Ding mit einem Wahnsinnsknall. Also Vorsicht, denn die Kupplung kann dabei auch mitsamt Abzieher wegfliegen und das Ganze Richtung Umlaufbahn starten. Aber leider geht nur so eine vermurkste Kupplung runter. Die wandert dann komplett auf den Müll – da ist garantiert gar nichts mehr zu gebrauchen.

Ist die Kupplung ab, liegt nun der so genannte innere Mitnehmer vor uns. Obendrauf liegen eine Wellfeder und eine Anlaufscheibe. Wichtig dabei:

Reihenfolge merken und weglegen. Den Mitnehmer zieht man leicht nach oben. Auf dem Wellenstumpf liegen jetzt noch Nadellager und Anlaufscheibe. Soll das Nadellager weiter verwendet werden, muss die Laufrichtung markiert werden, sonst kann der Kunststoffkäfig kaputt gehen. Die Anlaufscheibe hat eine Eindrehung, die kommt immer nach unten. Ideal ist es, die ganzen Kupplungsteile mit etwas Draht zusammen zu binden.

Nun gilt es, die Befestigungsschraube des großen Zahnrades zu lösen. Eine Aussparung im selbigen drehen wir auf eine Drei-Uhr-Position, klopfen das Sicherungsblech vorsichtig zurück und blockieren das Zahnrad mit einem sehr großen Schraubendreher in der Aussparung. Der Schraubendreher stützt sich dabei gegen das Lagerschild darunter ab. Mit einem 24er-Ringschlüssel – der Einsatz eines Gabelschlüssels gefährdet Leib und Leben der Mutter und der eigenen Finger – lösen wir nun die Mutter des Zahnrads. Dabei muss der Motorblock wirklich gut festgehalten werden. Eigens für diese Mutter habe ich einen gekröpften Ringschlüssel unten plangeschliffen, damit die Flachmutter wirklich voll gepackt wird. Ratsam ist es, bei Wiedermontage eine hohe Mutter zu verwenden. Die hat genug Platz und bietet dem Schlüssel eine ausreichende Fläche. Bevor wir jetzt nach einem passenden Klauenabzieher suchen, dessen Klauen in die Aussparungen des Rades passen, versuchen wir noch eine erprobte Räubermethode. Man greift dazu in die Aussparungen und versucht kräftig das Ritzel abzuziehen. Was natürlich nicht gelingt. So nehmen wir einen Plastikhammer und pochen in schneller Folge auf die Welle. Mit jedem Schlag löst sich das Rad um den Betrag des Spiels des darunter liegenden Lagers. Natürlich muss man vorsichtig (ca. 50-100 mal) pochen, bis das Rad runter ist, aber ich poche lieber wie ein Specht, als dass ich den Abzieher einfädle und nachher auch noch putzen muss. Klar, dass man, bei vergeblichem Pochen, um den Gebrauch des Abziehers nicht herumkommt. Bei Motorrädern mit Ölpumpe darf man keinen Abzieher mit Spitze benutzen, weil der die geschlitzte Pumpenwelle in zwei Teile spaltet.

So – das Rad ist ab, kommen wir zur Schaltarretierung. Mit Vorsicht heben wir die Feder vom Kerbnagel ab. Dann lässt sich die Arretierrolle aus der Nut nehmen und nach oben abziehen. In diesem Bauzustand kontrollieren wir gleich die anderen Komponenten der Schaltarretierung. Zuerst wird der feste Sitz des Kerbnagels im Gehäuse überprüft. Ist der Nagel locker, hilft in leichten Fällen ein Hammerschlag. Ansonsten wird er rausgezogen und gegen einen Neuen ersetzt. Dann betrachten wir mit Argusaugen den Niet, der die Rolle auf dem Arretierhebel festhält. Ist hier auch nur das geringste Spiel feststellbar, wird ausgetauscht. Zu guter Letzt versuchen wir die Befestigungsschraube der Scheibe auf der Schaltwalze nachzuziehen. Diese muss sehr fest sein, und da sie nie mehr gelöst werden muss, darf Sie auch mit einem guten Sicherungsmittel eingesetzt werden.

Für die weitere Montage nehmen wir die beiden Sprengringe der Getriebelager aus ihren Nuten. Hinter dem kleineren sitzen eine Ölfangtasche und eine Membranscheibe aus dünnem Blech. Die bekommen wir am Besten mit einem kleinen Stabmagneten aus ihrem Sitz. Die Anschaffung eines solchen Magneten lohnt sich übrigens generell, wenn es um so kleine Teile geht.

Alle Teile liegen nun vor uns auf dem Tisch und wir beginnen mit der Fehlerdiagnose. Diese machen wir am Ende jedes Montageschrittes, damit wir defekte Teile erkennen und schon mal bestellen können. Denn nichts ist nerviger, als nachher bei der Montage auf die Teile warten zu müssen.

- **Kupplung:**

Hat die Kupplung weder geklebt noch gerupft, bleibt sie zusammen und wird auf Verschleiß überprüft. Hierzu messen wir mit einer Fühlerlehre den Luftspalt zwischen dem Kupplungsaußenkranz und der Druckplatte. Der Spalt muss in allen sechs Aussparungen gleichmäßig sein (Toleranz 0,1 mm), und sollte mindestens 1 mm breit sein. Ansonsten muss die Kupplung instand gesetzt werden. Als Nächstes betrachten wir das Drucklager. Es muss sich spielfrei leicht drehen lassen, ohne Reiben und Knacken. Ansonsten wird es ersetzt. Bleibt nur noch, den Kupplungskonus zu betrachten. Dieser muss innen absolut sauber geschliffen sein. Gibt es umlaufende Riefen, wandert der Kupplungskörper auf den Müll. In diesem Falle ließ sich die Kupplung entweder ganz leicht abziehen oder der Vorbesitzer hat sie mit besagtem Wundermittel festgeklebt.

- **Anlaufscheiben der Kupplung:**

Die Anlaufscheiben dürfen nicht blau angelaufen sein und müssen absolut plan sein. Sind sie plan, kleben sie eingeölt aneinander. Die obere Wellscheibe muss noch eine ausreichende Spannung haben.

- **Innerer Mitnehmer:**

Als Erstes betrachten wir die Kupplungsseite des Mitnehmers. Die Nuten dürfen keine Einkerbungen von den Kupplungslamellen aufweisen, ansonsten rupft die Kupplung.

Die Zähne des Zahnrades auf der Antriebsseite dürfen keine Ausbrüche haben und nicht eingelaufen sein. Einlaufen bedeutet, dass die Zahnspitze des Gegenrades Abdrücke auf dem Zahngrund des anderen Rades hinterlassen hat. Mit einer guten Lampe kann man dieses Fehlerbild sehr genau sehen.

Die beiden Hälften des Mitnehmers sind mit Kerbnägeln verbunden. Wir drehen die beiden Hälften mit Kraft gegeneinander. Ist hier das geringste Spiel feststellbar, ist der Mitnehmer Schrott. Ein Nachnieten funktioniert nie, denn an dem Mitnehmer reißen über 20 Pferde.

Die innere Lauffläche für das Nadellager muss glatt und riefenfrei sein, es dürfen keine fühlbaren Laufspuren des Lagers vorhanden sein.

- **Primärrad:**

Für die Zähne gilt das Gleiche wie für den Mitnehmer. Häufiger als an den Zähnen tritt Verschleiß an der Keilverzahnung auf. Sieht man durch die Keilbohrung, müssen die Nuten absolut parallel sein. Hat jemand die Mutter nicht fest genug angezogen, schlagen diese auf einer Länge von 7/8 der Nut aus. Ist hier Verschleiß sichtbar, ist das Zahnrad Schrott.

- **Arretierhebel:**

Hier muss die Rolle leicht drehbar sein und der Niet darf kein bisschen lose sein.

- **Ölfangtasche:**

Verschleiß tritt hier nicht auf, allerdings kann sich die Tasche mit Schlamm zusetzen. Viel Schlamm deutet eventuell auf falsches Getriebeöl hin. Dieses war dann zu aggressiv und hat die Kupplungslamellen angelöst. SAE 80 GL 3 verwenden!

So – als Nächstes wird nun der Ausbau des Motors erklärt, danach geht es weiter mit der Demontage des inneren Blocks.

Montage von Zylinder, Kolben und Zylinderdeckel

Benötigtes Werkzeug:

- **1 Ring-Maulschlüssel, SW 10**
- **1 Stecknuss SW 17**
- **1 Kolbenbolzenführungsdorn**
- **1 Sprengringzange**
- **Drehmomentschlüssel**
- **2-mm-Lötdraht**
- **Messschieber**
- **Ölkännchen**

Benötigte Teile:

- **Fußdichtung**
- **Verschiedene Kopfdichtungen**
- **Ansaugdichtung**
- **MoS_2-Paste**
- **Fett, möglichst graphithaltig**

So einfach die Montage von Kolben und Zylinder aussieht, so viele Tücken birgt sie. So mancher hat schon den Zylinder über den Kolben geschoben, ohne auf die Arretierungsstifte der Ringe zu achten und auf diese Weise mörderischen Schrott produziert. Dabei brachen die Ringe, der arme Kerl hat es nicht gemerkt und das motorische Innenleben erlebte einen einzigartigen Akt der Selbstzerstörung. Ich habe einige solcher Beispiele im Regal zum Besichtigen. Damit uns das hier nicht passiert, folgt nun die Schritt-für-Schritt-Anleitung.

MONTAGE DES KOLBENS

Nach Reinigung und Überprüfung des oberen Pleuellagers wird nun die Einpassung des Kolbenbolzens vorgenommen. Dabei ist es zuerst wichtig zu entscheiden, ob die alte, noch gute Kurbelwelle und der entsprechende Kolbenbolzen oder eine Tausch- oder Neuwelle mit neuem Kolbenbolzen montiert wird. In der DDR wurden serienmäßig zweireihige Nadellager verwendet. Auch wenn der Verschleiß sich im nicht messbaren Bereich bewegt, ist er dennoch vorhanden. Aus diesem Grund dürfen bei Wiederverwendung der Altteile nur DDR-Nadellager zum Einsatz kommen. Die DDR-Lager haben nämlich etwas kürzere Nadeln als ihre Westkumpels. Ein westliches Lager würde seitlich über die eingelaufenen Flächen herausragen und nur in diesem schmalen Bereich tragen. Bei einem einreihigen Lager würden nur die vorher nicht benutzten Partien der Lagerflächen tragen. Ein solches Lager fällt vorzeitig aus. So kommt es, dass sich manche Leute nach einer Motorreparatur bitterlich über die neu gekauften West-Lager beklagen. Sie würden nichts taugen, seien auseinander gefallen und hätten alles im Pleuelbereich zerstört. Deshalb merke: Wenn die Teile mehr als 1500 km mit einem DDR-Lager gelaufen sind, muss auch wieder ein DDR-Lager rein. Und sollte man gar das Altteil unbedingt wieder einbauen wollen (oder müssen), dann aber bitte nur, wenn

Lagerauswahl: Links das einreihige INA Lager, in der Mitte das zweireihige INA Lager, rechts das DDR Nadellager.

vorher die Einbaulage markiert wurde. Das Nadellager muss unbedingt wieder so montiert werden, wie es ausgebaut wurde. Bei neuer Kurbelwelle und Kolben sollte man auf einreihige Lager zurückgreifen, die es als Sonderanfertigung im guten MZ-Handel gibt. Diese Lager tragen auf einer wesentlich breiteren Fläche und sind dadurch zu einem Drittel weniger belastet. Zusammen mit der besseren Qualität ergibt sich eine längere Lebensdauer als die von Kolben und Zylinder. Aber egal, welches Lager man nimmt, es muss vorher sorgfältig eingepasst werden.

Der hosentaschenwarme Kolbenbolzen wird in das ganz leicht geölte Lager gesetzt und muss sich leicht drehen lassen, ohne zu wackeln.

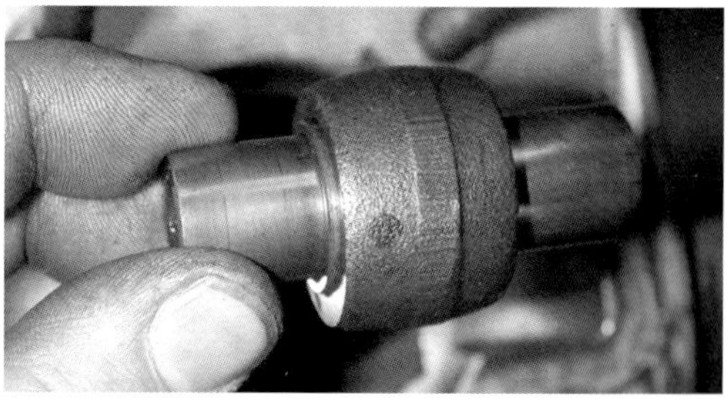

Wer unterschiedliche Lager zur Verfügung hat, kann gut probieren, für andere Leute habe ich hier mal die erfahrungsgemäß richtigen Lager aufgelistet, damit man bestellen kann. Diese Liste ist Erfahrungssache, denn viele Motoren sind anders, das Spiel muss immer probiert werden. Man darf nicht der Versuchung erliegen, ein zu strammes Lager einzubauen, nur weil man unbedingt fahren will und das richtige Lager nicht sofort greifbar ist. Mit einem etwas zu losen Lager kann man dagegen fahren, es macht jedoch Geräusch und sollte schnellstmöglich gegen das Richtige ausgetauscht werden.

Lagerabmaße (Die Angaben auf der Verpackung sind Abweichungen vom Nennmaß in tausendstel Millimerter):

- 0-2 passt in überarbeitete Wellen mit aufgearbeitetem Pleuel
- 2-4 passt in überarbeitete Wellen mit neuwertigem Pleuel und viele Neuwellen
- 4-6 richtig für die meisten Neuwellen

Wie gesagt handelt es sich dabei nur um Anhaltspunkte zur Bestellung, das Prüfen ist unerlässlich!

Hat man das richtige Lager gefunden, wird es mit einem Hauch MoS_2-Konzentrat versehen und in das Pleuel gesteckt. Der Kolben wird auf ca. 50 bis 60 °C erhitzt, die Restwärme einer Kochplatte ist ausreichend. Erhitzt man den Kolben mit dem Brenner, dann mit ganz weicher Flamme exakt von oben, bis sich am Kolbenboden Schwitzwasserperlen bilden. Der Kolben wird mit dem Pfeil nach vorne auf das Pleuel gesetzt. Der Kolbenbolzen-

führungsdorn wird eingeschoben und bringt das Ganze in Position. Auf das Ende des Führungsdornes steckt man den Kolbenbolzen und schiebt ihn zügig in den Kolben hinein. Nun wird der Führungsdorn entfernt und in ein Kolbenauge ein Sicherungsring eingesetzt. Gegen diesen wird der Kolbenbolzen geschoben und dann wird der Sicherungsring auf der anderen Seite eingesetzt. Wenn die Sicherungsringe in den Nuten sitzen, werden sie mit einem kleinen Schraubendreher einmal herumgedreht, damit man sicher ist, dass sie auch sauber sitzen. Geht ein Ring dabei schwer, kann es ein, dass der Kolbenbolzen dagegen drückt, der wird dann 1/10 mm zurückgedrückt. Sitzen die Ringe sauber in

der Nut, werden sie so gedreht, dass die Öffnung oben oder unten liegt. Seitlich darf die Öffnung nicht sein, sonst können bei hohen Drehzahlen entstehende Fliehkräfte den Ring zusammendrücken und der fädelt sich dann unter viel Getöse sauber im Überströmer ein.

Beim Zweitakter sind die Kolbenringe durch Arretierungsstifte am Verdrehen gehindert. Die Öffnung der Kolbenringe wird so gedreht, dass der Arretierungsstift sich in der Mitte befindet. Der Kolben ist somit fertig zur Montage des Zylinders.

Verdrehsicherung: Der Stift muss bei der Montage in der Mitte des Ringstoßes sitzen

AUFSETZEN DES ZYLINDERS

Nun wird die Zylinderfußdichtung mit graphithaltigem Fett eingerieben und auf die Dichtfläche gelegt. Vorsicht am Gewinde der Stehbolzen. Natürlich bekommen die Stehbolzen auch „ihr Fett weg“. Sie müssen außen dick gefettet werden, damit das Streusalz nicht an ihnen nagen kann. Auf die Fußdichtung wird nun die Pleuelgabel vorsichtig unter den Kolben gelegt, damit dieser bei der Montage des Zylinders eine feste Auflage hat. Die untere Kante der Zylinderlaufbuchse ist angeschrägt, damit sich die Kolbenringe sauber einfädeln. Wenn dieser Bereich leicht gefettet ist, gleiten die Ringe besser in den Zylinder. Eine letzte Kontrolle, ob die Arretierstifte in der Mitte des Ringstoßes geblieben sind. Nun wird der Zylinder von oben vorsichtig über die Stehbolzen auf den Kolben gesetzt. Normalerweise lässt sich der Zylinder mit leichtem Druck auf den Kolben schieben, die Ringe werden durch die Schräge sauber geführt. Hakelt es, darf man nicht mit Gewalt weiterdrücken, sondern hilft den Kolbenringen mittels eines kleinen Schraubendrehers an ihren Platz. Nötig ist das öfter an der Stelle, wo die Aussparungen für die Überströmer sitzen, da es dort keine Führungsschräge gibt. Sitzt der Zylinder auf der Pleuelgabel auf, hebt man ihn etwas an und kann nun die Pleuelgabel vorsichtig entfernen. Dabei nicht die Fußdichtung beschädigen.

Nun wird der Zylinder bis zur Dichtfläche heruntergedrückt. Die Lauffläche wird dünn eingeölt. In Reparaturanleitungen wird immer vom Auswinkeln des Pleuels gesprochen. Ich habe bei einer MZ noch kein krummes Pleuel gesehen, weiß aber, dass das vorkommen kann. Daher jetzt die Kontrolle auf Winkligkeit. Man mag jetzt den Mann mit dem scharfen Blick aus dem Reparaturbuch vermissen, es gibt aber eine einfache Methode, um festzustellen, ob das Pleuel im rechten Winkel zur Wellenachse steht. Dazu wird der Motor ein paarmal durchgedreht. Dann lässt man den Kolben auf dem oberen Totpunkt stehen. Mittels zweier passender Rohrhülsen wird der Zylinder über Kreuz an zwei Stehbolzen verschraubt. Mit einem Lappen wird das Öl aus der Zylinderwand, das sich über dem Kolben gesammelt hat, sorgfältig abgewischt. Nun presst man den Kolben mit dem Finger seitlich Richtung Zylinderwand. Das restliche Öl wird als kleine Wulst am Rand hochgedrückt. Lässt man den Kolben los, darf es nicht zurückgesaugt werden. Genauso verfährt man an der Gegenseite. Bleibt die Ölwulst an beiden Seiten oben und wird nicht durch Federwirkung vom Pleuel zurückgesaugt, ist das Pleuel einwandfrei gerade. Ein krummes Pleuel würde zurückfedern.

MONTAGE DES ZYLINDERDECKELS, EINSTELLUNG DES SPALTMASSES

Nun werden die Hilfsschrauben wieder abgenommen und eine Zylinderdeckeldichtung (0,4 mm) trocken aufgelegt. Der Zylinderdeckel wird aufgesetzt und mit 40 Nm über Kreuz angezogen. Mit dem 2-mm-Lötdraht wird das Spaltmaß gemessen. Dazu wird der Kolben ein Stück heruntergedreht. Der Lötdraht wird so vorgebogen, dass er an der Zylinderwand seitlich anliegt. ACHTUNG: Nicht in den Überstromkanal stecken! Der Motor wird mittels Kickstarter einmal durchgedreht, wobei der Lötdraht zwischen dem Kolben und der Quetschkante des Zylinderdeckels platt gedrückt wird. Nun wird der Lötdraht wieder herausgezogen und das platte Ende gemessen. Laut Werksangabe ist das Spaltmaß auf 0,9 bis 1,2 mm einzustellen. Allerdings neigt die Emme bei dem bundesdeutschen Ökosprit dann etwas zum Klingeln, deshalb korrigiere ich die Werte um 0,1 mm nach oben. Stimmt das Spaltmaß nicht, haben wir drei verschiedene Dichtungen (0,2, 0,4 und 0,6 mm) zur Verfügung, je nach Bedarf.

Zeigt der Lötdraht zum Beispiel bei einer 0,4-mm-Dichtung ein Spaltmaß von 0,8 mm an, ist eine 0,6-mm-Dichtung zu montieren, um so ein Spaltmaß von 1,0 mm zu erreichen.

Mit zwei neuen Dichtungen und einem einwandfreien Isolierflansch wird der Ansaugstutzen an den Zylinder geschraubt. Dabei ist darauf zu achten, dass die Nasen an Dichtungen, Zylinder und Isoflansch übereinstimmen, sonst fehlen irgendwo ungefähr drei PS, weil die Teile dann den Ansaugquerschnitt verschließen.

Somit ist auch dieser Montageschritt fertig und wir kommen nun zur Endmontage der rechten Seite.

Motorausbau

Benötigtes Werkzeug:

- **2 Maulschlüssel, SW 10**
- **1 Ring-Maulschlüssel, SW 13**
- **1 Ring-Maulschlüssel, SW 17**
- **1 Ring-Maulschlüssel, SW 22**
- **1 Stecknuss, SW 13, mit Verlängerung und Ratsche**
- **1 Hakenschlüssel 45-50 mm**
- **1 Innensechskantstiftschlüssel SW 5 mm**
- **1 kleiner Schraubendreher**
- **1 kleine Kombizange (die aus dem Bordwerkzeug)**
- **1 Behälter (Volumen mindestens 2 Ltr.) für das Altöl**

Alle bisherigen Arbeiten ließen sich bei eingebautem Motor durchführen, doch jetzt muss das Herz der MZ auf die Werkbank. Deshalb möchte ich hier den genauen Ablauf des Motorausbaus erklären.

Abbau des Auspuffs

Mit einem genau passenden Hakenschlüssel wird die Überwurfmutter gelöst. Notfalls wird ein langes Rohrstück zwecks Hebelarmverlängerung auf den Schlüssel gesteckt. Nun entfernt man mit einem 17-mm-Ringschlüssel die Auspuffhalteschraube unter dem Motorblock. Alle Schellen bleiben dran, die werden sonst später nicht mehr dicht. Der Auspuff lässt sich nun aus dem Zylinder ziehen und kann abgelegt werden. Da er nur noch mit einer M8-Schraube an der Strebe hängt, entfernen wir diese auch noch. Das ist zwar nicht unbedingt nötig, aber der Auspuff hängt dann nicht mehr im Weg herum.

Öl ablassen

Das Öl wird bei eingebautem Motor abgelassen. Nur dann läuft der Schmierstoff sauber und ziemlich vollständig ab. Sorgfältiges Warmfahren vor dem Ölablassen entfällt bei uns, denn wenn wir den Motor ausbauen, ist der ja meist kaputt.

Zum Ablassen des Öls dient nicht nur die Ablassschraube, sondern auch die unterste Schraube des Kupplungsdeckels. Mit einem sauber passenden Schraubendreher wird diese Schraube entfernt, und wir haben die Möglichkeit

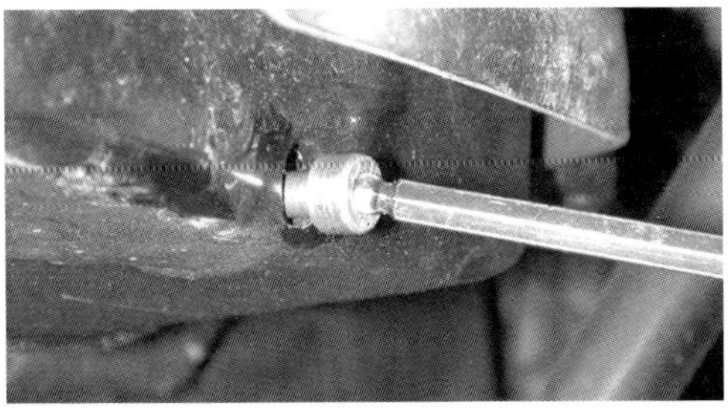

einer ersten Analyse. Schießt das Öl in dünnem Strahl raus, ist Benzin im Öl. Ein Indiz für kaputte Simmerringe. Ist das Öl weißlich trüb, hat es Wasser gezogen. Entweder kam das kühle Nass irgendwie in das Öl oder der Motor wird seit ewig auf kürzesten Kurzstrecken ohne Ölwechsel betrieben. Zusätzlich gibt die Geruchsprobe Aufschluss auf den Defekt. Stinkt das Öl wie angebrannte Suppe, ist die Kupplung teilweise verbrannt, Spritgeruch hingegen lenkt den Verdacht wieder auf die Simmerringe. Wenn jemand das falsche Öl, nämlich Hypoidöl, eingefüllt hat, kann man das auch riechen. Nur leider ist dieser Geruch im wahrsten Sinne des Wortes unbeschreiblich.

Jetzt wird die Ölablassschraube entfernt. Mit einem 22-mm-Ringschlüssel. Ab Baujahr 1987 wird eine 17-mm-Schraube verbaut. Sie sitzt in der rechten Motorhälfte. Die Schraube in der linken Hälfte ist die Leerlaufarretierung und bleibt drin. Wer jetzt trotzdem versehentlich die falsche Schraube gelöst hat, braucht keine Panikattacke zu bekommen. Die entgegengekommenen Teile (Feder und Kugel) lassen sich wieder montieren, Schäden entstehen dabei keine.

Wenn das Öl abgelaufen ist, legen wir ein 2 cm starkes Brett unter den rechten Fuß des Ständers. Dadurch läuft auch der letzte Rest Öl aus dem linken Seitendeckel.

Rechter Deckel

Nun wird der Lichtmaschinendeckel entfernt, der von vier M6-Inbusschrauben (SW 5 mm) gehalten wird. Die Obere wird zuletzt entfernt, damit sich der Deckel nicht verkantet. Nach dem Abziehen der Steckverbinder an der Lichtmaschine wird das Kabel des Leerlaufschalters gelöst. Nun wird der ganze Kabelbaum nach hinten aus dem Motorblock gezogen. Vorsicht, keine Kabelschuhe abreißen. Eine Markierung der Kabel ist nicht nötig, bei originalem Kabelbaum sind die Positionen im Schaltplan eindeutig.

Öffnen der Kette

Nun geht es an das Öffnen der Kette. Hierzu leistet die Kombizange aus dem Bordwerkzeug vorzügliche Dienste. Die Laus (Verschlussfeder) des Kettenschlosses wird mit der Zange von den Bolzen geschoben. Dies ist die einzig schonende Methode. Ein Schraubendreher würde das Kettenschloss zerstören. Ist die Laus ab, wird mit der Zange das Verschlussglied abgenommen und das Kettenschloss durchgeschoben. Nun lässt sich die Kette vom Schloss abnehmen. Für den Kettenkasten beginnt jetzt eine gefährliche Zeit, denn dreht jemand am Hinterrad, verkantet die geöffnete Kette und sprengt den Kasten. Die Kettenschläuche werden nach hinten von den Flanschen des Gehäuses abgezogen.

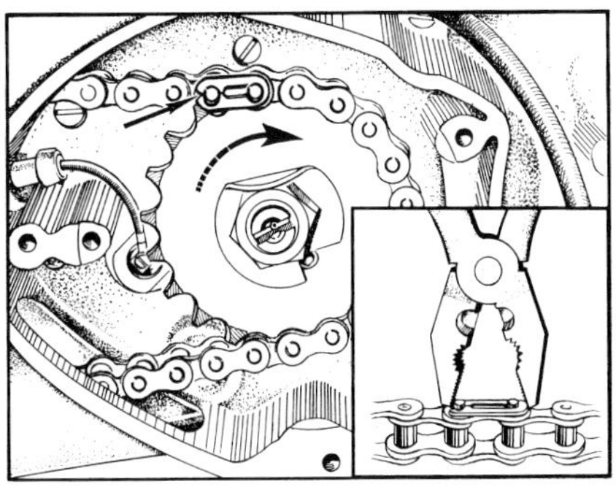

Lösen des Kupplungszugs

Oft wird es falsch gemacht, dabei ist es ganz einfach. Am Handhebel wird die Kupplungsstellschraube ganz reingedreht. Dann ist der Zug unten so locker, dass man den Stecknippel (unter der Gummikappe) leicht herausnehmen kann. Jetzt steht das Kupplungsseil nicht mehr unter Zug. Nun wird die Kupplungshülse mit einem 19-mm-Schlüssel herausgeschraubt und über den Seilzug nach oben gezogen. Der Kupplungszug lässt sich jetzt seitlich aus der Zugspindel nehmen. Fertig.

Probleme gibt es, wenn ein besonders feinfühliger Schrauber die Hülse mit Brachialgewalt reingedreht hat. Dann helfen sanftes Erwärmen des Aludeckels und ein paar leichte Hammerschläge rund um die Hülse. Der kleine Stecknippel hat es übrigens in sich. Beim Zusammenbau findet man das wichtige Teil oft nicht wieder, deshalb gut weglegen. Besonders unangenehm ist der Verlust auf Reisen. Dann heißt es: „Helfe, was da helfen mag!" So brachte mich ein geschlitzter Kronkorken einer türkischen Bierflasche einmal von Ankara bis Izmir. Deshalb sollte so ein Stecknippel fester Bestandteil im Portemonnaie eines jeden MZ-Treibers sein.

Weiter geht es mit dem Ausbau

Der Vergaser wird am vorderen Klemmstück mittels zweier 10-mm-Schlüssel gelöst und nach hinten weggezogen. Seilzüge und Spritleitung können in diesem Montagestadium dranbleiben, weil der Vergaser erst später überholt wird und da erst mal ganz gut hängt. Eine Arbeitserleichterung ist es natürlich, wenn Tank und Sitzbank vorher entfernt werden. Nötig ist es nicht, man kommt aber einfach überall besser dran.

Mit der Ratsche, versehen mit einer Verlängerung und 13-mm-Nuss, werden jetzt die beiden hinteren Befestigungsschrauben des Motors entfernt. Der Motorblock hängt jetzt frei am oberen Gummielement. Vor dem Weiterarbeiten sollte man einen Helfer bemühen – oder man braucht einen Orthopäden, nachdem einem der Block auf den Fuß gefallen ist. Nun werden die beiden Befestigungsmuttern der oberen Motorhalterung einige Umdrehungen gelöst. Der Helfer hält den Block auf Druck nach oben fest. Jetzt werden die beiden Muttern vollends entfernt. Erst wenn beide Schrauber einen sicheren Stand haben, wird der Motor abgelassen. Am Besten lässt er sich nach links vorn aus dem Rahmen nehmen.

Schwierig ist das Ausbauen wirklich nicht. Es gibt wohl kein Motorrad, bei dem das besser geht als bei der MZ.

Natürlich kann man beim Herablassen einen Rangierwagenheber unter dem Block ansetzen, wenn man bei der Arbeit auf sich alleine gestellt ist, aber zu zweit geht es einfach besser.

Nun wird der Block zwecks weiterer Demontage vorsichtig auf der Werkbank abgelegt. Tragen lässt sich der Motor übrigens am besten zu zweit. Einer greift den Zylinder im Auspuffgewinde, der andere trägt den Motor am Kickstarter.

Demontage des inneren Motorblocks

Benötigtes Werkzeug:

- **1 Ring-Maul-Schlüssel SW 13**
- **1 Ring-Maul-Schlüssel SW 17**
- **1 Ring-Maul-Schlüssel SW 22**
- **1 Ring-Maul-Schlüssel SW 24**
- **1 Stecknuss SW 13, mit Ratsche und Verlängerung**
- **1 Stecknuss SW 17**
- **1 passender Schraubendreher 10 x 2**
- **1 Durchschlag, 12 mm Durchmesser**
- **1 Plastikhammer (möglichst sandgefüllt)**
- **1 Schlosserhammer (400 g)**
- **1 Propanbrenner, Lötlampe oder ähnliches (ein Backofen oder eine Kochplatte)**
- **1 Sprengringzange**
- **1 Kolbenbolzenführungsdorn**
- **1 Stabmagnet**
- **1 kleiner Schraubendreher**
- **1 gerades Rohrstück, außen 72 mm, Länge ca. 100 mm oder viel Gefühl**
- **1 Messschieber mit Tiefenmaß**

1 Werkbank mit Löchern oder Tisch mit Löchern, ideal ist die „Workmate" von Black & Decker.

Wir haben den inneren Block des Motors gestrippt vor uns liegen.

In normalen Ratgebern findet man jetzt den Hinweis: „Montage ist Werkstattsache, es werden viele Spezialwerkzeuge benötigt." Und ich behaupte, dass das nicht so ist. Im Gegenteil, ohne geht es besser. Wie es funktioniert, erkläre ich jetzt.

Zuerst bereiten wir den Block vor. Lichtmaschine, Ritzel, Kupplung, Primärtrieb und die Sprengringe der Getriebelager sind entfernt. Nun wird die vordere Schraube mit einem Schlüssel (SW 13) entfernt. Diese Schraube hat keine Festigkeitsaufgabe, aber sie hält Dreck und Feuchtigkeit aus dem Loch dahinter fern. Daher sollte bei der Wiedermontage auch ruhig etwas Fett in dieses Loch gefüllt werden. Drinnen sitzt die vordere Passhülse. Deren Aufgabe ist es, die beiden

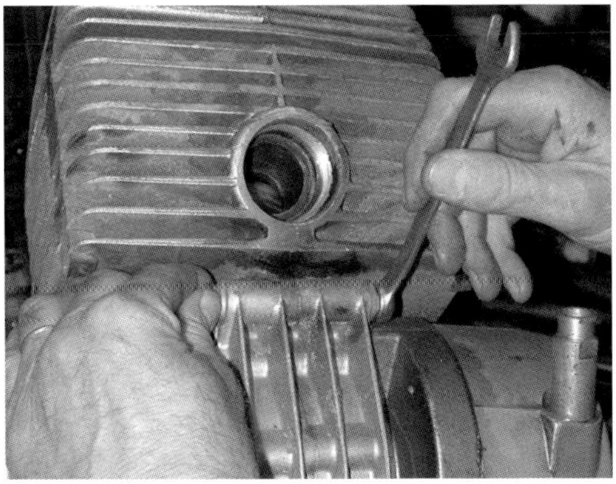

Versteckt: Hinter dieser Schraube sitzt die Zentrierhülse

Gehäusehälften in der Position zu fixieren, in der auch die Bohrungen für die Getriebelager fein gebohrt wurden. Da die beiden Hälften eines Gehäuses immer zusammen gefertigt werden, lässt sich auch niemals eine Hälfte alleine wechseln. Hat man einen Lagerschaden oder Getriebeschaden und findet im vorderen Loch keine Passhülse, weiß man wenigstens, woran es gelegen hat. Das Getriebe war verspannt, die Lager oder Zahnräder hatten nicht das nötige Laufspiel – kleine Ursache, teure Wirkung.

Das Gehäuse legen wir nun auf die rechte Motorseite (da, wo die Lichtmaschine war). Mit unserem 12er-Durchschlag (oder dem passendem Schlagdorn) wird die Passhülse vorsichtig herausgetrieben. Sind Feuchtigkeit und Streusalz durch die Abdichtschraube gedrungen, können auch heftigere Schläge nötig werden. In diesem Fall empfiehlt sich vorheriges Einsprühen der Bohrung mit Rostlöser. Die Passhülse wird so weit durch-

getrieben, dass sie bündig mit der Bohrung auf der Lichtmaschinenseite sitzt. Ganz raus muss sie nicht.

Mit dem Steckschlüssel SW 17 lösen wir nun die Muttern des Zylinderdeckels. Wie beim Festziehen macht man das in Etappen, denn auch beim Lösen kann sich der Deckel verziehen. Mit einem geeigneten Schraubenzieher werden die Dämpfungsgummis rausgehebelt. Der Zylinderdeckel lässt sich nun abnehmen. Wärme, Streu-

salz und Dreck können dafür sorgen, dass der Deckel nicht ohne Hilfsmittel runter will. Mit einem Schlag frontal in Rippenrichtung lässt sich das Problem gut lösen. Ist der Deckel ab, liegt der Kolben vor uns. Eine erste Diagnose ist nun möglich. Sitzt eine dicke Schicht Kohle auf dem Kolbenboden, lief der Motor entweder reichlich zu fett oder aber der Fahrer war nicht gerade sonderlich schnell unterwegs.

Dreht man den Kolben etwas herunter, lässt sich am oberen Umkehrpunkt der Kolbenringe an der Laufbuchse ein Absatz erkennen. Diese Stufe ist ein guter Indikator für die Laufleistung des Zylinders. Hier kann man also bereits feststellen, von welch ehrlicher Sorte der Vorbesitzer war. Bis 5000 km ist diese Verschleißkante kaum fühlbar und ab 40.000 km wird die Kante zur deutlichen Stufe. Weitere Diagnosen von Kolben und Zylinder kommen später an die Reihe.

Zuerst muss jetzt der Zylinder vom Block. Eigentlich und normalerweise zieht man ihn nach oben weg. Oft haben leider auch hier Salz und Dreck ein böses Fresswerk verrichtet. Besitzer, die ihre Emme billig von einer LPG erstanden haben, wissen ein Lied davon zu singen. Denn zwischen den Kühlrippen dieser Bauernmotorräder sieht es oft aus, wie zwischen den Klauen der Kühe. Sträubt sich der Zylinder nachhaltig gegen sanftes Klopfen, werden die Bohrungen der Stehbolzen mit Kriechöl satt geflutet. Jetzt hat der Schrauber erstmal Pause bis zum nächsten Tag. Funktioniert es dann immer noch nicht, ist guter Rat teuer. Ich habe auch schon Zylinder unten absägen müssen. Das ist eben der Preis für schlechte oder gar keine Pflege. Ist der Zylinder runter, können wir den Kolben demontieren. Mit unserer Sprengringzange

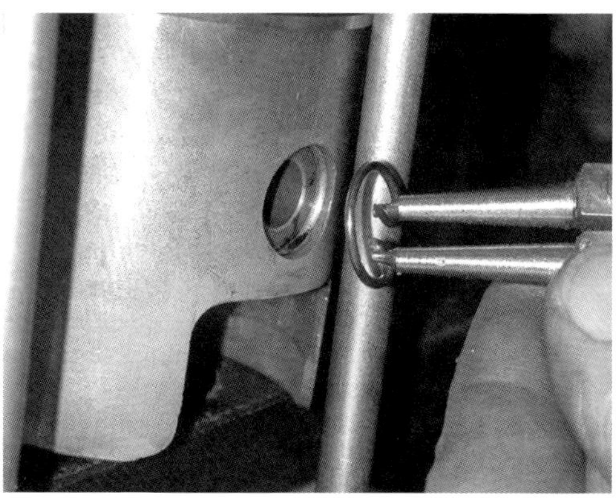

entfernen wir die beiden Sicherungsringe des Kolbenbolzens. Aufpassen, denn die können blitzschnell durch die Werkstatt fliegen!

Mit der Kraft des Handballens wird der Kolbenbolzen nun mittels des Kolbenbolzenführungsdorns herausgedrückt. Wenn das nicht funktio-

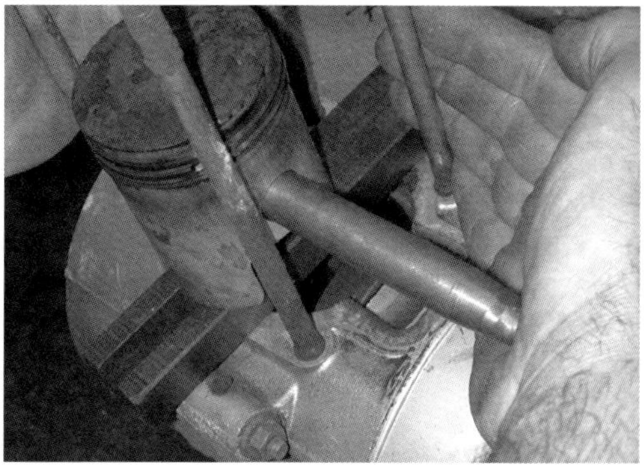

Saubere Passung: Bei leicht angewärmtem Kolben lässt sich der Bolzen mit dem Führungsdorn per Handballendruck entfernen.

niert, kann man den Kolben von oben in der Mitte, da wo die Zentrierung ist, mit zarter Flamme ganz vorsichtig erwärmen. Wenn sich Schwitzperlen auf dem Alu bilden und durch die Wärme allmählich verdunsten, haben wir die richtige Temperatur (rund 70 °C) erreicht. Kommt der Bolzen jetzt nicht, lassen wir den Kolben bis zur vollständigen Demontage an seinem Platz. Der Kolben lässt sich nämlich an der ausgebauten Kurbelwelle besser demontieren, da man das Ganze dann vernünftig auflegen kann. Der Kolben ist mit einem Pfeil markiert, der Richtung Auslass zeigen muss. Vor dem Abnehmen des Kolbens muss der Pfeil klar erkannt werden. Ist der Pfeil nicht zu sehen, ritzt man einen Neuen in die Ölkohle. Denn ein falsch herum wieder eingebauter Kolben zerstört den Motor auf wenigen Kilometern. Und es soll auch schon vorgekommen sein, dass im Kolbenwerk die Pfeile ausgegangen waren...

Wenn die Sache mit dem Pfeil klar ist, wird der Kolben abgenommen. Im oberen Pleuelauge sitzt ein Nadellager. Wenn man sich bis jetzt noch nicht

ganz klar darüber ist, ob das Lager erneuert wird, markiert man dessen Laufrichtung. Montiert man es beim Zusammenbau entgegengesetzt, stirbt es meist binnen weniger tausend Kilometer. Man weiß nicht genau, warum das so ist, aber ich vermute, die Nadeln bilden durch Reibung auf der Belastungsseite am Käfig eine harte Schicht, die bei entgegengesetzter Montage abbröckelt. Das findet im Mikrometerbereich statt, aber steter Tropfen höhlt den Stein. Wenn ich Unrecht habe, freue ich mich schon jetzt auf den Brief eines Obernadellagerspezialisten, der mich eines Besseren belehrt.

Nachdem der Kolben runter ist, beginnen wir mit dem Trennen des inneren Gehäuses.

Nun kommt unsere „Workmate" zum Einsatz. Auf der Kupplungsseite stehen drei Wellen aus dem Gehäuse hervor. So eine Workmate hat nämlich den Vorteil, dass die Arbeitsplatte Löcher hat, in die wir die Wellen stecken können. Benutzen wir eine normale Werkbank oder gar einen normalen stabilen Tisch, bohren wir einfach entsprechende Löcher hinein. Wichtig ist, dass der Block vollkommen plan aufliegt.

So – hinein mit den Wellen, die Lichtmaschinenseite liegt oben. Mit einem Steckschlüssel SW 13 wird der Leergangschalter entfernt. Vorsicht,

das Ding besteht aus „Plaste", das bricht leicht ab, besonders, wenn der Vorbesitzer meinte, der Schalter sei nicht dicht und ihn deshalb eingeklebt hat.

Mit drei kleinen Schrauben ist die Dichtkappe des Ritzels befestigt. Einfach abschrauben und abnehmen – ganz ohne Trick. Dahinter findet man Distanzscheiben, die dafür sorgen, dass die Abtriebswelle seitlich vernünftig geführt wird. Diese Scheiben sollte man sorgfältig weglegen, da sie noch gebraucht werden.

Der Wellendichtring der Lichtmaschine ist mit einem Drahtsprengring gesichert. Mit unserem kleinen Billigschraubendreher hebeln wir den raus.

Billigschraubendreher deshalb, weil man den schön passend anschleifen kann, ohne dabei ein schlechtes Gewissen zu bekommen.

Unter dem Motor wird jetzt die Schaltarretierschraube herausgedreht. Da drin sitzen eine Feder und eine Kugel, die so manchen schrecken

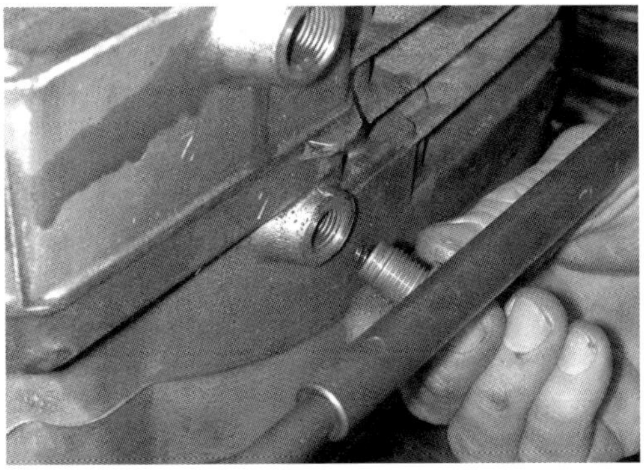

und oft der Grund für einen Anruf bei mir sind. „Mir sind eine Kugel und eine Feder aus dem Getriebe gefallen, muss ich jetzt...?" Normalerweise kein Problem: Kugel rein, Feder rein, zusammenschrauben, fertig. Aber für unsere weitere Arbeit bleibt die Schraube natürlich draußen.

Der Motor wird von 14 Schlitzschrauben vom Kaliber M6 zusammengehalten. Um die zu lösen, brauchen wir einen wirklich passenden Schraubendreher. Alle 14 Schrauben werden herausgedreht und in zwei Gruppen aufgeteilt. Die kurzen sind vom vorderen Lichtmaschinenraum, die langen aus dem Kettenraum. Bei der Montage dürfen die nicht verwechselt werden. Ich habe jetzt mehrmals die Zahl von 14 Schrauben erwähnt und man muss die wirklich nachzählen, denn ich habe schon Leute fluchen sehen, die das Gehäuse nicht auseinander brachten, weil sie eine Schraube vergessen hatten. Diese eine sitzt meistens im „Dreckdreieck" rechts vom Leerlaufschalter. Also stochert man dort im Kettenfett und findet die gesuchte Schraube. Zwei der 14 Schrauben befinden sich außerhalb des Kettenraums, hinten unten. Auch die werden gern vergessen.

Nun fragen viele nach der Montagebrücke aus dem Reparaturbuch. Die brauchen wir nicht. Denn hier hilft uns die Physik auf schonende Art und Weise. Wärme lässt das Alu des Gehäuses wachsen und sorgt für Schonung der Lagersitze.

Mit unserem Propanbrenner wird die rechte Gehäusehälfte gleichmäßig erhitzt. Hierbei wird mit „weicher" Flamme vorgegangen. Von dieser Wärmebehandlung verschont bleiben die Lager und die Lagersitze. Vorne im Lichtmaschinenraum sitzt ein Fixierstift. Der darf auf keinen Fall mit der

Flamme berührt werden, sonst glüht der blitzartig aus. Ganz wichtig ist, dass keine Flamme in das Loch des Leerlaufschalters züngelt, denn dahinter sitzt eine Isolierscheibe, die ist aus „Plaste". Wenn die Scheibe anbrennt, muss die Schaltwalze repariert werden. Im Zweifel steckt man eine ungefähr passende kurze Schraube ins Loch.

Dem Hauptlager rückt man von der Gehäuseaußenseite zu Leibe und das Lager der Getriebeabtriebswelle bekommt eine besondere Portion Wärme. Das ist das Lager, das zugegossen ist und zu einem Drittel in den Lichtmaschinenraum ragt. Das Wichtigste ist eine gleichmäßige Wärmeverteilung. Auf keinen Fall einen Schweißbrenner verwenden, die Flamme ist zu scharf und ruiniert das Gehäuse. Wem der Umgang mit der Flamme zu kriminell ist, kann das Gehäuse auch auf einer elektrischen Heizplatte oder mit der so genannten „Doktor Schiwago-Methode" erhitzen. Hierzu bekommt die Hüterin des heimischen Backofens eine Kinokarte zu einem Zelluloid-Marathon gestiftet und man hat die Backröhre für drei Stunden für sich und den Zweitakter. Drei Stunden bedeutet: Eine halbe Stunde heizen, zwei Stunden Ofen reinigen und eine halbe Stunde lüften. Und wenn es dann immer noch verdächtig riecht, kann man sich notfalls noch mit der schlechten Qualität des Küchenfetts rausreden.

Wie dem auch sei, das Gehäuse muss auf ca. 110 bis 120 °C erhitzt werden. Ich gehe davon aus, dass der Block mit der Lichtmaschinenseite nach oben auf der Werkbank liegt. Mit einem Plastikhammer wird jetzt die heiße (Spucke muss zischen) rechte Hälfte nach oben weggepocht. Die Schläge setzt man diagonal an. Vorne schlägt man gegen den Ansatz für den Auspuffhaltewinkel und hinten schlägt man gegen den oberen Stutzen des Kettenschlauches. Glücklich ist jetzt derjenige, der Geld in einen rückschlagfreien Plastikhammer investiert hat. Der ist mit Sand oder Blei gefüllt. Just in dem Moment, wo der Hammer zurückprallen

will, unterstützt uns die lose Füllung und verstärkt den Schlag. Eine wahnsinnige Arbeitserleichterung. Natürlich tut es auch der normale Gummihammer, aber ein gewisser Luxus beim Arbeiten muss eben sein.

Das Ganze muss zügig vonstatten gehen, denn das Aluminium dehnt sich schneller aus als der Stahl der Lager. Wenn der „langsame" Stahl das flotte Alu „einholt", klemmt die Sache wieder. Deshalb bevorzuge ich den Brenner, damit lässt sich die Wärme eben dahin bringen, wo ich sie haben will. Die Gehäusehälfte ist nun runter. Sitzen alle Lager noch auf ihren Wellen, hat man alles richtig gemacht. Wenn nicht, hängt eventuell noch ein Lager im Gehäuse, dies wird dann vorsichtig mit dem Durchschlag rundum herausgeklopft. Hängt das Lager der Antriebswelle noch drin, haben wir ein Problem. Es sitzt in einem Sackloch, ist also nicht „herauskloppbar". Folglich wird hier mit der

Flamme von außen nachgeheizt. Nun stoßen wir die Gehäusehälfte flach auf das Holz der Werkbank und das Lager fällt aus seinem Sitz. Glück gehabt – oder auch nicht. Bleibt das Lager stur am Platz, kann das verschiedene Ursachen haben. Entweder ist die Toleranz etwas eng oder irgendein Tollpatsch hat das Lager mal mit „Sonderkleister" eingesetzt.

Egal wie es ist, jetzt hilft nur noch ein Sacklochauszieher oder eben eine von zwei möglichen Räubermethoden. Mit dem Spezialauszieher ist es einfach. Die Spannpatrone wird ins Lager gesetzt, die Abziehspindel wird eingedreht und stützt sich gegen die Abdrückbrücke. Mit der Ausziehmutter wird das Lager frei gekurbelt. Einfach, jedoch kostet sowas mindestens 60 Euro.

Also Räubermethode. Zuerst Nummer eins, die Elegante. Der Baumarkt an der Ecke hat Holzdübel aus Messing in petto, das ist die einzige Methode, ein Querbrett im modernen Spanplattenmüll halbwegs edel festzukriegen. Und so ein Ding hilft auch uns. Ein 17-mm-Dübel (oder ein abgedrehter 18-mm-Dübel) wird mit einem entsprechenden Stück Gewindespindel im Lager festgespannt. Ein quer über dem Motor liegendes Flacheisen mit einem Loch in der Mitte dient als Widerlager. Mit einer Mutter auf dem anderen Ende der Gewindestange wird das Lager nun rausgenudelt.

Das ist nicht nur halbwegs elegant, sondern auch billig – der Baumarkt will fürs Ganze nur knapp 5 Euro. Im Zeitalter der Blisterpacks werden Schrauben und Dübel ja immer mehr in unnütze 5er- oder noch schlimmere Verpackungseinheiten gepfercht. Vielleicht macht mal jemand aus der Not eine Tugend und stellt – why not? - „Spezialbilligbaumarktspanplattendübelsacklochlagerauszieher" in Kleinserie her.

Wem das Wort zu lang oder die Methode zu kompliziert ist, bohrt einfach da, wo er den Rand des Lagers errechnet (nicht vermutet!!) hat, zwei 3-mm-Löcher von außen durch das dünne Aluminium. Mit einem entsprechenden Dorn wird nun das Lager aus dem wieder erwärmten Gehäuse geklopft. Verschlossen werden die Löcher dann nachher mit Zweikomponentenkleber. Bei einem Lager, das sich völlig aufgelöst hat, ist diese Räubermethode Nr. 2 manchmal die einzige Möglichkeit, das Gehäuse zu retten.

Wie kommt es, dass gerade dieses Lager so sehr kaputt ist? Natürlich kann es an der Lagerqualität oder am falschen oder nicht vorhandenen Öl liegen, aber oft liegt es am nicht vorhandenen Sacklochauszieher in Kombination mit der Unwissenheit des Vorbesitzers. Tatsache ist, dass ich schon bei vielen, ansonsten korrekt aufgebauten Motoren an dieser Stelle älteste Uraltlager gefunden habe. Das liegt daran, dass die Leute das Lager eben nicht rausbekommen, es zwangsläufig für noch gut befinden und es an seiner Stelle belassen. Erst neulich habe ich einen frisch instand gesetzten, wunderbar getunten 301er auf dem Tisch gehabt, dem das Lager und damit das gesamte Getriebe um die Ohren geflogen ist. Schade eigentlich...

Übrigens können auch die Schrauber an BMW-Einzylindermotoren davon ein Lied singen. Bei denen macht das hintere Nockenwellenlager auch solche Sachen. Verraten wir denen doch mal den Tipp mit dem Dübel.

Es ist ein eisernes Gesetz, alle Lager und Dichtringe des inneren Blocks zu erneuern, denn ein danach so richtig schön laufender Motor wird eben auch richtig rangenommen und ein unzureichendes Lager kollabiert dann nach kurzer Zeit. Aus diesem Grund schaudert es mich auch immer dann, wenn Leute eine teure neue Kurbelwelle mit Kolben und Zylinder installieren, aber aus Geiz die alten Lager drinlassen. So was fällt bald wieder auseinander und es ist schade um die schöne neue Kurbelwelle. Und gerade bei alten ES oder BK wird mit einem solch fahrlässig verursachten Schaden ja auch immer ein Stückchen kraftfahrtechnisches Kulturgut zerstört, denn die Teile gibt es eben nicht an jeder Ecke.

So – jetzt liegen die Innereien offen vor einem, aber vor der weiteren Demontage haben wir und der Motorblock ein Päuschen verdient – Prost! Und ein bisschen stolz kann man jetzt auch sein, besonders wenn die Lager dank korrekter Arbeit auf den Wellen blieben.

In den Eingeweiden

Benötigtes Werkzeug:

- **1 Durchschlag**
- **1 Plastikhammer**
- **1 Propanbrenner**

Ja, tatsächlich ist es so wenig Werkzeug, das wir für die endgültige Demontage des Motors brauchen. Zuerst ziehen wir die Schaltwelle mit dem Schaltarm aus dem Gehäuse. Dazu wird das Schaltstück, welches in die Schaltwalze eingreift, mit zwei Fingern zurückgezogen. Die Welle kann nun leicht herausgezogen werden. Achtung: Die

Isolierscheibe der Schaltwalze verhakt sich gern am Schaltstück, also aufpassen, denn ruckzuck ist die Scheibe zerbrochen!

Als Nächstes betrachten wir die Einbaulage des Ölleitblechs, welches das Öl quer über die Getriebezahnräder verteilen soll. Sehr häufig kommt es vor, dass dieses Blech werksseitig falsch eingebaut wurde. Das Öl wird vom großen Primärrad auf der Kupplungsseite aufs Ölleitblech gebaggert und soll durch das Gefälle des Blechs gleichmäßig über kalibrierte Bohrungen verteilt werden. Im real existierenden Sozialismus dachten wohl manche, dass kommunistischer Schmierstoff bergauf fließen kann und bauten das Ölblech so ein, wie es in der Kiste lag. Aber diese Zeiten sind ja zum

Glück vorbei – also betrachten wir uns jetzt die zwei Arbeitsschritte, die nötig sind, um das Blech korrekt einzubauen. Beim ersten wird das Blech festgeschraubt und gesichert, beim zweiten so ausgerichtet, dass es Gefälle in Richtung Kettenritzel hat. Ansonsten werden nämlich die links sitzenden Zahnräder des 5. Gangs (ganz links) und des 2. Gangs (daneben) nur unzureichend geschmiert. Aber genau diese Teile brauchen das meiste Öl. Jetzt versteht man, warum so manches MZ-Getriebe vorzeitig seinen Geist aufgibt. Und gerade solche Fehler sind es, die immer wieder am Ruf der Emme kratzen.

Zum richtigen Einstellen des Blechs klopfen wir dieses so weit Richtung Zahnrad des 5. Gangs, dass der Abstand zwischen Blech und Rad ca. 3 mm beträgt. Zur Kontrolle setzen wir nun das Gehäuse senkrecht, das Blech muss leicht (3-5°) nach unten zeigen. Für kluge Rechner: Der Winkel zwischen Blech und der Gehäusesenkrechten sollte 93°- 95° betragen.

und wir klopfen mit dem 12er-Durchschlag gleichzeitig abwechselnd die drei Wellen heraus. Vorsichtig wird immer nur auf die Mitte der Wellen gepocht, dies ist besonders wichtig bei der Schaltwalze. Schläge, die nicht auf die Scheibe des Arretierblechs gehen, verbiegen die Führungsscheibe und das gibt die vorher erwähnten komischen Schaltschwierigkeiten. Das Getriebe wird also im Ganzen herausgenommen und mit der freien Hand gehalten. MZ-Werkstätten haben ein passendes Ablageblech, wo das herausgenommene Getriebe sauber reinpasst. Das ist die beste Möglichkeit, nachher die Wellen zu kon-

Oben: Ölzufuhr – Das Leitblech bringt das Öl zum 5. Gangradpaar.
Unten: Bergab – Das Leitblech muss Gefälle in Richtung Kettenritzel haben.

Gezogen: Das Getriebe wird als Ganzes entfernt ...
... und mit der Schaltwalze nach oben auf das Ablageblech gelegt.

Warum machen wir das Einstellen des Blechs jetzt und nicht erst bei der Montage? Ganz einfach – beim Zusammenbau haben wir uns auf so viele Dinge zu konzentrieren, da könnte man das Blech vergessen. Und der nächste Schrauber dürfte zu Recht an unserer Sorgfalt zweifeln.

Das Gehäuse wird nun flach auf den Tisch gelegt und so unterbaut, dass die Wellen frei hängen, die Wellenstümpfe nach oben. Das Gehäuse wird auf 90 °C nachgeheizt. Nun stellen wir das Gehäuse in Einbaulage, ein Helferlein hält es fest

trollieren. Man kann ein solches Blech auch selbst machen. Als Nothilfe geht auch eine passende Zigarrenkiste oder ein Holzbock mit Auflagekerben für die Wellen. Darauf wird das Getriebe jetzt abgelegt, die Schaltgabeln und die Schaltwalze liegen obenauf.

Nun steckt noch die Kurbelwelle im Gehäuse. Hier hilft uns wieder die Physik. An der Tischkante oder zwischen zwei Holzböcken wird das Gehäuse so gelegt, dass die Welle frei mit der Lichtmaschinenseite nach unten hängt. Unter die Welle kommt ein Polster aus Putzlappen.

Mit dem Brenner wird das Gehäuse rund um den Hauptlagersitz auf ca. 110 °C erhitzt. Vorsicht, der Kerbnagel für die Schaltarretierfeder glüht rasch aus, Flamme weg davon! Der weitere Ablauf

Warm machen: Von Außen bekommt das Kurbelwellenlager seine Portion Wärme zugeführt.

ist recht unspektakulär. Beim Erreichen einer Temperatur von knapp über 105 °C macht es „plöpp" - und die Welle liegt auf dem Putzlappen. Macht man die Arbeit an einer Tischkante sollte ein Helfer die Welle auffangen, denn einen Sturz aus einem Meter Höhe macht selbst die beste MZ-Welle nicht mit.

Mit dem Plastikhammer werden jetzt noch die Wellendichtringe aus den beiden Gehäusehälften getrieben. Dass die sich dabei verformen, ist egal, da sie sowieso erneuert werden. Die Sprengringe bleiben an ihrem Platz. Die blechernen Ölleitscheiben sind beim Wellenausbau herausgefallen und werden beiseite gelegt.

Das Gehäuse ist leer, die Brocken liegen auf der Werkbank und werden nun gründlich gereinigt. Stahlteile, also Wellen und Zahnräder, reinigt man mit Teilereiniger oder Waschbenzin. Vor dem Beginn der Säuberungsaktion sollte man sich jedoch überlegen, wo man nach getaner Arbeit das gebrauchte Reinigungsmittel entsorgt. Das ist nämlich ein echter Problemabfall. Als Altöl wird es nicht zurückgenommen, da verunreinigter Kraftstoff oder Reiniger Sondermüll ist. Eine Lösung, um das Problem zu umgehen, ist die Teilewaschanlage in der nächsten Autowerkstatt. Für ein paar Euro lassen die netten Menschen auch MZ-Schrauber an ihr Waschbecken. Dort wird die Brühe regelmäßig recycelt. Aluteile wie das Gehäuse kann man auch an der Tankstelle mit dem Dampfstrahler reinigen. Mit Stahlteilen geht das leider nicht, sie setzen zu schnell Rost an.

In die Lagersitze der Kurbelwellenlager münden zwei Schmierkanäle, die aus der Ölfangtasche des Kurbelgehäuses kommen. Durch Hineinstecken eines Nagels oder einer Speiche prüfen wir die Durchgängigkeit. Auch diese Schmierbohrungen werden gründlich durchgespült. Sämtliche Dichtflächen des Gehäuses werden sorgfältig mit einem stumpfen Schraubendreher oder einer Klinge abgeschabt, ohne das Gehäuse zu beschädigen. Jetzt sieht man manchmal tiefe Scharten in der Gehäusedichtfläche. Die rühren daher, dass ein vorheriger Schrauber die Methode mit der Wärme nicht kannte und einfach zwei Schraubenzieher zwischen die Hälften gejagt hat. Obwohl diese Methode brutal klingt, wird sie häufig angewendet. Für viele Leute ist Zeit Geld und ein Motor soll ja nun mal nicht ewig halten.

Im nächsten Abschnitt widmen wir uns der richtigen Beurteilung der ausgebauten Bauteile.

Prüfung der Getriebeteile

Benötigtes Werkzeug:

- **Sprengringzange für Außenringe 15-20 mm**
- **Kleiner Schraubendreher**
- **Großer Schraubendreher**
- **Stabmagnet**

Vor uns liegen:

- **2 Getriebewellen mit Rädern**
- **3 Schaltgabeln mit Führungswelle**
- **1 Schaltwalze**
- **1 Fußschaltwelle mit Schaltstück**

Beginnen wir mit Letzterem: Prüfung des Schaltautomaten (besteht aus Kurvenwalze und Fußschaltwelle mit Schaltstück). Wobei Schaltautomat bedeutet, dass man nicht jeden Gang mittels eines Hebels in seine Stellung bringen muss, sondern, dass man mit dem Fuß einen Mechanismus betätigt, der durch vorgegebene Kurvenlinien die Zahnräder in die gewünschte Position bringt. Dazu wird mittels eines Schaltstücks, welches sich an der Fußschaltwelle befindet, die Schaltwalze (Kurvenwalze) gedreht und in Position gebracht. Die Schaltgabeln laufen in den Führungsnuten und bringen die Gänge in Eingriff.

Die Schaltwelle mit dem Schaltstück bietet eigentlich nur einen Grund zur Klage: Die Schaltfeder bricht hin und wieder mal und zum Wechsel muss dann der ganze Motor zerlegt werden. Liebe Zschopauer, die Japaner haben bei euch soviel abgekupfert, da hättet ihr auch mal gucken können, wo man eine Schaltfeder hinbaut. Nämlich unter den Kupplungsdeckel, damit bei eben diesem Verschleißteil nicht der ganze Motor zerlegt werden muss.

Zum Wechsel der Feder werden die beiden Clipse auf der Schaltwelle entfernt. Die Feder lässt sich dann leicht rausnehmen. Nun kommt die

große Frage: Wechseln oder nicht? Eine Schrauberfraktion – und die hat völlig recht – wechselt die Feder bei jeder Motormontage. Neu ist neu, da weiß man, was man hat. Die Anderen – und die haben genauso Recht – lassen die alte Feder drin, weil etwas, dass so lange gehalten hat, auch noch ewig halten wird. Was ist nun richtig? Ich verfahre so, dass ich die Feder ausbaue und sie mittels einer Lupe untersuche. An der Stelle, wo die Feder mit ihren Schenkeln an der Schaltwelle anliegt, können sich Kerben im Federmaterial bilden. Sehe ich Kerben, wird die Feder ausgetauscht. Manchmal gibt es auch Kerben, die produktionsbedingt sind. Nämlich da, wo der runde Teil der Federn zu den Schenkeln übergeht, gibt es gefährliche Beschädigungen. Offensichtlich haben die Federwerker bei der Planerfüllung nicht immer auf die Sauberkeit der Biegematrize geachtet, und durch Fremdkörperchen sind eben diese Kerben in den Federn entstanden. Gibt es Kerben, gehört die Feder in den Müll. Alle gebrochenen Federn, die ich bisher begutachtet habe, wiesen diese Kerben auf. Es lohnt sich also, bei neuen Federn auf Beschädigungen zu achten, auch wenn diese recht selten sind. Bei den Kanuni-MZ ist die Schaltfeder übrigens etwas kräftiger und Kerben habe ich auch noch keine gesehen. Ein Hoch der türkischen Federindustrie. Übrigens bleibt bei mir eine einwandfreie Feder, die noch keine 30.000 km auf dem Buckel hat, weiter im Einsatz.

Kann man nach einem Schaltfederbruch weiterfahren? Unter einer Bedingung ist das möglich. Man muss zuerst nach dem abgebrochenen Ende der Feder fahnden. Dazu dreht man die Ölablassschraube raus und mit etwas Glück hängt die Feder am Magneten der Ablassschraube. Wenn nicht, kann man durch die Ablassbohrung mit einem gebogenen Drahtstück nach dem Federstück fischen. Findet man das Bruchstück, steht der Heimfahrt nichts im Wege, auch wenn es sehr nervig ist, den Schalthebel immer wieder in seine Ausgangsposition zu fummeln. Hatte die Bruchstückfahndung keinen Erfolg, sollte man den Motor lieber auslassen. Ein Stück Federdraht zwischen den Zahnrädern hat auf das Getriebe eine Wirkung wie eine Schrotladung auf einen Pappkarton.

Genug der Schaltfedertheorie, denn an der Schaltwelle befindet sich ja noch das verschiebbare Schaltstück. Dessen Druckfeder ist unproblematisch, ich habe noch nie eine defekte gesehen. Bei Motoren mit ganz hoher Laufleistung sind manchmal die Ecken, die in die Schaltwalze greifen, abgenutzt. Da das Schiebestück preiswert ist, kann man es im Zweifel tauschen. Ansonsten verdient die Schalthebelverzahnung noch etwas Aufmerksamkeit, denn manche Zeitgenossen montieren gewaltsam einen Schalthebel aus dem Zubehör (weil der schöner verchromt ist) auf die Verzahnung. Sowas ist natürlich Schrott und wird erneuert. Ein wunder Punkt ist die Stelle, wo der O-Ring für die Abdichtung zum Kupplungsdeckel sitzt. Manchmal, bei richtig alten Motoren, hat der Gummi es geschafft, eine tiefe Rille in die Schaltwelle zu formen. Dann ist die Welle nicht mehr zu retten. Doch in den allermeisten Fällen liegt die Undichtigkeit am O-Ring und eben doch nicht an der Welle. Dieser O Ring wird oft schon beim Einsetzen der Welle durch die scharfen Kanten des Keilprofils zerstört, Ganz besonders feine Menschen nehmen daher die Welle auf die Drehbank und nehmen an den Spitzen der Verzahnung (Ohne fühlbaren Absatz wird bis einen Millimeter auf die Welle gedreht) ein paar Zehntel ab. So sitzt der Schalthebel immer noch sicher fest, der O-Ring kann aber wesentlich schonender montiert werden.

Der nächste relativ problemlose Punkt ist die Kurvenwalze. Die Befestigungsschraube für die Deckscheibe des Schaltsterns haben wir bereits nach dem Abnehmen des Kupplungsdeckels nachgezogen und gesichert. Die Nuten in der

Walze verschleißen so gut wie nie und auch an den Bolzen, in die das Schaltstück eingreift, gibt es nur sehr wenig Verschleiß. Sollte hier etwas defekt sein, kann man die Schaltwalze nur komplett wechseln. Ließ aber jemand die Flamme des Brenners beim Warmmachen des Gehäuses in das Loch des Leerlaufschalters züngeln, ergeben sich Probleme. Dann ist die Isolierscheibe angebrannt. Vorsichtig muss man versuchen, den meist sehr festsitzenden Kerbnagel aus der Walze zu ziehen und es muss eine neue Isolierscheibe aufnietet werden. Oft bricht der Kerbnagel aber dabei bündig ab. Das Bruchstück lässt sich nicht entfernen und das bedeutet einen Wechsel der Walze. Also, vorsichtig mit der Flamme am Motor.

Jetzt kommen wir zum eigentlichen Getriebe. Auf zwei Wellen sitzen zehn Zahnräder, die von den Schaltgabeln zueinander in die richtige Position gerückt werden. Da gibt es so viele Fehlerquellen wie Prüfpunkte. Indikator für eine erste Getriebebeurteilung sind die drei Schaltgabeln. Sie dürfen nicht eingelaufen und in keinster Weise blau verfärbt sein. Die Schaltgabel soll das entsprechende Schaltrad in die erforderliche Position bringen. Dort wird es dann vom negativen Hinterschliff der Klauen an den Schalträdern in Position gehalten. Ist dieser Hinterschliff abgerundet und damit verschlissen, kommen auch Festhalteaufgaben auf die Schaltgabel zu. Diesen Belastungen ist die Gabel aber nicht gewachsen, läuft blau an, verliert ihre Härte und wird zerstört. Nun gibt es Zeitgenossen, die zerlegen einen Motor, finden blaue Schaltgabeln, wechseln diese und wundern sich, dass schon nach wenigen hundert Kilometern der selbe Defekt auftritt. Ich habe schon viele Stunden damit verbracht, am Telefon während meiner Fragestunde irgendwelchen Auchfachleuten zu erklären, dass bei ihnen nicht nur die Schaltgabeln, sondern auch die Schalträder auf den Müll gehören. Deshalb hier nochmal die eiserne Regel: BLAU ANGELAUFENE SCHALTGABELN MÜSSEN IMMER ZUSAMMEN MIT DEM DAZUGEHÖRIGEN SCHALTRAD GEWECHSELT WERDEN!!! Aber es wird immer wieder Unbelehrbare geben, die nur die Gabeln austauschen.

Das Grundübel für den Defekt an den Schaltgabeln ist Schmierungsmangel, hervorgerufen durch ein falsch ausgerichtetes Ölleitblech oder zu wenig Getriebeöl. Die Auswirkung ist ein Herausspringen der Gänge. Sind die Schaltgabeln nicht blau, toleriere ich Einlaufspuren bis ca. 7/100stel Millimeter. Diese Spuren resultieren von der Oberflächenbehandlung bei der Herstellung, denn bewusst wird die Schaltgabel nicht poliert, sondern mit etwas Oberflächenrauigkeit gefertigt. Vielfach werden verzogene Schaltgabeln erwähnt. Diese sind äußerst selten und kommen nach meiner Erfahrung nur vor, wenn man Kindern die Möglichkeit gibt, auf dem Motorrad rumzuturnen. Die nutzen den Schalthebel als Steigbügel, dann kommt man besser auf den Tank, wobei egal ist, was Papas Schaltgabel dazu sagt. Es gibt Anleitungen wie man Schaltgabeln richten kann. Technisch gesehen natürlich absoluter Unsinn, denn krumme Schaltgabeln werden blau anlaufen. Und was man damit macht, wissen wir ja noch von unserem

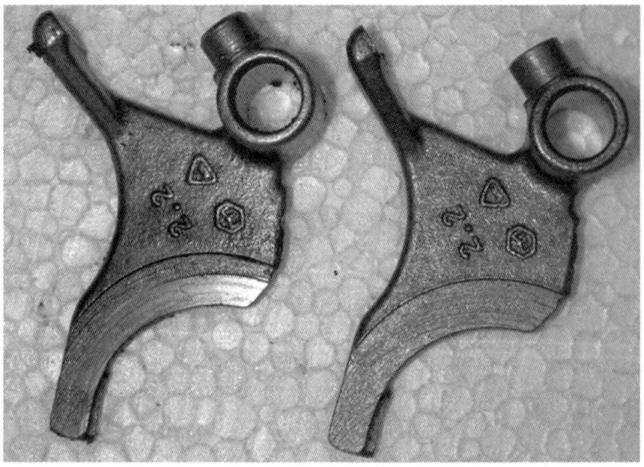

Verschleiß: Die linke Gabel ist eingelaufen und wird gewechselt.

Merksatz etwas weiter oben. Gabeln hingegen, die nicht blau sind, sind nicht krumm und brauchen daher nicht gerichtet zu werden.

Auf den Getriebewellen haben wir es mit Schalträdern und Gangrädern zu tun. Die Bezeichnungen sind verwirrend, also versuche ich, hier erst einmal Klarheit zu schaffen. Schalträder sind die Zahnräder, die Nuten haben, in denen die Schaltgabeln eingreifen. Schalträder sind Festräder, das bedeutet, sie sind durch ein Keilprofil drehfest mit der Welle verbunden, lassen sich jedoch auf dieser verschieben. Die anderen Gangräder sind Losräder, das heißt, sie drehen sich frei auf der Welle, lassen sich aber nicht verschieben. Eine Ausnahme bildet das Antriebsrad für den ersten Gang. Das Antriebsrad und die Getriebewelle sind ein Teil und lassen sich daher auch nicht zerlegen.

Die Zähne aller Räder sind ständig miteinander im Eingriff, beim Schalten der Gänge wird ein mit der Keilwelle formschlüssig fest verbundenes Schaltrad durch die Schaltgabel mit seinen Schaltklauen in die entsprechenden Fenster des Losrades geschoben. Dadurch wird das Losrad mit dem Festrad verbunden und kann so die Motorkraft übertragen. So haben die Zahnräder eine Doppelfunktion. Einerseits wird die Antriebskraft des Motors über die Zähne übertragen, zum anderen wird dieselbe Kraft über Schaltklauen und Schaltfenster übertragen. Viele Schrauber sehen nur auf die Verzahnung und deren Verschleiß. Dabei haben die Klauen eine viel höhere Kraft pro Quadratmillimeter zu übertragen. Also wird beides überprüft.

Zuerst werden die Schalträder notiert, deren Schaltgabeln blau angelaufen sind. Nun wird die Abtriebswelle (die Welle, die das Kettenritzel trägt) vorsichtig mit der Keilverzahnung in den Schraubstock gespannt. Mit einer Sprengringzange wird der obere Sicherungsring über dem 1.-Gang-Rad vorsichtig entfernt. Nicht zu weit aufbiegen. Die darunter liegende Anlaufscheibe wird nun entfernt. Dahinter befinden sich die Lagernadeln des 1.-Gang-Rades. Nimmt man nun das Gangrad herunter, fallen die Nadeln in den Dreck. Das ist nicht schlimm, wenn man sowieso neue verwendet. Wenn nicht, zieht man die Nadeln mit dem Stabmagneten heraus und legt sie in ein blitzsauberes Töpfchen. Niemals dürfen neue und alte Nadeln vermischt werden. Wenn das Gangrad ab ist, liegt auf der Welle noch eine Anlaufscheibe, die ebenfalls abgenommen wird. Nun lässt sich das Schaltrad für den 1. und 3. Gang abnehmen. Das ist das Rad, wo die Schaltgabel mit der Nr. 010 eingreift. Jetzt wird die Welle ausgespannt und auf der anderen Seite das Schaltrad für den 2. Gang abgenommen. Es ist lose aufgesteckt und nicht gesichert. Benannt werden die Schalträder übrigens immer nach den zu schaltenden Gängen und nicht nach den Gängen, deren Kraft sie übertragen. So schaltet das Schaltrad 2 die Kraft des 2. Gangs, überträgt aber über seine Verzahnung die Antriebskraft des 5. Gangs. Auf der Welle befinden sich jetzt noch die Gangräder für den 3. und 4. Gang. Sie sind übrigens im Neuzustand kupferfarben beschichtet und nicht, wie viele Leute empört berichten, verrostet. Die beiden Räder bleiben zuerst einmal an ihrem Platz.

Von allen fünf Rädern werden nun die Zähne auf Verschleiß untersucht. Hilfreich bei der Begutachtung ist eine Lupe, aber es geht auch mit dem bloßen Auge. Im Neuzustand ist ein Getriebezahn nicht spiegelblank, er hat eine gewisse Oberflächenrauigkeit zum Einlaufen. Ein gebrauchtes Zahnrad hat schön blank eingelaufene Zähne. Die Verschleißgrenze ist erreicht, wenn die Zahnspitzen des Gegenrades sichtbare Spuren im Zahngrund des zu prüfenden Rades hinterlassen haben. Diese Verschleißspuren sind bei Lampenlicht als graue Streifen 2 bis 3 mm über dem Zahngrund zu erkennen. Als Kriterium zum Aussondern des Zahnrades genügt es, wenn bei einem Zahn und auch nur auf einer kleinen Stelle ein solcher Verschleiß sichtbar ist. Denn der Verschleiß geht in diesem Zustand rasch weiter, so dass man wirklich großzügig austauschen sollte. Generell sollte man die Zahnräder paarweise tauschen, obwohl es durch die Oberflächenbeschaffenheit des Neuzahnrades und der damit verbundenen Einlaufeigenschaften auch möglich wäre, einzelne Räder zu erneuern.

Ich gehe nicht weiter auf ausgebrochene Zähne ein, denn jedem sollte klar sein, dass Zahnräder mit Karies im Altmetallcontainer entsorgt werden sollten. Wenn das große Zahnrad des ersten Ganges Zahnschäden hat, sollte man normalerweise den Radsatz des Kickstarters ebenfalls erneuern, da das Kickstarterzahnrad im ständigen Eingriff mit dem ersten Gangrad steht.

Nun geht es um die Schaltklauen von Schaltrad 1 und 3. Dieses Rad hat an beiden Seiten Klauen. Normalerweise sind sie in Ordnung, wenn die Schaltgabel gut aussah. Aber es gibt Grenzfälle. Die Schaltklauen müssen an den Ecken scharfkantig sein, schon eine Verrundung mit einem Radius über 0,5 mm ist zu groß. Die Flächen müssen einen Hinterschliff von 3° haben, damit die Kraft übertragen werden kann. Man erkennt dies auch am Fenster des Gegenrades. Auch das hat einen Winkel von 3°, damit der Gang sitzt. Wenn man jetzt zwischen den Fenstern starke Schleifspuren sieht, sind die Klauen beim Schalten drübergerutscht und entweder sind Klauen und Fenster verschlissen, oder der Fahrer hatte keinerlei Gefühl

Kontrolle: An den Klauen darf es keine Abrundungen geben.

beim Schalten. Auf jeden Fall ist ein zerschlissenes Gangrad auch zu erneuern.

Die gleiche Prüfung wird mit dem Schaltrad des 2. Gangs gemacht. Es hat nur einseitig Klauen und die sind oft defekt, da gerade dieses Radpaar bei falsch eingebautem Ölleitblech die wenigste Schmierung bekommt. Deshalb ist auch der 5. Gang der Erste, dessen Verzahnung verschlissen ist.

Nun sind noch zwei Räder auf der Welle. Die Welle ist von innen her geschmiert, und durch falsches Getriebeöl kann sich der Schmierkanal zusetzen mit der Folge, dass die Schmierung versagt.

Die Prüfung des Schmierkanals läuft folgendermaßen ab: Man pustet in die (gereinigte) Schmierbohrung der Welle hinein und dreht dabei erst das eine und dann das andere Zahnrad. Dabei wird der Luft ein wechselnder Widerstand entgegengesetzt. Dies stammt von den Schmiertaschen im Zahnrad, die jeweils den Ölkanal öffnen oder schließen. Spürt man dieses Wechseln des Luftwiderstandes bei beiden Rädern, ist der Kanal frei.

Die nächste Prüfung ist das Spiel der beiden Räder auf der Welle. Wenn man die Räder kippt, darf die Bewegung am äußeren Rand 1,5 mm nicht überschreiten. Natürlich müssen die Fenster für die Schaltklauen einwandfrei sein. Wenn alles in Ordnung ist, können die Räder auf ihrem Platz bleiben. Denn befestigt sind die Räder mit einem Flachsprengring, der empfindlich gegen Falschbehandlung ist. Zur Demontage wird der Sprengring mit einer Sprengringzange gerade so weit geöff-

Vorsicht: Dieser Sprengring darf nur so weit wie eben nötig geöffnet werden.

net, dass er sich mit dem darunter liegenden Zahnrad aus der Nut drücken lässt. Mittels dem Zahnrad wird er dann ganz nach oben geschoben. Dennoch sollte der Sprengring bei der Montage stets ersetzt werden. Wenn der nicht richtig hält, sind plötzlich zwei Gänge im Eingriff und dann blockiert alles. Den darauf folgenden Sturz habe ich vorher schon mal beschrieben.

Unter dem Sprengring sitzt eine Anlaufscheibe mit Keilprofil. Auf keinen Fall darf diese Anlaufscheibe durch eine Scheibe ohne Verzahnung ersetzt werden. Der Sprengring darf nicht mit drehenden Teilen in Berührung kommen. Wenn die Anlaufscheibe auch nur minimal eingelaufen ist, wird sie ersetzt. Nun lassen sich die beiden Zahnräder mit der dazwischen liegenden Abstandsscheibe von der Welle nehmen. Die nackte Welle liegt vor uns. Der Schmierkanal wird nochmal durchgepustet. Die Stellen, wo die beiden Zahnräder sind, müssen den gleichen Durchmesser haben, wie die Stelle, an der die Abstandsscheibe sitzt. Sind die Laufflächen der Zahnräder tiefer eingearbeitet, ist die Welle zu ersetzen. Das Keilprofil der Welle sowie die Sprengringnuten müssen einwandfrei sein, und die Lauffläche des Nadellagers muss absolut spiegelblank poliert sein. Der kleinste Materialausbruch degradiert die Welle zum Schrotteil.

Erfahrungsgemäß ist zu sagen, dass ein Getriebe nach ca. 25.000 km mit falsch stehendem Ölleitblech meistens komplett erneuert werden muss. Bei korrekt geschmiertem Getriebe sieht es mit der Anfälligkeit aus wie folgt. Das Schaltrad 1 und 3 wird zusammen mit der Gabel 010 sehr stark und häufig belastet, also wird es auch am meisten benötigt. Bei Motorrädern, die viel auf der Autobahn gefahren werden, ist öfters das Schaltrad des zweiten Ganges an den Zähnen verschlissen, da dieses Rad die Zahnpaarung für den 5.

Gang trägt. Bei falsch stehendem Ölleitblech ist das Schaltrad des 2. Gangs meist mit der Gabel 012 gemeinsam zu wechseln, da das Rad am hintersten Ende des Ölblechs arbeiten muss und daher am wenigsten Schmierstoff bekommt. Die Gangräder sind nicht so hoch belastet, hier tritt Verschleiß meist an den Schaltfenstern auf, dies ist aber eine Folge von gefühllosem Schalten.

Bei der Antriebswelle wird montagemäßig genauso verfahren wie bei der Abtriebswelle, allerdings sitzt das Nadellager im Gangrad für den 5. Gang, also auf der Kettenradseite. Für dieses Rad gilt dasselbe wie für das darin kämmende Schaltrad 2. Bei falsch stehendem Leitblech und/oder viel Autobahnfahrt tritt hier häufig Verschleiß auf. Nach Demontage des Gangrades lässt sich das Schaltrad 4 und 5 einfach abziehen. An diesem Rad und der darin laufenden Schaltgabel Nr. 11 ist Verschleiß selten, wohl eine Folge der breiten Keilwellenlagerung. Unbedingt sollte man sich die Einbaurichtung dieses Rades merken, falsch herum funktioniert der Einbau nicht.

Für das Gangrad Nr. 2 gilt das Gleiche, was für die beiden Gangräder der Abtriebswelle gilt. Sie sind mit der gleichen Sprengring/Anlaufscheiben-Kombination gesichert wie dieses Gangrad. Und das wird nur entfernt, wenn das Gangrad entweder schlechte Zähne hat oder auf der Welle kippelt. Beim Pustetest für die Schmierbohrung würden allerdings die Backen platzen. Diese Lagerung wird nämlich von außen geschmiert und arbeitet problemlos. Nach längerer Laufleistung tritt am Antriebsrad für den ersten Gang zuweilen Verschleiß auf. Der Verschleiß ist leicht zu erkennen, da das Rad breiter ist als das Gegenrad. So bleibt quasi zum Vergleich ein Bereich des Zahnrads ohne Verschleiß. Wenn das Gegenrad sich fühlbar im Antriebsrad eingelaufen hat, wird die Welle komplett erneuert, da das Zahnrad ein Bestandteil der Welle ist.

Verschleißmäßig sieht es auf der Antriebswelle etwas besser aus als auf der Abriebswelle. Ein Problem ist bestenfalls das Gangrad vom 5. Gang. Bei hoher Laufleistung gibt es Verschleiß im Zahnbereich am Gangrad 2 und eben am Antriebsrad auf der Welle.

So – die Demontage und die Fehlersuche sind vollständig beendet. Auf der Werkbank liegen die sauberen und einbaufertigen guten Teile. Die tauschfähigen Teile des Motors wurden durch überarbeitete ersetzt. Doch bevor die Altteile in den Hochofen wandern, vergleicht man sie erstmal mit den neuen Ersatzteilen. Denn leider gibt es auf dem MZ-Markt Teilehändler, die Zeug rausschicken, das irgendwo im Ramschverkauf des ehemaligen Ostens billig erstanden wurde, aber leider nicht passt. Deshalb ist vergleichen wichtig. Und auch für die MZ gibt es mittlerweile Billignachbauteile aus Fernost oder anderen Niedriglohnländern, wo man für eine Hand voll Reis auch keinen Wert mehr auf eine Qualitätskontrolle legt. Darauf angesprochen höre ich von diesen Anbietern immer nur eine monotone Antwort: „Das ist für MZ-Fahrer, sie wollen es billig, alles andere ist denen egal.“ Eben nicht!

Prüfung der inneren Bauteile

Jetzt liegt ein Haufen Teile vor uns, die genau geprüft werden müssen. Hierbei werden die Teile in drei Kategorien eingeordnet.

- **Kategorie 1: Teile, die auf den Schrott wandern**
- **Kategorie 2: Teile, die sich zur Wiederaufarbeitung eignen**
- **Kategorie 3: Teile, die wieder eingebaut werden können**

Zur ersten Sorte gehören Teile, die ohne Ansehen weggeworfen werden. Dazu gehören alle Lager, Wellendichtringe, Dichtungen, Sprengringe und Sicherungsbleche. Dazu gehören aber auch Teile, deren Einbau auf Grund des entstandenen Verschleißes nicht mehr vertretbar ist und sich auch in keiner anderen Weise weiterverwenden lassen.

Zur zweiten Kategorie gehören Teile, die zwar nach landläufiger Meinung nicht mehr in Ordnung sind, aber von Spezialisten wieder aufgearbeitet werden können. Dies ist nicht nur eine Kostenersparnis, sondern auch ein aktiver Beitrag zum Umweltschutz. Denn wozu soll man eine Kurbelwelle wegschmeißen, wenn nur das Pleuellager kaputt ist. Das wird vom Fachmann in einem speziellen Verfahren wieder in einen neuwertigen Zustand versetzt und der Rest der aufwendig hergestellten Kurbelwelle kann wie eine Neuwelle eingebaut werden.

In die dritte Kiste kommen Teile, die in ihrem Verschleißbild noch so gut sind, dass man sie bedenkenlos wieder einbauen kann. Bedenkenlos bedeutet hier, dass sie sicher die Zeit bis zur nächsten fälligen Grundüberholung überdauern werden. Das Wissen um diese Restlaufzeit ist entscheidend für eine gründliche Überholung. Es mag vorkommen, dass ein Bauteil, nehmen wir als Beispiel eine Schaltgabel, zwar noch in dem vom Werk empfohlenen Toleranzbereich liegt, wir erneuern sie aber trotzdem, weil unser Motor nach der hier beschriebenen Überarbeitung eben länger leben wird, als es beim Bau vorgesehen war. Zu DDR-Zeiten wurde die Lebensdauer (Ostler nannten den Wert Grenznutzungsdauer) von der Laufzeit der Kugellager bestimmt. Erfahrungsgemäß waren das ca. 30.000 km. Im Westen (seit dem Mauerfall überall) stehen heute moderne Hightech-Kugellager zu Verfügung, die eine rechnerische (und auch tatsächliche) Lebensdauer von über 100.000 km haben. Also müssen auch die anderen Teile diese Lebensdauer erreichen. Dies kann man durch gezielte Verbesserungen im Materialbereich und durch einen einwandfreien Zusammenbau erreichen. Perfekt aufbereitete Motoren haben schon vielfach die berühmte 100.000-km-Marke überschritten. Der beste mir bekannte Motor stellte seinen Betrieb bei einem Kilometerstand von 197.000 mit festgegangenem unteren Pleuellager ein. Da gibt's dann aber nichts zu meckern.

Der langen Rede kurzer Sinn: Wenn jetzt bei der Beurteilung der Teile eine Fehleinschätzung passiert, so reduziert sich die „Grenznutzungsdauer" eben auf die Lebensdauer des vermeintlich noch guten Bauteils. Bewusst verzichte ich bei der Beschreibung der zu prüfenden Bauteile auf 1/100-Millimeterangaben, da eine Sichtprüfung in diesem Bereich oftmals die besseren Ergebnisse bringt. Zum Beispiel kann eine blau angelaufene Schaltgabel messtechnisch einwandfrei sein, kurz nach dem Einbau quittiert sie dann aber den Dienst.

Teileprüfung Kurbelgehäuse

Alle Bauteile liegen gereinigt und bei Zimmertemperatur auf dem Tisch. Beginnen wir mit dem Gehäuse. Alle Gewinde müssen leichtgängig sein. In der Regel ist das der Fall, da die Gewinde im Werk spanlos geformt wurden und somit eine enorme Festigkeit aufweisen. Aber wir leben im Zeitalter der Inbusschrauben. An sich ist das eine feine Sache, wäre da nicht das Ding mit der riesigen Kraft. Die serienmäßigen Schlitzschrauben

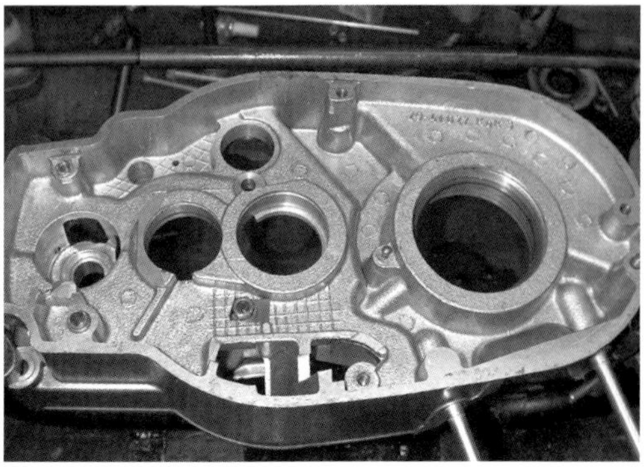

können mit einem Schraubendreher normalerweise nicht überdreht werden. Aber mit einem schönen, möglichst noch langhebeligen Inbusschlüssel lässt sich jedes Gewinde leicht ruinieren. Also Vorsicht, wenn tolle „Antimurksschrauben" verbaut wurden. Apropos „Antimurks": Es gibt auch rundgedrehte Innensechskantköpfe. Die lassen sich mit einem Trick leicht lösen. So genannte Vielzahnschlüssel sind die Weiterentwicklung der Innensechskante. Nun besorgt man sich einen Vielzahnschlüssel, der geringfügig größer als der rundgedrehte Innensechskantkopf ist. Der wird mit dem Hammer in den vermurksten Kopf getrieben, sitzt dort bombenfest und die Schraube kann gelöst werden. Sicher kosten die Schlüssel Geld, sind aber immer noch billiger als ein kaputtes Gehäuse. Schwergängige Gewinde schneidet man mit einem Gewindebohrer M6 nach, während sich ausgerissene Gewinde mit Heli-Coil oder anderen Reparaturmethoden zuverlässig instand setzen lassen. Leider sind diese Reparatursätze teuer, so dass es sich lohnt, ein einzelnes kaputtes Gewinde in einer Fachwerkstatt wieder fit machen zu lassen. Oft sind Zylinderschleifereien (in den gelben Seiten ganz hinten) die richtigen Ansprechpartner und im Besitz dieser feinen Werkzeuge.

Die Zylinderstehbolzen sollten, wenn sie stark korrodiert sind, mit zwei gegeneinander gekonterten M10-Muttern herausgedreht und entrostet werden. Vor dem Wiedereinbau sollten sie mit Zinkfarbe oder hitzebeständigem (150 °C) Rostschutzlack konserviert werden. Der nächste Schrauber wird es danken. Total korrodierte Stehbolzen sind zu ersetzen.

Unser nächstes Augenmerk gilt den Lagersitzen. Sie sollten sauber, matt und riefenfrei sein. Schimmert ein Lagersitz wie poliert silbrig, hat sich das Lager in seinem Sitz gedreht. Nun läuten die Alarmglocken. Mit der Rückseite des Fingernagels fährt man durch den Lagersitz. Wenn an den

Rändern der „polierten" Fläche auch nur die kleinste Erhebung fühlbar ist, kann das Gehäuse meist in die vielzitierte Tonne. Dann haben die Lager sich nämlich schon in die Sitze eingearbeitet und eine genaue Führung der Wellen ist so natürlich nicht mehr möglich. Trügerisch sind die seitlichen Erhebungen an den Lagersitzen noch aus einem anderen Grund. Die Kugellager sind an den Außenrändern ja etwas abgerundet. Durch diese Rundungen entstehen dann auch die bösen Erhebungen. Probiert man jetzt, ob die Lager bei kaltem Motor etwa in den Sitz reinfallen, kann man sich leicht täuschen. Denn über die Erhebung hinweg lassen sich die Lager wie bei einem gesunden Sitz montieren. Erst wenn sie in ihrer „Kuhle" sitzen, geht die Klapperei los. Ganz schlaue Zeitgenossen kommen jetzt mit Lagerkleber. Da gibt es aber ein technisch nicht zu verachtendes Problem. Die Lager können mit dem Kleber nicht zentriert werden, dadurch ist der Lauf der Wellen nicht so exakt wie eigentlich nötig. Die Folge davon sind schwer laufende Getriebe, die das Lager dann endgültig ruinieren, und so etwas kann sogar zum Totalausfall des Getriebes führen. Bei Radlagern oder dem Antriebskörper des Hinterrades kann Kleben eine gute Unterwegshilfe sein, nie aber bei einem Motor.

Verwenden kann man den Lagerkleber in der Version mittelfest, wenn ein Lager zu leicht in seinem Sitz läuft, aber noch nicht schlackert. Unsere Definition dafür ist: Wenn das Lager in seiner Einbauposition auch nur das geringste Spiel zwischen Außenring und Gehäuse von Hand erfühlen lässt, ist der Sitz nicht mehr zu retten. Natürlich gibt es in diesen Fällen die Möglichkeit des Ausdrehens und der Herstellung einer Büchse, aber ein Metaller, der das richtig kann, muss schon ein Virtuose auf dem Bohrwerk sein, und der lässt sich sein Können gern vergolden. Das neue Gehäuse ist in der Regel billiger.

Ein weiterer Blick gilt den Sprengringnuten. Ein Problem hierbei ist der Sprengring der Abtriebswelle. Hier sitzt die Nut nur einen knappen Millimeter unter der Oberfläche. Das hält auch, wenn nicht ein brutaler Mensch das Sicherungsblech des Kettenritzels mit Gewalt axial aufgehämmert hätte. Wenn hier die Nut komplett herausgerissen wurde, gibt es keine Reparaturmöglichkeit. Bei teilweise zerstörter Nut besteht die Möglichkeit, sie bei einer guten Dreherei nachdrehen zu lassen und einen etwas größeren Sprengring zu montieren. Allerdings braucht man dafür einen teuren Ausdrehkopf, was aus wirtschaftlichen Gründen nicht in jeder Dreherei zu finden ist, ganz abgesehen von dem Arbeitslohn, der für diese Spezialarbeit anfällt. Deshalb die Reparaturkosten vorher mit dem Gehäusepreis vergleichen.

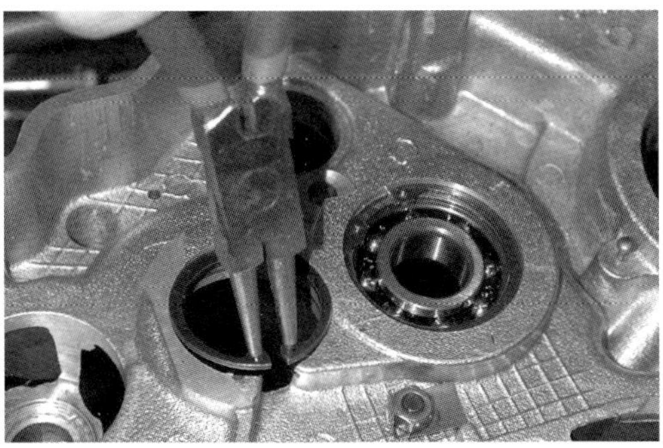

An dieser Stelle eine wichtige Anmerkung. Oft kommt die Frage, ob ich denn die linke oder rechte Gehäusehälfte einzeln wechseln würde, es sei ja nur eine kaputt. NEIN. Die Gehäuse werden in der Fabrik zusammen fein gebohrt und nur zusammen gebohrte Gehäusehälften passen in ihren Toleranzen auch zusammen.

Besonders häufig wird diese Frage von den Muskelprotzen unter den MZ-Fahrern gestellt, die in einem Akt von Kraftmeierei ihre Ölablassschraube gehimmelt haben. Also betrachten wir im nächsten Arbeitsschritt dieses Gewinde und den Stutzen, wo es drinsitzt. Denn bei Überbeanspruchung des Gewindes reißt in den meisten Fällen nicht das Gewinde aus, sondern der angegossene Stutzen platzt auf. Ob kaputtes Gewinde oder gerissener Gewindestutzen, meistens ist das Gehäuse zu retten. In den vielen Fällen ist der Riss ca. 5 bis 6 mm tief oder das Gewinde ist auf einer Länge, die dem Gewinde der Ölablassschraube entspricht, beschädigt. Der Gewindestutzen ist lang genug, um ihn fein säuberlich abzusägen und planzufeilen. Beim Eindrehen der Ölablassschraube sieht man genau an den Druckspuren, ob der gekürzte Stutzen auch schön gerade ist. Aber wirklich nur das beschädigte Stück absägen, denn beim Schalten ragt der Schaltmechanismus ganz minimal in diese Bohrung hinein. Notfalls kann man aber auch eine etwas kürzere Ablassschraube nehmen. Generell sollte der Ölablassstutzen nicht mehr als 8 mm gekürzt werden. Eine Reparatur des Gehäuses ist auch durch Schweißen möglich. Hier ist wieder ein Spezialist gefordert, damit sich das Gehäuse während der Behandlung nicht verzieht. Im Notfall lässt sich der Stutzen auch zuschweißen und man kann dann ein kleineres Gewinde einschneiden. Reparaturen mit Kaltmetall, Hanf und Wunderkleister taugen für unterwegs, um die Fuhre eben noch auf eigener

Achse aus der Sahara zu bewegen – zu mehr nicht.

Wenn die Gehäusehälften sauber und für gut befunden wurden, werden sie aufeinander gelegt, um zu sehen, ob sie wirklich plan sind. Normalerweise gibt es da keine Probleme und nacharbeiten kann man die Dichtflächen nicht. Jetzt können wir die Einbaulage des Ölleitbleches schön kontrollieren. Durch die Bohrungen der Lager sehen wir einen dreieckigen angegossenen Auflagezapfen für das Ölleitblech auf der Innenseite in der Nähe des Kettenritzels. Da wir das Leitblech bei der Demontage schon richtig eingestellt haben, gleitet das jetzt beim Zusammensetzen der Gehäusehälften auf dem Zapfen auf und wird durch die Schräge angepresst. Durch die Lagerlöcher können wir die richtige Lage auf dem Zapfen schön sehen.

Das intakte Gehäuse können wir bis zur Wiedermontage zur Seite legen.

PRÜFUNG DES KURBELTRIEBS

Benötigte Werkzeuge:

- **Viel Gefühl**
- **Fühlerlehre**

„So geit dat nit!", wird spätestens jetzt der alte Meister sagen. Ohne Messwerkzeuge und nur mit dem messerscharfen Blick und Gefühl lässt sich doch ein so hoch präzises System wie ein Kurbeltrieb nicht überprüfen. Geht doch, wenn man die richtige Methode kennt. Zuerst einmal muss der Zustand der beiden Kurbelzapfen überprüft werden. Hat man das Gehäuse korrekt zerlegt, sitzen auf den Zapfen noch die beiden Hauptlager. Zum Abziehen verwendet man ein so genanntes Trennmesser. Dieses besteht aus zwei Hälften, die von kräftigen Schrauben zusammengezogen werden und die Lager per Keilwirkung von den Sitzen lösen. Nach dem Lösen der Sitze werden die Lager mit zwei weiteren Trennschrauben abgedrückt. So ein Trennmesser ist jedoch leider teuer. Aber LKW- und Treckerspezialisten haben sowas und haben nichts dagegen, dass man die Lager vor Ort abdrückt. Hammer und Meißel sind fehl am Platze, ohne Abzieher geht es wirklich nicht.

Halt – eine Räubermethode geht noch, aber nur mit ganz viel Gefühl und wenn es wirklich keinen Trennmesserabzieher gibt. Das Lager auf der Welle wird durch das Abziehen sowieso beschädigt, also kann man es auch zerstören. Ein Flexvirtuose kann ganz vorsichtig den Außenring anschleifen und mit einer großen Rohrzange sprengen, kann dann die Kugeln entfernen und noch viel vorsichtiger den Innenring an zwei gegenüber liegenden Stellen fast durchschleifen. Nur darf man dabei den Hubzapfen nicht ankratzen und nicht überhitzen. Außerdem muss bei dieser Brutalmethode das untere Pleuellager irgendwie gut eingepackt und geschützt werden, denn das kleinste Schleifkörnchen würde es in kürzester Zeit zerstören. Da das ein Handbuch für alle MZ-Lebenslagen sein soll, habe ich diese Methode der Vollständigkeit halber und für alle risikofreudigen Sparer unter den Lesern beschrieben.

Sagt jetzt jemand, er hat das alles nicht gebraucht, weil sein Lager von Hand runterging, hat er sich zu früh gefreut. Der Lagersitz dürfte hin sein.

Damit sind wir schon bei der Prüfung der Hubzapfen angelangt. Die beiden Lagersitze müssen stumpf glänzen. Sehen sie aus wie poliert, hat sich der Sitz im Lager totgedreht. Wenn aber kein fühlbar tiefer Verschleißring entstanden ist, wird die Welle dennoch zum Aufarbeiten angenommen. Der Fachbetrieb trägt durch Funkenerosion kleinste Partikel gleichmäßig auf den Sitz auf und sorgt damit für festen Lagersitz. Die nächste Fläche an beiden Zapfen ist die Lauffläche für den Wellendichtring. Sie darf zwar blank, aber nicht tief eingelaufen sein. Vor allen Dingen muss sie frei von Riefen sein. Probleme sind an dieser Stelle selten.

Gehen wir weiter am Zapfen der Kupplungsseite entlang. Nun betrachten wir die Lauffläche für das Kupplungsnadellager. Da wir es mit einem zweireihigen Lager zu tun haben, finden wir deutliche Laufspuren der Nadeln. Diese sind blanker als das umgebende Material, dürfen aber nicht fühlbar tiefer sein. Die kleinste Vertiefung oder Aufrauung der Lauffläche degradiert die Welle zur Übungshantel.

Nun kommen wir zum wohl wichtigsten Punkt der Überprüfung – dem Kupplungskonus. Hier werden die meisten Fehler gemacht. Obwohl der Konus einwandfrei konstruiert ist und sogar die 46 PS meiner persönlichen 500er überträgt, wird er oft als Fehlkonstruktion verschrien. Falsch ist jedoch meist nur die Behandlung desselben. Wie man es richtig macht, erkläre ich beim Zusammenbau. Der Konus darf keinerlei Riefen haben, muss rundum sauber metallisch schimmern und die vier Nuten müssen gleichmäßig und einwandfrei sein. Die Oberflächengüte ist geschliffen, die kleinsten Macken machen ihn unbrauchbar. Immer wieder erzähle ich Leuten, wie der Konus sein muss und immer wieder versuchen diese Leute ihren Konus durch Herunterhandeln der Beschädigung gesund zu beten. Also nochmal, der Konus hat einwandfrei, riefenfrei und geschliffen zu sein, alles andere ist Schrott. Basta! Das Gleiche gilt übrigens auch für den Gegenkonus in der Kupplung. Davon später mehr.

Bleibt noch das Gewinde für die Drehzahlmesserantriebsmutter. Das macht normalerweise keine Probleme, hat aber einen angedrehten Ansatz für den Kupplungsabzieher. Und da es viele Leute gibt, die jemanden kennen, der unheimlich viel von Motoren versteht und auch einen Klauenabzieher besitzt, sind auch schon viele Wellenstümpfe durch falsche Abzieher gesprengt worden. Hier gibt es drei Erhaltungsstufen: 1. Der Ansatz ist einwandfrei. 2. Der Ansatz hat einen Riss bis 3 mm Tiefe oder ist bis zu 3 mm tief abgeplatzt, dann kann man, wenn die Welle ansonsten einwandfrei ist, den Ansatz am Schleifstein vorsichtig plan abschleifen.

Danach sollte aber der Rest der Welle tauglich für den Wiedereinbau sein, denn solche Wellen werden bei Instandsetzungsbetrieben gar nicht erst angenommen. Und für den Fall, dass man die Welle weiter verwendet, muss man sich beim nächsten Kupplungsabziehen ein speziell passendes Druckstück dafür anfertigen. In der 3. Erhaltungsstufe geht der Riss bis ins Gewinde oder weiter hinein, dann ist die Welle (oder zumindest der Hubzapfen) ein Fall für den Entsorger.

Auf der anderen Seite der Kurbelwelle befindet sich der Lichtmaschinenzapfen. Auch hier gibt es einen Konus, der jedoch dank wesentlich geringerer Belastung weit seltener kaputt ist. Dieser Konus hat einen Fixierungsstift für die Lichtmaschine. Nun gibt es unter den Fahrern die Meinung, ein solcher Stift (oder bei älteren Motorrädern ein Halbmondkeil) verhindere das Drehen des aufgesetzten Bauteils auf dem Konus. Dem ist aber nicht so. Der Stift ermöglicht, dass ein demontiertes Teil wie der Limarotor, immer wieder in seiner angestammten Position montiert werden kann. Schlimm wird es, wenn der Limarotor nicht fest genug angezogen wird und der Konus sich loswackelt. Dann schert nämlich unser kleiner Stift schlagartig ab und dessen Stumpf lässt sich kaum mehr aus dem Konus entfernen. Also auf einen festen Sitz des Konus achten. Damit das möglich ist, hat der Wellenstumpf ein M7-Innengewinde. Dieses ist auf Sauberkeit und mittels der Ankerbefestigungsschraube auf Leichtgängigkeit zu überprüfen.

Wenn die Zapfen brauchbar sind, kommen wir zur Kontrolle des oberen Pleuelauges. Hier ist die

Böse Falle: Bei solchen Laufspuren darf nur das originale Nadellager verwendet werden.

Kontrolle recht einfach, da die Laufflächen der Nadellager nur zwei Betriebszustände kennen. Entweder sind sie in Ordnung oder Schrott. Schrott ist der Pleuel, wenn das Lager auch nur leicht spürbare Einlaufspuren zeigt. Sehen darf und muss man die Laufspuren des Nadellagers als blanke Schattierungen, sie dürfen aber in keinster Weise und an keiner Stelle spürbar sein. Dazu eignet sich die Methode, mit der Fläche des Fingernagels über das Metall zu fühlen. Beim kleinsten Widerstand an den Laufbahnen kann die Welle nicht mehr eingebaut werden. Ob noch repariert werden kann, entscheidet der Instandsetzungsbetrieb. Bei der kleinsten sichtbaren Pittingbildung, und ist der Krater noch so klein, wandert der Pleuel auf den Schrott. Es gibt Leute, die reparieren den Pleuel mittels einer anstelle des Nadellagers eingesetzten Bronzebuchse. Dies ist, wenn es perfekt gemacht wird, eine technisch mögliche Reparaturmethode, allerdings braucht eine Bronzebuchse das Kraftstoff-Öl-Mischungsverhältnis 1:33. Und der Ölmehrpreis, der erhöhte Verschleiß durch zu viel Öl und der daraus resultierende Tintenfischeffekt (beim Beschleunigen dicke „Rauchwolke") sind den Aufwand nicht wert.

Jetzt kommt die Prüfung des unteren Pleuellagers, die ja nach Fachmeinung nur mit teuren Messwerkzeugen zu machen ist. Gut, oft ist durch Schmiermangel (meist bei Ölpumpenmaschinen, weil Öl vergessen wurde oder der Pumpenzug riss) das untere Pleuellager festgefressen. So einen Totalschaden muss man jedoch nicht wegwerfen, den kriegt der Kurbelwellenmacher immer wieder hin. Aber meist dreht sich die Welle noch. Nun prüfen wir das Höhenspiel. Das kein fühlbares

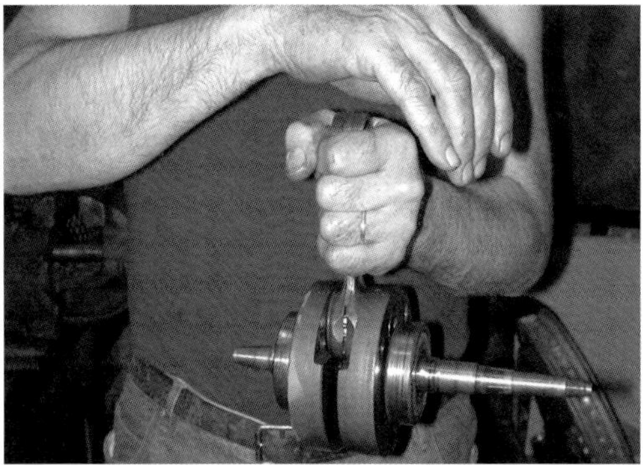

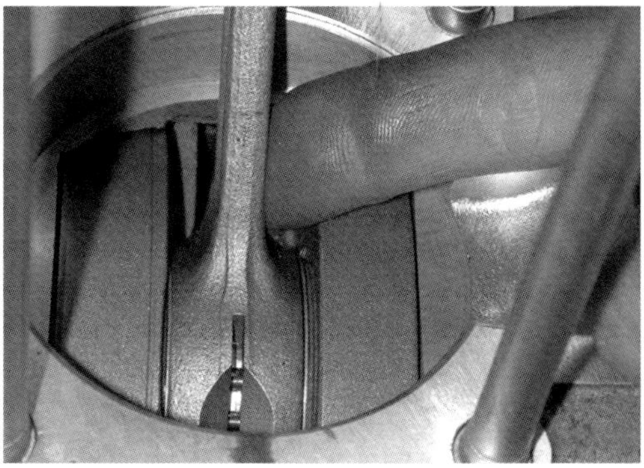

Spiel vorhanden sein darf, ist klar, aber wie viel darf sein? Hierzu hält man die Welle mit der linken Hand frei hängend fest am Pleuel und schlägt mit der rechten Faust fest aufs obere Pleuelauge. Hört man nichts, ist das Lager in Ordnung, neuwertig. Ein leichtes Klick darf sein, ein vernehmbares Klack bedeutet: rein in den Karton, hin zum Reparieren. Natürlich ist es schwer, auf dem Papier den Unterschied von einem Klick zu einem Klack zu beschreiben, Klick ist hörbar, Klack ist deutlich. Der Unterschied ist wie das Ticken einer Armbanduhr zu dem einer Standuhr.

Das untere Pleuellager braucht aber auch Seitenspiel. Laut Werksangabe mit der Fühlerlehre gemessen soll es bis 0,08 mm betragen. Aber ich versprach Kontrolle ohne Werkzeug, also weiter im Text. Das untere Pleuellager wird jetzt leicht eingeölt, die Welle wird auf einen Tisch gelegt und mit zwei Leisten gegen Herunterrollen gesichert. Der Hubzapfen wird auf die höchste Stelle gedreht. Nun versuchen wir, das Pleuel gerade hinzustellen. Bei einem intakten Lager gelingt das nicht, es wird immer zur einen oder anderen Seite umschlagen. An die Jongleure unter den Lesern: Mit Geduld bringt man es vielleicht doch zum Stehen, aber beim leisesten Luftzug fällt es um. Dann ist die innere Reibung nicht durch Riefen und Pitting behindert. Bleibt das Pleuel auch bei der Pusteprobe stehen, ist meist eine der beiden kupfernen Anlaufscheiben verzogen. Zu denen muss das Pleuel auf beiden Seiten geringes Spiel haben. Also drücken wir es gegen eine Seite. Dort muss es bleiben. Wenn man genau hinsieht, erkennt man, wie der Ölfilm rausgedrückt wird und auch beim Loslassen dort bleibt. Jetzt wird das Pleuel auf die Gegenseite geschoben. Auch dort muss es bleiben. Wenn es von einer Seite zurückfedert, war das untere Pleuellager schon mal überhitzt, was die Lebensdauer einschränkt. Ein federndes Pleuel erkennt man wunderbar am Zurücksaugen des Ölfilms. Das Zurückfedern kommt von einer durch Hitze verworfenen Kupferscheibe. Eine solche Welle ist todgeweiht, nur noch der Instandsetzungsbetrieb kann sie retten. Wer sie trotzdem wieder einbaut, der sollte wissen: Die Wahrscheinlichkeit des gnadenlosen Festgehens der Welle steigt, je weiter man von Zuhause entfernt ist und je ekliger das Wetter und je dunkler die Nacht ist.

Aber eines, das haben die messzeughaltige und die messzeugfreie Prüfmethode gemeinsam: Beginnendes Pitting am unteren Pleuellager lässt sich nur dann feststellen, wenn man die Welle zerlegen lässt. Wohlgemerkt „lässt", denn die dazu erforderliche 20-Tonnen-Presse hat wohl kaum jemand im Schuppen stehen. Das Problem ist, dass Materialausbrüche meist in der Mitte der Lauffläche beginnen. Wenn das mittlere Drittel der Lagerlauffläche beschädigt ist, laufen die Lagernadeln beidseitig davon zu je einem Drittel auf gesundem Material, das heißt, die Schadstelle wird überbrückt, ein Verschleiß ist nicht messbar, aber doch bös vorhanden. Es liegt am Schrauber

Nicht messbar: Hubzapfen mit beginnendem Verschleiß

und Fahrer selbst, die Entscheidung zu treffen, ob die Welle prophylaktisch zum Instandsetzen gebracht wird oder man das Restrisiko des unteren Pleuellagers mit beginnendem Materialausbruch trägt. Ich entscheide es so: Wenn ich einen

Tauschmotor aufbaue, bekommt der auf jeden Fall eine komplett überholte Welle, egal wie die vorher aussah. Im Reparaturfall entscheide ich die Sache nach Gefühl und in Absprache mit dem Fahrer. Dabei ist auch der Gesamteindruck der anderen Motorteile wichtig. Zu denen kommen wir gleich, nachdem die Welle, die wieder eingebaut werden soll, im fusselfreien Lappen verpackt und an einen sicheren Ort gelegt wird.

Von oben nach unten:
Verkokt: Mit zu viel Öl gefahrener Kolben eines Eskortenmotorrads.
Klemmspuren: Dieser Motor lief zu mager. Zudem war die Bolzenpassung zu eng.
Super-Gau: Hier ist ein Nadellager auseinander geflogen.
Perfekt: Mustergültiger Kolben nach 65.000 km.

Prüfung von Kolben und Zylinder

Wie die Kurbelwelle lässt sich auch die Kolben- und Zylinder-Einheit ohne Werkzeug, nur mit einer Fühlerlehre prüfen. Beginnen wir mit dem Kolben. Der Kolbenboden (das ist die Oberfläche des Kolbens, wo die Verbrennung stattfindet) wird mit einer Schicht Ölkohle bedeckt sein. Sie gibt uns Aufschluss darüber, wer vorher auf dem Fahrzeug gesessen hat. Haben wir es mit einer gleichmäßig dünnen, schwarzen oder besser bräunlichen trokkenen Schicht zu tun, wusste der Fahrer, was gut für seinen Motor ist, zügig fahren und nicht fetter als 1:50-Gemisch. Sitzt auf dem Kolben eine dickere, eher lockere holzkohleähnliche Schicht, wurde dieser Motor eher lahm gefahren. Achtung bei weiterer Benutzung des Kolbens, denn diese Kolben- und Zylindereinheit muss langsam an flottere Fahrweise gewöhnt werden. Warum das so ist, kommt später. Ist die Ölkohleschicht locker und schuppig, so haben wir es mit einem Ignoranten der motorradtechnischen Zusammenhänge zu tun. Stundenlang wurde der Motor schneckenhaft gefahren und dann ab und zu gnadenlos Vollgas gedroschen. Dies sind die Fahrzeuge, die nach dem Abstellen der Zündung manchmal mit schnell steigender Drehzahl dem Exitus entgegendrehen, wenn man nicht früh genug einen Gang reinbekommt und der Sache durch Abwürgen ein Ende macht. Der Grund für dieses immer mal wieder vorkommende Phänomen: Die Spitzen der Ölkohleschuppen fangen an zu glühen und lassen den Motor ohne Zündfunken als Diesel weiterlaufen. Sowas ist selten, derart dumm gefahrene Motoren fand ich bisher fast nur bei Behördenmaschinen.

Die Ölkohleschicht auf dem Kolbenboden sollte übrigens vor dem Zusammenbau nur mit einer groben Bürste entfernt werden, wobei eine Restschicht fester Ölkohle auf dem Kolbenboden durchaus erwünscht ist, schützt sie doch den Kolben vor Temperaturspitzen. Mit ein Grund dafür, dass neue Motoren nicht direkt voll belastet werden sollen. Die Ölkohle ist des Weiteren ein Indikator für den Verschleiß der Kolben- und Zylinder-Einheit. Den Verschleiß, das heißt, die Dichtheit der Kolbenringe in der Lauffläche können wir daran erkennen, wie weit die Ölkohle sich an der Seite des Kolbens, der Kolbenwand, nach unten vorbeigedrückt hat.

Der Raum vom oberen Kolbenring nach oben zum Kolbenboden heißt Feuersteg. Er sollte und darf hauchdünn mit Ölkohle überzogen sein, auch das hat thermische Gründe. Wenn sich jetzt etwas Ölkohle am ersten Kolbenring vorbei nach unten durchgedrückt hat, ist das noch in Ordnung. Unter dem zweiten Kolbenring sollte jedoch nicht mehr

viel Ölkohle zu finden sein, höchstens leichte Nebel. Ein solcher Kolben kann von seiner Dichtigkeit her wieder in seinen alten Zylinder eingebaut werden. Ist die Ölkohle auch unter dem dritten Kolbenring angelangt, ist Vorsicht geboten. Finden wir Ölkohle mehr als einen Zentimeter unter dem dritten Ring, ist der Kolben meistens reif für die Tonne. Sollten sich dennoch die Kolbenringe in ihren Nuten frei bewegen können, gibt es noch Hoffnung für den Kolben. Durch zu viel Schmierung und zu langsame Fahrweise können die Ringe in ihrer Nut festbacken und daher den Zylinder nicht mehr richtig abdichten. Durch vorsichtiges hin und her bewegen lassen sich die Ringe oft lösen. Erleichtert wird dieser Rettungsversuch, wenn man den Kolben vorher eine Nacht in Kriechöl oder Diesel legt. Auf keinen Fall sollte man versuchen, die Ringe vom Kolben zu entfernen, weil das Undichtigkeiten zu Folge haben kann. Ebenso wird das Vorgehen ganz schlauer Schrauber, die Ringe gewaltsam aus den Nuten zu brechen und gegen Neue auszutauschen, nicht von Erfolg gekrönt sein. Denn unser Zweitakter hat bekanntlich Kanäle und daher ein unrundes Verschleißbild. Die alten Ringe haben ja diesen Verschleiß mitgemacht und sich angepasst. Neue Ringe sind kreisrund. In der mehr oder weniger ovalen Lauffläche des Zylinders würden sie aber nur an drei Punkten perfekt sitzen. Da es eine der Hauptaufgaben der Kolbenringe ist, die Wärmeableitung des Kolbens auf die Zylinderlauffläche zu ermöglichen, ist klar, dass so viel Wärme nicht nur über diese drei Punkte abgegeben werden kann. Der Kolben und der Ring heizen sich auf und der nächste Klemmer mit all seinen Begleiterscheinungen ist da.

Also – wenn bei sich frei bewegenden Kolbenringen die Kohle mehr als einen Zentimeter unter dem unteren Ring sitzt, Kolben wegwerfen, Zylinder überarbeiten lassen. Denn die Kohleschicht am Kolbenhemd entsteht durch (neudeutsch/altamerikanisch) Blow-by-Gase. Das sind mit Ruß angereicherte heiße Gase, die entlang der Kolbenringe vorbeizischen. Gelangen diese Gase mit ihren schädlichen Partikeln am Kolben vorbei in den Kurbelraum, beginnt ein zerstörerisches Werk an der Kurbelwelle und ihren Lagern. Nicht umsonst sieht es in den meisten Zweitakt-Oldies dank des viel zu fetten Gemisches im Kurbelhaus aus, wie in der Kokerei nach der dritten Schicht. Wenn es um fettes Gemisch geht, sind übrigens gerade Engländer und Italiener führend, versuchten sie doch Fehlkonstruktionen im Ölnebel zu verstecken.

Ein weiteres Verschleißmaß ist das Höhenspiel der Kolbenringe. Es sollte 0,10 mm nicht überschreiten. Ein Mindestspiel gibt es auch, aber das anzugeben und zu messen ist Quatsch, da ein frei beweglicher Kolbenring das Mindestspiel aufweist. Gemessen wird, indem man versucht, das Fühlerlehrenblatt zusammen mit dem Kolbenring in die Ringnut zu schieben. Geht das 0,10-mm-Blatt rein, ist der Kolben verschlissen, wenn nicht, ist alles in Ordnung. Schiebt man jetzt den Kolben von unten in den Zylinder, lässt sich der Kolbenringstoß im Einlasskanal erkennen. Der Ringstoß ist nichts weiter als die Spalte an der Stelle, wo der Kolbenring offen ist. Mit einem spitzen Fühlerlehrenblatt wird der dort vorhandene Spalt gemessen. Der Ringstoß ist der sicherste Indikator für Verschleiß im Bereich Kolben und Zylinder. Ist der Abstand unter einem Millimeter, sind die Bauteile weiter verwendungsfähig. Der Stoß darf bis 1,5 mm betragen, und solange keine Ölkohle unter dem unteren Ring sitzt, ist er auch bei so viel Verschleiß noch genügend gasdicht. Sind jedoch Verbrennungsspuren unter dem unteren Ring, hat der Wiedereinbau keinen Sinn, unsere Blow-by-Gase würden zu viel Schaden anrichten.

Nun zum Kolbenhemd. Es sollte glatt und ohne Klemmspuren sein. Vorhandene Klemmspuren erzählen uns etwas über die Ursache der Störung. Klemmspuren rechts und links des Kolbenbolzens rühren von einer zu engen Bolzenpassung her. Dies ist aber äußerst selten geworden. Wenn es sowas noch gibt, kann ein gefühlvoller Mensch die Kolbenbolzenbohrung mit einer verstellbaren Reibahle leicht nacharbeiten, so dass sich der Bolzen leicht in den ca. 50 °C warmen Kolben drücken lässt.

Sind die Klemmspuren rundum und besonders an der heißen Auslassseite zu finden, kann es entweder am zu engen Einbauspiel liegen oder an einer falsch eingestellten Zündung. Eine dritte Möglichkeit wäre, dass der Motor von seinem Kraftstoff-Luft-Gemisch her zu mager lief. Zu wenig Öl lässt den Kolben nicht festgehen, nur zu wenig Kraftstoff. Denn je magerer das Gemisch ist, desto höher ist die Verbrennungstemperatur und desto heißer wird damit auch der Kolben. Der Klemmer entsteht dadurch, dass das Aluminium des Kolbens sich weiter ausdehnt als die Gussbuchse des Zylinders. Der Kolben weiß nicht mehr wohin und klemmt fest. An der Klemmstelle kann er schlagartig wieder Wärme abgeben und wird meist nach ein paar Minuten oder gar Sekunden wieder frei. Allerdings klappert es danach grauselig im Motor. Das liegt daran, dass ein Materialaustausch stattgefunden hat. Stahl aus der Lauffläche hat sich auf dem Kolben abgelagert und Aluminium des Kolbens hat den Zylinder verschmiert. Sind die Klemmspuren kleiner als ein 10-Cent-Stück, lassen sie sich rausarbeiten. Dazu benötigen wir eine NEUE Dreikantschlichtfeile. Die wird an einer Seite mit Kreide bestrichen und wie ein Geigenbogen über die Klemmstelle geführt. Denn nur eine Dreikantfeile lässt sich so genau führen, dass wirklich nur das aufgeriebene Laufbuchsenmaterial entfernt wird. Und die dabei ent-

stehenden feinen Späne werden von der Kreide gebunden und können den Kolben nicht verkratzen. Es genügt übrigens, wenn das aufgeriebene Metall entfernt ist und die Reparaturstelle vernünftig sauber gefeilt wurde. Denn an einer gefeilten Oberfläche hat der Schmierfilm in der folgenden Einlaufphase einen besseren Halt als an einer glanzpolierten Fläche. Früher, das heißt in den 50er- und 60er-Jahren, wurden wirklich schnelle Rennmotoren so eingefahren: Der Kolben hatte bewusst wenig Laufspiel und wurde solange mit Vollgas betrieben, bis er leicht klemmte. Dann wurde demontiert und die Klemmstelle beseitigt. Dieser Vorgang wurde so lange wiederholt, bis eben kein Klemmer mehr auftrat. Man hatte so einen optimal an den Zylinder angepassten Kolben. Wenn die Klemmspuren allerdings die Kolbenringnuten erreicht haben, oder diese sogar verschmierten, hat Nacharbeit keinen Sinn mehr. Ein neuer Kolben mit dem nächsten Übermaß ist fällig.

Der letzte Kontrollblick gilt der Einlassseite. Oft hat der Kolben dort mehr oder weniger starke Riefen, die aber nicht von Klemmern herrühren. Diese Riefen stammen von Fremdkörpern in der Ansaugluft und sind ein Indikator für die gute Funktion des Luftfiltersystems. Dazu gibt es ein eigenes Kapitel. Leichte Riefen auf der Ansaugseite sind kein Grund für ein Lebensende des Kolbens, sie müssen jedoch mindestens 5 mm von den Kolbenringen entfernt sein.

Wenn also der Kolben zur Weiterverwendung tauglich erklärt wurde, wird jetzt der Zylinder geprüft. Hatte der Kolben keine Klemmspuren, ist auch die Zylinderlaufbahn in Ordnung. Hatte der Kolben Klemmer, so sind oder waren Aluspuren im Zylinder. Sind solche mattgrauen Flächen vorhanden, lassen sie sich mit Ätznatron entfernen. Einfacher geht es mit Sandpapier, ich habe jedoch etwas dagegen, weil ein Siliziumkarbidkörnchen, das auf der Laufbuchse übersehen wurde, eine Kettenreaktion des Schrotts auslösen kann.

Wenn der Kolben während seines Kolbenlebens Millionen Mal im Zylinder auf und ab rast, entsteht dort, wo die Kolbenringe laufen, Verschleiß. Deshalb bildet sich am Umkehrpunkt der Kolbenringe eine Kante in der Zylinderbuchse. Die ist ab ca. 5000 km Laufleistung fühlbar, ab 20.000 km wird sie deutlich und bei sehr alten Motoren entsteht eine gut fühlbare Stufe. Die Ausprägung

dieser Stufe geht einher mit dem Stoßspiel der Kolbenringe und ist ein guter Verschleißindikator. Wer einmal eine tolle Verschleißkante sehen will, sollte mal auf dem Schrottplatz einem alten Diesel in die Laufbuchse schauen, da gibt es Stufen bis über einen halben Millimeter. Diese Kante ist noch ein anderer Grund dafür, warum keine Kolbenringe gewechselt werden sollen. Der Kolbenring hat diese Kante ins Material geschlagen, aber dabei selbst Federn lassen müssen. An der Ringoberseite wurde Material abgetragen. Baut man jetzt einen neuen Ring in den alten Zylinder, rast dieser erstmal mit Schmackes unter diese Kante – und das bis zu 6000 mal pro Minute. Dass die Pleuellager das nicht lange mitmachen, ist logisch.

Diese Kante ist übrigens auch der Grund dafür, dass das Moped vom Opa, was ja immer so vorsichtig gefahren wurde, oft kein Glückskauf ist. Denn gibt man einem lahm gefahrenen Motor die Sporen, längt sich der Pleuel durch die Fliehkräfte der bislang nie benutzten Drehzahlbereiche um wenige 1000stel Millimeter und der Kolben rast auch unter diese Kante. Also muss der Opamotor sorgfältiger eingefahren werden als ein Neuer. Und alles wegen der Verschleißkante. Beim Gebrauchtkauf nützt uns die Verschleißkante. Um zu wissen, was mit Kolben und Zylinder los ist, muss nur der Deckel runter, schon kann man die Kante beurteilen. Dazu mehr im Gebrauchtkauf-Kapitel.

Der nächste Kontrollpunkt ist das Auslassgewinde. Hier wird oft von ungeduldigen Schraubern das Gewinde vermurkst, weil es entweder mit Gewalt schief reingedreht oder nicht fest genug angezogen wurde. Eine Reparatur ist möglich, kostet jedoch im Rahmen der Zylinderüberholung ca. 50 Euro extra. Geprüft wird mit dem Auge und mit der Auspuffmutter, alle Gewindegänge müssen einwandfrei aussehen. Die Mutter muss sich bis zum Ende von Hand reindrehen lassen. Eine Reparatur von leicht vermackten Gewinden ist auf zwei Arten möglich. Entweder mit der Gewindefeile (davon mehr im Werkzeugkapitel) oder mit einer diagonal eingesägten alten Auspuffmutter, die äußerst gefühlvoll in das Gewinde gedreht wird und im Sägespalt den Dreck und die Späne sammelt.

Ansonsten sollte die Dichtfläche des Zylinders einwandfrei sein und der Zentrierbund für die Kopfdichtung sollte umlaufend gut sein. Bei schlecht gemachten 300ern (einfach aufgebohrt) fehlt der Bund ganz, da wird die empfindliche Kopfdichtung direkt mit dem heißen Brenngas des Zylinders konfrontiert. Technisch gar nicht gut! Eine abgebrochene Kühlrippe ist ein Grund, dass der Zylinder nicht mehr zum Tausch angenommen wird, fahren kann man damit jedoch einwandfrei. Bei einer Zylinderinstandsetzung kann man dann eben nicht sofort einen Tauschzylinder mitnehmen, sondern muss warten, bis der eigene Zylinder fertig ist.

Die Gewinde für die Ansaugstutzenbefestigung machen eigentlich nie Probleme, die Dichtfläche muss plan und sauber sein. Jetzt sollte der zum Wiedereinbau bestimmte Zylinder nur noch gut gereinigt werden, denn gerade unter den untersten Kühlrippen sammeln sich Schlamm und Dreck. Da kommt man nie wieder so gut dran wie im abgebauten Zustand.

Fehlt noch der Zylinderdeckel. Nach einem kapitalen Motorschaden haben sich oft Brocken von Kolbenringen und Nadellagern in die Brennraumkalotte eingeschossen. Hier besteht begrenzt Reparaturmöglichkeit. Mit einer Reißnadel oder einem alten Schraubendreher werden die Stahlteile aus dem Aluminium entfernt. Dabei darf nichts vergessen werden, denn bei der nächsten Erhitzung des Zylinderdeckels dehnt dieser sich aus und die Stahlbröckchen würden dem gerade neu gemachten Motor wieder den Todesstoß versetzen. Anschließend wird der Zylinderdeckel mit einem rotierenden Fräskopf und einem Fächerschleifer gefühlvoll nachgearbeitet, bis die Einschlagstellen beseitigt sind. Eine Nacharbeit ist jedoch nur bei Einschlägen bis ca. 1,5 mm Tiefe möglich, ansonsten würde zu viel Verdichtung verloren gehen. Auf keinen Fall dürfen die scharfkantigen Einschläge im Deckel bleiben, deren Ecken würden zu glühen beginnen. Glühzündung mit anschließendem Motorschaden wäre die Folge. Ansonsten bleibt nur der Kauf eines neuen Deckels.

Die Dichtfläche des Zylinderdeckels wird als Nächstes geprüft. Zur besseren Abdichtung besitzt sie leicht eingedrehte Rillen, die sich in die Deckeldichtung eindrücken und dadurch für eine perfekte Abdichtung sorgen. Fehlen diese Rillen, hat ein sportlicher Zeitgenosse den Deckel zwecks „Tuning" abgedreht, um die Verdichtung zu erhöhen. Vorsicht, der Kerl hat bestimmt auch schon an anderen Bauteilen verschlimmbessert. Sind diese Rillen sauber in der alten Deckeldichtung zu sehen, kann man sicher sein, dass der Deckel plan ist.

So, da war noch was – ach ja, die Karre geht bei Regen immer aus, obwohl man schon alles probiert hat. Aber eine Möglichkeit bleibt noch. Der Zylinderdeckel hat nämlich einen Abwasserkanal.

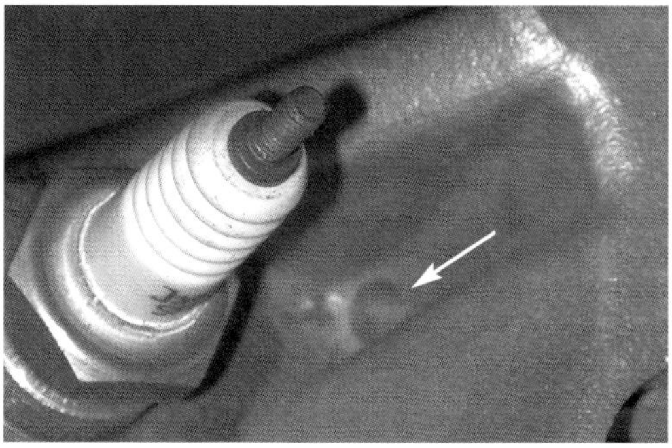

Und der ist nun mal öfters verstopft. Wenn der aber seiner Funktion nicht mehr nachkommen kann, steht Kerzenstecker und Kerze das Wasser bis zum Hals. Und wenn dann noch ein Körnchen Streusalz dazukommt, springt der Funke überall über, nur nicht an der Kerze. Also muss der Kanal, der neben dem Kerzenloch zur unteren Kühlrippe führt, notfalls mit einem 4-mm-Bohrer frei gebohrt werden. Aber auch im offenen Zustand spielt diese unscheinbare Bohrung harmlose Streiche. Ich kenne einen, der hat zum x-ten Mal die Deckeldichtung gewechselt, immer gab es Ölschmiere zwischen den Kühlrippen, bis es ihm wie Schuppen von den Augen viel. Der Dichtring der Zündkerze war defekt, Ölschmiere trat am Kerzengewinde aus und lief durch den Kanal nach vorne.

Noch kurz etwas zum Thema Kerze: Ein ausgerissenes Kerzengewinde kann jeder gute Zylinderschleifer reparieren, es gibt einwandfreie Methoden. Eine Methode geht aber garantiert nicht: Bei Krädern von der NVA (das war die Organisation mit den stärksten Schlossern) findet man immer wieder ausgerissene Kerzengewinde, die einfach auf M18 x 1,5 aufgebohrt wurden und mit den dicken Kerzen des alten Wartburg versehen wurden. Die haben aber einen Wärmewert von 175. Das gibt feinste Glühzündungen und/oder Löcher im Kolben.

Geschafft – das war alles über Kolben, Zylinder und Kurbelwelle, im nächsten Abschnitt geht es um die getriebemäßige Feinmechanik.

Zusammenbau des inneren Motorblocks

Vorbereitung der einzubauenden Teile, Blockmontage

Benötigtes Werkzeug:

- **Propanbrenner**
- **Kühltruhe**
- **Ölkännchen**
- **Schraubendreher**
- **Sprengringzange für Außenringe**
- **Sprengringzange für Innenringe**
- **Plastikhammer**
- **Durchschlag, ca.12 mm Durchmesser**
- **Schraubendreher für Gehäuseschrauben (ganz genau passend, nicht sparen!)**
- **Alter kleiner Pinsel für die Dichtmasse**

VORBEREITUNG DER KURBELWELLE

In einem alten MZ-Buch steht, dass beim Zusammenbau peinliche Sauberkeit, ähnlich wie bei einer Operation, zu herrschen hat. Absolut richtig. Genau wie bei einer Operation sollten die einzubauenden Teile erst einmal sauber, einbaufertig und griffbereit daliegen. Denn hier wird im wahrsten Sinne des Wortes mit Feuer und Flamme geschafft. Es gibt ein tolles Chaos, wenn der Block erhitzt ist, das Lager aber nicht bereit liegt. Genauso wichtig ist es, dass alles nötige Werkzeug in Griffweite liegt und ein Helfer, sofern man ihn braucht, bereit steht.

Beginnen möchte ich mit der Vorbereitung der Kurbelwelle. An der Welle, auch bei einer neuen oder aufgearbeiteten, wird per Augenmaß noch mal der Zustand der Konen und Lagersitze überprüft. Mittels der von Hand eingedrehten Rotorhalteschraube wird das M7-Gewinde im rechten Hubzapfen überprüft. Ich hatte bei einer überholten

Welle aus dem Betrieb, der sonst wirklich nur die besten Wellen macht, im rechten Gewinde einen abgebrochenen Gewindebohrer entdeckt. Natürlich nachdem der Motor zusammengebaut war und der Kunde schon zu mir unterwegs war, um ihn abzuholen. Ich glaube, der Kurbelwellenonkel hat mich bis in seine Werkstatt schreien hören. Also grundsätzlich gilt auch für Teile, die aus guten Fachbetrieben kommen, dass eine Überprüfung vor dem Einbau unerlässlich ist. Denn niemand ist unfehlbar. Besonders hier finden Murphys Gesetze uneingeschränkte Anwendung: Die Wahrscheinlichkeit, dass an einem gelieferten Teil etwas kaputt ist oder dass es gar das falsche Teil ist, steigt in dem Maße, wie die Anzahl der Tage sinkt, die man hat, um die Maschine zum Urlaub vorzubereiten. Also – alles vor dem Einbau sorgfältig kontrollieren, und wenn es noch so original verpackt ist.

Nun werden die neuen Kugellager auf die Kurbelwelle montiert. Hierzu nehmen wir die Physik zur Hilfe, die Lager werden erwärmt. Günstig ist es, wenn die Kurbelwelle, gut eingepackt und mit geöltem Pleuellager, vorher eine Nacht in der Kühltruhe verbracht hat. Dadurch werden die Hubzapfen etwas kleiner und die Lagermontage gestaltet sich einfacher. Nun benötigen wir eine Heizvorrichtung für die neuen Lager. Dazu wird ein altes Kugellager zerlegt. Mit viel Know-how. Der Käfig wird herausgedrückt und alle Kugeln werden auf eine Seite geschoben. Schon lassen sich die beiden Ringe voneinander trennen. Der innere Ring ist unser Hilfswerkzeug. Zur Lagermontage wird er mit dem Brenner dunkelrot erhitzt. Das funktioniert besser, wenn man unter dem Ring drei, um 120° versetzte, Schweißpunkte anbringt (oder anbringen lässt), auf denen der Ring stehen kann. Wenn er flach aufliegt, gibt er seine Hitze ja an die (hoffentlich) feuerfeste Unterlage ab. Erst wenn der Ring bei ausgeknipstem Licht wirklich dunkelrot leuchtet, wird das ausgepackte Lager mit der offenen Käfigseite nach oben flach exakt draufgelegt. Rasch nimmt es die Hitze des Ringes an. Ein Spucketropfen auf der Oberseite des inneren Laufrings zeigt uns durch beginnendes Brutzeln eine ausreichende Erwärmung des Lagers an. Nicht überhitzen, soeben zischende Spucke lässt auf eine richtige Montagehitze von ca. 120 °C schließen.

In der Zwischenzeit wurde die Kurbelwelle mit einem Zapfen, welcher ist egal, nach oben in den Schraubstock gespannt. Dass man dabei Alu-Schutzbacken oder zumindest eine hölzerne Zwischenlage verwendet, ist wohl jedem bewusst. Glücklich ist der, dessen Schraubstockmaul groß genug ist, um den Hubzapfen am äußeren Durchmesser einzuspannen. Dann nämlich kann man, falls etwas bei der Lagermontage schief geht und das Lager nicht ganz auf den Zapfen gerutscht ist, mit einem passenden, bereit liegenden Rohrstück und einem Hammer nachschlagen, ohne Schaden an der Welle anzurichten. Niemals darf ein Lager nachgeschlagen werden, wenn die Welle am gegenüber liegenden kleinen Zapfen gespannt wurde. Die Schlagkraft würde dann über den Hubzapfen geleitet und ein Verzug der Welle wäre unvermeidlich. Da unser Lager aber die richtige Temperatur hat, klappt die Sache. Man fasst das Lager am Außenring (keine Angst, der ist nicht heiß!) und schiebt es beherzt bis zum Anschlag auf die Welle. „Klack" - die offene Käfigseite dabei nach oben und das Lager sitzt. Trotzdem, Vertrauen ist gut, peilen wir jetzt zwischen Lager und Hubscheibe hindurch, ob das Lager richtig sitzt. Sofort nach dem O.K. wird das Lager mit Getriebeöl aus dem Ölkännchen reichlich benetzt und durchgedreht. Läuft das nicht toll...

Nach einer kurzen Abkühlphase (zwei Minuten) wird die Welle im Schraubstock gedreht und das

Verfahren am anderen Hubzapfen wiederholt. Damit auch der weitere Montageablauf gut klappt, kommt die mit den Lagern bestückte Welle wieder in die Kühltruhe zwischen Grünkohl und Fischstäbchen. Hausfrauen brauchen keine Angst zu haben, MZ-Wellen sind relativ geschmacksecht.

Vorbereiten der Schaltung

Nun wenden wir uns der Schaltwelle zu. Nach der Entscheidung über den Einbau einer neuen Feder wird die Schaltfeder so auf den Schaltmechanismus gesteckt, dass die Schenkel der Feder rechts und links vom Haltezapfen liegen. Anschließend werden die beiden Clipse wieder in ihre Nuten gedrückt. Sitzen sie einigermaßen stramm, können sie weiterverwendet werden. Die Schaltwelle wird nun so beiseite gelegt, dass man sie immer wieder im Blickfeld hat. Denn der Motor lässt sich wunderbar auch ohne die Welle zusammenbauen. Das Fehlen der Welle wird einem erst schmerzhaft bewusst, wenn man den Motor komplett zusammenmontiert hat. Wer jetzt meint, ihm könne das nicht passieren, soll die Welle ruhig weglegen. Dieser Schnitzer ist schon ganz anderen passiert – mir natürlich auch.

Vorbereiten des Getriebes

Wagen wir uns an den Zusammenbau der Getriebewellen. Auch wenn bei der Demontage zwei Räder, weil sie gut waren, auf der Welle blieben, beschreibe ich den Zusammenbau ab der nackten Welle.

Beginnen wir mit der Abtriebswelle. Zuerst wird der Blockflötentest gemacht. Man bläst in die Hohlwelle und aus beiden Schmierbohrungen muss die Luft sauber entweichen. Die Welle wird mit Getriebeöl leicht eingeölt und mit der Ritzelseite (Gewinde) nach unten in den Schraubstock gespannt. Das große Gangrad für den 2. Gang wird mit der Hohlseite nach unten auf die Welle geschoben. Es folgt der Abstandsring. Das Gangrad für den 3.

Gang wird mit der Hohlseite nach oben aufgesteckt. Es folgt die Anlaufscheibe mit dem Keilprofil. Ein NEUER Sicherungsring wird mit der Außensprengringzange gerade eben so weit geöffnet, dass er sich auf das Keilprofil schieben lässt. In seine Nut wird er mittels des Schaltrades 1 und 3 geschoben, dadurch wird die Kraft gleichmäßig verteilt. Es muss „klack" machen, wenn der Ring in die Nut springt. Das Schaltrad wird erstmal wieder abgenommen. Peinlich genau prüfen wir nun, ob der Ring rundum sitzt. Wenn ja, wird er mit einem kleinen Schraubendreher so verdreht, dass die Öffnung in einer Nut der Keilwelle sitzt und nicht auf einer Erhebung. Denn auf sechs Keilen sitzt der Ring sicherer als auf fünfen. Der Ring muss dem Schraubenzieher dabei einen fühlbaren Widerstand entgegensetzen. Ein zu lockerer Ring ist

zu ersetzten. Diese extreme Sorgfalt ist deshalb angeraten, weil dieser Ring eines der Ersatzteile ist, deren Ausfall den Fahrer durch einen jähen Sturz ins Jenseits befördern können. Nun wird das Schaltrad 1 und 3 mit der Zahnradseite nach oben auf die Welle gesteckt. Danach folgt eine Anlaufscheibe und dann das 1.-Gang-Rad (das ganz Große) mit der Hohlseite nach unten. Das schlackert jetzt gehörig, wird gut eingeölt und mit den Lagernadeln bestückt. Das Lager wird entweder komplett neu bestückt oder alle alten Lagernadeln werden wiederverwendet. Eine Mischung alt und neu darf es nicht geben. Alle neuen Nadeln müssen aus derselben Verpackung stammen, da engste Toleranzen eingehalten werden müssen. Eine alte, defekte Nadel kann alle Neuen zerstören. Sollte eine neue Nadel auf den Boden fallen, darf sie nur dann weiterverwendet werden, wenn zweifelsfrei klar ist, dass man nicht versehentlich eine Alte aufgehoben hat. Das Lager wird mit 24 Nadeln gefüllt. Zu viele passen nicht.

Das Nadellager wird gut geölt, das Zahnrad wird durchgedreht. Nun kommt die obere Anlaufscheibe und dann der Sprengring. Dieser darf bei der Montage mit der Sprengringzange nur so weit aufgebogen werden, wie eben nötig. Die Welle wird jetzt aus dem Schraubstock genommen und umgedreht. Das noch fehlende Schaltrad für den 2. Gang wird einfach auf die Keilwelle gesteckt, Schaltklauen nach innen. Es wird nicht gesichert. Diese Welle wird sorgfältig beiseite gelegt. Wer jetzt ein Montageblech hat, weiß es zu schätzen.

Weiter geht es mit der Getriebeeingangswelle. Die wird mit dem Gewindeende nach unten in den Schraubstock gespannt. Das Gangrad für den 5. Gang wird so aufgesteckt, dass die Schaltklauen nach oben zeigen. Zur Schonung des Sicherungsrings wird auch hier eine Anlaufscheibe mit Keilprofil aufgelegt. Dann wird der NEUE Sprengring so gründlich montiert, wie ich das bei der anderen Welle erklärt habe. Nach Prüfung auf perfekten Sitz des Sprengrings wird nun das doppelte Schaltrad 4 und 5 mit dem schmaleren Zahnrad (das mit der größeren Zähnezahl) nach unten auf die Welle geschoben. Jetzt kommt die Anlaufscheibe drauf und das Gangrad vom 5. Gang. Auch hier findet wieder ein Nadellager Verwendung, das genau wie bei der anderen Welle montiert wird. Hier bilden auch wieder Anlaufscheibe und Sprengring den Abschluss. Jetzt wird die fertige Welle neben die andere in Einbaulage ins Montageblech gesetzt. Wer das Blech nicht hat, macht sich praktischerweise zwei Kerben in eine entsprechend große Zigarrenschachtel. Die Schachtel sollte innen mindestens 102 mm breit sein und der Abstand der Kerben muss 50 mm betragen. Darin lässt sich das Getriebe dann wunderbar vormontieren.

Nun werden die drei Schaltgabeln nach folgendem Schema in die entsprechenden Nuten eingesetzt. Vom großen Gangrad 1 auf der Abtriebswelle aus gesehen kommt die Gabel Nr. 010 mit der langen Seite der Führung zum Zahnrad zeigend in ihre Nut. Gabel Nr. 011 kommt genau sei-

tenverkehrt in die Nut des Doppelrades der Antriebswelle. Nummer 012 wird mit der langen Seite der Führung zum Gewindeende der Welle zeigend in die Nut des Schaltrads für den 2. Gang gesteckt. Nun wird die Führungsstange für die Schaltgabeln mit der langen Seite zum 1.-Gang-Rad zeigend durch die drei Schaltgabeln geschoben. Auf beide Enden wird eine Anlaufscheibe (8 mm) gesteckt. Die Schaltwalzen mit den eingefrästen Schaltkurven werden nun mit der Arretierseite (da wo die Schraube drin ist) zum 1.-Gang-Rad zeigend auf die Schaltgabeln gelegt. Durch seitliches Verschieben der Schalträder werden die Nasen der Schaltgabeln in die Schaltkurven eingefädelt. Das Getriebe ist einbaufertig.

Noch mal die Montagerichtungen: Zum großen 1.-Gang-Rad zeigen die Schaltgabel Nr. 010, der lange Zapfen des Schaltgabelführungsbolzens und die Arretierungsseite der Schaltwalze.

Vorbereiten des Kurbelgehäuses und der Teile zum Zusammenbau

Das Getriebe liegt nun einbaufertig vor uns. Daneben liegt der Schaltautomat. Die Kurbelwelle wird jetzt aus der Kühltruhe geholt und bereit gelegt. Ferner werden folgende Teile benötigt:

- **2 Lager 6203 ETN 9 C3**
- **1 Lager 6204 ETN 9 C3**
- **1 Lager 6304 ETN 9 C3**
- **2 Ölleitscheiben**
- **Sprengring für Antriebswelle**
- **Sprengring für Abtriebswelle**
- **1 Ölfangtasche**
- **1 Membranblech dazu**
- **1 Gummitrennscheibe**
- **Dichtungsmasse Hylomar oder ein gleichwertiges Produkt**
- **Alle Gehäuseschrauben**
- **Entfetterspray**
- **Klopapier**

Das Kurbelgehäuse wurde schon anlässlich der Demontage gereinigt und die Ölkanäle und Gewinde wurden überprüft. Das Gehäuse wird nochmal grob gereinigt. In den Lagersitzen für die Kurbelwellenlager müssen die Sprengringe sitzen. Die Ölbohrung muss in die offene Stelle der Sprengringe münden. In den Lagersitz der Abtriebswelle in der linken Gehäusehälfte wird der Sprengring mit der offenen Seite nach oben eingesetzt. Alle Fixierungsstifte und Kerbnägel werden auf Vollständigkeit und festen Sitz geprüft. Sofern noch nicht geschehen, werden die beiden

Gehäusehälften zusammengesteckt, um zu sehen, ob das große Ölleitblech für das Getriebe sauber auf seiner Gegennase in der rechten Gehäusehälfte aufgleitet. Gegebenenfalls muss das Blech so nachgebogen werden, dass es die Spitze der Nase berührt und im Endzustand unter Druck auf der Nase aufliegt. Nun wird die linke Gehäusehälfte, wie schon bei der Demontage erklärt, mit der weichen Flamme des Propanbrenners erhitzt. Dabei muss peinlich genau darauf geachtet werden, dass die Kerbnägel und Sprengringe von der Flamme verschont werden. Die glühen nämlich blitzartig aus. Das Gehäuseteil ist genügend erwärmt, wenn Spucke verdampft, 120 °C sind richtig. Zum Erhitzen eignet sich hier auch eine elektrische Kochplatte. Der Regler der Kochplatte wird voll aufgedreht, das Gehäuseteil wird draufgestellt und solange erhitzt, bis mit dem Spucktest die ungefähren 120 °C festgestellt werden. Da das Gehäuse ja jetzt blitzsauber ist, gibt es damit auch kein Hygieneproblem in der Küche mehr.

Der Zusammenbau des inneren Blocks

Diesen Abschnitt sollte man sich bis zu Ende durchlesen, bevor man mit der Blockmontage beginnt. Hier kommt es nämlich auf die richtige Reihenfolge der Arbeitsschritte zur genau richtigen Zeit an. Da mit Wärme gearbeitet wird, ist das Timing des Arbeitsablaufes entscheidend. Alle Teile für den nächsten Arbeitsschritt müssen in Reichweite liegen, wobei ein flinker Helfer, der die Teile anreicht, ein Vorteil ist. Wie sagten die MZ-Schreiber: „Wie bei einer Operation." Auf geht´s.

Unser Gehäuse ist warm, die linke Hälfte wird mit der Mittelfuge nach unten auf die Werkbank gelegt. Das Kugellager 6204 wird nun mit der offenen Käfigseite nach oben in den Lagersitz der Antriebswelle eingesetzt. Es sollte durchfallen, bis an seinen Sitz. Wenn nicht, reichte die Temperatur nicht ganz aus. In diesem Falle wird das Lager mit dem Durchschlag durch leichte Schläge, die rundum auf dem Außenring verteilt sein müssen, in seinen Sitz getrieben. Der Helfer reicht Sprengring und Zange, der Sprengring wird in seine Nut gesetzt. Nun wird das Gehäuse umgedreht, Trennfuge nach oben und so auf die Werkbank gelegt, dass die Wellen nach unten Freiraum haben. Jetzt wird in den Lagersitz der Abtriebswelle die Ölfangtasche so eingesetzt, dass die Nase in der Öffnung des Sprengrings und die Wölbung nach unten zeigen. Darauf wird das Membranblech gelegt.

Sofort wird ein Kugellager 6203 mit der offenen Käfigseite nach unten in den Lagersitz gedrückt. Auch hier ist leichtes Nachhelfen auf dem Außenring erlaubt, aber meist nicht nötig. Die Lager lassen sich übrigens leichter montieren, wenn sie vorher auch in der Kühltruhe lagen.

Am vorderen Lagersitz für die Kurbelwelle wird noch einmal schnell die Spuckeprobe gemacht. Wenn es noch gut zischt, wird die Ölleitscheibe so hineingelegt, dass sie mit der Warze nach unten

neben dem Ölkanal in der Sprengringöffnung liegt. Die Warze verhindert ein Verdrehen der Leitscheibe. Nun wird die unterkühlte Kurbelwelle mit dem Kupplungszapfen und dem montierten Lager voran bis Anschlag ins Gehäuse hinabgelassen. Durch das Eigengewicht und ein bisschen gefühl-

vollem Schwung rutscht sie rasch durch bis auf die Leitscheibe. Fertig. Das sollte alles ohne Gewalt ablaufen. Allerhöchstens ein ganz, ganz leichtes Nachtupfen mit dem Plastikhammer ist erlaubt. Ein Blick zwischen Kurbelwange und Gehäuse zeigt uns, ob sie wirklich ganz drin ist. Wenn nicht, muss das Ganze abkühlen, der Bereich um die Kurbelwelle wird nachgeheizt und die Welle wird demontiert, wie im Zerlegeartikel erklärt. Aber keine Angst, normalerweise klappt das beim ersten Versuch problemlos.

In der Zwischenzeit ist die Wärme des Gehäuses bis in die Lagerinnenringe der Getriebelager gekrochen. Spuckheiß müssen die nicht sein, die Passung erlaubt eine etwas kühlere Montage. Nun wird das Getriebe als Ganzes, also die beiden Wellen mit Schaltgabeln, Führungsbolzen und Schaltwalze, in beide Hände genommen und komplett in die entsprechenden Bohrungen gesetzt. Mit dem Plastikhammer wird dabei leicht abwech-

selnd auf die Wellen gepocht, bis man am veränderten Klang deutlich hört, dass der Anschlag erreicht ist. Das Halten und Einsetzen des Getriebesatzes sollte man vorher einmal am kalten Gehäuse ohne Lager üben, damit die Sache reibungslos klappt.

Nun kommt der Punkt, der oft vergessen wird, nämlich das Einsetzen des Schaltautomaten. Der wird einfach in seine Bohrung geschoben und die freien Schenkel der Rückholfeder müssen beidseitig des Haltebolzens eingefädelt werden. Jetzt wird das Schaltstück zurückgezogen und in die entsprechende Nut der Schaltwalze eingesetzt. Das Getriebe wird nun mit Hilfe des Ölkännchens geschmiert. Durch Drehen an der Schaltwalze lassen sich nun die Gänge einlegen. Das sollte man ruhig mal probieren, dann sieht man, dass das Getriebe richtig zusammengesetzt ist. Dadurch, dass die Wellen jetzt nur einseitig gelagert sind, ist ein Schalten nur sehr hakelig möglich. Auch müssen die Wellen beim Schalten gedreht werden, damit die Schaltklauen die richtige Position zum Schaltfenster erreichen.

Vorsicht: Beim Hantieren mit dem Schaltautomat die Isolierscheibe schonen.

Bei der weiteren Montage ist es vorteilhaft, wenn das Getriebe in Leerlaufposition steht. Die erkennt man daran, dass die Kerbe für die Schaltarretierschraube durch die Schaltarretierbohrung zu sehen ist. Zur Kontrolle dreht man eine Welle und hält die andere fest. Ist das möglich, ist das Getriebe klar zur weiteren Montage.

Im nächsten Arbeitsschritt werden die Zapfen der beiden Wellen mit Kugellagern bestückt. Dazu werden die Innenringe der Lager 6203 und 6304 auf ca. 60 bis 80 °C erhitzt. Das geht wieder mittels der aufgeheizten Innenringe der alten Lager. Notfalls tut es hier auch eine erhitzte alte Mutter, die größenmäßig dem Innenring entspricht. Mit dem Durchschlag werden die Lager noch einmal rund um den Innenring nachgeklopft, damit sie weit genug auf der Welle sitzen. Zum Abschluss bekommen sie noch einen Spritzer Öl zur Schmierung. Nun wird noch die Ölleitscheibe auf die Kurbelwelle gelegt. Warze nach oben, damit sie beim Aufsetzen des anderen Gehäuseteils an der Ölbohrung sitzt. Es ist vorteilhaft, diese Ölleitscheibe vor dem Einbau über einer Tischkante ganz leicht über die Mitte zu biegen, damit sie etwas federnd sitzt. Denn auf Grund der Fertigungstoleranzen kann sich eine ganz gerade Scheibe unter Umständen etwas freiklappern. Nicht schlimm, aber vermeidbar.

Übrigens, jetzt ist es Zeit für ein kleines Eigenlob, denn das Schlimmste ist geschafft und wir lassen das Gehäuse nun auf lauwarm abkühlen. Jetzt ist die passende Zeit für einen richtig schönen Werkstattkaffee.

Sind dieser und noch zwei weitere getrunken, dürfte das Gehäuse genug abgekühlt sein, um die Dichtungsmasse aufzutragen. Vorher wird noch die Trennscheibe aus Gummi in die Aussparung der Ölfangrinne eingesetzt. Dazu muss sie etwas gedrückt werden, weil sie durch Spannung gehalten wird. Die gesamte Mitteltrennfuge des Gehäuses wird mit Hilfe von Entfetterspray und Klopapier völlig fettfrei gemacht. Benzin aus dem Tank eignet sich nicht, da es nicht rückstandsfrei ablüftet. Dünn, aber deckend, wird die Dichtungsmasse auf die Gehäusetrennfuge aufgetragen. Besonders wichtig sind die Dichtflächen rund um die Gehäuseschrauben im Getriebebereich. Sonst sickert das Öl entlang der Schrauben in den Kettenraum. Arbeitet man an einem Fünfgang-TS-Block, so bleibt unten im Gehäuse ein kleiner Leerraum. In diesem Dreieck verstecke ich gern Zettel mit kleinen, bösen Botschaften für den nächsten Schrauber...

Unsere Dichtmasse braucht rund 10 Minuten zum Ablüften. Während dieser Zeit wird die andere Gehäusehälfte genauso perfekt entfettet wie die Erste und auf die Heizplatte gestellt. Dichtungsmasse ist hier nicht nötig, bei sauberen Flächen genügt einseitiger Auftrag. Wenn die 120 °C erreicht sind, muss alles sehr schnell gehen. Mit dem Gehäuse hantiert es sich am Besten mit neuen Arbeitshandschuhen. Alte Exemplare sind oft fettig und können die Arbeit versauen, da sie die Dichtflächen verschmieren.

Aufsetzen der rechten Gehäusehälfte

Unbedingt bereit liegen müssen nun:

- **Schraubendreher für die Gehäuseschrauben**
- **Die Gehäuseschrauben, davon eine M6 x 50 mm separat, die zuerst gebraucht wird**
- **Durchschlag, Durchmesser 13 mm**
- **Plastikhammer**
- **Hammer (400 g)**

Die spuckheiße Gehäusehälfte wird nun auf die Lager gesetzt. Dabei ist darauf zu achten, dass das Ölleitblech sauber auf seine Stütznase aufgleiten kann. Man sollte das vorher ja auch mit dem leeren Gehäuse probiert haben. Wenn das Gehäuse soweit zusammen ist, dass die Dicht-

flächen sich berühren – man darf mit dem Plastikhammer „nachtupfen“ - wird die mittlere Gehäuseschraube M6 x 50 mm handfest eingeschraubt. Nun wird die, in der rechten Gehäusehälfte sitzende, vordere Distanzhülse so weit mit dem Durchschlag reingetrieben, bis die Hülse jeweils zur Hälfte in den Gehäuseteilen sitzt. Jetzt werden die anderen Gehäuseschrauben nach dem Schraubschema eingedreht. Unter die Schraube Nr. 7 (das ist die Längste) wird ein Aludichtring 6 x 10 mm gelegt. In drei Durchgängen werden die Schrauben in der Reihenfolge dieses Schemas gut festgezogen.

Im noch gut warmen Gehäuse folgt jetzt die hohe Schule des Freischlagens der Wellen. Das ist Erfahrungssache und es ist schwierig, diese Erfahrung in ein paar Sätzen zu beschreiben. Es kommt darauf an, restliche Verspannungen, die die Wellen am absolut freien Lauf hindern, durch gezielte Schläge mit dem Plastikhammer zu beseitigen. Ziel ist es, das alle Wellen völlig frei laufen. Diese Behandlung bringt mehr Leistung und Lebensdauer als so manche Tuningmaßnahme. Die ersten Schläge setzen wir verteilt über die Gehäuseoberfläche rund um die Kurbelwelle. Die Welle soll so frei dre-

hen, dass sie beim Loslassen auspendelt. Genügt das nicht, legt man das Gehäuse auf die Seite und gibt jeweils einige gezielte Prellschläge rund um die Dichtringeinfassungen der Kurbelwelle. Gerade schlagen, sonst können die Einfassungen abbrechen! Nun sollte die Welle frei laufen.

Gelingt es in mehreren Versuchen nicht, die Welle freizubekommen, muss das Gehäuse nochmals mit dem Brenner im Bereich der Lager-

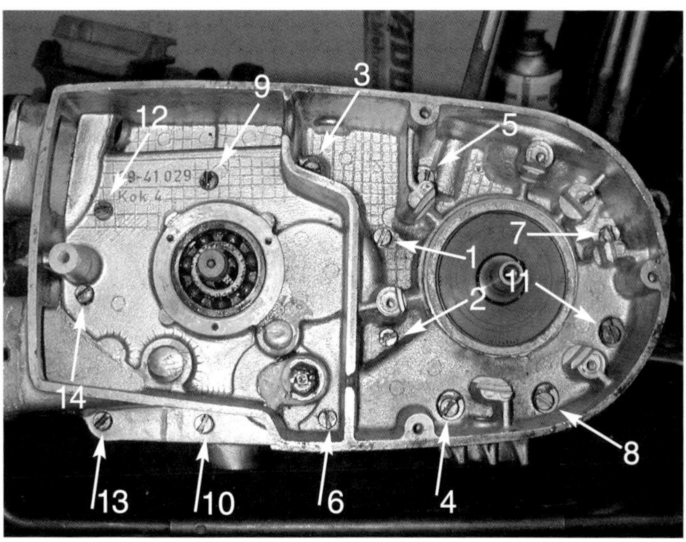

sitze von unten nachgeheizt werden. Dann ist die Prozedur des Freischlagens zu wiederholen, bis die Welle frei pendelt.

Nun folgt das Freischlagen der Getriebewellen. Unser Räderwerk wurde ja in Leerlaufstellung eingebaut. Das Gehäuse wird auf die Kupplungsseite gelegt, das große Lager der Abtriebswelle wird mit mehreren leichten Schlägen mit dem Durchschlag oder einem passendem Rohrstück auf den Innenring nachgesetzt. Ganz frei kann diese Welle nicht laufen, da die Membranscheibe der Ölfangtasche eine Reibung verursacht. Ganz frei laufen hingegen muss die Antriebswelle. Hier ist das Freischlagen einfach. Das Gehäuse wird auf die Lichtmaschinenseite gelegt. Einige etwas kräftigere Schläge mit dem Durchschlag oder besser einem passendem Rohrstück auf den Innenring des Lagers 6204 sorgen dafür, dass diese Welle hemmungsfrei läuft. Nochmals werden die Wellen auf freien Lauf geprüft, dann kann das Gehäuse vollständig abkühlen und ist dann fertig zum nächsten Montageschritt. Sollten die Wellen am Morgen nach dem Abkühlen etwas schwergängiger sein – keine Panik, das ist normal, da das Öl etwas dicker ist und zum freien Lauf der Wellen etwas Temperatur erforderlich ist.

Nun kann man mit Stolz um den montierten Block gehen und hat die schöne Gewissheit, eine Arbeit, die im Fahrbetrieb viel Freude bereiten wird, zum wichtigsten Teil gut abgeschlossen zu haben.

Montagearbeiten unter dem linken Seitendeckel

Montage des linken Wellendichtrings

Benötigtes Werkzeug:

- **1 Ring-Maul-Schlüssel, SW 17**

Die schwierigste Arbeit ist getan, der Block ist endmontiert. Nun kommen die wichtigen Baugruppen unter dem Kupplungsdeckel an die Reihe. Wie ein Wellendichtring montiert wird, habe ich im letzten Kapitel beschrieben. Nun ist der kupplungsseitige „Wedi“ an der Reihe, dazu liegt das Gehäuse mit der Lichtmaschinenseite nach unten auf der Werkbank. Der Wellendichtring wird mit der Feder und der hohlen Seite nach außen, also nach oben montiert. Die flache Seite kommt nach unten. Leute, die eine Metallerlehre hinter sich haben, sagen, das sei falsch, die Feder gehöre auf die Druckseite, also zum Kurbelgehäuse. In der Tat muss die Feder dorthin zeigen, woher der Druck kommt. Beim Kurbelhaus haben wir es jedoch mit Über- und Unterdruck zu tun. Da man in der Konstruktionsabteilung von MZ aber wusste, dass alles Irdische, also auch ein Dichtring, vergänglich ist, nimmt man es hin, dass im Schadensfall der Dichtring lieber Vorverdichtungsdruck ins Getriebe lässt, als Öl ins Kurbelgehäuse. Geht unser richtig „falschrum“ montierter Ring kaputt, lässt er Frischgas aus dem Kurbelhaus ins Getriebe, das Öl wird verdünnt und dem Fahrer per Kupplungszug und Überdruck ins Gesicht geblasen. Diese Art von Fehlermeldung ist sehr wirksam, denn ein ölgeduschter Fahrer wird so einen Dichtring recht bald wechseln wollen. Wäre der Ring falsch „richtigherum“ montiert, würde der Motor Getriebeöl saufen. Das Moped würde erst mal qualmen wie eine nasse Havanna. Wenn der Fahrer das aber nicht bemerkt, würde der Zweitakter das gesamte Getriebeöl inhalieren und das hätte Schrott auf der ganzen Linie zur Folge. Also, Feder nach außen ist richtig herum. Das Ganze hat noch einen Vorteil – die Dichtlippe kann sich nicht umstülpen.

Der zweite Simmerring wird genau wie der andere vorbereitet und eingedrückt. Hier hilft auch wieder unser Spezialwerkzeug, aber rund um den Rand des Dichtrings lässt sich auch hier wieder vorsichtig pochen. Nach dem Einbau kommt der Drahtsprengring an die vorgesehene Stelle, gut ölen und die Welle durchdrehen.

MONTAGE DER SCHALTARRETIERUNG

Der nächste Arbeitsschritt ist die Montage des Schaltarretierhebels mit der Rolle. Er wird einfach auf die aus dem Block herausragende Schaltwellenachse gesteckt und mit seiner Rolle in die Nut der Schaltwalze gesetzt. An die Bohrung im Ende des Hebels wird nun die Arretierfeder gehängt und mit den Fingern an dem Kerbnagel im Gehäuse eingehangen. Fehler kann man dabei kaum machen, deshalb ist dieser Abschnitt schnell fertig. Ab diesem Montageschritt ist das Getriebe schaltfähig. Also stecken wir als neugierige Bastler den Fußschalthebel auf seine Welle und legen den ersten Gang ein. In der Regel klappt das nicht, da die Räder sich beim Schalten drehen müssen. Also hält ein Helfer die Abtriebswelle, dort wo später das Ritzel draufkommt, zwischen zwei Fingern so fest, dass sie sich gerade noch drehen kann, wenn der Mann an der Schaltung die Eingangswelle dreht. Nun müssen sich alle Gänge einlegen lassen. Man sollte das Ganze einmal rauf- und runterschalten. Vom Leerlauf lässt sich noch nichts erwarten, dessen Arretierschraube kommt erst jetzt rein. Dazu wird das Gehäuse auf den Kopf gestellt. Die Kugel der Schaltarretierung wird ins Loch gelegt, dann wird die Druckfeder draufgesetzt. Nun wird die Arretierschraube mit NEUEM Dichtring von Hand bis zum Ende eingedreht und

Fertig: So muss die Schaltarretierung montiert sein.

dann mit dem 17-mm-Schlüssel festgezogen, aber nicht zu fest. Das Anziehen von Hand ist wichtig, damit man merkt, wenn sich Feder und Kugel verkanten. Dies ist zwar kaum möglich, aber wenn es passiert, kommt der Spaß beim Rausfummeln. Und der neue Dichtring ist wichtig, damit die Schaltwalze nicht von einer, durch einen platten Dichtring aufsitzenden Schraube blockiert wird.

MONTAGE DES 68-ZÄHNE-ANTRIEBSRADES

Benötigtes Werkzeug:

- **1 Ring-Maul-Schlüssel, SW 24**
- **1 Großer Schraubendreher**
- **1 Anreißnadel oder Magnet**
- **1 Wasserpumpenzange**

Benötigte Teile:

- **1 Sicherungsblech 17**

Das große Antriebsrad wird von Hand auf die Keilverzahnung der Antriebswelle gesteckt. Dann wird die Mutter mit darunter liegendem Sicherungsblech von Hand auf die Welle geschraubt. Auf keinen Fall darf das Rad mit Rohr und Hammer auf die Verzahnung getrieben werden, sonst wäre das ganze Freischlagen der Welle umsonst gewesen. Man hält das Rad von Hand fest und schraubt die Mutter mit dem Ringschlüssel fest, bis das Rad an seinem Anschlag sitzt. Nun wird der größte greifbare Schraubendreher durch ein Fenster des Rades an die im Foto ersichtliche Gehäusestelle gesteckt und sehr gut festgehalten. Ein Helfer zieht nun das Rad mit 80 bis100 Nm gut fest. Ein loses Rad schlägt auf der Verzahnung aus und ruiniert oft auch noch die Welle.

Bei Ölpumpenmaschinen ist besondere Sorgfältigkeit angeraten. Es bilden sich im Antriebsschlitz für die Ölpumpe beim Anziehen der Mutter oft Späne und die müssen sorgfältig mit dem Stabmagneten oder einer Anreißnadel entfernt werden. Nun wird das Sicherungsblech mit der Wasserpumpenzange und nicht mit irgendeinem Schlagwerkzeug an eine Seite der Mutter herangebogen. Ich habe schon wahre Weihnachtssterne von Muttern gesehen, gesichert an allen sechs Flächen. Der Torfkopp, der das gemacht hat, soll mal überlegen, wie viel Kraft die Haltekralle des Sicherungsblechs aushält. Denn die war nämlich abgeschert, weil das Sicherungsblech auch sonst falsch montiert war und die Mutter zu lasch angezogen war.

MONTAGE DES INNEREN MITNEHMERS UND AUSGLEICHEN DES AXIALSPIELS

Der innere Mitnehmer läuft auf der Kurbelwelle auf einem zweireihigen Nadellager. Durch die Schrägverzahnung entstehen axiale Kräfte, die durch beidseitige Anlaufscheiben und eine Tellerfeder abgefangen werden. Bei der Montage muss daher das axiale Spiel des Mitnehmers sorgfältig ermittelt werden. Die untere Anlaufscheibe ist die mit dem größeren Loch. Sie ist in drei Stärken lieferbar. An der Unterseite ist eine Zentrierung eingedreht, die nach unten montiert wird. Zuerst montiert man die Scheibe, die vorher eingebaut war, dann steckt man das Nadellager auf. Soll das alte Lager weiter verwendet werden, muss es in derselben Laufrichtung wie zuvor eingebaut werden. Nun wird der innere Mitnehmer vorsichtig, um den Kunststoffkäfig des Nadellagers nicht zu beschädigen, aufgesetzt. Zum Abschluss wird die kleinere Anlaufscheibe obendrauf gelegt. Mit zwei Fingern wird diese Anlaufscheibe so niedergedrückt, dass

der innere Mitnehmer frei rotieren kann. Wird dieser mit der anderen Hand gedreht, darf die Anlaufscheibe sich nicht mitdrehen. Durch vorsichtiges Anheben des inneren Mitnehmers wird geprüft, wie viel Höhenspiel zur Anlaufscheibe vorhanden ist. Durch Probieren aller drei verschiedenen Anlaufscheiben – man sollte den ganzen Satz haben – wird die Scheibe mit dem geringsten Spiel ermittelt, die aber die Anlaufscheibe nicht mitdreht. Durch Ausprobieren und den niedrigen Preis der drei Scheiben kann man den Kauf einer teuren Messvorrichtung sparen. Läuft der innere Mitnehmer mit zu viel Spiel, heult die MZ beim Einkuppeln wie eine entfernte Feuerwehrsirene. Ist das Spiel jedoch zu gering, laufen die Anlaufscheiben blau an. Im ungünstigsten Fall kann eine solche Hitze auftreten, dass die Kupplung vom Konus fliegt. Also beim Ausgleichen des Spiels ebenfalls mit Sorgfalt vorgehen.

Nach erfolgreicher Arbeit wird der Konus der Kupplung mit Klopapier und Bremsenreiniger entfettet und die ebenso entfettete Federscheibe aufgelegt. Sollte die Federscheibe starke Laufspuren haben, ist sie durch eine Neue zu ersetzen.

INSTANDSETZUNG DER KUPPLUNG

Eigentlich müsste an dieser Stelle der Einbau der Kupplung beschrieben werden, da normalerweise bei der Instandsetzung des Motors eine überholte oder neue Kupplung verwendet wird. Wer schon eine neue Kupplung da liegen hat, kann ja diesen Abschnitt überblättern.

Benötigtes Werkzeug:

- **Da die Kupplungsspannvorrichtung zu den ganz teuren Spezialwerkzeugen gehört, die sich für den Hausgebrauch nicht lohnen, brauchen wir einen fixen Helfer (mit Schutzbrille), ferner:**
- **1 Steckschlüssel, SW 10, möglichst mit T-Griff**
- **1 mittlerer Schraubenzieher**
- **1 Durchschlag, Durchmesser 10 mm**
- **1 Schlosserhammer**
- **1 Körner**
- **1 größere Kombizange**
- **Messschieber**
- **Ölkännchen**
- **Entfetterspray**
- **Klopapier**
- **2 Speichen oder Nägel (ca. 4 mm Durchmesser)**

Benötigte Teile:

- **5 Reiblamellen**
- **4 Stahllamellen**
- **6 Sicherungsbleche**
- **1 Kugellager 16005**

Bevor wir anfangen, werden mit dem Schlosserhammer die Enden der Sicherungsbleche unter den Schrauben des Kupplungskörpers angeschlagen. Das sind ansonsten bitterböse Fleischerhaken, die beim Lösen der Druckflanschverschraubungen arg das Schlosserfleisch aufschlitzen können.

Zur Demontage der Kupplung wird diese mit dem Gewinde nach oben auf eine stabile Unterlage gelegt. Mit dem Schraubendreher werden die sechs Sicherungsbleche unter den Muttern auf dem Aludruckdeckel aufgebogen. Die Sicherungsbleche, die unter den Schrauben im Kupplungskörper sitzen, bleiben zu. Mit dem Steckschlüssel

werden alle sechs Muttern gelockert. Vier davon werden nun abgeschraubt und die Sicherungsbleche entfernt, so dass zwei Muttern genau diagonal an ihrem Platz bleiben. Beim Spannen und Entspannen der Kupplung ist das Tragen einer Schutzbrille angeraten, denn sollte ein Haltebolzen im Fahrbetrieb gebrochen sein, hat der jetzt Gelegenheit, mit viel Dampf wegzufliegen. Der Helfer drückt mit Kraft beidhändig den Druckflansch dort herunter, wo vorher die 4 Schrauben gesessen haben. Nun werden die beiden verbliebenen Muttern und die Sicherungsbleche entfernt. Vorsichtig und gleichmäßig lässt der Helfer jetzt den Druck nach, der Druckflansch hebt sich unter dem Druck der Kupplungsfedern. Wenn der Flansch jetzt abgehoben wird, sitzen direkt darunter sechs Spezialunterlegscheiben. Einige werden friedlich auf dem Bolzen liegen geblieben sein, einige kleben normalerweise unter dem Druckflansch. Und eine der Scheiben fällt mindestens

runter, in die finsterste Ecke der Werkstatt. Die Sucherei kann beginnen. Denn alle Scheiben müssen das gleiche Maß haben. Natürlich ein Maß, dass der Schraubenhändler nicht hat. Der MZ-Händler hat so etwas im Sortiment, aber das Schicken von 20-Cent-Teilen ist für keinen der Beteiligten lohnenswert. Also aufpassen!

Falsche Scheibe: In den Fingern eine Scheibe, die hier nicht hingehört. Auf der Kupplung sitzen die richtigen Scheiben. Es müssen unbedingt 6 originale Scheiben montiert werden.

Der Druckflansch ist nun ab, die Scheiben liegen an einem sicheren Ort. Nun werden die Druckfedern entnommen. Normalerweise können sie wieder verwendet werden. Zur Kontrolle werden die Federn nebeneinander gelegt und die Längen verglichen. Wenn eine Feder mehr als 0,6 mm kürzer ist, werden alle gewechselt. Wenn einem beim Abnehmen des Flansches Geldstücke entgegen purzeln, hat man keinen Jackpot, sondern eine „DDR-verstärkte“ Kupplung erwischt. Die Jungs haben nämlich Ostpfennige aus Alu auf die Federn gelegt, um den Druck zu verstärken. Wir nehmen eigens hergestellte extra starke Federn, die der Aufgabe, die Kupplung für besondere Belastungen zu verstärken, besser gewachsen sind.

Eine Verstärkung der Federn ist dann sinnvoll, wenn die Maschine hart im Gespann oder viel im Gebirge, also mit hoher Belastung für die Kupplung gefahren wird. Erkauft wird die kräftigere Kupplung mit etwas höherer Handkraft und einer minimal schlechteren Dosierbarkeit. Auf keinen Fall dürfen verstärkte und normale Federn „gemischt" werden.

Zur weiteren Demontage wird die Kupplung herumgedreht. Die Druckplatte mit den Bolzen wird herausgezogen und das Lamellenpaket liegt

vor uns. Die Kupplung wird nochmal gedreht und auf die Werkbank geschlagen, die Lamellen liegen auf dem Tisch. Ein Trennen des Kupplungskörpers vom Zahnkranz ist normalerweise nicht nötig. Die Trennstelle ist fertigungsbedingt. Nun wird der Kupplungskörper gut gereinigt und nachher mit Bremsenreiniger durchgepustet. Dabei ist besonders darauf zu achten, dass sechs am Umfang des Kupplungskörperbodens befindliche Reinigungsnuten frei sind. Hier wird überschüssiges Öl

mit Dreck durch die Fliehkraft herausgeschleudert. So manches Kupplungsproblem nahm seinen Anfang an diesen verstopften Bohrungen. Nun wird noch der äußere Kupplungskranz überprüft. Die Zähne, wo die Stahllamellen eingreifen, dürfen nur maximal 0,07 mm, also gerade spürbar, eingelaufen sein. Ansonsten ist der Zahnkranz zu tauschen. Der Konus wurde ja bereits beim Zerlegen überprüft. Hat er Riefen, muss er ausgetauscht werden, aber Konus und Kranz lassen sich einfach trennen.

Die Vorbereitungen zum Einbau können beginnen. Zuerst wird mit dem Schaft des Messschiebers geprüft, ob die Druckplatte plan ist. Hat nämlich irgendein Trottel die Kupplung mit einem Klauenabzieher gewechselt, ist die Platte krumm und muss in den Müll. Oftmals gibt es auch lose oder abgerissene Druckbolzen. Bei abgerissenen Bolzen ist die Platte mit den Bolzen zu erneuern, hingegen lose Bolzen lassen sich mit der großen Kombizange fest nachziehen. Man kann die Bolzen zum Nachziehen auch in den Schraubstock spannen. Von der Unterseite her werden die nachgezogenen Bolzen mit einem Körnerschlag gesichert. Warum das werksseitig nicht gemacht wurde, ist mir unklar, denn bei den GS-Maschinen aus der Sportabteilung

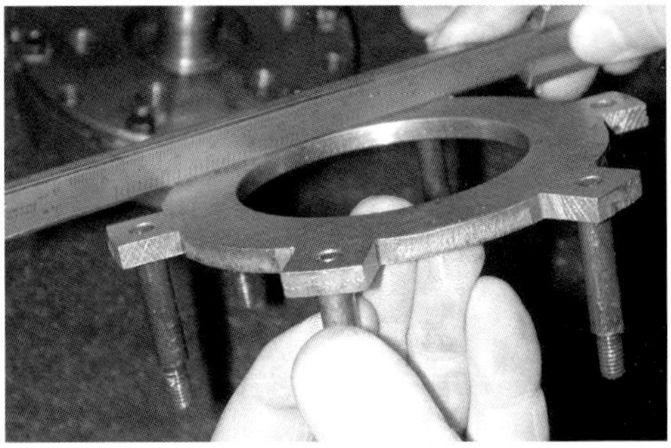

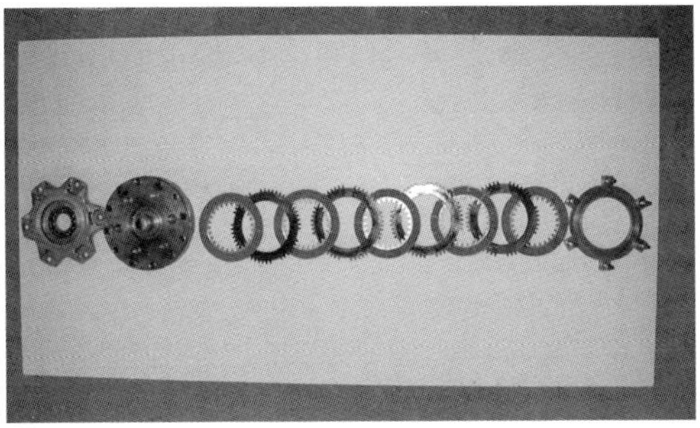

Richtige Reihenfolge: In dieser Reihenfolge wird die Kupplung zusammen gebaut.

war das Gewinde unten sogar teilweise vernietet. Aber um Ruhm und Ehre im Sport zu erlangen, gab es eben ein paar Sonderanfertigungen.

Der Kupplungskörper mit dem Kranz liegt sauber vor uns und die Lamellen werden eingebaut. Ich habe mir zur Gewohnheit gemacht, vor und nach jeder Reiblamelle einen Spritzer Öl auf der Lamelle zu verteilen. Zuerst wird eine Reiblamelle eingelegt, dann eine Stahllamelle. Die Außenzähne der Stahllamellen werden in die entsprechende Verzahnung des Kupplungskranzes gelegt, die Innenverzahnung der Reiblamellen muss sauber fluchten. Die Einlegefolge bei der mit dem Abziehgewinde nach unten liegenden Kupplung ist:

Gehäuse-, Reib-, Stahl-, Reib-, Stahl-, Reib-, Stahl-, Reib-, Stahl-, Reib-, Druckplatte mit Bolzen.

Vor dem Einlegen der Druckplatte werden die Innenlamellen mit zwei gegenüber in die Innenverzahnung gehaltenen Speichen vorzentriert, so dass alle Innenzähne sauber fluchten. Nun benötigen wir noch einmal den bereits auf der Kurbelwelle befindlichen inneren Mitnehmer. Wichtig ist, dass man sich die Lage der Distanzscheiben merkt. Der innere Mitnehmer wird von Hand in das vorzentrierte Lamellenpaket gesteckt. Man muss sicher sein, dass er ganz bis zum Grund durchgesteckt wird. Notfalls kann man leicht mit dem Plastikhammer „nachtupfen". Nun wird die Kupplung mitsamt dem inneren Mitnehmer herumgedreht. Die Kupplung wird so gehalten, dass man die Druckplatte mit fassen kann. Mittels der Druckplatte wird das Kupplungspaket von Hand zusammengehalten, der Helfer zieht nun den inneren Mitnehmer heraus. Vorsichtig – die Lamellen dürfen sich nicht mehr bewegen – wird die gesamte Kupplung auf der Druckplatte abgelegt. Die sechs Federn und die Unterlegscheiben für die Bolzen werden aufgesetzt.

Soll das Lager im Druckflansch erneuert werden, wird der Druckflansch mit dem Lager nach unten auf die Werkbank gelegt und das Lager mit einem Durchschlag entfernt. Der Flansch wird umgedreht, das neue Lager lässt sich leicht kalt einschlagen. Mit einem großen Schraubendreher wird das Lager in seinem Sitz verstemmt, damit es bei der Montage nicht herausfallen kann.

Der fertig vorbereitete Druckflansch wird vorsichtig so auf die Federn gesetzt, dass diese in den dafür vorgesehenen Aussparungen sitzen. Der Helfer stemmt sich nun mit seiner ganzen Kraft auf den Druckflansch und lässt nicht locker, bevor zwei Muttern mit Sicherungsblechen über Kreuz angezogen sind. Nun werden die anderen

vier Muttern mitsamt den Sicherungsblechen befestigt. Über Kreuz werden die Muttern nun gleichmäßig fest angeschraubt und sorgfältig gesichert. Das Anzugsmoment beträgt ca. 10 Nm. Wenn sich eine Mutter bei 6000/min selbständig macht, schießt sie ganz fürchterlich schädlich durch den Motor.

Die nun eigentlich fertige Kupplung wird noch einmal nachzentriert, indem der innere Mitnehmer nochmals bis zum Anschlag eingeschoben wird. Gelingt das nicht vollständig, wird solange mit dem Plastikhammer nachgeklopft, bis der Mitnehmer einwandfrei gleitet. Der Innenkonus der Kupplung wird mittels Bremsenreiniger und Klopapier absolut entfettet, und zwar so lange, bis das Klopapier keinerlei Ölspuren mehr aufweist.

MONTAGE DER KUPPLUNG

Benötigtes Werkzeug:

- **Bremsenreiniger**
- **Klopapier**
- **Kupplungsabzieher**
- **Schlosserhammer (800 g)**

Nun wird das Nadellager des inneren Mitnehmers leicht geölt und dann der Konus für die Kupplung mit Klopapier entfettet. Der innere Mitnehmer kommt wieder an seinen Platz. Die Anlaufscheibe wird entfettet und mit der Nut nach unten aufgesetzt. Nun wird der Kupplungskonus nochmals mit Bremsenreiniger und Klopapier entfettet. Dabei wird das Klopapier so benutzt, wie bei seinem eigentlichen Verwendungszweck, soll heißen: Es dürfen keinerlei Dreckrückstände mehr zu sehen sein. Dieses Entfetten des Kupplungskonus ist die pingeligste Arbeit beim ganzen Motor, denn die kleinste Fettspur hindert den Konus am festen Sitz. Nun wird die ebenfalls fettfreie Wellscheibe auf den Konus gesetzt. Vorsicht, der Konus darf nicht mehr mit den Fingern berührt werden. Nun wird die Kupplung vorsichtig auf den inneren Mitnehmer gesetzt. Die Wellscheibe hält sie auf kurze Distanz zum Konus. Mit beiden Fäusten wird nun die Kupplung auf den Konus geschlagen. Haben wir gut gearbeitet, reicht ein Schlag aus, die Kupplung auf dem Konus zu halten. Die Kurbelwelle muss sich beim Drehen der Kupplung mitdrehen. Hält die Kupplung nicht auf dem Konus, folgen noch zwei weitere Versuche. Haftet die Kupplung dann immer noch nicht, ist meist Fett auf dem Konus im Spiel, also nochmal entfetten.

Da wir aber ordentliche Menschen sind, hat die Kurbelwelle sich schön mitgedreht und die Kupplung ist auf ihrem Platz geblieben. Nun wird die Spindel unseres Kupplungsabziehers etwas zurückgedreht. Der Abzieher wird ohne Druckstück auf das Gewinde der Kupplung geschraubt, dabei darf die Spindel die Kurbelwelle nicht berühren. Mit unserem Hammer wird nun ein ganz genau gezielter, kräftiger, gut sitzender Prellschlag auf die Spindel des Abziehers gegeben. Dadurch wird die eigentliche Befestigung des Konus erreicht. Keine Angst ums Kurbelwellenlager. Die Energie des

Prellschlag: So kommt die Kupplung sicher auf den Konus.

Prellschlages wird zum größten Teil von der Masse der Kupplung aufgefangen, die Lager erleiden keinen Schaden. Bedingung ist natürlich, dass der Motor wirklich plan mit der Lichtmaschinenseite nach unten auf der Werkbank liegt. Wer jetzt nicht glaubt, dass die Kupplung schon richtig fest sitzt, ziehe sie mit dem Abzieher wieder vorschriftsmäßig runter. Das beruhigende satte „Knack" beim Abziehen zeigt, dass alles richtig war. Übrigens: Niemals darf der Abzieher probeweise angesetzt werden, denn eine teilweise gelöste Kupplung geht im Betrieb garantiert fliegen. Wenn man nochmal abziehen will, dann also bitteschön ganz. Aber man kann mir ja auch einfach glauben. Da die Kupplung jetzt noch nicht mit ihrer Verschraubung gesichert ist, sollte der Block keinen starken Erschütterungen ausgesetzt werden.

MONTAGE DES KICKSTARTERMECHANISMUS

Benötigtes Werkzeug:

- **1 Ringschlüssel, SW 10**
- **Kleiner Schraubendreher**
- **Sprengringzange**
- **Hammer (400 g)**

Benötigte Teile:

- **O-Ring für Schalthebel**
- **O-Ring für Kickstarter**
- **Kickstarterkeil**
- **Kickanschlaggummi**
- **Mutter M6**

Normalerweise ist der Kickstartermechanismus Bestandteil des Seitendeckels. Aber da auch in dieser robusten Mechanik mal etwas kaputtgehen kann, wird im folgenden Abschnitt die Demontage und Reparatur beschrieben.

Zuerst wird die Mutter des Haltebolzens mit dem 10-mm-Ringschlüssel entfernt. Dann wird der Kickstarter so gedreht, dass der Kopf des Kickbolzens zwischen die 10 mm weit geöffneten Schraubstockbacken passt. Ein Helfer hält den Deckel mit dem Kickstarter in dieser Position fest. Mit dem 400-Gramm-Hammer wird der Keilbolzen aus der Kickkurbel getrieben. Auf das Gewinde braucht man keine Rücksicht zu nehmen, da der Bolzen eh erneuert werden muss. Ist der Bolzen draußen, lässt sich der Kickhebel abnehmen. Die Kickstarterwelle lässt sich leicht aus dem Deckel drücken. In dieser Montagestufe kann man bereits den häufigsten Defekt am Kickstarter, den Bruch der Rückholfeder, beheben. Aber zuweilen sind die Zahnräder kaputt, also zerlegen wir die Sache komplett. Kaputte Stirnverzahnungen zwischen den beiden Kickzahnrädern sind immer eine Folge ungeschickten Antretens. Oft beobachte ich MZ-Fahrer, die brutal und möglichst schnell von oben herunter in die Verzahnung treten. Und diese Kerle müssen jetzt reparieren. Beim richtigen Antreten wird der Kickstarter soweit getreten, bis man merkt, dass die Zähne sauber im Eingriff sind, erst dann wird mit Macht heruntergetreten.

Zum Zerlegen wird die Kickstarterwelle erstmal von der Rückholfeder befreit. Diese sitzt mit einem abgewinkelten Ende in einer Bohrung in der Welle.

Hat man nun ganz viel Pech, ist das Federende abgebrochen und steckt fest in der Welle. Mit nichts in dieser Welt bekommt man das Teil da jemals wieder heraus, da hilft nur der Kauf einer neuen Welle, der aber keinen nachhaltigen Schaden für die Brieftasche darstellt. Die Welle wird mit der Verzahnung nach oben in den Schraubstock gespannt. Zuoberst sitzt ein Drahtsprengring, der mit dem Schraubendreher entfernt werden kann. Dann nimmt man die Anlaufscheibe ab und blickt auf die Nadellagerung des Kickstarterzahnrades. Für dieses Lager gilt dasselbe wie für die Nadellager der Getriebewellen, nur läuft dieses Rad ungleich schneller. Deshalb ist besonderes Augenmerk auf den Zustand der Laufflächen zu richten. Verschleiß ist hier zwar selten, aber das Rad ist das am schnellsten drehende Teil im Motor, auch wenn es nach dem Antreten nur leer mitdreht.

Das Zahnrad wird nun entfernt, zusammen mit der Anlaufscheibe und dem darunter liegenden stirnverzahnten Mitnehmer. Am Mitnehmer hängt noch das Nockenblech. Die Position des Mitnehmers auf der Keilwelle sollte markiert werden, das erspart viel Ärger. Ganz unten sitzt die Feder, die beim Antreten dafür sorgt, dass die Stirnverzahnung der beiden Räder zusammengedrückt wird, sobald das Nockenblech diese Bewegung zulässt.

Vor dem Einbau werden die Teile auf Verschleiß überprüft. Am Zahnrad selbst ist Verschleiß selten. Je nachdem, wer auf dem Kickstarter rumgetrampelt hat, kann die Stirnverzahnung verschlissen sein. Das merkt man beim Antreten. Wenn der Kickstarter manchmal durchrutscht oder der Widerstand an verschiedenen Stellen einsetzt, ist es Zeit, die Verzahnung zu wechseln. Dann sind beide Räder fällig. Das Nockenblech ist ein Verschleißteil. An der Stelle, wo der Nocken des Mitnehmers läuft, gibt es manchmal Einlaufspuren, dann ist dieses Teil zu erneuern. An der Feder tritt kein Verschleiß auf.

Nun zur Montage. Zuerst werden die beiden O-Ringe aus dem Kupplungsdeckel gefummelt und durch Neue ersetzt. Das gleiche Schicksal ereilt den Anschlaggummi für den Kickstarter. Nun wird die Kickstarterwelle mit der Keilverzahnung nach oben in den Schraubstock gespannt. Dass man die Schraubstockbacken mit Aluminium oder Hartholzbacken schützt, muss ja hier wohl nicht extra erwähnt werden. Zuerst wird die Einrückfeder wieder an ihren Platz gesetzt. Nun folgt der Mitnehmer in der markierten Position. Montiert man einen Neuen, sollte die Markierung vom Altteil auf dieselbe Stelle des Neuen gemalt werden, um Missverständnisse zu vermeiden. Sollte beim Putzen die Markierung abhanden gekommen sein, es geht auch so. Die Nase des Mitnehmers wird so platziert, dass sie an die Stelle kommt, wo die Fläche des Kickstarterkeils sitzt. Dann wird das Nockenblech darüber gestülpt, und zwar so, dass

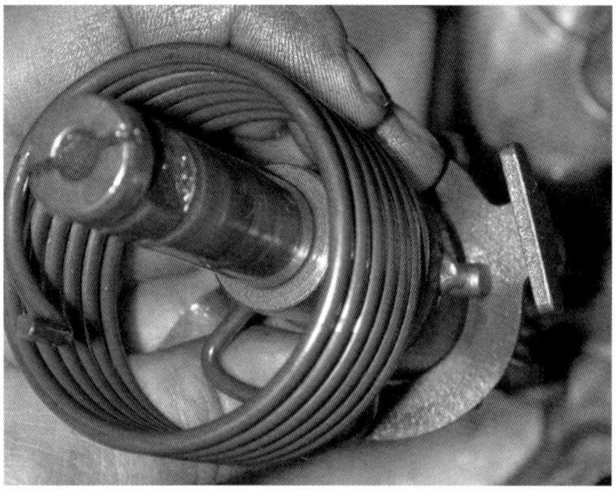

das abgebogene T-Ende nach unten zeigt. Nun kommt die Anlaufscheibe, dann das Kickstarterrad. Die Lagernadeln werden eingesetzt, das Lager geölt und probeweise durchgedreht. Die obere Anlaufscheibe wird montiert und mit dem Drahtsprengring gesichert. Dieser muss sehr stramm und exakt sitzen. Sollte sich der Ring im Betrieb verselbständigen, wird das Getriebe mit Lagernadeln bombardiert. Dann braucht man den Motor erst gar nicht mehr aufzumachen...

Die Welle wird umgedreht, das geschliffene Ende wird sehr fest in den Schraubstock gespannt, die Kickstarterfeder wird montiert und mit dem abgewinkelten Ende in die Querbohrung der Welle gesteckt. Nun werden die Welle und die beiden O-Ringe im Deckel gut geölt, und der Deckel wird durch vorsichtiges hin und her Bewegen über die Welle gestülpt. Nun wird die Welle kurz aus dem Schraubstock entfernt und das nach vorne zeigende Ende der Feder in die Gegenbohrung des Deckels eingeführt. Mitsamt Deckel wird die Welle wieder genau wie eben fest eingespannt.

Entgegen dem Uhrzeigersinn wird der Deckel etwas mehr als eine Umdrehung „aufgezogen“. Der Kickkeil wird in der nächsten möglichen Position eingeschlagen. Mehr als 1 1/4 Umdrehungen dürfen nicht nötig sein, sonst ist etwas verkehrt. Nachdem man überprüft hat, ob der Kickstarter sanft zurückläuft, wird der Keil mit dem Hammer nachgeschlagen und dann mit Mutter und Unterlegscheiben gesichert. Oft finde ich Deckel, wo ein Auchkönner den Kickstarter bis zum Gehtnicht-

Nicht zu weit spannen: In der nächstmöglichen Stellung wird der Keil eingeschoben.

mehr „aufgezogen“ hat. Das Ding schnellt zurück wie ein Katapult. Das Resultat sind brechende Federn und ein durch das feste Zurückschlagen beschädigter Gehäusedeckel.

Montage des Kupplungsausrückers mit Stützlager

Vorne im Kupplungsdeckel sitzt noch der Kupplungsausrückmechanismus mit dem Stützlager. Laut Werksauskunft hat das Stützlager eine sehr hohe Lebensdauer. Das stimmt aber nicht, weil oft durch den Drehzahlmesserantrieb Wasser eindringt und das Lager den frühen Rosttod stirbt. Deshalb sollte man an dieser Stelle unbedingt ein einseitig abgedichtetes Lager verwenden. Dabei handelt es sich um denselben Typ Lager wie schon das Radlager der ETZ, nämlich Ausführung 6302. Wird so ein Radlager verwendet, modifiziert man es zu einer einseitig geschlossenen Variante, indem die Dichtscheibe mit einem Schraubendreher vom Innenring aus entfernt wird. Die abgedichtete Seite muss nach außen zeigen.

Benötigtes Werkzeug:

- **1 Durchschlag oder passender Schlagdorn, Durchmesser 8 mm**
- **Schlosserhammer (400 g)**
- **Stabile Sprengringzange**
- **Plastikhammer**
- **Ölkännchen**

Vorne aus dem Gehäusedeckel lugt die Zugspindel zur Montage des Kupplungsseilzuges. Wenn man nun den inneren Hebel ganz weit nach vorne dreht, kann man die Zugspindel am Hebel aushängen. Mittels der Stellplatte (die liegt bei den abmontierten Teilen), die in die Aussparungen der Lagerbuchse eingesetzt wird, wird nun die Lagerbuchse aus der Schnecke des Kupplungshebels heraus gedreht. Fertig, die Sache ist auseinander. Mit dem Finger wird nun das Lager durchgedreht. Sollte es Spiel haben oder rau laufen, wird es, bei einer Komplettüberholung sowieso, gewechselt. Dazu wird der Sprengring mit der Sprengringzange entfernt. Manche Motoren, zum Glück nur wenige, haben Sprengringe ohne Ösen eingebaut. Hier findet die Zange keinen Halt. So ein Ding wird mit dem Schraubendreher herausgefummelt und fliegt auf den Müll. Hier montiert man besser die hochwertigere Ausführung der Sicherungsringe. Von der Rückseite wird das Lager mit dem Durchschlag rausgepocht und das neue Lager wird mit schön vorsichtig um den Außenring verteilten

Komplettierung des Drehzahlmesserantriebs.

Schlägen wieder hineingetrieben. Probeweise wird vor der Lagermontage die Lagerbuchse mit dem Ausrückhebel zusammengesetzt und ein paarmal bewegt. Sollte es hier hakeln, sind beide Teile zu erneuern.

Gleiches gilt, wenn das Schneckengewinde Rostpartikel zeigt. Hat jemand versucht, das Kupplungsspiel ohne Stellplatte zu verändern, können die beiden Aussparungen für die Stellplatte aus-

gebrochen sein. Dann ist die Lagerbuchse zu wechseln. Bei einer echten Feld- und Waldreparatur kann man in die Buchse auch zwei neue, um 90° versetzte Schlitze einfeilen. Es gibt MZ-Fahrer, die finden diese Lagerbuchse als Ersatzteil überteuert. Man sollte sich aber mal ansehen, wie viele Arbeitsgänge zur Herstellung dieser Buchse nötig sind, dann erscheint sie auf einmal spottbillig. Sollte im Fahrbetrieb einmal der Kupplungshebel wirkungslos geworden sein und nur noch eine ganz geringe Rückstellkraft haben, dann sind Unebenheiten in der Schnecke der Grund dafür. In diesem Falle sind Hebel und Buchse zu erneuern. Sollte eben beschriebenes Phänomen unterwegs auftreten, hilft meist ein Plastikhammerschlag gegen das Drehzahlmesserantriebsgehäuse, und die Sache löst sich wieder. Es gibt übrigens noch eine solche Blitzreparaturmethode. Wenn der Kickstarter sich gegen die Federkraft der Rückholfeder ins Leere treten lässt, ist meist Dreck auf der Verzahnung im Spiel. Ein Schlag axial auf die Kickstarterwelle behebt dieses Problem meist. Ich sehe förmlich die zufriedenen Gesichter durchs Telefon, immer wenn Leute anrufen, die einen neuen Kickstartertrieb wollen und ich den Hammertrick verrate. Klack, ein Schlag und 100 Euro gespart.

Egal, ob neue oder gebrauchte Teile verwendet werden, jetzt folgt die Zusammenbauanleitung. Die Zugspindel ist vorne mit einem Gewinde versehen, an dem die Seilzugaufnahme festgeschraubt ist. Dieses Gewinde ist verstemmt. Man muss versuchen, diese Verschraubung von Hand zu lösen. Sollte das gelingen, muss das Gewinde mit einem Meißelschlag neu verstemmt werden. Auf der Spindel sitzt eine Druckfeder, die werksseitig nicht unter Spannung steht. Ohne Demontage wird das Mittelstück der Feder so weit auseinander gezogen, bis die Feder vorgespannt ist. Dann kann die Druckspindel in die Bohrung des Gehäuses eingeführt werden. Die Lagerbuchse hat zwei kleinere, eingesägte Markierungen, die als Einstellhilfe dienen. Von der Oberseite wird nun die gut geölte Lagerbuchse so eingeführt, dass diese beiden Markierungen, wenn man sie mit einem Lineal verbindet und nach hinten verlängert, zwischen der Ölstandskontrollschraube und der unteren Gehäuseschraube liegen. Nun wird der Ausrückhebel mit der Zugspindel im Deckel verbunden und so unter die Lagerbuchse gehalten, dass zwischen Ausrückhebel und Gehäusekante ca. 6 mm Luft sind. Jetzt wird die Lagerbuchse ungefähr eine Viertelumdrehung entgegen dem Uhrzeigersinn gedreht, bis man feststellt, dass ein Gewindegang eingreift. Anschließend wird die Lagerbuchse im Uhrzeigersinn wieder bis zum Ende zurückgedreht. Die Verlängerung der Markierungen sollte nun wieder im Bereich zwischen den beiden Schrauben liegen. Damit ist die Vorbereitung des Deckels zur Montage beendet.

MONTAGE DES KUPPLUNGSDECKELS

Benötigtes Werkzeug:

- **2 Schlüssel, SW 10**
- **1 Ringschlüssel, SW 22**
- **Plastikhammer**
- **Genau passender Schraubenzieher für die Gehäuseschrauben**
- **Pleuelgabel**

Benötigte Teile:

- **9 Alu-Dichtringe 6 x 10 mm flach**
- **3 Schrauben M6 x 85 mm**
- **2 Schrauben M6 x 65 mm**
- **3 Schrauben M6 x 25 mm**
- **1 Schraube M6 x 10mm (Zur Ölstandskontrolle)**
- **Kupplungsdeckeldichtung**
- **O-Ring für Kupplungseinstellung**
- **Kettenfett**
- **Lagerstopfen**

Bei Fahrzeugleuten ist es eine der großen Glaubensfragen, ob man Dichtungen trocken oder irgendwie behandelt einsetzen sollte. Ich beschreibe nun, wie ich diese Problematik handhabe. Die Kupplungsdeckeldichtung wird mit möglichst graphithaltigem Fett beidseitig eingerieben. Das hat drei Vorteile: Die Dichtung verrutscht nicht so leicht, dichtet besser und lässt sich bei einer Demontage besser entfernen. Die gefettete Dichtung wird auf die Fläche des Blocks aufgelegt, Schalthebel und Passhülse sitzen in den vorgesehenen Bohrungen. An unserem Kupplungsdeckel baumelt das Nockenblech recht lose umher. Nun werden in die beiden hinteren Bohrungen des Kupplungsdeckels die Schrauben M6 x 65 gesteckt. Die untere Schraube soll in die kleine Ausbuchtung des Nockenblechs greifen, um selbiges in der Einbaustellung zu fixieren. Der Kupplungs-

deckel wird auf den Motorblock aufgesetzt, vorher wird die Verzahnung der Schaltwelle dick eingefettet, um eine Beschädigung des O-Ringes zu vermeiden. Grundsätzlich bekommen alle Deckelschrauben eine Dichtscheibe aus Alu. Vorher ist zu prüfen, ob noch alte Dichtscheiben in den Deckelbohrungen sitzen. Solche Altlasten werden natürlich entfernt.

Beim Aufsetzen des Deckels ist darauf zu achten, dass der T-förmige Ansatz des Nockenblechs in die dafür vorgesehene Aussparung einfädelt. Notfalls zeigt man mit dem Schraubendreher die Richtung. Nun wird der Deckel auf das Gehäuse gedrückt. Dabei ist der Kickstarter zu betätigen, damit dessen Verzahnung eingreifen kann. Liegt der Deckel auf, sorgen leichte Prellschläge rundum für guten Sitz. Jetzt werden erst die beiden mittleren Schrauben, dann die beiden hinteren und zum Schluss die vordere Schraube angezogen. Anschließend wird die Wellscheibe auf den Kurbelwellenstumpf gesteckt und die Schnecke des Drehzahlmesserantriebs aufgeschraubt. Hierzu wird das Pleuel mit der Hartholzgabel blockiert. Mit dem Ringschlüssel SW 22 wird die Antriebsschnecke mit 80 bis 100 Nm angezogen.

Jetzt erst ist die Kupplung endgültig gesichert. Nun wird die Stellplatte auf die Lagerbuchse gesetzt. Durch das hin und her Bewegen der Stellplatte wird der Abstand der Mitte der Seilzugaufnahme

zur Gehäusefläche auf 11 mm eingestellt. Der O-Ring wird eingelegt und der Lagerdeckel mit dem Drehzahlmesserantrieb aufgesetzt und fest verschraubt. Vorher sollten die Gängigkeit und der Zustand von Lagerbuchse und Antriebsritzel überprüft werden. Bei starkem Verschleiß sind die Teile zu tauschen. Eine schwergängige Lagerbuchse wird ebenfalls ausgetauscht, denn sie ruiniert die beiden Räder in kürzester Zeit. Der Wechsel dieser Teile ist kein Problem, lediglich eine M5-Schraube muss heraus gedreht werden. Vor der Montage ist der Drehzahlmesserdeckel innen mit nicht graphitiertem Fett satt zu schmieren.

So – der Motorblock ist montagefertig für Kolben und Zylinder. Jetzt machen wir erstmal unsere redlich verdiente Pause.

Komplettieren des rechten Seitendeckels

MONTAGE DES KETTENRITZELS

Benötigtes Werkzeug:

- **1 Ringschlüssel, SW 24**
- **1 mittelgroßer, alter Schraubendreher**
- **Wasserpumpenzange**
- **Kettenradgegenhalter**

Benötigte Teile:

- **Sicherungsblech**

Der Dichtungsschaft des Kettenritzels wird eingefettet, um dem neuen Simmering gleich optimale Lebensbedingungen zu schaffen. Von Hand wird das Ritzel auf die Keilwelle geschoben. Sollte es nicht bis zum Anschlag auf die Welle gehen, darf keinesfalls geschlagen werden, ein schwerwiegender Gehäuseschaden könnte die Folge sein. Mit der Haltemutter lässt sich das Ritzel gefahrlos an seinen Platz drücken. Unter die Mutter gehört unbedingt ein neues Sicherungsblech. Mit

Anlegen des Sicherungsblechs

dem Kettenradgegenhalter, den man sich leicht aus einer alten Kette und einem stabilen Flacheisen zusammenschweißen kann, wird das Ritzel blockiert und mit dem 24-mm-Ringschlüssel gut festgezogen. Wer einen Drehmomentschlüssel benutzen will, muss ihn auf 80 Nm einstellen. Nach der Montage des Ritzels wird das Sicherungsblech mit einem untergeschobenen Schraubendreher angehoben und dann mit der Wasserpumpenzange an EINE Seite der Mutter fest angelegt.

Welches Ritzel ist nun für welchen Verwendungszweck das Richtige. Die nachstehenden Empfehlungen stellen meine Erfahrungswerte dar, sie sind daher nicht allgemein gültig:

14 Zähne: Gespann mit 18"-Rädern und ganz viel Gepäck im Gebirge und Gelände.

15 Zähne: Gespann mit 18"-Rädern im Tourenbetrieb, vorwiegend zwei Personen mit Gepäck.
Gespann mit 15/16"-Rädern, mit ganz viel Gepäck im Gebirgseinsatz.

16 Zähne: Gespann mit 15/16"-Rädern im Tourenbetrieb, zwei Personen und Gepäck.
Gespann mit 18"-Rädern, vorwiegend 1-2 Personen, ruhige Drehzahlen.
Solo mit 18"-Rädern im Gelände und in hartem Gebirgseinsatz.

17 Zähne: Gespann mit 15/16"-Rädern, im Alltagsbetrieb im Flachland.
Gespann mit 18"-Rädern, Ein-Personen-Betrieb im Flachland.
Gespann mit 18"-Rädern, 1-2-Personen-Betrieb, 300 cm^3.
Solo mit 18"-Rädern, Schotterpiste, Fernreise, Wandertouren, zwei Personen und Gepäck.

18 Zähne: Solo mit 18"-Rädern, Zwei-Personen-Betrieb, Tourenfahren.
Gespann mit 15/16"-Rädern, 1-2 Personen, 300 cm^3, Langstrecke.

19 Zähne: Solo mit 18"-Rädern, Tourenfahren, 1-2 Personen.

20 Zähne: Solo mit 18"-Rädern, 1 Person ohne Gepäck, Langstrecke.
Solo mit 16"-Rädern, Zwei-Personen-Betrieb, Tourenfahren.
Gespann WETZ 500, 2 Personen, Gepäck.

21 Zähne: Solo mit 16"-Rädern, 1-2 Personen, Tourenfahren

22 Zähne: Solo mit 16"-Rädern, 1 Person, 300 cm^3, Langstrecke.
Gespann WETZ 500 1-2 Personen, Langstrecke.

Die empfohlenen Ritzel sind, wie gesagt, reine Erfahrungswerte. Bei einigen Übersetzungen für Gebirge und Gelände kann die Maschine auch im 5. Gang überdreht werden. Also Drehzahlmesser beachten und die Maschine dem Verwendungszweck entsprechend einsetzen. ACHTUNG: Einige Übersetzungen sind nicht Bestandteil der ABE und sind somit im Geltungsbereich der StVZO nicht zulässig! Da die Hersteller mit jeder genehmigten Übersetzung eine Lärm- und Abgasmessung fahren müssen, die natürlich mit Kosten verbunden ist, wird eine solche Prüfung nur für die gängigsten Übersetzungen gemacht.

MONTAGE DER LICHTMASCHINE UND EINSTELLUNG DER ZÜNDUNG

Benötigtes Werkzeug:

- **Schlüssel, SW 13**
- **Schraubendreher, mittlere Größe**
- **Ankerabdrückschraube**
- **Fühlerlehre**
- **Messuhr**

Benötigte Teile:

- **Zündkontakt**
- **Zündkerze**

Der Lichtmaschinenkonus wird, genau wie beim Kupplungskonus beschrieben, fettfrei gemacht. Gleiches geschieht mit dem Innenkonus des Lichtmaschinenrotors. Vor der Montage werden die Graphitlaufringe des Rotors sorgfältig betrachtet. Sie dürfen keine Riefen haben und müssen beide den gleichen Durchmesser haben. Der minimale Durchmesser der Schleifringe ist der Durchmesser der blechernen Abdeckkappe. Sind die Ringe kleiner, können sie auf Dauer den auftretenden Fliehkräften nicht widerstehen. Leider sind Beschädigungen an den Schleifringen häufig. Die Ursache liegt meistens an der unsachgemäßen Demontage der Lichtmaschine. Weil der Kohlehalter nicht entfernt wurde, rissen die Kohlen tiefe Scharten in die Schleifringe. Oder aber die Kurbelwellenlager waren von der schlechten Sorte und die Welle geriet in Schwingungen, die Schleifringe lösten sich auf. Auf guten Lagern und bei sachgerechter Montage können auch die Graphitlaufringe halten. Warum sie aus Graphit und nicht aus Buntmetall waren, hatte seinen Grund in der Materialknappheit. Während Erich das Buntmetallsparen angeordnet hatte, gab es hingegen Graphit im Überfluss. DDR-Fahrer spotteten: „Nicht Schwerter zu Pflugscharen, sondern Bleistiftminen zu Lichtmaschinen, das war die Devise." Mittlerweile gibt es aber die Möglichkeit im Austausch einen Lichtmaschinenrotor mit Buntmetallringen zu bekommen. Und in den türkischen MZ ist so etwas serienmäßig verbaut, ein Sonderlob nach Istanbul.

Nun wird kontrolliert, ob der kleine Arretierstift sauber in seiner Bohrung auf der Kurbelwelle sitzt. Wenn ja, wird jetzt der Anker aufgesetzt. In den Anker wird die Abdrückschraube sechs Umdrehungen eingeschraubt. Der Konus bekommt über diese Schraube einen leichten Prellschlag, um die Verbindung anzuziehen. Der Zündnocken, oder bei elektronischen Zündungen der Geber, wird so

Richtig aufsetzen: Der Arretierstift muss sauber in der Nut des Ankers sitzen. Der Zapfen am Anker muss genau in die Nut am Zündnocken einrasten.

aufgesteckt, dass der Zapfen am Rotor in die Nut am Nocken kommt. Mittels der Rotorhalteschraube und eines 13-mm-Schlüssels (6-mm-Inbusschlüssel bei Elektronikzündung) wird der Rotor nun festgezogen. Man blockiert den Motor mit einem Hammerstiel im Auslass, wie beim Zerlegen beschrieben. Achtung, nach ganz fest kommt ganz lose! Also die Schraube vernünftig anziehen, denn wenn die Rotorhalteschraube reißt, bedeutet das die Anschaffung einer neuen Kurbelwelle. Und der Motor muss nochmal komplett demontiert werden.

Vorsichtig, um die Schleifringe nicht zu beschädigen, wird nun die Lichtmaschine über den Rotor gestülpt. Ein Fixierungsstift des Gehäuses muss in eine Aussparung der „Lima", dann passt die Sache. Die Lichtmaschine sitzt in einer Passung im Gehäuse, daher wird der letzte Zentimeter gefühlvoll und gleichmäßig mit den drei Befestigungsschrauben beigezogen.

Jetzt wird der Kohlehalter überprüft. Beide Kohlen müssen mindestens noch 10 mm lang sein, die Schmerzgrenze liegt bei 9 mm. Die Laufflächen der Kohlen müssen glatt sein, sonst wird der Rotor von ihnen gefressen. Beide Federn müssen ausreichende und gleiche Spannung haben. Ist das alles der Fall, werden die Kohlen in den Bürstenhalter gesteckt und mit dem Halteclip gesichert. Nun werden die Kohlen an die Schleifringe gedrückt und im eingefederten Zustand festgeschraubt. Das Kabel, welches oben aus dem Halter kommt, wird auf Anschluss „D-" gesteckt, dabei wird der feste Sitz dieser Klemme an der Lichtmaschine überprüft. Das andere Kabel wird auf die obere DF-Klemme gesteckt.

Wenn wir gerade beim Stecken sind, werfen wir noch einen Blick auf die Klemmen U, V und W. Deren Lötstellen müssen sauber sein und die Nietverbindungen der Klemmen auf der Isolierplatte dürfen nicht wackeln. Hier strömen reichlich Ampere durch, perfekte Verbindungen sind Pflicht. Ausgelötete Verbindungen kann man nach einer Reinigung nachlöten. Das Auslöten hat meist seinen Grund in der Qualität von Leitung und Stecker. Der häufigste Fehler wird beim Selbstbau von Kabelbäumen gemacht, wenn die Hobby-Elektroniker oft an zu dünne Kabel die plastiküberzogenen Stecker vom Discounter an der Ecke anklemmen. Und da in diesen Sortimenten meist eine jämmerliche Quetschzange dabei ist, werden die schlechten Stecker eben auch schlecht angebracht. Und so kommt es, dass sich die Anschlüsse auslöten, weil die hohen Ströme, die von der Lichtmaschine zum Gleichrichter fließen, wegen des hohen Widerstands in den Steckverbindungen die Kabel auf Tauchsiedertemperatur bringen. Wie man die Sache richtig angeht, ist Thema des Kapitels Elektro.

Auf der Einstellplatte der Lichtmaschine wird mit einer Schraube der neue Zündkontakt festgeschraubt. Seine Einstellung kann jetzt vorgenommen werden – wie das geht, beschreibe ich beim Motoreinbau. Ich erkläre das lieber bei eingebautem Motor, da die meisten Leute zur Zündeinstellung den Motor im Rahmen lassen.

So – haben wir was vergessen? Die Ölablassschraube muss noch mit einer neuen Dichtung versehen werden und fest, aber gefühlvoll eingedreht werden. Wer das Gewinde ausreißt, ist entweder trottelig oder sollte sich beim Krafttraining etwas mehr zurückhalten. Auf jeden Fall habe ich schon Ablassschrauben gesehen, die waren so fest, als müsste man das ganze Moped dranhängen. Und dabei ist das Ding doch nur ein Stopfen. Allerdings wird der manchmal beim Einbau vergessen und ist dann die Ursache für eine feine Lache beim Öleinfüllen. Damit der Garagenvermieter diesen Kündigungsgrund nicht hat, drehen wir die Schraube eben jetzt schon rein. Unser Motor ist einbaufertig – ein gutes Stück Arbeit und Erfahrung liegen hinter uns. Und wenn dieser Motor später seine ersten Töne von sich gibt, hat man einen echten Grund, stolz auf sich zu sein.

Ausdistanzieren des Abtriebslagers

Benötigtes Werkzeug:

- **Messschieber mit Tiefenmaß**
- **Schraubendreher**
- **Ölkännchen**
- **Fühlerlehre**

Benötigte Teile:

- **Dichtkappe**
- **Wellendichtring 25 x 35 x 7 mm (Abtriebsdichtung)**
- **Verschiedene Distanzscheiben**

Damit die Getriebeabtriebswelle die Ausdehnungen des Gehäuses mitmachen kann, ist es erforderlich, den Lagerdeckel mittels Distanzscheiben auszugleichen. Es gibt werksseitig ein vorgeschriebenes Maß, das zwar stimmt, aber für den Hausgebrauch zu kompliziert ist. Wir ermitteln die Stärke der Distanzscheiben, indem wir den Deckel so weit ausgleichen, dass keine Luft mehr zwischen Deckel und Lager ist. Es werden etwas mehr Scheiben als erforderlich untergelegt und der Luftspalt zwischen Deckel und Gehäuse wird mit der Fühlerlehre ermittelt. Dann werden so viele Distanzscheiben beigelegt, bis der Deckel plan auf dem Gehäuse aufliegt. Als Toleranz darf das Mess-

blatt 0,05 mm gerade noch dazwischen passen, das Blatt 0,10 mm aber nicht mehr. Eine ganz genau flach aufliegende Dichtkappe ist natürlich auch in Ordnung. Nun wird die gut eingeölte Dichtung eingelegt und der Deckel fest verschraubt, die Toleranz wird eingehalten. Wer es gerne messtechnisch haben will, kann mit dem Tiefenmaß des Messschiebers nachmessen. Zuerst wird gemessen, wie weit das Lager im Gehäuse sitzt. Dann wird der Bund der Dichtkappe gemessen. Das zweite Maß wird vom Ersten abgezogen, das Ergebnis ist die Stärke der Beilagscheiben.

Die eingeölte Dichtung wird eingelegt, der Deckel wird verschraubt, das Maß der flach gedrückten, eingeölten Dichtung entspricht dem vorgeschriebenen Maß für das Axialspiel des Lagers. Ich bevorzuge die Methode mit dem Tiefenmaß, weil es sich damit genauer messen lässt. Wer aber mit Nonius und Messspitze nicht geübt ist, macht Fehler. Und da es keine Schande ist, etwas nicht zu beherrschen, sei Ungeübten die Methode mit der Fühlerlehre ans Herz gelegt.

Einschrauben des Leerlaufschalters, Versiegeln der Blechdeckel

Benötigtes Werkzeug:

- **Steckschlüssel, SW 13**
- **Durchschlag, 9 mm Durchmesser**
- **Bremsenreiniger**
- **Klopapier**
- **Zweikomponentenkleber**

Im Ritzelraum liegen drei runde Blechdeckel, zwei größere und ein kleinerer, direkt neben dem Leerlaufschalter. Der kleine ist bei Ölverlust in diesem Bereich oft der Übeltäter, obwohl die Ursache meist im Leerlaufschalter gesucht wird. Der untere Blechdeckel muss gegenüber dem Gehäuse etwas zurückliegen. Wenn dem nicht so ist, wird er mit einem 9-mm-Durchschlag etwas nachgesetzt. Etwaige Klebstoffreste an den drei Deckeln werden mit einem kleinen Schraubendreher weggekratzt. Nun werden alle drei Deckel mit Bremsenreiniger und Klopapier gründlich entfettet. Bei solchen Gelegenheiten empfehle ich immer Klopapier, weil das das Fett gut aufsaugt und jeder damit umzugehen weiß. DDR-Bürger hatten es da übrigens besser. Deren Toilettenschmirgel hatte extrem gute Entfettungseigenschaften und war für den Werkstattbetrieb weit besser geeignet als die Westware. Aber eigentlich war das Zeug ja doch wohl für etwas anderes gedacht...

Nun wird der Zweikomponentenkleber nach Vorschrift angerührt. Der untere Blechdeckel wird zugeschmiert und über die Ränder hinaus versiegelt. Bei den beiden anderen Blechdeckeln werden die Ränder sauber versiegelt. Ich benutze immer Zweikomponentenkleber aus einer Zwillingsspritze. Da werden Härter und Harz wirklich schön gleichmäßig dosiert und verbinden sich nicht zufällig. Einen solchen Kleber kann man auch nach einem halben Jahr noch verwenden. Die Idee der

Zwillingsspritze kommt übrigens aus den USA. Die Amis machen noch was Tolles damit. Bei Motorrädern, die besonders sorgfältig abgedichtet werden sollen, wischen die dortigen Puristen den Überschuss der Gehäusedichtmasse ab, entfetten die Trennfuge von außen und versiegeln selbige mit einem 6 mm breiten Streifen Zweikomponentenkleber aus eben dieser Zwillingsspritze. Und so kommt es, dass in den Staaten einige Motoren, die von Haus aus als Ölsardinen gelten, im Showroom und auf der Straße absolut dicht halten. Wer möchte, kann das jetzt also auch bei seinem MZ-Motor machen.

Einbau des Kurbelwellendichtrings

Benötigtes Werkzeug:

- **Rohrstück 71,9 mm, dickwandig, plangedreht, oder Schlagdorn laut Zeichnung, oder Durchschlag, 10 mm Durchmesser**
- **Schlosserhammer (400 g)**
- **MoS_2-Paste**
- **Ölkännchen**

Zum Einbau wird der Wellendichtring 72 x 25 x 7 mm wie folgt vorbereitet: Auf die Innenlippe wird die MoS_2-Paste richtig kräftig einmassiert. Einfaches Auftragen nützt nichts, denn die MoS_2-Moleküle müssen ins Materialgefüge des Wellendichtrings eingearbeitet werden, um so die Mikroporen füllen zu können. Zum sicheren Betrieb benötigt der Dichtring nämlich Schmierung, und Öl würde schon beim Montieren von der Dichtlippe abgewischt. Ein so geschmierter Dichtring würde beim ersten Start des Motors an der Dichtlippe ungeschmiert laufen. Eine Beschädigung der Dichtlippe und vorzeitiger Ausfall wären die Folge. MoS_2 bildet in den Materialunebenheiten kleine Schmierdepots, die die Notlaufschmierung sichern.

Die Außenseite des Dichtrings wird mit Öl eingerieben, damit der Dichtring besser in seinen Sitz gleitet. Unser Motor liegt auf der Kupplungsseite, der Dichtring wird mit der glatten Seite nach oben in seinen Sitz gedrückt. Die Feder liegt unten. Meistens ist es möglich, den Dichtring von Hand einzudrücken, aber auf jeden Fall muss das langsam geschehen. Denn in dem Moment, wenn die Dichtlippe vom Wellenkonus auf ihren Sitz gleitet, muss sie genau beobachtet werden. Es kann passieren, dass sich die Lippe umstülpt. Dies ist aber bei vorsichtiger Montage so rechtzeitig zu sehen, dass man die Dichtlippe mit einem Streichholz

(ohne Kopf) wieder in die richtige Stellung drücken kann. Sobald die Lippe vollständig auf der Dichtringlauffläche sitzt, kann der Ring bis zum Anschlag eingedrückt werden. Besonders gut geht das mit dem Schlagdorn oder unserem Rohrstück. Vorsichtige Menschen sind auch in der Lage, den Dichtring mit einem Durchschlag und vielen, am äußeren Umfang verteilten Hammerschlägen in seinen Sitz zu treiben. Geschlagen werden darf nur so weit außen wie möglich. Ein Schlag auf die breite Oberfläche beschädigt den Dichtring. Wenn unser Ring nun an seinem Platz sitzt, lässt man den Drahtsprengring zur Sicherung in die Nut schnappen. Danach bekommt die Dichtlippe von außen einen Spritzer Öl ab. Nun wird die Kurbelwelle einige Male gedreht, um den Schmierstoff zu verteilen. Ein dermaßen montierter Dichtring hält sehr lange, bei guten Kugellagern sogar oft ein halbes Motorleben. Ein ganzes Motorleben ist erreichbar, wenn man teurere Wellendichtringe aus dem Spezialmaterial VITON einsetzt. Die gibt es allerdings nicht im Kugellagerhandel, sondern nur als Anfertigung bei speziellen, guten MZ-Händlern.

Einbau des Motors

Prüfung der Aufhängungsgummis

Bevor der so sorgfältig überarbeitete Motor in den Rahmen gehängt wird, überprüfen wir die Aufhängungselemente. Im Schwingenkapitel wurde die hintere Aufhängung lang und breit erklärt, ich gehe also von einem perfekten Zustand der Gummielemente aus. Beide Motorhalteschrauben werden nun von Hand in die Haltebleche einge-

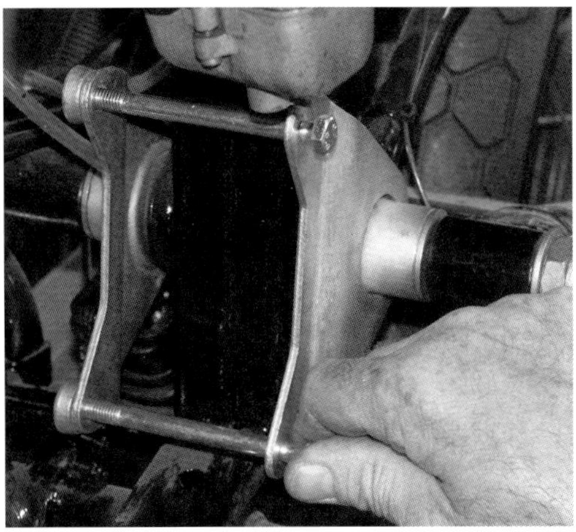

schraubt. Hierbei ist auf deren Parallelität zu achten. Versäumt man dieses Ausrichten der Bleche, flucht man nachher beim Einhängen des Blocks. Nun werden die Schrauben wieder entfernt und gut erreichbar abgelegt.

Auch das obere Aufhängungselement bekommt einen kritischen Blick. Meist bleibt diese Begutachtung ohne Befund, denn die Aufhängung hat beinahe das ewige Leben. Dennoch, das Gummi darf nicht porös sein und die Bleche dürfen keine Risse zeigen. Dass alle Distanzbuchsen in der richtigen Position sein müssen, ist zwar klar, aber leider nicht selbstverständlich. Zu oft schon haben Bastler das Element falsch zusammengesteckt und dann die so verursachten barbarischen Vibrationen der Konstruktion zugeschrieben. Also streng nach Reihenfolge in der Zeichnung vorgehen: Distanzstück-Scheibe-Halteblech-Gummi-Halteblech-Topf-Scheibe-Sprengring und dann die Mutter, welche mit einem 19-mm-Ringschlüssel kräftig angezogen wird. In die Nähe des Motors werden jetzt gut greifbar zwei M8-Muttern mit Federringen gelegt. Die werden gleich beim Einhängen gebraucht.

EINBAU

Feine Leute setzen den Block auf einen Rangierwagenheber, kräftige Leute mit Helfer heben das Triebwerk unter den Rahmen. Egal wie, der Block wird von unten in das elastische Motorhalteelement gehoben. Eine der beiden M8-Muttern wird locker auf einen der Stehbolzen geschraubt, um den Motor zu sichern. Dann wird weiter gehoben und die zweite Mutter angeschraubt. Wichtig ist, dass der Motor in das Element gezogen wird und nicht mit den Muttern hochgezogen wird. Ansonsten wird der Gummiblock verspannt oder die Haltebleche verziehen sich.

Jetzt hängt der Motor oben am Rahmen. Wenn die hinteren Haltebleche richtig ausgerichtet sind, lässt sich der Block hinten einfädeln und mit den beiden Halteschrauben festziehen. Vorsicht: Wenn ein brutaler Mensch eine dieser Schrauben abreißt, gibt es eines der größten Probleme an der MZ. Der Stumpf der Schraube hält den Block bombenfest im Rahmen, ein Ausbau ist nicht mehr möglich. Ausbohren würde den Block zerstören, mit der Flex erreicht man diese Schrauben nicht. Einzige Chance ist das Zersägen der Halterung von unten mit einem langen Sägeblatt. Von Hand, unter dem Motorrad liegend, muss dann viele Stunden lang gesägt werden. Besser, man zieht diese Schrauben mit dem richtigen Drehmoment an.

KETTENMONTAGE

Mit einem Schweißdraht werden die Enden der Kette ins Motorgehäuse gezogen. Das Hinterrad wurde ja bereits beim Ausbau nach vorn geschoben, um die Kette zu entspannen. Wenn jetzt niemand am Hinterrad gedreht hat, dürfte der Kettenkasten noch in Ordnung sein. Wenn nicht, siehe Kapitel über den Antrieb. Am oberen Kettenende wird von hinten das Steckglied des Kettenschlosses zur Hälfte eingeschoben. Das untere Ende wird auf das Ritzel gelegt und im Leerlauf zum anderen Kettenende gedreht. Das Steckglied wird von hinten durchgeschoben. Lassen sich die Enden nicht verbinden, darf mit einer Spitzzange nachgeholfen werden.

Mit Verschlussglied und Verschlussfeder wird das Kettenschloss geschlossen. Diese Feder (oder Laus) wird mit der geschlossenen Seite in Laufrichtung montiert. Auf keinen Fall darf die offene Seite der Feder mit einem Schraubendreher oder Ähnlichem gespreizt werden. Das beste Verschlusswerkzeug ist die serienmäßige Kombizange aus dem Bordwerkzeug. Damit lässt sich die Laus sauber auf das Kettenschloss schieben.

Meist wird nach der Motorinstandsetzung auch eine neue Kette verbaut. Zum Wechsel werden neue und alte Kette mit dem alten Kettenschloss verbunden, das beim Durchziehen unbedingt geschlossen werden muss. Sonst öffnet es sich beim Einziehen und eine halbe Stunde Matscherei im Fett des Kettenkastens ist angesagt. Denn das verlorene Kettenschloss muss im Kasten gefunden werden, sonst macht es sich irgendwann selbständig und richtet bösen Schaden an.

Ob neu oder alt, die Kette muss richtig gespannt werden. Wie das geht, kann man im Kapitel über den Hinterradantrieb nachlesen.

ELEKTRIK

Ein Geduldsspiel ist das Einziehen des Kabelbaums durch die Öffnungen des Motorblocks. Etwas Reifenmontierpaste auf den Kabeln wirkt da Wunder. Zuerst werden die Kabel durchgezogen, der Dichtgummi wird später reingefummelt. Der gesamte Kabelbaum wird bis in den Lichtmaschinenraum durchgezogen. Das blaue Kabel wird durch ein Stück 5-mm-Aquarienschlauch in dem Kettenraum verlegt. Das verzinnte Ende wird am Leerlaufschalter angeschraubt.

Zuerst werden die drei schwarzen Kabel U,V und W an die untere Anschlussplatte der Lichtmaschine gesteckt. Die geschlossene Seite der

Stecker hat dabei zu den Sicherungsfedern zu zeigen. Auf eine bestimmte Reihenfolge der Stecker muss nicht geachtet werden. Wichtiger ist der sichere und feste Sitz der Stecker. An dieser Stelle ist die Verwendung von Billigteilen absolut tabu, unisolierte Quetschstecker müssen mit der richtigen Zange angequetscht werden. Alle anderen Verbindungen scheitern an dieser Stelle.

Das braune Kabel wird an den Masseanschluss gesteckt. Nun wird das grün-blaue Kabel an den Anschluss DF (direkt neben den U-, V-, W-Anschlüssen) angesteckt.

Bleibt noch das grüne Kabel des Zündkontakts. Es wird an die Kontaktfahne des Kondensators gesteckt. Damit der Stecker nicht den Kondensator berührt, muss die geschlossene Seite nach innen zeigen. Viele unergründliche Zündstörungen haben ihre Ursache in Kurzschlüssen an dieser Stelle.

DIE ZÜNDEINSTELLUNG

So, endlich kommt die lange versprochene Einstellung der Zündung. Wir führen sie bei eingebautem Motor durch, weil ja auch bei den Inspektionen der Motor im Rahmen ist. Vor dem Ausbau des Motors wurde die Sicherung entfernt, die muss also zuerst wieder hinein.

Nun wird der Kolben mittels eines 13-mm-Ringschlüssels im Uhrzeigersinn hinter den oberen Totpunkt gedreht. Dies ist die Stellung, wo der Zündkontakt weit geöffnet ist. Die geniale Exzenterschraube am Zündkontakt erleichtert die Einstellung. Man löst die Befestigungsschraube und stellt mit der Exzenterschraube den Kontaktabstand ein. Das richtige Maß ist 0,3 mm mit 0,05 mm Toleranz nach oben. Das Maß ist korrekt eingestellt, wenn sich bei wieder angezogener Schraube das 0,30er-Blatt der Fühlerlehre ohne zu klemmen zwischen die Kontakte schieben lässt. Das 0,35er-Blatt muss dagegen deutlich klemmen. Wer eine Elektronikzündung besitzt, kann den letzten Abschnitt getrost für alle Zeiten vergessen.

Die jetzt folgende Einstellung des Zündzeitpunktes ist bei allen Zündanlagen gleich. Der korrekte Zündzeitpunkt bei 250er-Modellen beträgt 2,75 mm vor dem oberen Totpunkt, dieser Wert hat sich auf Tausenden Kilometern als optimal erwiesen. Ein früherer Zeitpunkt führt zum gefürchteten Klingeln und damit zu Kolbenschäden, ein späterer Zeitpunkt zu Mangelleistung und Überhitzung in der Auslassphase. Wer im Osten MZ gefahren ist, wird jetzt sagen: „Wir haben immer auf 3 mm gestellt und hatten nie Probleme!" Das stimmt zwar, jedoch nur bei Verwendung von DDR-Sprit und nicht bei dem heutigen bleifreien Wunderwasser. Tatsächlich neigen MZ-Motoren, die im Osten mit VK 88 perfekt liefen, im Westen zu böser Klingelei.

Bei der ganzen Einstellerei steckt die Kerze im Kerzenstecker und liegt mit diesem sicher an Masse. Das ist unbedingt wichtig, damit der Zündstrom nicht an der falschen Stelle überschlägt. Elektronikzündungen können sonst ernste Schäden nehmen, aber auch unkontrollierte Stromschläge in die Schrauberfinger gefallen nicht jedem. Vorsicht: Bei manchen elektronischen

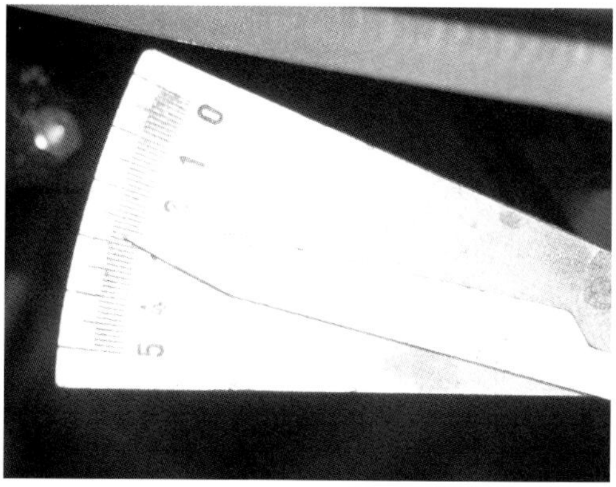

2,75 mm ist der richtige Zündzeitpunkt.

Zündanlagen beträgt der Zündstrom runde 30.000 Volt, nicht nur schwächere Naturen können bei unvorsichtigem Umgang mit dem Strom ernste gesundheitliche Probleme bekommen.

Um den Zündzeitpunkt zu ermitteln, wird eine Prüflampe zwischen Klemme 1 der Zündspule und Masse geklemmt. Nun wird der Motor in Laufrichtung gedreht. Die Zündung erfolgt in dem Moment, wenn die Kontakte sich öffnen oder der Geber am Sensor entlang läuft. Im Moment der Zündung beginnt die Lampe zu leuchten.

Zur Ermittlung des Zündzeitpunkts wird eine Messuhr mit dem passenden Adapter ins Kerzenloch gedreht. Beim Durchdrehen des Motors wechselt der Zeiger seine Richtung. Das ist der obere Totpunkt, genau an dieser Position wird der Zeiger der Uhr auf den Nullpunkt gesetzt. Nun wird die Kurbelwelle entgegen der Drehrichtung um 2,75 Millimeter zurückgedreht. Dies ist exakt unser Zündzeitpunkt. Genau an dieser Stelle muss der Kontakt beginnen, sich zu öffnen. Die Prüflampe leuchtet auf und an der Kerze gibt es einen laut hörbaren Funken. Natürlich wird der Zeitpunkt nicht optimal stimmen. Der Zündzeitpunkt wird über die Langlöcher in der Einstellplatte justiert. Die Halteschrauben werden gelockert, mit einem stumpfen Schraubendreher kann die Platte jetzt an der Schlagnase verschoben werden. Wird die Platte nach vorn verschoben, wandert der Zündzeitpunkt in Richtung „spät", der Wert wird also kleiner. Nach hinten verschoben, wird der Zeitpunkt in Richtung „früh" verändert, der Motor zündet also eher.

Da die Altmeister bekanntlich nicht vom Himmel fallen, ist es keine Schande, die beschriebene Prozedur so lange zu wiederholen, bis die Zündung exakt stimmt.

Wichtig: Bevor Fahrer von elektronisch gezündeten Motorrädern die Kerze anfassen, schaltet man die Zündung aus. Zusätzlich wird der Motor eine Umdrehung gedreht. Der Grund dafür ist, dass bei manchen Zündanlagen die Kerze auch bei ausgeschaltetem Motor noch einmal zündet. Dieser Funken wird durch die eine Umdrehung abgebaut.

An Maschinen mit Kontakten muss jetzt noch etwas eingestellt werden, nämlich der Schmierfilz. Oft vergessen und meist vernachlässigt ist der äußerst wichtig. Ich presse immer seitlich etwas ganz zähes Öl in den Filz, das reicht bis zur nächsten Zündeinstellung. Wichtig ist, dass der Filz die Kurbelwelle nicht ständig, sondern nur auf dem „Nockenberg" berührt. Ansonsten wird der Schmierstoff heraus gezogen und der Kontakt läuft trocken. Mit der Folge eines rasant „schmelzenden" Kontaktabstands. Ein ausgetrockneter Schmierfilz ist oft die Ursache für undefinierbare Quietschgeräusche im Leerlauf. Zur Beurteilung der Zündkontakte kommen wir im Zündungskapitel.

Auspuff

Die Montage des Auspuffs ist im entsprechenden Kapitel nachzulesen.

Vergaser

Der voreingestellte Vergaser wird zuerst in den Gummistutzen gesteckt. Mitsamt dem Stutzen wird er nach hinten gezogen und vorn in den Flansch eingeführt. Achtung: Die Klemmschrauben des Flansches dürfen nicht zu fest angezogen werden.

Kupplungszug

Die Montage des Kupplungszuges und des Ölpumpenzugs wird wie auf Seite 145 beschrieben durchgeführt.

Getriebeöl

So – bevor der frisch renovierte Motor seine ersten Töne von sich geben darf, wird Getriebeöl eingefüllt. Wobei es auf die richtige Sorte ankommt. In der DDR war das Öl GL 60 vorgeschrieben. Es war mild legiert und griff weder Wellendichtringe noch Kupplungslamellen an. Im Westen wurden dagegen andere Öle eingesetzt. Mit teils aggressiven Bestandteilen. Wie schon an anderer Stelle beschrieben, lösen diese die Kupplungsbeläge an und sorgen für die Verstopfung der Ölkanäle.

Der Grad der Legierung bei Getriebeölen wird heute in GL-Klassen ausgedrückt. GL3 ist mild genug für den MZ-Motor und besitzt dennoch eine enorme Schmierfähigkeit. Die richtige Viskosität des Öls ist SAE 80. SAE 80/GL3 ist das ideale Öl für alle MZ-Motoren. Oft gibt es Öle 80/90 GL3, aber auch dieses etwas dickere Öl ist problemlos. Nicht geeignet sind Öle mit der Zusatzbezeichnung GL5 oder so genannte Hypoidöle.

Probleme gibt es manchmal bei der Ölbeschaffung. Klar, der MZ-Händler hat die richtige Schmiere am Lager. Klar aber auch, dass wenn man Öl braucht, der MZ-Händler gerade nicht greifbar ist. An der Tankstelle sucht man meist vergebens. Die GL3-Öle gibt es bei Maschinenbauern, in Landmaschinenbetrieben und neuerdings auch in schön gestylten Verpackungen als Oldtimeröl – zu oldtimermäßigen Preisen...

Doch was, wenn man unterwegs nicht das richtige Öl bekommt. Auf keinen Fall dürfen hochlegierte Öle oder gar Hypoidöle verwendet werden. Im Handbuch steht, dass notfalls unlegierte Motorenöl verwendet werden dürfen. Vollkommen richtig, nur leider sind solche Öle seit beinahe 50 Jahren nicht mehr im Handel. Außer auf Flugplätzen. Dort gibt es unlegierte „100er Öle", die den MZ-Getrieben bekömmlich sind. Sie dienen in der Luftfahrt als Einlauföl für die prähistorischen amerikanischen Boxermotoren.

In das Getriebe der ETZ sollen 900 Kubikzentimeter Öl gefüllt werden, wir füllen einen ganzen Liter ein. Am besten abends oder vor der Mittagspause, denn das Öl braucht eine halbe Ewigkeit, um in den Primärantrieb vorzudringen. Äußerst wichtig ist natürlich der korrekte Ölstand, messbar an der Kontrollschraube. Die wird entfernt und bei gerade auf dem Ständer stehendem Motorrad muss das Öl bis zur Unterkante der Kontrollbohrung reichen. Also füllen wir etwas mehr ein und lassen den Überschuss in ein sauberes Gefäß laufen. So ist man sicher, nicht zu viel Öl im Getriebe zu haben. Warum das wichtig ist? Weil sonst die Kupplung im Öl panscht und so für Störungen bei der Übertragung des Kraftflusses sorgt, was im Endeffekt zu Lasten der Geschwindigkeit geht. Natürlich ist auch zu niedriger Ölstand nachteilig. Bei zu wenig Öl kann das Primärrad keinen Schmierstoff in die Fangtasche baggern. Die Getriebewellen werden dann von innen nicht mehr richtig geschmiert.

Deshalb hier nochmal die Prozedur zur Ölkontrolle: Dreht man die Kontrollschraube raus, sollte kein Öl austreten. Kippt man die Maschine nur ein wenig nach links, muss Öl austreten.

So – Öl ist drin, alles klar zum Probelauf. Wie man einen neuen Motor zu Leben erweckt und wie eine Probefahrt gemacht wird, steht im entsprechenden Kapitel.

12. INSTANDSETZUNG ES-TS 125/150

AUFBAU

Die kleinen MZ-Motoren entsprachen im Grundaufbau den alten DKW RT-Modellen. Es geht die Mär um, die MZ seien allesamt DKW-Konstruktionen. Was bei den 250er-Modellen keinesfalls stimmt. Für die kleine Baureihe trifft das jedoch zu.

Hier wurde vor allem billig und robust gebaut. Die Kurbelwelle läuft links in zwei Lagern, rechts in einem. Auf der linken Seite wird die Kraft über eine Primärkette an die Kupplung übertragen. Über ein Viergang-Vorgelegegetriebe wird das rechts sitzende Kettenritzel angetrieben. Das Getriebe läuft in drei Kugellagern und einem Bronzegleitlager. Das Kettenritzel sitzt auf einem Schaftrad, dessen Innenbohrung zur Lagerung der Getriebehauptwelle dient. Eine einzige Schaltgabel schaltet alle vier Gänge. Die Ölbadkupplung besitzt sechs Reibscheiben.

Während der fast sechzigjährigen Bauzeit sind natürlich stetig Veränderungen und Verbesserungen in die Serie eingeflossen. In der folgenden Schrauberanleitung werde ich dabei auch auf die Umrüstung auf verbesserte Teile eingehen. Einige konstruktive Dinge an den kleinen Motoren sind recht kompliziert, viele Details sind für den Schrauber recht einfach gestaltet.

Ab Baujahr 1975 kam ein wesentlich verbesserter Motor zum Einsatz. Ab Sommer 1975 und der Motornummer 7372909 bei den 125ern oder Motornummer 6587573 bei den 150ern durften sich MZ-Fahrer über zuverlässigere außen liegende Wellendichtringe, eine deutlich verstärkte Kurbelwelle sowie einen zweifelhaften Drehzahlmesserantrieb freuen.

Im folgenden Text wird ein solcher Motor seziert. Wenn etwas bei den älteren Motoren anders behandelt werden muss, wird das im Text erwähnt.

AUSBAU

Die kleinen Motoren sind starr im Rahmen verschraubt. Zwei Befestigungsschrauben hinten und eine vorn sind zu entfernen und man kann den Motor nach Abmontieren von Kette, Kabelsteckern und Auspuff nach links heraus nehmen. Je nach Baujahr gibt es breite und schmale Gehäuse. Durch Beilegen von Distanzstücken kann man schmale Motoren in breite Gehäuse montieren, umgekehrt ist das natürlich nicht möglich. Der westdeutsche Importeur hielt daher nur schmale Motoren im Teilesortiment, da diese in jeden Rahmen passten.

Abgesehen davon, dass der rechte Gehäusedeckel geteilt ist und beide Hälften vor dem Ausbau entfernt werden müssen, gibt es weitere Besonderheiten. Im hinteren Teil des rechten Deckels sitzt auch die Kupplungsbetätigung. Wenn man den Deckel abnimmt, wird auch die Kupplungsbetätigung entfernt. Deshalb darf der Deckel nur in axialer Richtung abgenommen werden, um die Druckstange nicht zu verbiegen. Im Deckel ist auch der Kupplungszug eingehangen, der sich jetzt leicht entfernen lässt. Anschließend wird die Druckstange heraus gezogen. Damit es bei längerer Kupplungsbetätigung nicht zu Fressern an dieser Stange kommt, sitzt zwischen Stange und Einstellschraube für die Kupplung eine Zylinderrolle (4 x 4 mm). Durch Kippen des Motors fällt diese zur rechten Seite heraus. Dieses Röllchen ist eines der Teile, die man gut weglegt, da man sie sonst beim Zusammenbau endlos sucht. Fällt die Rolle nicht heraus, muss man sie bei einem späteren Arbeitsschritt entfernen.

Zerlegung

Besonders angenehm für die Schraubereien ist das niedrige Gewicht des Motors. Eine Holzkiste ist der richtige Untersatz für die Montage. Oder die bereits von den 250er-Motoren bekannte „Workmate" von Black & Decker. Man muss die Werkbank mit ein paar passenden Löchern für die Wellen modifizieren.

Montage unter dem rechten Deckel

Wie immer wird die Montage unter dem rechten Deckel begonnen. Wie bei den 6-Volt-Varianten der 250er-Modelle wird die Lichtmaschine abmontiert. Dazu den Kolben durch den Auslasskanal blockieren, dann die Ankerhalteschraube lösen. Die beiden Befestigungsschrauben des Lichtmaschinengehäuses werden entfernt. Nun werden die Halteklammern für die Kohlefedern abgenommen und die Kohlen ein Stück heraus gezogen. Jetzt lässt sich das Lichtmaschinengehäuse vorsichtig abziehen. Unter der Lichtmaschine wird der mit vier Schrauben befestigte Dichtringträger entfernt. Hier ist jetzt eine Beurteilung des rechten Kurbelwellenlagers möglich. Ausgeschlagene Lagersitze an dieser Stelle sind leider recht häufig. Ursache ist offenbar mangelndes Warmfahren des Motors. Zu rasche Erwärmung des Gehäuses sorgt für wandernde Lager, die auf Dauer die Lagersitze zerstören. Wird bei den Lagern merklich Spiel festgestellt, kann das drei Ursachen haben:

1. **Der Lagersitz des Innenrings auf der Kurbelwelle ist ausgeschlagen**
2. **Der Außenring des Lagers ist im Gehäuse eingelaufen.**
3. **Die Kugeln und Laufringe sind verschlissen**

Ursache 1 und 3 sind reparabel, jedoch ein spürbar eingelaufener Lageraußenring nur mit größtem Aufwand. Wie viel Verschleiß vorliegt, kann man erst nach der endgültigen Demontage erkennen.

Das Kettenritzel wird wie bei den großen Modellen entfernt. Darunter liegt das Halteblech für den Dichtring. Es wird abgeschraubt. Im unteren Bereich ist jetzt das Gleitlager der Vorgelegewelle zu sehen. Durch Bewegung der Welle mit einem Schraubendreher nach oben und unten lässt sich

der Verschleiß dieses Gleitlagers prüfen. Bei fühlbarem Spiel wird später das Gleitlager gewechselt. Ein Wechsel von außen ist nicht möglich, man kann aber schon mal das Ersatzteil bestellen.

Jetzt wird noch der Leerlaufschalter entfernt und der Motor ist fertig für den nächsten Schritt.

Montage unter dem linken Deckel

Schalthebel und Kickstarter werden nach Lösen der Befestigungsschrauben entfernt. Nun lässt sich der mit vier Schrauben befestigte Deckel einfach abnehmen.

Vor uns liegt der Primärantrieb. Bei Motoren der frühen Baureihen wird die Kupplung über eine Einfachkette angetrieben, spätere Modelle besitzen eine Duplexkette.

Einfachketten sind so gut wie nicht mehr zu beschaffen, wohl aber die Umbausätze auf verschleißarme Duplexketten. Richtig gute MZ-Händler haben diese im Regal liegen. In eingebautem Zustand wird die Kette überprüft. Acht Millimeter darf sich die Kette durchdrücken lassen, ansonsten muss sie erneuert werden. Jetzt versuchen einige Teilehändler Ketten mit Kettenschloss zu verkaufen. Angeblich lassen diese Ketten sich ohne Ausbau der Kupplung wechseln. Klarer Fall von Etikettenschwindel. Im Primärantriebsraum ist kein Stückchen Platz, um das lange Kettenschloss einzuschieben. Zudem ist auch nur das endlose Exemplar den hohen Umlaufgeschwindigkeiten, die so eine Primärkette erreicht, gewachsen. Im Schadensfall sieht es auch der Ungläubigste ein, denn fliegt einem die Kette erstmal um die Ohren, gibt es unglaublichen Salat im Gehäuse. Dann lieber zum Kettenwechsel den gesamten Primärtrieb entfernen.

Demontage von Kupplung und Primärtrieb und Prüfung der Bauteile

Hierzu werden zunächst die Kupplungsfedern entspannt. Den dazu nötigen Druckbolzen kann man leicht selbst herstellen. Notfalls geht es auch mit einer Kombizange, zwischen deren Backen man einen Nagel einspannt. Mit dieser leicht geöffneten Zange werden nun die Stütznippel der Kupplung herunter gedrückt. Der Schrauber mit den feinsten Fingern wird als Helfer rekrutiert und darf die Haltestifte heraus fischen. Aber bitte mit Sorgfalt! Stütznippel und Haltestifte fliegen gerne mit Macht in die hinterste Ecke der Werkstatt. Die Kupplungsfedern lassen sich jetzt einfach entnehmen. Findet man in jeder zweiten Feder eine kleine Feder, hat sich nicht etwa ein Bastler ausgetobt. Neckermann bot damals diese Zusatzfedern zur Kupplungsverstärkung an. Mittlerweile wurden aber die Federn verstärkt, so dass dieser Notbehelf nicht mehr nötig ist. In entspanntem Zustand haben die Federn ein Maß von 49 Millimetern, sind einzelne Federn kürzer als 47 Millimeter, wird der ganze Satz gewechselt. Die Federn sitzen in Blechbechern, die sich leicht entfernen lassen.

Nun kann der Druckdeckel der Kupplung abgenommen werden. Darunter sitzt der berüchtigte Drucknagel, das Bauteil, über das wohl ganze Schraubergenerationen lautstark fluchten. Nicht wegen schlechter Konstruktion, sondern weil man das Teil allzu gerne vergisst. Damit uns das nicht passiert, befestigen wir den Drucknagel mit etwas Tape auf dem Druckdeckel. Wenn man den Nagel nämlich vergisst, kann man zwar in Ruhe weiter montieren, aber man bemerkt den Fehler erst nach dem Einbau des Motors, wenn man die Kupplung einstellen möchte. Also besser so weglegen, dass man dieses Kleinteil nicht vergessen kann.

Nun können die Kupplungslamellen entfernt werden. Besonderes Augenmerk ist dabei auf die Stahllamellen zu richten. Oft sind diese durch vorhergehende Brutalbehandlung blau angelaufen und verzogen und müssen ausgewechselt werden. Die Reiblamellen haben ein Neumaß von 3,4 Millimeter und dürfen maximal 0,2 Millimeter abgenutzt sein. Wem 0,2 Millimeter Verschleißmaß wenig erscheint, sollte das mal addieren, schließlich kommt bei sechs Scheiben ein Gesamtverschleiß von 1,2 Millimetern zusammen, und das ist eine ganze Menge. Anders als bei den 250ern ist der Lamellenwechsel bei den kleinen MZ im Handumdrehen erledigt, so dass man nicht bei jeder Montage die Lamellen auswechseln muss.

Eine alte Stahllamelle bekommt die Ehre, zum Spezialwerkzeug umgebaut zu werden. Ein angeschweißtes Rundeisen mit 10 mm Durchmesser macht sie zum Haltewerkzeug. Mit diesem Haltewerkzeug wird nun die Kupplung blockiert und die Zentralmutter mit einer 19-mm-Nuss mit Verlängerung gelöst. R E C H T S rum, diese Mutter hat

Linksgewinde. Was nicht oft genug gesagt werden kann, da immer wieder in die falsche Richtung gedreht wird. Jetzt kann der innere Mitnehmer abgenommen werden.

Nun gilt es, die vordere Schraube des Primärritzels zu lösen. Bei den alten Modellen war hier eine Mutter mit Rechtsgewinde montiert. Zum Blockieren des Primärtriebs gibt es ein tolles Spezialwerkzeug, dessen Herstellung aber recht schwierig ist. Notfalls kann die Kette auch mit einem Holzstück oder dem Kupplungshaltewerkzeug über die Kette blockiert werden. Dieses Werkzeug muss aber sehr fest gehalten werden und darf keinesfalls an der Kickstarterwelle abgestützt werden. Wenn die Kette eh erneuert werden soll, ist zum Lösen das Holzstück die bessere Wahl. Wenn der Zylinder schon demontiert ist, kann die Kurbelwelle mit der Hartholzgabel unter dem Pleuelauge blockiert werden.

Die Halteschraube wird um einige Umdrehungen gelockert und dient so als Stütze für den Abzieher. Alte Modelle sind mit Abziehgewinden im Ritzel ausgerüstet, die Abziehbrücke mit zwei M6-Schrauben ist leicht herzustellen. Die neuen Ritzel besitzen ein Abzugsgewinde M26 x 1,5. Das Ritzel wird mit dem Kupplungsabzieher der Viergang-

250er abgezogen. Der Abzieher wird gegen die Befestigungsschraube (oder Mutter) kräftig vorgespannt. Ein Schlag auf die Abzugsspindel löst mit einem „Knack" das Ritzel.

Jetzt kann der komplette Primärtrieb mit Kette abgenommen werden. Auf der Welle sitzen jetzt noch eine Lagerbuchse und verschiedene Distanzscheiben. Die werden möglichst in Einbauposition in das große Primärrad eingesetzt und mit einem Kabelbinder festgerödelt. Wenn die Ratschfeder und das Kickstarterritzel lose auf dem Ansatz des Primarrades herum fliegen, ist dieser meist an der Sprengringnut abgebrochen. Ein Schaden, der gerne bei Motoren mit Drehzahlmesser auftritt.

Eine erbärmliche Konstruktion, die schon so manchen Motor auf dem Gewissen hat. Warum?

Weil die Motorradwelt angeblich nach einem Drehzahlmesser geschrien hat, wurde den kleinen MZ-Motoren ein Drehzahlmesserantrieb „ankonstruiert". Dazu wurde eine Lagerbuchse hinter dem Zylinder eingesetzt und ein kleiner Winkeltrieb mit Schnecke und Schraubenrad adaptiert. Zum Antrieb kämmt ein Zahnrad im Kickstarterritzel. Mit gewaltiger Geschwindigkeit. Wenn nun irgendwo im Drehzahlmesserantrieb etwas schwer geht, macht das Kickstarterritzel, was es beim Antreten machen soll: durchrutschen. Dann rattert das Kickritzel andauernd über den Ratschmechanismus. Es dauert nicht lange, bis durch diese Schläge die Sprengringnut am großen Primärrad abreißt. Kein seltener Schaden. Eine echte Abhilfe gibt es nicht, man kann lediglich die Symptome im Auge halten. Die sind zum Beispiel ein Rattern aus dem Getriebe, eine sehr unruhige, sprunghafte Drehzahlmessernadel und das Durchrutschen des Kickstarters beim Antreten. Ich empfehle daher, das Doppelrad des Antriebs zu entfernen und auf den, bei einem derart langsam drehenden Motor sowieso unnötigen Drehzahlmesser zu verzichten.

Weg damit: Durch Entfernung des Antriebsrades erkauft man sich mehr Zuverlässigkeit.

Die Kickstarterwelle wird nun mitsamt Anlaufscheiben heraus gezogen. Dabei wird die Kickfeder mit angehoben und die Feder wird sich mit einem kräftigen „Sproiing" entspannen.

Der Primärtrieb ist entfernt, weiter geht es mit der Demontage des inneren Blocks.

Zerlegung des inneren Blocks

Vor dem Teilen des Motorblocks werden Kolben und Zylinder entfernt. Mit einem 10-mm-Steckschlüssel werden die vier Muttern kreuzweise in mehreren Durchgängen abgeschraubt. Dieses allmähliche Lösen ist erforderlich, um einen Verzug des Zylinderdeckels zu verhindern. Bei den kleinen MZ ist ein planer Deckel besonders wichtig, weil es keine Deckeldichtungen gibt. Nun wird der Zylinder abgezogen und der Kolben mit der Hand geführt. Das ist wichtig, weil die kleineren Kolben bei unsanfteren Berührungen mit dem Kurbelgehäuse sofort brechen. Deshalb wird auch sofort das Kolbenholz untergelegt. Die Sprengringe des Kolbens werden entfernt und der Kolbenbolzen mit dem Führungsdorn unter Handballendruck hinaus gepresst. Reicht die Handkraft nicht, wird genau von oben leicht mit der Propanflamme geheizt. So lässt sich der Bolzen leicht entfernen. Das Nadellager wird wie bei der ETZ begutachtet. Wenn man sich für den Wiedereinbau entscheidet, wird es in Einbaulage im Pleuelauge festgebunden.

Mit der rechten Seite nach oben wird der Motorblock auf die Werkbank gelegt. Je eine Passhülse vorne und hinten wird heraus geschlagen, dann werden die 14 Gehäuseschrauben entfernt. Mit dem Propanbrenner wird die Gehäusehälfte vorsichtig auf 120 °C erhitzt. Wenn Spucke zischend verdampft, ist der Moment gekommen, das Gehäuse mit dem Plastikhammer auseinander zu klopfen. Wir konzentrieren uns beim Erhitzen und beim Klopfen auf den Bereich um das Kurbelwellenlager, weil im Getriebebereich keine Lager ausgezogen werden müssen.

Meist reichen einige wenige Schläge, um das Gehäuse zu trennen. Das Schaftrad des Getriebes

bleibt dabei im Abtriebslager stecken, die Vorgelegewelle rutscht leicht aus dem Gleitlager. Die leere Hälfte wird zur Seite gelegt und das Getriebe kann demontiert werden. Zuerst werden die beiden gesicherten Schrauben des Schaltautomaten entfernt. Dann wird die Schaltwelle mitsamt dem Schaltautomaten entnommen. Zum Getriebeausbau werden Sicherungsmutter und Kontermutter der Schaltarretierwelle entfernt und die Welle langsam heraus gedreht. Wechselnde Schläge von der linken Seite abwechselnd auf Kupplungswelle und Vorgelegewelle treiben die Wellen parallel zur Schaltarretierung aus dem Gehäuse. Deshalb immer so schnell schlagen, wie die Arretierwelle gelöst wird.

Wenn die Wellen aus dem Gehäuse entfernt sind, werden die Teile einer genauen Prüfung unterzogen.

TEILEPRÜFUNG

Beginnen wir mit Kolben und Zylinder. Es gilt grundsätzlich das Gleiche, wie schon bei den anderen Modellen gesagt wurde. Eine Besonderheit ist die Dichtfläche des Zylinderdeckels. Sie muss absolut plan sein. Undichte Stellen erkennt man an schwarz-grauen Spuren. Dort sind die Brenngase durchgeblasen. Leichte Undichtigkeiten sind zu beseitigen, indem der Zylinderdeckel mit ganz feinem Schmirgelleinen bearbeitet wird. Dazu wird der Schmirgel auf eine Glasplatte geklebt, eingeölt und der Zylinderdeckel unter kreisenden Bewegungen plan geschliffen. Die Arbeit ist fertig, wenn die Dichtfläche komplett grau schimmert.

Nun wird die Kurbelwelle überprüft. Das Pleuellager wird auf die gleiche Weise wie bei der 250er kontrolliert. Anschließend kommen die Hubzapfen an die Reihe. Ein großes Problem waren die ganz frühen Wellen mit 17-mm-Dichtringdurchmesser. Hier brach bei flotter Fahrt gerne mal der rechte Hubzapfen ab. Meist verlief die Bruchstelle schräg. Dadurch lief das Motorrad weiter, wenn auch mit abenteuerlicher Geräuschentwicklung. Einen abgebrochenen Hubzapfen zu finden, sollte kein Problem sein. Schwieriger ist es, einen Riss im Anfangsstadium zu erkennen. Mit der Lupe werden die Übergänge an den Hubzapfen genau betrachtet. Kleinste Kerben sind mit feinem Schmirgel zu glätten, beginnende Risse lassen sich nicht reparieren.

Häufiger sind eingelaufene Hubzapfen an den Hauptlagern. Glänzen die Lagersitze hell, hat sich der Innenring auf der Kurbelwelle gedreht. Solange keine fühlbare Vertiefung entstanden ist, reicht oft die Montage eines neuen Lagers, welches mit einem Hauch Lagerkleber fixiert wird. Fühlbare Spuren kann der Motorinstandsetzungsbetrieb eventuell durch Erodieren und Überschleifen reparieren.

Wer möchte, kann die Welle im Fachbetrieb auch auf Rundlauf überprüfen lassen. Eventuelle Abweichungen können dort auch gleich durch Richten beseitigt werden.

Beim Kurbelgehäuse gilt der erste Blick den Lagersitzen. Besonders bei Motoren, die nicht sorgfältig warm gefahren werden, läuft beim rechten Lager schon mal der Sitz aus. Auch hier können nicht zu tief eingelaufene Sitze mit Lagerkleber fixiert werden. Auf keinen Fall sollte ein Lager im Innen- und Außenring eingeklebt werden, da sich dann das Lager bei der Montage nicht sauber ausrichten kann. Die Entlüftung des Getriebegehäuses geschieht durch einen Kanal hinter dem Zylinderfuß. Der muss sauber und durchgängig sein. Gleiches gilt für die Schmierkanäle der Kurbelwellenlager und für das Gleitlager der Vorgelegewelle.

Sauber halten: Durch diese Bohrung am Zylinderfuß wird das Getriebe entlüftet.

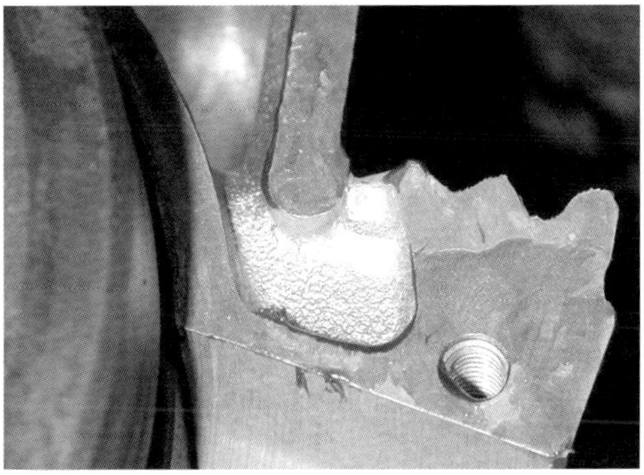

Kanal: So läuft der Belüftungskanal im Gehäuse. Oft wird der mit Dichtmasse verschmiert. Manchmal sogar absichtlich.

Dieses Gleitlager wird auf Verschleiß überprüft. Dazu wird die eingeölte Vorgelegewelle in das Lager gesteckt. Sie muss sich leicht drehen lassen und darf dabei kein fühlbares Seitenspiel haben. Ein leichtes Kippspiel ist jedoch erlaubt. Zum Glück ist Verschleiß am Gleitlager selten, denn der Wechsel dieser Lagerbuchse erfordert Fingerspitzengefühl und eine gute Werkstattausrüstung. Obwohl ich eigentlich Schrauber nicht gerne in Fachwerkstätten verweise, sollte man zum Einpassen des neuen Gleitlagers den MZ-Spezialisten bemühen. Oder man fragt bei guten Zylinderschleifereien. Die sollten wissen, wie so etwas gemacht wird.

Oft klagen die Fahrer älterer 125/150er über Schaltschwierigkeiten. Deren Ursache liegt oft im Schaltautomaten. Folgende Stellen werden überprüft:

1. **Der Bolzen am Halteblech kann ausgeschlagen sein. Das erlaubte Spiel beträgt 0,3 mm**

2. **Der Ausschnitt des Halteblechs ist auf mehr als 21 mm ausgeschlagen**
3. **Die Fenster im Schaltsegment sind verschlissen und abgerundet**
4. **Die Klauen des Schaltstückes sind verschlissen**

5. **Die Schaltgabel ist an der Spitze verschlissen, Verschleißmaß 4,75 mm**
6. **Die Arretierfeder ist erlahmt oder die Kugel verklemmt**
7. **Der Zustand der Schaltfeder wird wie bei den 250er beschrieben überprüft. Bei nur leichten Kerben in der Feder wird diese gewechselt.**

Wenn alles in Ordnung ist, wird das Getriebe unter die Lupe genommen. Und das ist wörtlich zu nehmen. Mit der Lupe werden die Zähne, aber vor allem der Hinterschliff der Zähne betrachtet. Dabei sind abgerundete Hinterschliffe an den Schalträdern häufiger als Verschleiß an den Zähnen. Eine Besonderheit stellt das Doppelschaltrad 1 & 3 dar. Dieses Rad wird im Werk gepaart und darf auch nur paarweise gewechselt werden. Wenn die Lauffläche zwischen den Rädern blanke Stellen oder gar Fressstellen aufweist, ist das Radpaar zu

wechseln. Letzte Kontrolle gilt dem „Fensterrad" des ersten Gangs. Besonders bei schlecht trennenden Kupplungen runden sich die Fensterkanten ab oder brechen aus.

Wenn jetzt die verschlissenen Bauteile gegen Neuteile ersetzt sind, können wir mit der Montage des inneren Motorblocks beginnen.

MONTAGE DES INNEREN MOTORBLOCKS

Die linke Gehäusehälfte wird erhitzt und die äußeren Sprengringe werden eingesetzt. Auf das untere Lager der Vorgelegewelle wird bei den neueren Motoren die Trennscheibe gelegt. Sie ist

zur Getriebeschmierung erforderlich. Nun werden die Lager eingesetzt. Während die Wärme in die Lager übergeht, wird das Getriebe komplettiert. Auf die Kupplungswelle wird zuerst das Schaltrad 2 & 4 gesteckt. Die kleinere Seite dieses Doppelrades zeigt dabei zum Festrad auf der Welle. Auf die Vorgelegewelle wird das doppelte Schaltrad 1 & 3 gesteckt. Das kleinere Rad zeigt dabei zum Festrad der Welle. Auf den kurzen Zapfen der Vorgelegewelle wird zuletzt das Fensterrad des 1. Gangs gesteckt. Die ausgedrehte Seite des Rades zeigt dabei nach außen.

Beide Wellen werden nun zusammengefügt. Der Steg des zusammengesteckten Doppelrades wird in die Nut des Schaltrades 2 & 4 eingesetzt. In dieser Konfiguration werden die Wellen bis zum Anschlag in die mittlerweile erwärmten Lager eingesetzt. Mit einem Plastikhammer werden die Wellen an den Anschlag getrieben. Das Schaftrad wird vorbereitet. Dazu wird das auf rund 70 °C vorgewärmte Kugellager bis zum Anschlag auf das Rad geklopft. Zuletzt wird die Schaftrad-Lagereinheit auf die Kupplungswelle gesteckt.

Nun wird das Halteblech mit dem Schaltsegment angeschraubt und sorgfältig gesichert. Die Schaltwelle mit dem Schaltstück wird an den Lagerstellen eingeölt und eingeschoben. Jetzt wird

Aufpassen: Beide Hälften des Doppelrades auf der oberen Welle müssen in die Nut des Doppelrades auf der unteren Welle eingreifen.

die Schaltgabel auf die Arretierwelle montiert. Dazu werden Feder und Kugel mit einem kleinen Schraubendreher in die Gabel gedrückt. Eine fummelige Angelegenheit. Jetzt wird die mit dem Schraubendreher gesicherte Schaltgabel vorsichtig über die Welle geschoben. Sobald die Welle drin ist, kann der Schraubendreher entfernt werden. Die Schaltgabel wird mit der Nut über den Steg des Doppelrades geschoben und mit der Spitze in die Nut des Schaltrades 2 & 4 eingesetzt.

Bei eingelegtem 3. Gang wird hier das Maß 13 mm eingestellt.

Wem diese Erklärung zu schwierig ist, der nehme bitte die Bilder zu Hilfe. Jetzt wird die Arretierschraube so weit ins Gehäuse geschraubt, bis die Welle auf der gegenüber liegenden Seite rund 6 Millimeter herausschaut.

Mit einem Schraubendreher als Hebel wird jetzt unter langsamer Drehung der Wellen die Schaltgabel in den dritten Gang geschoben. In dieser Position erfolgt die Grundeinstellung des Getriebes. Hierbei sollte man sich ruhig Zeit nehmen, sorgfältige Arbeit entscheidet über Schaltbarkeit und Lebensdauer des Räderwerks.

Zwischen dem Festrad der Vorgelegewelle und dem Doppelrad wird durch Drehung der Arretierachse ein Maß von 13 Millimetern eingestellt. Nun wird die Achse mit unterlegtem Sicherungsblech gekontert. Nach dem Anziehen der Kontermutter wird das Maß nochmals kontrolliert. Nun die Gegenprobe: Im vierten Gang muss bei dieser Einstellung zwischen dem Festrad 4. Gang und dem Schaltrad 1 & 3 ein Spiel von 0,2 mm vorhanden sein. Hier darf auf keinen Fall spielfrei montiert werden. Harmonieren diese beiden Maße nicht, kann man das Spiel bis 0,15 mm reduzieren. Notfalls darf das Maß 13 mm um bis zu 0,2 mm in beiden Richtungen korrigiert werden. Nach erfolgter Einstellung wird das Sicherungsblech umgelegt und der Motorblock ist fertig für die weitere Montage.

Gegenprobe: Bei eingelegtem viertem Gang wird mit der Fühlerlehre das Maß 0,2 mm eingestellt. Wichtig: Die Einstellung muss nach dem Kontern noch mal geprüft werden.

Mit sanfter Flamme wird der Kurbelwellenraum noch einmal auf gut 110 °C erwärmt. Die Kurbelwellenmontage unterscheidet sich bei alten und neuen Modellen wesentlich. Alte Modelle haben ähnlich den Viergang-250ern innen liegende Wellendichtringe mit einer geballten Portion an Nachteilen.

Und gerade weil diese Motoren mit Nachteilen behaftet sind, müssen sie häufiger repariert werden.

Kurbelwellenmontage bei diesen alten Typen

An der Kupplungsseite werden zwei Lager 6303 verbaut. Dazwischen sitzt ein Sprengring. Der Sprengring wird zuerst montiert, dann wird das innere Kurbelwellenlager in das heiße Gehäuse eingesetzt. Mit einem Heizdorn wird dessen Innenring nachgeheizt. In den Dichtring wird nun MoS_2-Paste einmassiert und mittels Schlagdorn wird der Dichtring (mit der geschlossenen Seite zur Kurbelwelle zeigend) in das Gehäuse geschlagen. Die möglichst kühle Kurbelwelle – Stichwort Kühltruhe – rutscht bei richtiger Arbeitsweise fast von selbst in den Lagersitz. Die rechte Gehäusehälfte wird nun möglichst auf einer Heizplatte erhitzt. Während allmählich die Montagetemperatur erreicht wird, trägt man auf die Gehäusetrennfuge eine dünne Schicht dauerelastische Dichtungsmasse auf. Wichtig dabei ist, dass der Entlüftungskanal hinter dem Zylinderfuß unbedingt frei bleiben muss.

Der rechte Wellendichtring wird nun bündig von innen mit der geschlossenen Seite zur Kurbelwelle in die Gehäusehälfte geschlagen. Das Einreiben mit MoS_2-Paste darf nicht vergessen werden. Die noch gut warme Gehäusehälfte wird nun zügig auf die Lagersitze aufgesetzt. Rasch wird eine Gehäuseschraube in der Mitte gut handfest angezogen. Dann werden die beiden Passhülsen vorne und hinten in das Gehäuse eingeschlagen, um die Wellen zu zentrieren. Von der Gehäusemitte ausgehend werden die Gehäuseschrauben kreuzweise möglichst gleichmäßig festgezogen. Ein Anzugsmoment von 12 bis 15 Nm ist genau richtig. Einige Schläge mit dem Kunststoffhammer rund um den Lagersitz des Schaftrades sorgen für dessen freien Lauf. Nächster Schritt in der raschen Arbeitsfolge: Der Innenring des rechten Kurbelwellenlagers 6303 wird mit dem Heizdorn auf gut 80

°C angewärmt. Mit dem Schlagdorn wird es mit kaltem Außenring bis zum Anschlag in das Gehäuse gepocht. Auch hier sorgen einige Prellschläge mit dem Plastikhammer rund um den Lagersitz für freien Lauf.

Das Gehäuse wird wieder auf die rechte Seite gedreht. Wie zuvor beim rechten Kurbelwellenlager wird jetzt das linke eingeschlagen. Warmes Gehäuse, kalter Außenring und gut geheizter Innenring, dann lässt sich das Lager leicht mit dem Schlagdorn montieren.

Montage bei den neueren Motoren

Bei den neuen Motoren gestaltet sich die Montage etwas anders. Hier haben die MZ-Konstrukteure nämlich ganze Arbeit geleistet. Sämtliche Schwachstellen wie innen liegende Dichtringe, der schwache Hubzapfen und das schwächliche rechte Kurbelwellenlager wurden konsequent beseitigt. Ein Sonderlob gibt es für die einfache Montage.

Auf den linken Hubzapfen werden zwei Lager 6204 mit gut angewärmten Innenringen aufgesetzt. Sollten die Lager nicht komplett durchrutschen, kann die Welle an der linken Hubscheibe in den weichen Backen des Schraubstocks eingespannt werden. Mit dem Schlagdorn werden die Lager bis zum Anschlag nachgesetzt. Auf den rechten Hubzapfen wird das gut gewärmte Lager 6304 ebenfalls bis zum Anschlag aufgesetzt. An der Rückseite des Kurbelraums gibt es eine Aussparung, hier wird die kleine Gummitrennscheibe eingesetzt, welche die beiden Schmierkanäle für die Kurbelwellenlager voneinander trennt. Wie dieses geniale Schmiersystem funktioniert, wurde bereits bei der ETZ-Montage erklärt.

Nun wird die linke Hälfte nachgeheizt. Der Dichtringträger bleibt normalerweise bei der kompletten Montage im Gehäuse. Der Dichtring wird nach Demontage des Sprengrings nach links ausgedrückt und gewechselt. Die Kurbelwelle wird eingesetzt. Bei einer Temperatur von 120 °C fällt die Welle förmlich ins Gehäuse.

Wie bei den alten Modellen wird das Gehäuse abgedichtet. Die rechte Hälfte wird erhitzt und auf die Lagersitze geschoben. Die Montage der Passhülsen und das Verschrauben des Gehäuses geschieht ebenfalls wie bei den alten Modellen. Auch hier lösen einige Prellschläge rund um die Lagersitze sämtliche montagebedingten Spannungen.

Ab hier ist die Montage bei allen kleinen Modellen gleich

Mit aufgestecktem Schalthebel werden jetzt probeweise die Gänge durchgeschaltet. Im Leerlauf muss sich die Kupplungswelle leicht drehen lassen. Dreht sich die Welle schwer, helfen einige leichte Schläge auf den Innenring des Getriebeeingangslagers. Dreht das Getriebe in den Gängen 1 bis 3 schwer, werden folgende Prellschläge gesetzt: ein leichter Prellschlag axial auf die Kupplungswelle, dann ein Prellschlag auf den Innenring des Eingangslagers. Richtig gemacht drehen sich die Wellen in allen Gängen leicht. Auf keinen Fall darf man versuchen, bei Schaltschwierigkeiten von außen an der Arretierachse zu justieren. Wers trotzdem versucht, wird spätestens nach der ersten Probefahrt alles wieder auseinander bauen dürfen.

Die Dichtringträger an Kurbelwelle und Kettenrad werden ausdistanziert, wie bei den 250er-Modellen beschrieben. Also ohne Dichtung spielfrei. Die geölte Dichtung stellt dann das erforderliche Spiel sicher.

Die Montage von Lichtmaschine und Kettenritzel (mit Distanzscheibe) erfolgt, wie bei den anderen Modellen beschrieben. Wichtig ist die Einstellung des Leerlaufschalters. In der Leerlaufposition muss zwischen Gehäusefläche und Kontaktblech ein Abstand von 12,5 Millimetern vorhanden sein. Bei abweichendem Maß kann das Blech mit einer gekröpften Speiche nachgebogen werden.

Jetzt kommen wir zum Primärantrieb.

Montage des Primärtriebs

Zunächst werden die Einzelteile unter dem linken Deckel auf Verschleiß überprüft. Das Zahnsegment des Kickstarters ist häufig an den ersten beiden Zähnen verschlissen. Ursache dafür ist brutales Kicken ohne vorher die Zähne in Eingriff zu bringen. Bei Verschleiß muss das Segment nicht unbedingt gewechselt werden. Man kann die Kickwelle heraus schlagen und das Segment in anderer Richtung montieren.

Montage: Kickritzel, Feder und Haltescheibe werden aufgesteckt und mit dem dünnen Sprengring gesichert.

Nächster Punkt ist der Kupplungskörper. Mit einem dünnen Drahtsprengring ist das Kickritzel mit einer dünnen Blechscheibe auf dem Kettenrad befestigt. Nach Entfernung des Sprengrings kann das Kickritzel mitsamt Druckfeder entfernt werden. Ist der Motor mit einem Drehzahlmesser ausgerüstet, ist das Kettenrad häufig an der Nut für den Sprengring abgerissen. Dann braucht es natürlich nicht mehr geprüft zu werden, sondern die Teile werden einfach erneuert.

Das Kickritzel darf an den Zähnen nicht stark eingelaufen sein. Rutscht der Kickstarter beim Antreten durch, sind die schrägen Zähne hinter dem Ritzel verschlissen. Gleiches gilt für die Fenster im Halteblech. Sie dürfen nicht verrundet und verschlissen sein.

Die Schlitze in der Kupplungstrommel dürfen nicht eingeschlagen sein, denn die so beschädigte Trommel ist schon ein Grund für eine hakelige, schlecht trennende Kupplung. Leichte Kerben können mit einer feinen Feile nachgearbeitet werden, stark eingeschlagene Kupplungstrommeln sind zu wechseln.

Verschleiß am Kettenrad wird mit einer provisorisch aufgelegten neuen Kette ermittelt. Wenn man die Kette mehr als dreiviertel einer Zahnhöhe abheben kann, ist das Kettenrad verschlissen. Sollen Kupplungskorb, Kettenrad oder Halteblech gewechselt werden, müssen die alten Nieten herausgeschlagen werden. Es gibt Nieten in 16 mm oder 18 mm Länge. Generell sollten die längeren Nieten verwendet werden. Das Nieten sollte man jemandem überlassen, der es in einer Schlosserlehre gelernt hat. Ohne Vorkenntnisse gelingt die Sache selten. Lässt man die beim MZ-Händler gekauften Teile dort auch zusammennieten, zahlt man meistens nur den Lohn für eine halbe Stunde. Eine sinnvolle Investition.

Damit der Kickmechanismus nicht wieder früh seinen Geist aufgibt, verzichten wir auf den schwachmatischen Drehzahlmesserantrieb. Die Lagerbuchse wird zwar mit Ritzel montiert, das Zwischenrad zum Antrieb bleibt aber draußen. So wird der Antrieb außer Funktion gesetzt, kann aber jederzeit wieder montiert werden, falls ein späterer Käufer nicht auf den Drehzahlmesser verzichten mag.

Kommen wir nun zur Montage. Die Kickstarterfeder wird mit der gerollten Öse in die Halterung am Gehäuse gesteckt. Das Segment wird etwas angehoben und eine Umdrehung im Uhrzeigersinn vorgespannt. Zum Sichern wird das Segment dann zurück gedrückt.

Die Anlaufscheibe 25 x 15 x 0,5 mm wird auf die Kupplungswelle gesteckt. Danach wird die Kupplung mitsamt Gleitbuchse aufgesteckt. Auf dem Kurbelwellenkonus wird das vordere Ritzel aufgesteckt. Mit einem Lineal wird die Flucht der Räder überprüft und gegebenenfalls durch entsprechende Ausgleichsscheiben unter der Kupplung korrigiert. Sorgfältige Arbeit wird mit langer Lebensdauer von Kette und Rädern belohnt.

Kupplung und Kettenritzel werden wieder abgezogen und mitsamt der Primärkette erneut aufgesteckt. Vorher wird der Kettenradkonus beidseitig peinlichst genau entfettet. Auf das Ritzel wird jetzt der entspannte Abzieher (bei alten Motoren ein Rohrstück) aufgesetzt. Mit einem Prellschlag auf die Spindel wird das Ritzel auf dem Konus befestigt.

Jetzt wird der innere Mitnehmer überprüft. Die Innenverzahnung darf nicht ausgeschlagen sein. Wackelt der Mitnehmer auf der Kupplungswelle, ist er zu erneuern. Ansonsten nimmt er die Kupplungswelle mit in die ewigen Jagdgründe. Gerade eben fühlbare Eindrücke der Kupplungslamellen in der Außenverzahnung sind problemlos und können mit einer feinen Feile nachgearbeitet werden. Bei größeren „Einschlägen" ist der Mitnehmer zu erneuern.

Ein NEUES Sicherungsblech unter der Linksgewindemutter sorgt für eine zuverlässige Schraubverbindung. Die Bohrung im langen Ende des Bleches wird dabei über einen der Kupplungsbolzen gesteckt. Mit dem selbst gebauten Lamellenhalter wird jetzt der Antrieb blockiert. Mit einer 19-mm-Stecknuss wird die Mutter mit 60 Nm angezogen und das Sicherungsblech wird wieder sorgfältig angelegt.

Nun wird die Schraube des vorderen Ritzels mit Unterlegscheibe und Federring montiert. Hat man nicht das originale Montagewerkzeug zur Hand, hilft das Kolbenholz. Die Hartholzgabel zur Kolbenmontage wird unter das Pleuelauge geschoben. Hierdurch wird der Primärtrieb sicher blockiert. Die Befestigungsschraube wird mit einem Drehmoment von 70 Nm angezogen. Die Befestigungsmuttern der alten Motoren werden mit 60 Nm festgezogen.

An dieser Stelle der Montage wird zuerst der gefettete Drucknagel eingesteckt. Sonst wird der später vergessen. Mit der abgeschrägten Seite nach unten wird nun die Haltelamelle (das ist die dickere der Stahllamellen) in den Kupplungskorb eingelegt. Im Wechsel folgen jetzt Stahllamellen und Reiblamellen. Nach der sechsten Reiblamelle wird der Federteller aufgesetzt. Dabei darauf achten, dass die Haltebolzen in der Mitte der Bohrungen sitzen. Bei älteren Kupplungen gibt es eine erhabene Stelle an der Haltelamelle, die einem mit Körnerschlag oder Farbtupfer gekennzeichneten Bolzen gegenüberstehen muss. Alle sechs Federtöpfe werden auf die Haltebolzen aufgesetzt und die Druckfedern eingesetzt. Auf die Federn wird je ein Stütznippel gesetzt und mit dem Druckbolzen niedergedrückt. Der feinfingrige Helfer bugsiert jetzt je einen der Zylinderstifte in die Haltebolzen. Die Druckfedern werden über Kreuz gespannt, um die Lamellen nicht zu verschieben.

Auf die Kickstarterwelle kommt jetzt noch die Unterlegscheibe 20 x 30 x 1 mm und der Kupplungsdeckel kann mit einer neuen gefetteten Dichtung montiert werden. Nun fehlt noch die Ölablassschraube und anschließend können wir Kolben und Zylinder montieren.

MONTAGE VON KOLBEN UND ZYLINDER

Die Montage von Kolben und Zylinder geschieht weitgehend wie bei den großen Modellen. Das Laufspiel zwischen Kolben und Zylinder ist geringer als bei den großen Modellen. Werksangabe ist 0,03 Millimeter, ich lasse die Zylinder auf knappe 0,04 Millimeter schleifen. Wenn neue Zylinder und Kolben montiert werden sollen, kann man sich auf die in den Bauteilen eingeschlagenen Maße verlassen. Das Maß auf dem Kolbenboden ist das genaue Istmaß, das Maß auf dem Zylinder gibt das Verhältnis zum nächsten vollen Millimeter an. Beispiel: Ein 125er Zylinder (Grundmaß 52 mm) mit dem Maß +1 hat einen Durchmesser von 52,01 mm. Dazu würde ein Kolben mit dem Stempel 51,98 (oder 51,97) passen.

Die nächste Besonderheit liegt im Fehlen der Zylinderdeckeldichtung. Mit einem Lineal (oder Messschieber) wird der Deckel auf Verzug überprüft. Ein verzogener Deckel kann auf einer mit feinem Schmirgelpapier bespannten Glasplatte plan geschliffen werden. Zur sauberen Abdichtung werden die Dichtflächen gut gereinigt und dann in langsamen Schritten kreuzweise angezogen. Das Enddrehmoment beträgt 20 Nm.

Wenn der Zylinder montiert ist, wird noch mal die Entlüfterbohrung am Gehäuse mit einem Draht auf Durchgängigkeit überprüft. Dichtmasse vom Kurbelgehäuse könnte sich dort breit gemacht haben.

Zuletzt wird der Betätigungsmechanismus der Kupplung komplettiert. Bei den 125/150er Motoren wird die Druckstange zur Betätigung der Kupplung zuerst in die Getriebewelle gesteckt, dann wird der Seilzug eingehangen und der Deckel montiert. Eine Kugel mit vier Millimeter Durchmesser wird von außen in die Betätigungsschnecke im Deckel eingesetzt.

Statt der Kugel kann auch eine Zylinderrolle 4x4 verwendet werden. Nach dem Eindrehen der Madenschraube wird das Spiel der Kupplung in der Druckschnecke eingestellt.

Bei allen Motoren wird das Spiel gleich eingestellt. Mit den Fingern wird die Madenschraube bis zum spürbaren Aufsitzen auf der Druckstange hinein gedreht. Dann wird um eine drei Viertel Umdrehung gelockert und gekontert. Fertig. Doch diese Einstellung hält nicht ewig. Bei fortschreitendem Verschleiß der Kupplungslamellen verkleinert sich das Spiel. Ursache für Fehldiagnosen, denn die vermeintlich verschlissenen Lamellen lassen sich durch Einstellen des Kupplungsspiels rasch „reparieren".

Verschleiß in der Betätigungsschnecke lässt sich durch reichliches Schmieren mit MoS_2-haltigem Fett in Grenzen halten. Deshalb solange am Nippel Fett einpressen, bis das Altfett an der Schnecke wieder austritt.

So – der Motor ist einbaufertig.

Einbau des Motors

Wie der Ausbau gestaltet sich der Einbau des Motors einfach. Wenn ein schmaler Motor in einen Rahmen mit einer breiten Aufnahme soll, dürfen die Distanzhülsen nicht vergessen werden. Breite Motoren passen daher grundsätzlich nicht in die schmalen Rahmen. Ersatzteilmotoren neuerer Bauart sind im Westen daher grundsätzlich in der schmalen Ausführung geliefert worden. Bei Ersatzteilgehäusen ist das anders. Daher bei Bestellung eines neuen Kurbelgehäuses stets die Breite der Motoraufnahme mit angeben.

Nach der Montage des Motors werden Kette, Lichtmaschine und Vergaser montiert. Um einen Verzug des Vergaserflansches zu vermeiden, dürfen dessen Befestigungsschrauben nur mäßig angezogen werden. Dabei darf der Isolierflansch mit den neuen Dichtungen nicht vergessen werden. Ohne Isolierflansch gibt es an heißen Tagen Startschwierigkeiten durch Dampfblasenbildung im Vergaser.

Zuletzt wird noch das Getriebeöl eingefüllt, in diesem Fall ein halber Liter SAE 80 GL 3. Zu viel eingefülltes Öl lassen wir über die Kontrollschraube wieder ablaufen. Bei den kleinen Motoren dauert es übrigens eine ganze Weile, bis das Öl seinen Weg in den Kupplungsdeckel gefunden hat. Deshalb ruhig eine halbe Stunde warten, ehe Öl nachgekippt wird.

Der Zündzeitpunkt wird auf 2,5 mm vor dem oberen Totpunkt eingestellt. Die Suche des Zündpunktes wird mit einer Messuhr, wie im Zündungskapitel beschrieben, durchgeführt.

Ansonsten gilt: Die kleinen MZ-Motoren müssen sorgfältig warm gefahren werden, um die empfindlichen Lagersitze nicht durch zu rasche Ausdehnung zu zerstören.

13. INSTANDSETZUNG ETZ 150

AUFBAU

Der Motor der ETZ 150 steht in direkter Ahnenfolge der RT-Modelle. Bei ähnlichem Grundaufbau gibt es doch viele Besonderheiten. Endlich wird der Drehzahlmesserantrieb betriebssicher von der Kurbelwelle angetrieben. Die sechs einzelnen Kupplungsfedern wichen einer zentralen Tellerfeder. Das Ergebnis ist mehr Anpressdruck bei weniger Handkraft, allerdings will diese Kupplung sorgfältig eingestellt werden.

Ein völlig neues Fünfganggetriebe sorgt für butterweiches Schalten und verschiedene Zylinderkombinationen stehen für eine Motorleistung bis 14,5 PS.

Als wäre es Tradition, überrascht auch dieser RT-Nachfolger mit einigen Problemzonen für den Schrauber.

AUSBAU

Der Ausbau des Motors geschieht wie bei der ETZ 250 beschrieben, alle Arbeitsschritte sind gleich. Zum Ablassen des Getriebeöls werden die beiden Ölablassschrauben an der Unterseite des Gehäuses entfernt. Dabei nicht versehentlich die Schaltarretierschraube entfernen. Das ist die hintere Schraube mit dem langen Ansatz.

ZERLEGUNG

Wie bei der großen ETZ beschrieben, werden Zylinder und Kolben demontiert. Nun wird der Kupplungsdeckel abgenommen. Die drei Kupplungsschrauben werden nach dem Öffnen der Sicherungsbleche entfernt. Zur Schonung des Aluminiummitnehmers ist auf gleichmäßiges Lösen zu achten. Zwischen Schrauben und Deckel befinden sich mehrere Distanzbleche. Mit diesen Blechen wird die korrekte Vorspannung der Tellerfeder

Bleibt zusammen: Der Druckdeckel wird mit Schrauben und Halteblechen entfernt.

eingestellt, daher schon beim Ausbauen unbedingt die Teile für den späteren Einbau in der richtigen Einbaulage zurecht legen. Nach dem Entfernen der Tellerfeder wird das komplette Kupplungspaket entnommen.

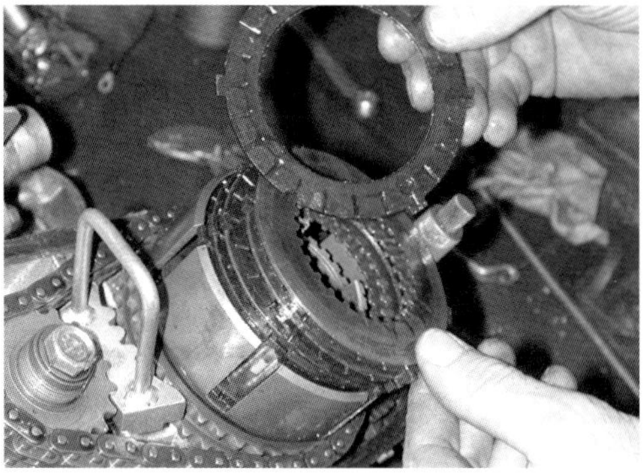

Der gesamte Primärtrieb wird wie bei den TS-Modellen entfernt. In einer Aussparung rechts oben hinter der Kupplung wird eine Zugfeder sicht-

Von oben nach unten: Der Primärtrieb wird abgenommen. Nun wird die Feder des Schaltfingers ausgehangen. Die Schaltarretierung wird entfernt. Der Drehzahlmesserantrieb wird heraus gezogen.

bar. Der Arretierhebel auf der Schaltwelle wird durch diese Feder gespannt. WICHTIG: Ein mittelgroßer Schraubendreher wird zwischen die Windungen dieser Feder gesteckt. Vorsichtig wird so die Feder ausgehangen. Ohne diese Feder auszuhängen, lässt sich der Motor nicht teilen. Mit einem 19-mm-Ringschlüssel wird die Schaltarretierschraube entfernt, Arretierkugel samt Feder wird entnommen und sicher weggelegt.

Zuletzt wird der Drehzahlmesserantrieb ausgebaut, auch wenn das nicht nötig erscheint. Aber sonst besteht die Gefahr, dass beim Erhitzen des Gehäuses die Lagerbuchse wegschmelzen kann.

Der rechte Deckel wird komplett entfernt. Jetzt kann der Kupplungszug ausgehangen werden. Zwischen der Betätigungsstange für die Kupplung und der Einstellschraube sitzt meist noch eine Kugel oder Zylinderrolle. Ich betone „meist", weil ich diese Kugeln oder Rollen schon zwischen Welle und Drucknagel oder unter der Einstellschraube gefunden habe. Das „Wo" ist eigentlich auch zweitrangig, viel wichtiger ist, dass diese Kugel oder Rolle überhaupt drin ist. Sie hat nämlich die wichtige Aufgabe, die Kupplungsbetätigung von der drehenden Kupplung zu entkoppeln.

Die Lichtmaschine wird wie bei der ETZ demontiert, das Kettenritzel mit dahinter liegender Distanzscheibe wird wie bei der TS 150 abgenommen. Der Leerlaufschalter wird entfernt. Die

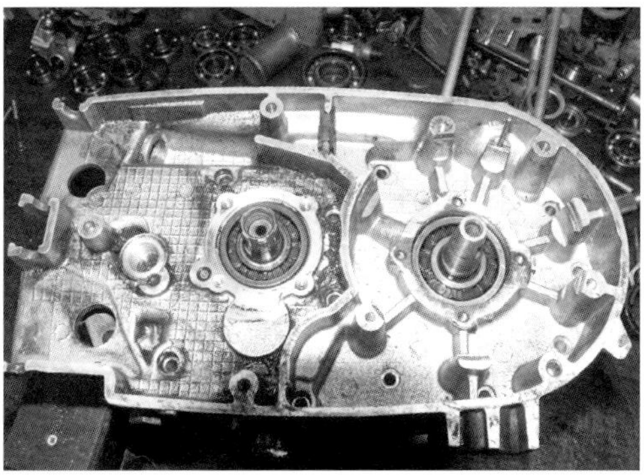

Dichtringkappen auf Kurbelwelle und Kettenritzel werden abgeschraubt.

Nun werden die Gehäuseschrauben entfernt. Mit einer weichen Flamme wird das Gehäuse nun auf 120 °C erhitzt. Mit einigen Schlägen des Plastikhammers lässt sich die rechte Gehäusehälfte abheben.

Das Getriebe liegt offen auf der Werkbank. Wenn das Schaftrad des Getriebes nicht im Ab-

triebslager hängen blieb, wird es jetzt von der Welle gezogen. Nun wird das Nadellager der Vorgelegewelle abgenommen. Wenn es weiter benutzt werden soll, ist die Einbaurichtung zu markieren. Dann wird der Führungsbolzen der Schaltgabeln entfernt. Die Gabeln lassen sich aus den Nuten schwenken und mitsamt den Rädern von der Getriebewelle abnehmen. Wenn die mittlere Schaltgabel ausgeschwenkt ist, wird die Vorgelegewelle heraus geklopft. So kann man besser

den Sprengring vom Schaltrad des 3.Gangs abmontieren und erspart sich lästige Fummelei im Gehäuse. Nun kann die Getriebewelle vorsichtig heraus getrieben werden. Zum Abschluss wird die Schaltwalze mitsamt der Schaltwelle heraus genommen.

Anschliessend wird das Gehäuse rund um die Kurbelwelle nachgeheizt. Die Kurbelwelle wird wie bei der TS 150 neuerer Bauart entfernt.

TEILEPRÜFUNG

Kurbelwelle, Kolben und Zylinder werden, wie bei der ETZ 250 schon beschrieben, überprüft. Die Teile des Primärtriebs werden auf dieselbe Weise wie bereits bei der TS 150 beschrieben, in Augenschein genommen. Ärger gibt es häufig mit der Verzahnung des inneren Mitnehmers. Dessen Innenverzahnung schlägt bei nicht ganz fest angezogener Befestigungsmutter gnadenlos aus.

Die inneren Getriebebauteile werden wie bei den anderen Modellen genau geprüft. Blaue

Schaltgabeln sind ein Zeichen für einen abgenutzten Hinterschliff der Zahnräder. In diesem Fall sind beide Teile – sowohl Schaltgabel als auch Zahnrad – zu wechseln. Im Gegensatz zu den anderen Modellen gibt es hier kein Radpaar, das besonders schnell verschleißt.

Die Achillesferse des Getriebes sitzt in Form des Arretierhebels auf der Schaltwelle. Besonders

Böse Falle: Der Schaltfinger läuft gerne auf der Welle ein. Bereits schwache Einlaufstellen sorgen für Schaltschwierigkeiten.

bei Motoren, die vor August 1986 gebaut wurden, läuft dieser Hebel auf der ungehärteten Welle ein. Das Getriebe lässt sich zuerst hakelig, später gar nicht mehr schalten. Oft schon nach weniger als 10.000 km arbeitete sich dieser Hebel mehr als einen Millimeter tief in den Stahl der Schaltwelle ein. Für bessere Gleiteigenschaften sorgt ab August 1986 ein verkupferter Hebel. Der hält zwar wesentlich länger, ist aber auch nicht verschleißfrei. Also sollte man bei Arbeiten am Motor diesen Hebel wirklich jedes Mal erneuern. Ist die Schaltwelle spürbar eingelaufen, ist auch hier ein Neuteil gefordert. Oder man wählt die perfekte Lösung: Durch Aufschweißen einer glasharten Legierung verhelfen einige MZ-Spezialisten der Welle zum ewigen Leben.

Im Gehäuse ist neben den Lagersitzen und den Schmierbohrungen die Laufbuchse für das Nadellager der Vorgelegewelle zu überprüfen. Bei kleinsten Ausbrüchen oder Unebenheiten ist diese Buchse zu wechseln.

Montage

Nachdem das Gehäuse jetzt sauber ist, geht es ab damit auf die Heizplatte. Die Kurbelwelle wird wie bei der TS 150 der neuen Bauart montiert. Einen Unterschied gibt es beim Wellendichtring der Kurbelwelle: Motoren ab 1989 sind mit einem Wellendichtring 20 x 47 x 7 mm ohne Dichtringträger, statt des Dichtrings 20 x 30 x 7 mm mit Dichtringträger, ausgerüstet.

So – jetzt ist äußerste Sorgfalt gefragt. Die Montagereihenfolge muss unbedingt eingehalten werden.

In das warme Gehäuse werden die Sprengringe und die Lager eingesetzt. Nun wird der komplettierte Schaltautomat mit Schaltfinger und Arretierhebel in die Stiftseite der Schaltwelle eingehangen. Beides zusammen wird jetzt in das Gehäuse eingesetzt. Die Schaltwalze wird dabei in den ersten Gang gedreht, dazu muss der Kontaktniet oben stehen. Von der linken Seite wird jetzt die Zugfeder eingehangen und die Schaltung so gesichert.

Nun wird das große Zahnrad des 1. Gangs mit der ausgedrehten Seite nach innen auf das Lager für die Vorgelegewelle gelegt. In das andere Lager wird die Kupplungswelle eingesetzt. Nun wird die Schaltgabel 011 in die Nut des Schaltrades für den 1.+2. Gang eingesetzt und mit dem Rad (Schaltklauen nach oben) auf das 1.-Gang-Rad gelegt. Die Schaltgabel wird jetzt in die untere Nut der Schaltwalze gedreht.

Die Schaltgabel 013 wird in die Nut des Schaltrades für den 3. Gang eingesetzt und mit dem Schaltrad auf die Vorgelegewelle gesteckt. Dabei zeigen die Schaltklauen zum dicken Wellenende. Jetzt wird die so vorbereitete Welle in das Lager 6201 geklopft. Beim Einsetzen wird der Bolzen der Gabel 013 in die mittlere Nut der Schaltwelle eingefädelt.

Die Schaltgabel 015 wird mit dem Schaltrad für den 4.+5. Gang auf die Kupplungswelle geschoben, der Bolzen der Gabel kommt in die obere Nut der Welle. Auf den freien, gut geölten Wellenstumpf wird nun das Schaftrad aufgesteckt.

Zuletzt wird das Zahnrad für den 3. Gang mit eingelegter Anlaufscheibe und Nadellager auf die gut geölte Vorgelegewelle aufgesetzt.

Damit ist das Getriebe fertig. Richtig schwierig

ist die Montage also nicht, man muss eben nur die Reihenfolge der Montage wirklich exakt einhalten.

Die Dichtflächen werden dünn mit dauerelastischer Dichtmasse bestrichen. Nach einer Ablüftzeit von 10 Minuten wird die geheizte rechte Gehäusehälfte zügig aufgeklopft und von der Mitte aus über Kreuz verschraubt. Nach dem schnellen Anziehen der Schrauben wird das Gehäuse rund um die Lagersitze mit dem Plastikhammer frei geschlagen. Erst wenn sich alle Wellen frei drehen und sich das Getriebe sauber schalten lässt, können wir zum gemütlichen Feierabendbier übergehen.

Zur Komplettierung des Primärantriebs wird zunächst der Drehzahlmesserantrieb eingebaut. Die Antriebswelle wird gut mit MoS_2-Fett geschmiert und in die Lagerbuchse eingesetzt. Der untere Zapfen wird ebenfalls gefettet. Gemeinsam mit der Lagerbuchse und einer Anlaufscheibe oben und unten, wird die Welle von oben ins Gehäuse eingesetzt und mit der Schraube befestigt. Anschließend wird das Sicherungsblech sorgfältig umgebogen. Eventuell vorhandenes Höhenspiel der Welle kann durch Unterlegen von Distanzscheiben unter die Lagerbuchse ausgeglichen werden. Je weniger Spiel hier vorhanden ist, desto ruhiger zeigt die Nadel des Drehzahlmessers an. Auf keinen Fall darf die Welle geklemmt laufen. Zuletzt wird das Zwischenrad mit der Schnecke auf den geschmierten Lagerbolzen gesetzt und mit dem Clip gesichert.

Seit 1991 fand ein neuer Drehzahlmesserantrieb Verwendung. Eine Schnecke auf dem Primärritzel trieb ein Ritzel im Deckel an. Die einfachste und effektivste Lösung. Maschinen mit diesem Antrieb sind allerdings recht selten zu finden.

Der komplette Primärtrieb samt Kupplung wird wie bei der TS montiert. Die Anlaufscheibe 26,2 x 15,2 x 1 mm unter der Kupplung und die stählerne Gleitbuchse nicht vergessen. Achtung: Die Befestigungsmutter des inneren Mitnehmers hat bei der ETZ ein Rechtsgewinde. Diese Mutter wird mit einem neuen Sicherungsblech gesichert. Direkt nach dem Anlegen des Blechs wird der Drucknagel eingesteckt. Sonst wird der garantiert vergessen!!!

Nach dem Einlegen der Lamellen wie bei der TS, wird als Letzte die Drucklamelle aufgesetzt. Die Markierung in deren Ausschnitt muss mit der Markierung auf dem inneren Mitnehmer übereinstimmen. Nun folgt mit der Wölbung nach oben die Tellerfeder. Hierauf wird der Druckteller gelegt. Auf den Druckteller kommen die Ausgleichsbleche zum Einstellen der Tellerfeder. Bei der Demontage haben wir die dreieckigen Ausgleichsbleche markiert. Wenn keine Lamellen gewechselt wurden, müssten die Bleche unverändert passen.

Da „müsste und könnte" oft doch nicht klappt oder man doch neue Lamellen eingebaut hat, erfolgt hier die Anleitung zur Ermittlung der Scheiben:

Mit einem Tiefenmaß wird der Abstand von der Oberfläche der Druckplatte zur Anlagefläche der Schrauben am inneren Mitnehmer genau ermittelt. Dieses Maß muss 20,7 Millimeter betragen. Zum Erreichen dieses Wertes werden so viele Ausgleichsscheiben untergelegt, bis das Maß erreicht ist. Beispiel: gemessener Wert 18 mm, Sollwert 20,8 mm. Also müssen 2,8 mm ausgeglichen werden. Da so wenig Scheiben wie möglich verwendet werden sollen, wählen wir 2 Stück mit 1 mm, 1 Stück mit 0,5 mm und 1 Stück mit 0,3 mm. Das Sollmaß von 20,8 mm ist erreicht. Schlaumeier, die jetzt meinen, durch mehr oder weniger Scheiben die Kupplung tunen zu können, haben Pech. Tellerfedern sind empfindlich gegen falsche Vorspannung und verlieren nach dem Bereich der höchsten Federkraft fast alle Energie. Also sorgfältig arbeiten!

Zum Vorspannen der Feder werden die drei Spezialschrauben der Kupplung in mehreren Durchgängen auf ein Drehmoment von 5 Nm angezogen und gesichert. Auf keinen Fall stärker anziehen, die Schrauben reißen sehr leicht ab und werden auch nur in ein Aluminiumgewinde geschraubt.

Weiter geht es wie bei der TS 150. Vor der Komplettierung darf die Anlaufscheibe der Kickstarterwelle nicht vergessen werden. Mit einer neuen, eingefetteten Dichtung wird der Kupplungsdeckel montiert.

Die weitere Komplettierung des Motors erfolgt sinngemäß wie bei der ETZ 250. Bei der Montage von Kolben und Zylinder ist ein Spaltmaß von 1,0 mm anzustreben.

Da die Motoren der ETZ-Baureihe durch das höchst sinnvolle Baukastenprinzip die gleiche Lichtmaschine besitzen, sind die Arbeiten für Einbau und Einstellung gleich. Nur die erforderliche Ölmenge ist unterschiedlich. Benötigt werden 500 ml SAE 80 GL 3. Wir füllen 50 cm^3 mehr ein und lassen den Überschuss durch die Kontrollschraube abfließen. Achtung: Bei den kleinen ETZ-Motoren dauert es mitunter Stunden, bis sich die Ölmengen in beiden Räumen des Motors angeglichen haben. Das Anbringen einer 4-mm-Ausgleichsbohrung an geeigneter Stelle im Gehäuse ist daher sinnvoll.

14. INSTANDSETZUNG ES-, TS-VIERGANGMODELLE

AUFBAU

Die großen Viergang-Motoren sind berühmt und berüchtigt zugleich. Berühmt wegen der satten Durchzugskraft, dem geringen Verbrauch und der angenehmen Leistungsentfaltung. Berüchtigt wegen des komplizierten Aufbaus. Und wegen einiger Bauteile, die immer für Probleme sorgen.

Satter Durchzug beim Zweitakter wird unter anderem durch ein möglichst geringes Kurbelkastenvolumen erreicht. Das ergibt eine hohe Vorverdichtung, woraus wiederum ein guter Füllungsgrad resultiert. Diese Erfahrungen aus dem Motorsport setzte man in Zschopau konsequent in die Serie um. Also wanderten die Wellendichtringe der Kurbelwellen hautnah an die Kurbelwangen und man sparte sich so das Volumen der großen Kurbelwellenlager. Man entwickelte benzinfeste Dichtringe, die ihren Zweck eine ziemlich lange Zeit erfüllten. Wenn sie jedoch kollabierten, stand eine komplette Zerlegung des Motors an.

Die stand auch an, wenn die anderen beiden Problemteile mal wieder den Geist aufgaben: die Schaltfeder und die Schaltklinkenfeder. So alle 25.000 Kilometer brach eine dieser Federn, mit dem Ergebnis einer kompletten Demontage des Motors. Bei der Gelegenheit mussten auch die Dichtringe erneuert werden. Oder anders rum: Beim Dichtringwechsel erneuerte man gleich auch die beiden Federn. So hielten sich die Intervalle der Totaloperation bei rund 25.000 Kilometern verlässlich die Waage. Das nahm man als gegeben hin. In der DDR, weil es sowieso nichts anderes gab, und im Westen, weil es sonst keine Gespanne zu kaufen gab.

Aus dem Gleichgewicht geriet das Ganze nach der Wende. Der aggressivere, bleifreie Sprit setzte den Dichtringen arg zu, und die Viergang-Motoren starben reihenweise den Dichtringtod. Dazu gibt es zwei mögliche Szenarien. Entweder mischt sich Kraftstoff ins Öl und diese Schmierbrühe tritt aus dem Kupplungszug aus, wobei der Fahrer gut abgeduscht wird. Oder das Getriebeöl wird durch die Dichtringe nicht mehr am Auslaufen gehindert. Dann sterben die beim Viergang im Getriebeöl laufenden Hauptlager und das Getriebe um die Wette. Abhilfe schaffen spezielle Viton-Ringe. Dieses Material ist resistent gegen alle bekannten Kraftstoffe, egal wie viel aggressive Additive sie enthalten. Viton-Ringe sind an der braunen Farbe und am hohen Preis zu erkennen. Ein Preis, der sich auszahlt, denn die Lebensdauer der Ringe ist um ein Vielfaches länger als bei den Originalteilen.

Bleiben also die leidigen Federn. Gegen deren Exitus kann man nichts ausrichten, außer man verschafft sich ein gutes Gefühl durch sorgfältige Montage. Was aber auch nicht immer hilft. So fuhr ich mit meiner ES 250/2 an die 140.000 km. Fünfmal musste der Motor in dieser Zeit auseinander, dreimal wegen der Schaltfeder, zweimal wegen der Klinkenfeder.

Ansonsten waren die Viergang-Motoren ein Beispiel für Langlebigkeit. Die breiten Getrieberäder verschlissen kaum und alle anderen Bauteile machten wenig Probleme. Lediglich die Schaltvorgänge waren nie ein Geheimnis. Oft flogen die Gänge krachend rein. Der Grund war die Übersetzung der Schaltautomatik. Ein riesiges Zahnsegment trieb die mit neun Zähnen bestückte Schaltwalze rasend schnell an. Was aber nicht schadete. Mit viel Übung und dem richtigen Gefühl ließ sich das Getriebe auch leise schalten.

AUSBAU

Bei den TS-Modellen wird der Motor wie bei der ETZ ausgebaut, einzig die Belegung der Kabel ist anders. Bei originalem Kabelbaum wie folgt:

D+ = Rot-Grün
D- = Braun
DF = Grün-Blau
Zündkondensator Klemme 1 = Grün

Nachdem die Kabel gelöst sind, wird die Kette geöffnet und der Auspuff abmontiert. Alles im Prinzip wie bei der ETZ 250. Unterschiede gibt es beim Ablassen des Öls. Außer der großen Ölablassschraube befindet sich eine weitere Ablassschraube im Kupplungsdeckel.

ES- und ETS-Motoren sind unten mit einem Montagebügel im Rahmen gehalten. Die Gummielemente sind in Langlöchern verschraubt. Zum Ausbau werden beidseitig die M8-Muttern der Gummiblöcke gelöst. Mit einem Montierhebel unter dem Block wird der Motor aus den Gummis gehoben. Anschließend werden die hinteren Haltebleche gelöst und der Motor nach links aus dem Rahmen gehoben. Um die Lichtmaschine nicht zu beschädigen, wird der Seitendeckel locker wieder aufgeschraubt. Kollisionen mit dem Rahmen sind bei den Viergangmodellen beinahe unvermeidlich. Sorgfältige Menschen schieben einen Teppichrest zur Schonung der Rahmenlackierung zwischen Motor und Rahmen.

ZERLEGUNG

Die Arbeiten unter dem Kupplungsdeckel entsprechen weitgehend denen am ETZ-Motor. Bei älteren Modellen ist die Kupplung mit einer Kronenmutter befestigt, die mit einem Splint gesichert ist. Der Splint wird entfernt und weggeworfen. Beim späteren Zusammenbau rüsten wir auf die Befestigungsmutter der Fünfgangmodelle um. Unter dem Stützlager der Kupplung befindet sich ein Distanzring. Dieser darf bei der späteren Montage auf keinen Fall vergessen werden. Das Abziehen der Kupplung geschieht wie bei der ETZ, lediglich der Abzieher hat ein größeres Gewinde: M26 x 1,5.

Oben: Splint weg – Serienmäßig wurde die Kronenmutter versplintet. Wir ersetzen sie später durch die neuere Mutter mit Wellscheibe.
Unten: Nach dem Abnehmen des Deckels wird die Kupplung abgezogen.

Kupplung und Primärtrieb werden entfernt, einen Arretierhebel wie bei den Fünfgangmodellen gibt es nicht.

So einfach der Aufbau im Kupplungsdeckel ist, so kompliziert wird es zwischen den Gehäusehälften. Die Schwierigkeiten beginnen mit der vorderen Zentrierhülse. Sie ist über die gesamte Gehäusebreite ausgeführt und sitzt entsprechend fest. Wer jetzt einen Dreher zum Freund hat, lässt sich einen Treibdorn anfertigen, denn so bekommt man die Buchse besser heraus. Wer es mit einem normalen Durchschlag probiert, zerstört die Buchse. Egal – Hauptsache das Ding ist draußen. Bei der

späteren Montage wird auf die kürzere Buchse der TS/1 umgerüstet.

Auf der rechten Seite wird jetzt die Lichtmaschine abgenommen. Dabei muss peinlich darauf geachtet werden, dass die Kohlen nicht beschädigt werden. Auch die Abnahme des Kettenritzels

geschieht wie bei der ETZ. Die Dichtkappe unter dem Ritzel wird entfernt. Vorsicht: Wer jetzt die Distanzscheiben nicht verschlampt, muss nachher keine Neuen beschaffen. Der Leerlaufschalter wird mit einem hochkant gestellten 17-mm-Maulschlüssel entfernt.

Unter der Lichtmaschine befindet sich eine weitere Dichtkappe. Darin sitzt ein Wellendichtring 20 x 30 x 7 mm. Immer wieder wechseln „Spezialisten" diesen Dichtring, wenn ein Dichtringschaden diagnostiziert worden ist. Leider ohne Erfolg, denn die Abdichtung des Kurbelgehäuses geschieht mit den großen Dichtringen, die hinter den Kurbelwellenlagern liegen und eben nur nach der Komplettdemontage gewechselt werden können.

In diesem Montagezustand kann man jedoch wunderbar den Zustand der Hauptlager begutachten. Sind die Laufflächen in Ordnung? Wie ist der Zustand der Käfige? Sitzen die Lagerringe im Gehäuse und auf der Welle fest?

Kontrolle: Nach dem Abnehmen der Dichtkappe kann man das Kurbelwellenlager besichtigen.

Lassen sich die Lager von außen wechseln? Zwar kann man die Lager von außen nicht vernünftig wechseln, man kann aber durch die mögliche Kontrolle vermutete Fehlerquellen ausschließen. Da Schäden jedoch meist nicht an den Lagern, sondern an den dahinter sitzenden Wellendichtringen auftreten, nehmen wir den Motor weiter auseinander.

16 M6-Schrauben werden mit dem sauber geschliffenen „Gehäuseschraubenzieher" entfernt. Eine Schraube sitzt versteckt hinter dem Zylinderansatz und wird mit einem 10-mm-Gabelschlüssel entfernt. Noch eine Schraube wird gerne vergessen: Sie sitzt vorne vor dem Zylinderansatz.

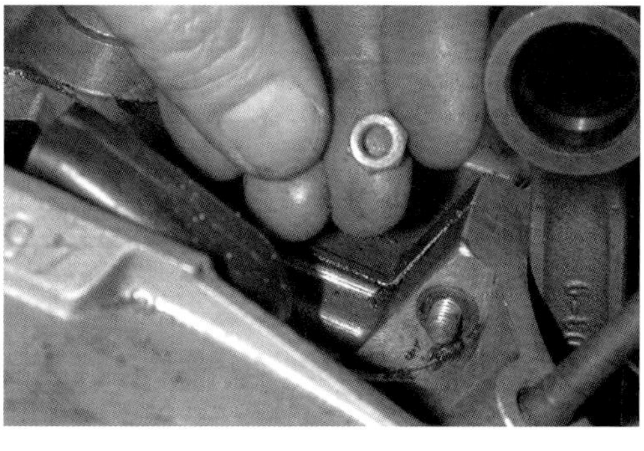

Mit einem 19-mm-Ringschlüssel wird die Schaltarretierschraube entfernt und Kugel und Feder entnommen.

Der Motor liegt flach mit der Kupplungsseite auf der Werkbank, die Wellenstümpfe sitzen in den vorher angebrachten Bohrungen der Arbeitsplatte. Sofern man nicht die „Workmate" von Black & Decker verwendet. Jetzt kommt der Brenner zum Einsatz. Mit achtförmigen Bewegungen wird die weiche Flamme des Propanbrenners um die Lagersitze geführt, bis das Gehäuse etwa eine Temperaur von 120 °C hat. Die Spucke muss zischend verdampfen. Einige kräftige Schläge mit dem bleigefüllten Plastikhammer unter die Stutzen für die Kettenschläuche und gegen den Ansatz für die Auspuffbefestigung treiben die Hälften auseinander. Was bei den Viergangmodellen etwas mehr Einsatz fordert, denn das Gummi der Wellendichtringe „klebt" in den Sitzen und muss mit den Lagern herausgezogen werden. Sollten die Schläge ohne Wirkung bleiben, hilft eine einfache Montagebrücke. Ein U-Eisen wird an den drei Deckelschrauben quer über dem Gehäuse befestigt, gegen zwei M12-Gewinde stützen sich zwei Druckschrauben ab. Über zwei Aludruckstücke wird der Block gegen Abtriebswelle und Kurbelwelle auseinander gespindelt.

Nun kann der Schaltautomat mitsamt Schaltstück und Schaltfeder entnommen werden. Nachdem der Führungsbolzen der Schaltgabeln entfernt wurde, können die Schaltgabeln und die Zahnräder der beiden Getriebewellen abgenommen werden. Mit wechselnden Hammerschlägen werden die beiden Wellen jetzt herausgepocht. Also alles so ähnlich wie bei der ETZ. Mit dem Unterschied, dass die 4-Gang-Getriebewellen vor der Entnahme teilzerlegt werden.

Sind die Wellen draußen, werden die äußeren Sprengringe der Getriebelager und des linken Kurbelwellenlagers entfernt. Mit viel Pech hat man einen der Motoren erwischt, die mit Sprengringen ohne Löcher für die Zange ausgestattet waren. Die sollten mit dem Schraubenzieher heraus gehebelt werden. Da diese Art von Sicherungsringen bei der Demontage meist unkontrolliert durch die Gegend fliegen, sollte man unbedingt eine Schutzbrille tragen.

Mit einigen passenden Holzklötzen wird das Gehäuse „aufgebockt". Die Kurbelwelle muss frei nach unten hängen. Zu deren Schutz wird ein dicker Lappen untergelegt. Jetzt wird das Gehäuse rund um die Kurbelwelle tüchtig nachgeheizt. Auch hier erschwert der klebende Dichtring die Arbeit. Wenn rund 120 °C erreicht sind, sollten einige kräftige, gerade geführte Schläge mit dem

Praktisch: Dieser Klotz ersetzt den darunter gezeigten Montageblock.

Die Kurbelwellenlager werden mit dem Trennmesser abgedrückt.

Plastikhammer auf den Kurbelwellenstumpf reichen, die Welle aus dem Gehäuse zu entfernen. Mit einem „Blopp“ liegt das gute Stück dampfend auf der Werkbank.

Solange die Lager noch warm sind, werden sie mit dem „Trennmesser“ abgedrückt. Das Trennmesser wird unter dem Wellendichtring angesetzt, der mit dem Lager abgezogen wird. Klar, dass der Dichtring dabei völlig zerstört wird, aber er wird sowieso erneuert.

Teileprüfung

Der gesamte Primärantrieb wird überprüft, wie es schon bei der ETZ 250 beschrieben wurde. Mit einer Ausnahme: Der innere Mitnehmer war beim Viergang-Motor genietet. Mit dem Erfolg, dass die Nieten sich oft lösten. Um den Mitnehmer zu überprüfen, werden Zahnradteil und Kupplungsteil mit Kraft gegeneinander verdreht. Ist auch nur das leichteste Spiel festzustellen, ist der Mitnehmer reif für die Tonne. Da das Teil nicht ganz billig ist, wird es gerne gesund geredet. Wenn man mit Spiel im inneren Mitnehmer weiterfährt, kann man eine nette Überraschung erleben. Irgendwann reißen nämlich die Nieten ganz ab und mit dem Kraftfluss ist es erst mal vorbei. Natürlich passiert so eine Panne nachts auf der Autobahn, ohne Standstreifen, im Regen...

Weil das so ist, hat MZ diesen Mitnehmer in Viergangmaßen und der neuen Kerbstifttechnik angeboten. Die Kerbstifte schlagen nicht mehr aus und halten ewig. Zu erkennen ist der neue Mitnehmer am Fehlen der halbrunden Nietköpfe. Spätestens jetzt kommt irgendein Schlaumeier und rät zum Nachschlagen der alten Nieten. Absolut zwecklos, das hält von Zwölf bis Mittag.

Die Lagersitze des Gehäuses werden überprüft wie beim Fünfgang-Motor, blanke Stellen mahnen zur Vorsicht und bei eingelaufenen Stellen wandert das Gehäuse in die Aluschmelze. Nächster Kontrollpunkt sind die Ölkanäle in der rechten Gehäusehälfte. Mit einem Draht werden sie auf

Durchlass überprüft und gegebenenfalls vom Ölschlamm befreit. Diese Kanäle dienen der Schmierung des rechten Kurbelwellenlagers mit dem Getriebeöl. Spätestens jetzt wird klar, warum korrekter Ölstand beim Viergang-Motor besonders wichtig ist. Nur dann kann der Schmierstoff durch die Pumpwirkung der Lagerkugeln einwandfrei zirkulieren.

Weiterer Punkt sind die Kühlrippen vorne unter dem Gehäuse. Sie sind oft mit Dreck gnadenlos zugesetzt und müssen jetzt gereinigt werden. Beim Zusammenbau würde es sonst tierisch stinken und im späteren Betrieb wird das Kurbelgehäuse nicht gut gekühlt. Die gute Kühlung vermeidet ein weiteres Problem. Denn durch überhitztes Frischgas im Kurbelgehäuse kommt es zu den berühmten unerklärlichen Startschwierigkeiten nach kurzem Stillstand des Motors. Und wieder mal: kleine Ursache, große Wirkung.

Die Kurbelwelle bei den alten Modellen ist „obengeführt". Für den Schrauber bedeutet das, nicht auf die von anderen Modellen bekannten Anlaufscheiben achten zu müssen. Das bedeutet auch, dass sich das Pleuel extrem hin und her schieben lässt. Manchen Spezialisten stehen bei dem Laufspiel die Haare zu Berge, es ist aber wirklich völlig normal. Das Höhenspiel des Pleuellagers wird wie bei der ETZ mit der „Faustschlagmethode" getestet.

Die seitliche Führung des Pleuels findet also oben im Kolben statt. Hier müssen Laufspiele eingehalten werden. Wie das geht, wird beim Zusammenbau erklärt.

Besitzt der Viergang-Motor jedoch eine nach der „Wende" überholte Welle, ist diese häufig „unten geführt": mit Anlaufscheiben. Der Grund dafür ist, dass die Viergangkolben mit dem kalibrierten Abstand zwischen den Bolzenaugen langsam knapp werden. Die neueren Kolben (gekennzeichnet mit einem N auf dem Kolbenboden) müssen bei den alten Wellen mühsam ausdistanziert werden. Verwendet man die Pleuelsätze der TS/1, ist das nicht nötig. Nötig ist dann die Kontrolle der Anlaufscheiben, wie bereits beim Fünfgangmotor beschrieben.

Ein Nachteil ist dieser Umbau nicht, man muss nur wissen, wie geprüft wird.

Ab und an findet man stark eingelaufene Laufflächen für die Dichtringe. Der Grund ist keine schlechte Konstruktion, sondern oft eine „verstärkte" Feder der Dichtringe. Findige Bastler versuchen allzu oft, durch Kürzen der Wurmfeder – so heißt die Feder der Dichtringe wirklich – die Lebensdauer der originalen Dichtringe zu verlängern. Doch außer eingelaufenen Dichtringflächen bringt das nichts ein.

Häufiger als bei den neueren Modellen gibt es bei den Viergang-Typen eingelaufene obere Pleuellager. Wahrscheinlich hatte man bei der Einführung des neuen Lagers noch nicht so viel Erfahrung im Härten des oberen Pleuelauges. Hier gilt wie bei den anderen Modellen: Es dürfen keinerlei fühlbare Laufspuren feststellbar sein. Vor Baujahr 1969 gab es an dieser Stelle ein Gleitlager aus Buntmetall. Darin muss der Kolbenbolzen leicht und spielfrei laufen. Ist Höhenspiel feststellbar, muss das Pleuellager neu ausgebuchst werden. Bei überholten Wellen ist peinlich genau auf sauber fluchtende Schmierbohrungen im Pleuelauge zu achten. Stimmen diese Bohrungen nicht überein oder sind sie gar nicht bis durchs Lager gebohrt, muss entsprechend mit einem Bohrer nachgearbeitet werden.

Immer wieder taucht die Frage auf, ob eingelaufene Nadellager durch Bronzebuchsen erneuert werden dürfen. Solange die Passungen stimmen, ist dagegen nichts einzuwenden. Natürlich müssen dann Schmierbohrungen ins Pleuelauge gebohrt werden und Mischung 1:33 gefahren werden. Mit allen Nachteilen wie Ölkohlebildung und Tintenfischeffekt aus dem Auspuff. Also nicht empfehlenswert.

Umgekehrt funktioniert die Sache auf keinen Fall: Man kann kein Nadellager in die Lauffläche des Gleitlagerpleuels einsetzten. Mangelnde Härte würde nach wenigen Kilometern zum Ausfall führen.

Gleitbuchsen gibt es auch im Getriebe. Wo sie fast nie Probleme machen. Die Gangräder des ersten und vierten Ganges sind in Bronzebuchsen

gelagert. Die Zahnräder müssen leicht laufen und dürfen kein fühlbares Spiel haben.

Einer strengen Kontrolle werden die Getrieberäder selbst unterzogen. Wobei die Schaltgabeln auch hier Auskunft über den Zustand der Schalträder geben. Besonders die Gabel 023 (zuständig für das Schaltrad 1 und 3) ist häufig eingelaufen. Der Verschleiß tritt durch seitliche Belas-

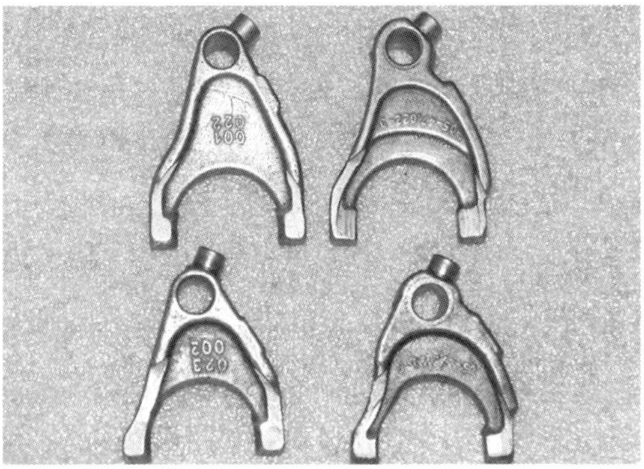

tung der Gabel auf. Dann ist der Hinterschliff an den Zahnrädern abgenutzt. Auch wenn diese Schalträder nur schwierig zu beschaffen sind, müssen sie auf jeden Fall gewechselt werden, wenn die Gabeln eingelaufen sind. Verschleiß an den Zähnen selbst tritt selten auf, die Zahnbreite ist eben wesentlich größer als beim Fünfganggetriebe.

So – bis jetzt habe ich mich davor gedrückt, die Achillesferse des Motors, Schaltfeder und Klinkenfeder, zu begutachten. Warum? Weil es fast unmöglich ist, brechende Federn im Vorfeld zu erkennen. Einzig bei der Klinkenfeder gibt es Indizien. Die Klinken müssen sich etwas auf der Feder auf und ab bewegen lassen und die Drahtenden über der Klinke dürfen nicht scharfkantig umgebogen sein. Dort, wo die Feder durch die

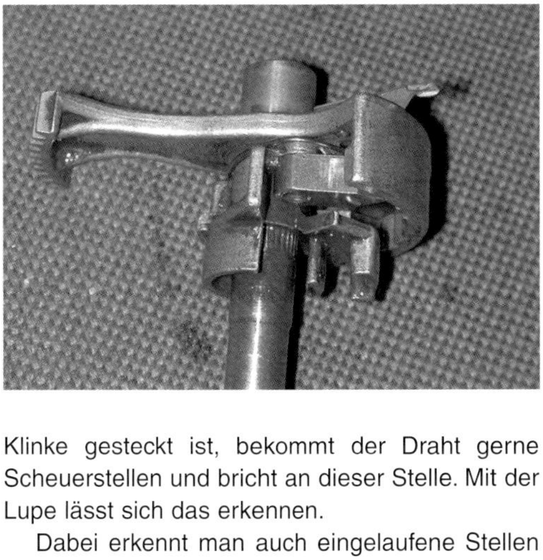

Klinke gesteckt ist, bekommt der Draht gerne Scheuerstellen und bricht an dieser Stelle. Mit der Lupe lässt sich das erkennen.

Dabei erkennt man auch eingelaufene Stellen an den Schenkeln der Schaltfeder. Dort wo die Feder sich gegen den Schaltautomaten abstützt, bilden sich Kerben, an denen es später zum Bruch kommt.

Sind die kleinsten Kerben an den Federn zu erkennen, ist ein Wechsel empfehlenswert. Dennoch sollte man stets dran denken: Eine wirkliche Garantie gegen Brüche dieser Federn gibt es nicht.

Auf dem Schaltstück ist der Messingkontakt für den Leergangschalter aufgenietet. Die Nieten werden auf festen Sitz überprüft und der Kontakt wird vorsichtig auf einen Abstand von 5,5 mm zum Schaltstück ausgerichtet. Verschleiß am Schalt-

stück ist selten. Probleme gibt es eher an der Verzahnung der Schaltwelle. Wenn Generationen von Bastlern den Schalthebel teils mit Gewalt draufgewürgt haben, leidet die Verzahnung oft erheblich. Ein Nacharbeiten der Verzahnung ist nicht möglich, im Zweifel wird eine neue Welle montiert.

Alle weiteren Kontrollen entsprechen denen am ETZ-Motor. Nach eingehender Säuberung des Gehäuses und der Dichtflächen beginnen wir mit der Montage.

MONTAGE

Benötigtes Werkzeug:

- **1 Ringschlüssel, SW 10**
- **1 Ringschlüssel, SW 24**
- **1 Schlagdorn, Durchmesser 12 mm**
- **1 Schraubendreher für die Gehäuseschrauben**
- **Bleigefüllter Kunststoffhammer**

Spezialwerkzeuge:

- **Kupplungsabzieher**
- **Kolbenbolzenführungsdorn**
- **Schlagdorn für Wellendichtring**
- **Schlagdorn für Kurbelwellenlager**
- **Heizdorn für Kurbelwellenlager**
- **Propanbrenner**

Jetzt kann jeder selbst beurteilen, ob der Ruf der schwierigen Montage dem Motor zu Recht vorauseilt. Die Montage ist ungleich schwieriger als bei den neueren Motoren, aber mit den richtigen Kniffen durchaus machbar.

An der Anzahl der benötigten Spezialwerkzeuge kann man sich ein Bild von der Kompliziertheit der Montage machen. Hier kommt es nicht nur auf die richtige Arbeitsweise, sondern auch auf Geschwindigkeit an. Um die Montage zu erleichtern, leisten einige Motorenteile den Fischstäbchen in der Kühltruhe für eine Nacht Gesellschaft. Wer die Arbeit schon mal gemacht hat, kann sich das sparen. Wer auf Nummer Sicher gehen will, friere die Kurbelwelle und die beiden Hauptlager ein.

Gehen wir davon aus, dass nun Welle und Lager schön kalt sind und alle Teile für den Einbau sauber und griffbereit vor uns liegen.

Während das Gehäuse auf der Heizplatte oder mit dem Brenner auf rund 120 °C erhitzt wird, bereiten wir den Wellendichtring zur Montage vor. Beide geschlossenen Seiten der Ringe werden zur Kurbelwelle hin montiert.

Grundsätzlich werden die braunen, bleifrei-beständigen Viton-Ringe verwendet. In die Dichtlippe wird kräftig MoS_2-Paste einmassiert und mit der geschlossenen Seite zuerst auf den eingeölten Schlagdorn aufgesteckt. Die Außenseite des Dichtringes muss fettfrei sein. In der linken, warmen Gehäusehälfte wird der Sprengring montiert und das kalte Lager eingesetzt. Ohne zu verkanten lässt es sich bis zum Anschlag einschieben, wenn nicht, darf mit dem Durchschlag auf dem

Außenring „nachgetupft“ werden. Wenn das Lager satt sitzt, wird der Heizdorn mit dem Brenner stark erhitzt. Wenn der Dorn bei ausgeschaltetem Licht ganz leicht dunkelrot glüht, ist die richtige Temperatur erreicht. Das Gehäuse wird so auf die Werkbank gelegt, dass die Kurbelwelle später ungehindert ins Gehäuse gleiten kann.

Nun wird der Innenring des Kurbelwellenlagers mit dem Heizdorn auf 120 °C erhitzt. Mit dem heißen Dorn passiert das in ca. 10 Sekunden. Kurze Spuckeprobe und der Dichtring wird mit dem Schlagdorn bündig in den Lagersitz geschlagen. Weg mit dem Schlagdorn und her mit der Kurbelwelle. Der Dichtringsitz wird leicht eingeölt. So-

fort wird die eiskalte Welle bis zum Anschlag in das heiße Lager gedrückt. Vorsicht: Nicht mit dem Kupplungsgewinde den Dichtring beschädigen. Derart vorbereitet plumpst die Welle bis zum Anschlag ins Lager. Ein kurzer Schlag mit dem Plastikhammer auf die Hubscheibe ist erlaubt, um die Welle bis zum Anschlag zu drücken. Übrigens, die Arbeit vom Herausnehmen des Heizdorns bis zum Einsetzen der Kurbelwelle sollte in maximal zwei Minuten erledigt sein. Notfalls kann das Lager von der Außenseite mit dem Heizdorn noch mal nachgeheizt werden.

Problematisch wird es, wenn die Welle „unterwegs“ stecken bleibt. Meist liegt die Ursache im zu langsamen Arbeiten. Eine steckengebliebene Welle lässt sich mit einem passenden Rohrstück, welches sich auf dem Innenring abstützt, und einigen Unterlegscheiben über die Kupplungsmutter ins Lager ziehen. Wie gesagt, bei schnellem Arbeiten erübrigt sich diese umständliche Prozedur. Eine letzte Kontrolle, ob sich die Welle sauber dreht und wir können die Getriebelager einsetzen.

Zur Montage der Getriebelager ist das Gehäuse noch warm genug, wenn man das Alu mit der Hand nicht anfassen kann. Dann rutschen die Lager sauber in den Sitz. Wenn das Gehäuse zu sehr abgekühlt ist, kann punktuell mit dem Brenner nachgeheizt werden.

Jetzt werden die Sprengringe eingesetzt. Während die Wärme des Gehäuses auf die Lager übergeht, komplettieren wir die Wellen. Auf die Antriebswelle – die mit dem festen Zahnrad – wird das Zahnrad für den zweiten Gang montiert und mit dem Sprengring gesichert. Der muss absolut fest sitzen, denn sollte er im Betrieb rausspringen, ist die Blockade des Hinterrades fürchterlich, für Mensch und Maschine. Mit der Schaltnut voran wird das (kleinere) Schaltrad für den 2. und 4. Gang auf die Welle geschoben. Darauf wird die Anlaufscheibe und die Bronzebuchse mit dem Zahnrad für den 4. Gang montiert.

Die Abtriebswelle kommt an die Reihe: Auf das Festrad des 4. Gangs wird das Losrad des dritten Gangs gesetzt und mit einem neuen Sprengring gesichert. Nun kommt das große Schaltrad für den 1. und 3. Gang mit der Nutseite Richtung Abtriebsritzel auf die Welle. Zum Schluss wird das große Zahnrad für den ersten Gang mit Distanzscheibe und Bronzebuchse auf die Welle gesetzt. Die glatte Seite zeigt dabei zum Schaltrad. Nun wird die Schaltwelle mit dem Ritzel nach oben in das Gehäuse eingesetzt. In Montagestellung. Die ist dann gefunden, wenn der schräg geschliffene Zahn des Ritzels zur Schaltung zeigt.

Dieser schräge Zahn muss am Körnerschlag des Schaltsegments sitzen.

Nun wird eine Anlaufscheibe 8 x 13 mm vor die Bohrung für den Führungsbolzen gelegt. In die Nuten der Schalträder werden jetzt die Schaltgabeln eingesetzt. Die langen Enden der Gabeln werden so eingebaut, dass sie jeweils zu den Außenseiten des Gehäuses zeigen. Wichtig ist die richtige Zuordnung der Gabeln zu den Rädern. Die Gabel mit der Nummer 022 kommt in die Nut des Schaltrades für den 1. und 3. Gang. Gabel Nummer 23 wird in die Nut des Schaltrades 2 und 4 eingesetzt. Wer hier Fehler macht, wird spätestens bei den ersten Schaltversuchen drauf aufmerksam gemacht. Durch das Einschieben des Führungsbolzens werden die Schaltgabeln gesichert. Oben auf den Führungsbolzen kommt dann noch die zweite Anlaufscheibe.

So – bis jetzt konnte ich mich vor dem leidigen Thema „Schaltautomat" drücken. Damit keiner sagen kann, ich habe die falschen Tricks zur Montage der zerbrechlichen Federn verraten, hier noch mal die Anmerkung. Diese Federn waren (sind) die Achillesferse des Viergang-Motors. Alles, was ich zu deren Einbau sage, ist Erfahrung. Dadurch konnten zwar Brüche vermindert, aber nicht verhindert werden. Wenn man die Federn wie folgt montiert, brechen sie seltener und darum erkläre ich es nochmal.

Grundsätzlich ersetze ich die Schaltfeder. Aber auch die Neue wird ganz genau mit einer Lupe angeschaut. Bei der kleinsten sicht- oder fühlbaren

Kerbe wandert selbst die neue Feder in den Müll. Genauso kritisch werden die Stellen am Schaltautomaten beäugt, wo sich die Schenkel der Feder abstützen. Gibt es dort scharfe Kanten, werden die mit feinem Schmirgel abgerundet. Weiter geht es mit der Klinkenfeder. Auch die wird erneuert.

Vor der Montage wird erstmal ein Eis gegessen. Am Stiel. Denn der wird zur Federmontage gebraucht. Die neue Feder wird durch die Klinken gesteckt. Dann wird der Eisstiel draufgelegt und über dessen Kante werden die Federschenkel mit einer nicht profilierten Zange um rund 50° abgewinkelt. Darum der Eis-Stiel: Über dem Holz biegt sich ein schöner Radius und das richtige Spiel wird auch gleich eingestellt. Wenn jetzt der Schaltautomat richtig sitzt, werden die Klinken mit den Fingern soweit zusammengedrückt, bis sich das Schaltstück montieren lässt. Achtung, das Ende mit dem Zahnsegment hat eine Körnermarkierung. Die muss zum schrägen Zahn der Schaltwelle sitzen.

Bevor nun der Gehäusedeckel montiert wird, schalten wir das Getriebe einmal komplett durch. Dazu muss ein Helfer die Abtriebswelle mit den Fingern hemmen. Keine Angst, wenn die Gänge dabei etwas schwer zu schalten sind. Im Betrieb laufen die Wellen mit wesentlich höheren Drehzahlen als bei dieser Probe und lassen sich dann sauber schalten. Es kommt vielmehr darauf an, dass die Wellen sich in den einzelnen Gängen leicht drehen lassen. Laufen die Wellen nur mit Mühe, liegt eventuell ein Montagefehler vor.

Wenn alles klar ist, werden die Getriebelager aufgesetzt. Sie werden bündig mit den Wellenenden aufgeklopft. Schlägt man zu weit, klemmt die Bronzebuchse fest. Während die rechte Gehäusehälfte auf der Kochplatte den idealen 120 °C entgegenköchelt, wird die Dichtfläche des Gehäuses mit Dichtmasse dünn eingestrichen. Besonders wichtig ist der Bereich um die Schrauben. Der wird nämlich gerne vergessen und hinterher wird über die ständig undichten MZ gemeckert. Wer mag, kann vorne in das Dreieck einen Zettel für den nächsten Schrauber legen. Blödsinn? Ich habe das immer gemacht und damit schon oft für Verblüffung gesorgt. Besonders unter Rallyefahrern. Da wusste man stets, wer seinen Motor zerdreht, und wenn der dann den Zettel fand, war das Gelächter groß.

So – Pause vorbei, genug geredet. Die Dichtmasse hat angezogen und die Gehäusehälfte ist heiß. Mit dem Schlagdorn wird der mit MoS_2 eingesalbte Wellendichtring in seinen Sitz getrieben. Auch hier wird die geschlossene Seite zur Kurbelwelle hin montiert. Die Gehäusehälfte rutscht durch bis auf die Dichtfläche. Vorsicht ist bei der Lippe des Dichtrings geboten. Damit die besser auf den Sitz gleitet, empfiehlt es sich, den Kurbelzapfen einzuölen.

Lager vergessen? Nein, das Kurbelwellenlager der rechten Seite wird später montiert. Damit nicht zu viel Wärme aus dem Gehäuse kriecht, sind die folgenden Arbeitsschritte zügig durchzuführen.

Zuerst wird die mittlere 50 mm lange Gehäuseschraube montiert. Mit einem passenden Dorn wird die Passhülse zwischen den Motorhälften eingeschlagen. Besser man wechselt bei der Gelegenheit auf die leichter demontierbare kurze Hülse der TS 250/1. Wenn die Gehäusehälften mittels der Hülse zentriert sind, werden alle Schrauben ähnlich dem bei der ETZ gezeigten Schraubschema angezogen. Man beginnt in der Mitte und arbeitet sich achtförmig nach außen vor.

Letzte Kontrolle, ob die Dichtungsmasse überall gleichmäßig und dünn hervorquillt, dann wird das Lager montiert. Eine ganze Reihe von Montageschritten und gezielter Erwärmungen sind jetzt nötig. Deshalb hier die Aufstellung der benötigten Werkzeuge und Teile:

- **1 Heizdorn für Kurbelwellenlager**
- **1 Schlagdorn für Kurbelwellenlager**
- **1 Hammer (400 g)**
- **1 kaltes Kurbelwellenlager**
- **Propanbrenner**
- **Ölkännchen**

Zunächst wird der Heizdorn stark erhitzt.

Gleichzeitig wird mit dem Propanbrenner von außen um den Lagersitz nachgeheizt, bis das Gehäuse am Sitz spuckheiß ist.

Der Lagerinnenring wird eine knappe Minute mit dem Heizdorn auf gut 120 °C erhitzt.

Wenn der Innenring spuckheiß ist, wird das Lager am Außenring angefasst und in den Sitz gedrückt.

Wer sich hierbei die Finger verbrennt, hat zulange geheizt oder gewartet, man sollte bedenken, dass ein Lager mit heißem Außenring nicht richtig montiert werden kann.

Mit dem Schlagdorn wird nun „nachgetupft", um den richtigen Sitz des Lagers sicherzustellen.

Einige kräftige Spritzer Öl auf das Lager sorgen für die richtige Schmierung von Dichtring und Lager während der ersten Umdrehungen.

Diesen letzten Abschnitt habe ich in Einzelschritten beschrieben. Bevor man loslegt, sollte man die richtige Reihenfolge „trocken" üben. Wenn hierbei nicht jeder Handgriff sitzt, laufen die Lager unter Spannung und haben die Lebensdauer einer Eintagsfliege.

Jetzt wird der Motor aufrecht hingestellt und mit dem Plastikhammer frei geschlagen. Alle Wellen müssen sich leicht drehen, das Getriebe muss sich schalten lassen. Bei eingelegtem ersten Gang wird jetzt das Spiel am großen Zahnrad des ersten Gangs geprüft, wobei 0,2 Millimeter gerade noch deutlich fühlbar sind. Hat das Zahnrad zu viel Spiel, wird die gesamte Welle am Außenring des Abtriebslagers vorsichtig weiter ins Gehäuse gepocht. Stimmt die Abtriebswelle, wird jetzt durch den Schaudeckel der vierte Gang eingestellt. Bei eingelegtem vierten Gang muss das Losrad auf der Antriebswelle (das Letzte in der Reihe) ebenfalls 0,2 Millimeter Spiel haben. Ist hier zu viel Spiel vorhanden, wird die Antriebswelle durch einen Schlag auf die Welle ins Gehäuse gepocht,

Getriebeeinstellung: Von der Kickstarterseite her fühlt man das Spiel des Zahnrades 1. Gang, durch den Deckel kann man das Spiel des 4. Gangrades fühlen. Mit gezielten Schlägen auf Welle und Innenring wird das Spiel justiert.

bei zu wenig Spiel hilft ein leichter Prellschlag.

So, geschafft! Ein gutes Stück Arbeit liegt hinter uns. Jetzt müssen nur noch die beiden Dichtringhalter auf Kurbelwelle und Kettenritzel montiert werden.

Deren Einbauspiele werden genauso wie bei den Fünfgang-Motoren auf „spielfrei ohne Dichtung" eingestellt. Dann kommt die geölte Dichtung dazu und das Laufspiel stimmt. Eigentlich ganz einfach. Dennoch lauert am Kurbelwellenlager eine böse Falle. So müssen die Schmierkanäle für das Lager mit denen in Deckel und Dichtung übereinstimmen. Wenn nicht, bekommt das Lager kein Öl und geht gnadenlos fest.

Nun wird die Schaltarretierschraube montiert. Ein Teil mit Tücke. Die Arretierfeder wird in die Hohlschraube eingesetzt und die Kugel mit einem Fetttupfer obendrauf geklebt. Mit einem NEUEN Dichtring wird das Ganze eingesetzt und festgeschraubt. Oft sind besonders schlaue Schrauber der Meinung, man könne auf den neuen Dichtring verzichten. Mit dem Ergebnis einer nicht funktionierenden Schaltung. Schon viele Motoren wurden verzweifelt gleich mehrfach zerlegt und montiert, weil das Schalten zur Probe zwar funktionierte, aber der Schalthebel im Betrieb keinen einzigen Gang rein brachte. Dabei ist die Ursache völlig unspektakulär: Wenn eine gebrauchte Dichtung montiert wird, drückt die Arretierschraube auf die Schaltwelle. Ganz einfach, weil die Dichtung platt gedrückt wurde. Mir wurden schon Motoren mit diesem Problem zur Instandsetzung gebracht. Das gab schon Anlass zur großen Freude bei den Besitzern, wenn ich dann die üppige Rechnung präsentierte: eine Mark für den neuen Dichtring.

Nachdem Leerlaufschalter und Kettenritzel montiert sind, ist der innere Block fertig. Aber eines muss dabei unbedingt beachtet werden. Bei der Ritzelmontage darf noch weniger seitliche

Kraft auf die Welle ausgeübt werden als bei den Fünfgang-Modellen. Das sorgfältig eingestellte Spiel der Wellen würde aufgehoben und Getriebeschäden wären die Folge. Man steckt also das Ritzel auf die Verzahnung und zieht es mittels der Mutter auf die Welle. Jetzt noch das Sicherungsblech mit einer Wasserpumpenzange umlegen und fertig. Wichtig: Bei den Viergang-Motoren darf auf keinen Fall das dicke Blech aus dem DIN-Katalog verwendet werden. Ohne grobes Schlagen bekommt man das nie wieder auf.

Lichtmaschinenmontage

Kommen wir zur Montage der Lichtmaschine. Bei allen 6-Volt-Anlagen ist die Arbeit gleich. Zunächst wird der Konus der Kurbelwelle sauber gewischt. Der feste Sitz der Zylinderrolle wird überprüft und der gereinigte Anker wird aufgesetzt. Ein leichter Schlag mit dem Plastikhammer fixiert den Anker auf dem Konus. Ebenfalls mit dem Plastikhammer wird der Zündnocken aufgesetzt. Einige uralte ES- und ETS-Modelle verfügten über einen Fliehkraftversteller. Der wird ebenfalls so wie der Zündnocken montiert, allerdings erst nach dem Lichtmaschinengehäuse. Dieser Fliehkraftregler ist beim Zweitakter so überflüssig wie der Blinddarm im Gekröse des Menschen. Er sollte den Startvorgang erleichtern. Wer nie einen Fliehkraftversteller besaß, weiß, was ich meine: Die MZ springt auch ohne diese technische Raffinesse immer auf den ersten Tritt an. Wer das Teil ausbauen möchte, kein Problem. Der Zündnocken passt anstelle des Verstellers.

Zur Montage des Lichtmaschinengehäuses werden die beiden Halter für die Kohlefedern abgezogen und so die Federn entspannt. Die Kohlen werden weit genug zurück gedrückt, um Freiraum

für das Aufsetzen des Gehäuses zu schaffen. Hierbei sieht man gleich, ob die Federn noch ausreichend Spannung haben. Oft sind sie ausgeglüht und können die Kohlen natürlich nicht mehr an den Kollektor drücken. Ein häufig verkannter Fehler. Viele Bastler wechseln in dem Fall immer wieder die Feder – ohne aber das Problem zu erkennen. Die Feder glüht deshalb aus, weil irgendwo zwischen Kohle und Lichtmaschine eine schlechte elektrische Verbindung besteht. Der Strom sucht sich dann seinen Weg über die Feder. Die wird bei der Aktion rotglühend und verliert sämtliche Kraft. Oft liegt die Ursache an einem losen Draht der Kohle oder einer vergammelten Verbindung. Derartig böse Fallen treten meist an der Minuskohle auf. Wenn dort der Draht bricht, fließt der Strom über die Feder und der elektrische Fehler wird erst spät bemerkt. Meist nachts, im Regen, auf der Autobahn, wenn die Kiste sprotzend stehen bleibt.

Mehr Kohlenwissen dann im Elektrikkapitel. Nun wird das „Limagehäuse" vorsichtig aufgesetzt und mit dem Plastikhammer auf seinen Sitz geklopft. Erst wenn es rundum aufsitzt, werden die Schrauben angezogen. Ansonsten kann das Gehäuse verkantet und damit die empfindlichen Spulenpakete beschädigt werden. Die Zündeinstellung kommt nach dem Einbau des Motors.

Montagearbeiten unter dem linken Deckel

Die Montage des Primärantriebs erfolgt, wie bei den Fünfgang-Modellen beschrieben. Die Unterschiede liegen im Fehlen der Schaltarretierung sowie darin, dass zwischen Kupplung und Stützlager schon erwähnter Distanzring liegt. Wichtig: Viele alte Modelle wurden irgendwann einmal auf die leichtere Kupplung der Fünfgang-Typen umgebaut, dabei entfällt dieser Ring.

Außerdem gibt es einen wesentlichen Unterschied im Kickstartermechanismus. So wird bei den Viergang-Modellen statt des Nockenblechs eine Hemmfeder mit Steilschnecke eingebaut. Schweres Wort, einfache Funktion: Durch die Hemmfeder werden beim Treten die beiden Hälften der Kickstarterverzahnung ineinander geschoben und mit dem ersten Gangrad verbunden.

Jetzt wird auch klar, warum ich Leute verfluche, die bar jeden Gefühls auf dem Kickhebel herumtappen und so blitzartig die Verzahnung ruinieren. Also, beim Antreten zuerst den Punkt suchen, wo die Verzahnung eingreift und dann kräftig runter treten.

Zur Montage wird das „Ohr" der Hemmfeder in die entsprechende Aussparung des Motorblocks gelegt. Unter Bewegen des Kickstarters wird dann der Deckel aufgesetzt. Man spürt dabei das Eingreifen des Kickritzels in das 1.-Gang-Rad. Alles

Weitere läuft wie beim Fünfgang-Motor. Letzter Unterschied: Bei älteren Viergang-Modellen wird die Kupplung mit einer Kronenmutter gesichert, die an dieser Stelle fehl am Platz ist. Denn Kronenmuttern haben die böse Angewohnheit, entweder zu fest oder zu lose zu sein. Wird die Mutter mit dem richtigen Drehmoment angezogen, passt garantiert der Splint nicht in die Bohrung. Also bleiben die beiden Möglichkeiten entweder etwas weiter anzuziehen oder etwas zu lösen. Beides kann gleich fatal enden. Entweder reißt es das Gewinde ab oder die Kupplung fliegt vom Konus. Beides vielleicht etwas übertrieben, dennoch ist es besser, die normale Mutter mit Wellscheibe der TS/1 zu montieren. Die kann man dann mit dem richtigen Drehmoment anziehen.

So – der Block ist nun zusammen, jetzt kommen Zylinder und Kolben an die Reihe.

MONTAGE VON KOLBEN UND ZYLINDER

Was kann bei der Montage von Kolben und Zylinder anders sein als bei der ETZ? Prinzipiell gilt für Nadellager, Kolben und Ringe sowie die Dichtungen all das, was schon bei der ETZ gesagt wurde. Ein wesentlicher Unterschied liegt in der Obenführung des Pleuels. Kolben, die nicht mit „N" auf dem Kolbenboden gekennzeichnet sind, sind in der Innenbreite entsprechend dem Pleuel der Viergang-Motoren angepasst. Vor deren Montage prüft man lediglich, ob der Pleuel im Kolben ein minimal fühlbares Seitenspiel hat. Dann kann man bedenkenlos montieren. Die „N"-Kolben sind im In-

neren nicht kalibriert. Normalerweise passen sie trotzdem, niemand hat jedoch das Passmaß überprüft. Da es mittlerweile fast nur noch „N"-Kolben zu kaufen gibt, muss man sich selber helfen. Zum Glück sind diese Kolben meist im selben Innenmaß wie die Viergang-Kolben gefertigt. Passt das Viergang-Pleuel doch nicht zwischen die Kolbenaugen, darf mit einer feinen Feile leicht nachgearbeitet werden. Dabei muss man immer wieder probieren. Darauf achten, auf beiden Seiten gleich viel Material abzunehmen. Das Seitenspiel des Kolbens soll im Bereich von 0,12 mm bis 0,38 mm liegen.

Schwieriger wird es, wenn der neue Kolben zu viel Spiel hat. Dann müssen Distanzscheiben beigelegt werden. Deren Dicke darf aber nicht weniger als 0,3 Millimeter betragen. Dünnere Scheiben können zerbröseln und für eine Extraportion Schrott im Motor sorgen. Hat man so richtig Pech und bräuchte zwei ganz dünne Scheiben, muss man erst den Kolben erweitern und dann mit passenden Scheiben ausgleichen. Eine sehr undankbare Arbeit, zumal die Scheibchen erst mal zwischen Kolbenaugen und Pleuel bugsiert werden müssen.

Besser, man hat einen richtig guten MZ-Händler an der Hand. Mit seinem Einverständnis kann man dann einige Kolben auspacken und nachmessen, bis man den Richtigen gefunden hat. Auf jeden Fall die bessere Methode.

Nachdem der Zylinder montiert ist, kommen wir zur Einstellung des Spaltmaßes. Die Ermittlung der Ausgleichsscheiben, die jeder Schrauber eh Kopfdichtung nennt, geschieht mit dem Bleidraht wie bei der ETZ. Anders als bei dieser wird bei den Viergang-Motoren das Maß 1,6 Millimeter angestrebt. Sind die Dichtungen ermittelt, kommt der Zylinderdeckel wieder runter. Da der alte Zylinder keinen Zentrierbund hat, müssen die Dichtungen manuell zentriert werden. Es gab mal eine Zentrierlehre, mit der die Dichtungen in den Bohrungen des Zylinderdeckels gehalten werden konnten. Doch Panik ist hier fehl am Platze, denn ein gesundes Augenmaß genügt völlig. Wichtig ist, dass die Dichtungen möglichst sauber zur Zylinderbohrung zentriert werden. Fixiert werden sie in dieser Stellung mit einem Klecks zähem Fett am äußeren Rand der Dichtung. Diese Zentriererei ist

wichtig, weil ein in den Brennraum ragender Dichtungsteil zu glühen beginnt und den Zweitakter unfreiwillig zum selbstzerstörerischen Dieseln bringt. Das ist dann gut für eine Stammtischstory: „Der Motor dreht immer höher und lässt sich am Zündschlüssel nicht abstellen." Wenn man dann bei den wahnsinnigen Drehzahlen einen Gang reinhaut, um dem Motor abzuwürgen, fliegt meist das Getriebe auseinander. Und die Arbeit beginnt von neuem.

Jetzt ist der Motor aber erst mal fertig zum Einbau.

Einbau des Motors

Der Einbau des Motors geschieht bei der TS 250 prinzipiell wie bei der ETZ. Also bitte dort nachlesen.

Bei den ganz alten ES-Modellen wird der Motor von der linken Seite her in den Rahmen gehangen und dann hinten und vorne festgeschraubt. Eine vibrationsfördernde Anordnung. Erst mit der ES 250/2 war Schluss mit dem „Sekt" in den Fingern. Eine wirkungsvolle elastische Motoraufhängung ging in Serie.

Vorn hängt das ES-Treibwerk in einer „Wiege", die sich über Silentblöcke am Rahmen abstützt. Hinten ist der Motor wie bei der ETZ in gummigelagerten Blechen gehalten.

Die vorderen Gummiblöcke werden zuerst an den Rahmen geschraubt. Zum Motoreinbau wird zuerst die Wiege angeschraubt und dann der Motor von links in den Rahmen gehangen. Das Einfädeln der Gummiblöcke kann, besonders bei neuen Gummis, zum Problem werden. Ein Klecks Fett an den Innenseiten der Wiege lässt die Blöcke leicht reinrutschen.

Ein größeres Problem ist die Beschaffung neuer Silentblöcke. Die Regale der meisten Händler sind leer, fernöstliche Nachbauteile taugen oft nichts. Solch miese Gummis lohnen den Einbau nicht. Viele Autohersteller haben passende Gummis im Angebot, allerdings sollte man jetzt nicht denken, dass man die so einfach kaufen könnte. Denn heute ist die erste Frage beim Ersatzteilkauf: „Zulassung und Fahrgestellnummer bitte!" Und da nutzen die MZ-Papiere reichlich wenig. Also hier ein Tipp: Ein Auspuffgummi von älteren BMW 325 passt gut und die hintere Getriebeaufhängung vom Trabbi lässt sich zurechtfeilen.

Nach dem Einbau des Motors wird die Kette montiert und gespannt (Erklärung im ETZ-Kapitel) und die Lichtmaschine verkabelt. Das braune Massekabel wird an den Sockel des Kondensators gesteckt. Das grüne Kabel kommt an die Kontaktfahne des Kondensators. Das dicke grün-rote Kabel wird an den Stecker D+ gesteckt, das grünblaue Kabel wird an die Klemme DF am Fuß des Regelwiderstands gesteckt.

Besonders wichtig bei der 6-Volt-Anlage ist der perfekte Sitz der Steckverbinder. Hier fließen gewaltige Ströme. Nur sauber angequetschte oder notfalls gut verlötete, nicht isolierte Kabelstecker können die übertragen. Im Werk verwendete man aus Gründen des schon erwähnten Buntmetallmangels schon mal Stecker aus Stahl oder Alu. Wer einen solchen Behelf in seiner MZ findet, wechselt besser zum dauerhaften Messingverbinder.

Zum Abschluss wird das Getriebeöl eingefüllt. Vorsicht: Anders als bei der ETZ gibt es im Kupplungsdeckel eine zweite Ablassschraube, die nicht vergessen werden darf. Sonst breitet sich das Öl als Riesenpfütze unter dem Motor aus.

Die richtige Füllmenge beträgt 750 ml, als Schmierstoff kommt SAE 80 GL 3 zum Einsatz. Also füllen wir 800 ml ein und lassen den Überschuss, wie bei der ETZ beschrieben, über die Kontrollschraube ablaufen.

Der richtige Zündzeitpunkt

Jetzt ist der Zeitpunkt gekommen, die Zündung einzustellen. Das wird später im Zündungskapitel genau erklärt. Da die Ermittlung des richtigen Zündzeitpunkts der Viergang-Modelle problematisch ist, erkläre ich jetzt die passende Räubermethode.

Bei den neueren MZ sitzt die Zündkerze mittig im Zylinderdeckel. Mit einer einfachen Messuhr, notfalls sogar mit einem Tiefenmaß des Messschiebers oder einem Reifenprofilmesser kann hier der obere Totpunkt gesucht werden und die entsprechende Kolbenstellung für den Zündzeitpunkt festgelegt werden.

Bei den alten MZ saß die Kerze jedoch schräg im Zylinderdeckel. Dies war keine Schikane der Konstrukteure für Hobbybastler, sondern kam aus dem Geländesport. Die seitliche Kerze ließ sich nicht nur ruckzuck wechseln, sondern manche GS-Maschinen hatten auf beiden Seiten des Kopfes schräge Kerzenlöcher. Durch die pfiffige Doppelzündung steigerte man Leistung und Betriebssicherheit.

Zur Zündeinstellung gab es ein Spezialwerkzeug. Was tadellos funktionierte, aber heute für Geld und gute Worte nicht mehr zu beschaffen ist. Abhilfe kann eine auf die Kurbelwelle geschraubte Gradscheibe sein. Es geht aber auch mit einem Schweißdraht. Und zwar folgendermaßen: Wie man das Spaltmaß des Zylinders ermittelt, wurde bereits im ETZ-Kapitel erklärt. Ein zwei Millimeter starker Bleidraht wird durchs Kerzenloch bis an die Zylinderwand gesteckt und der Motor wird eine

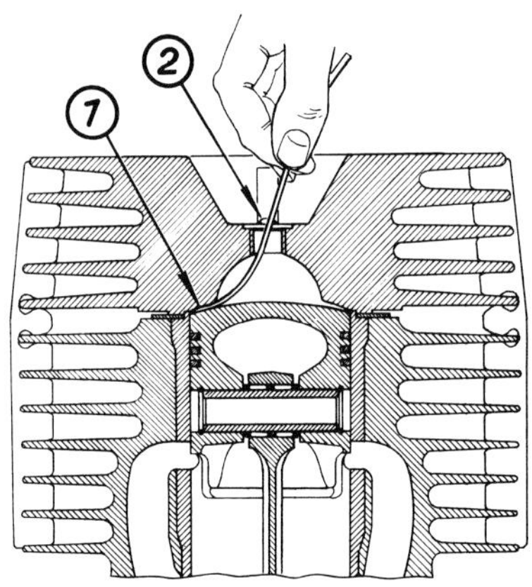

Umdrehung gedreht. Dabei wird der Bleidraht platt gedrückt. Mit dem Messschieber wird diese Fläche gemessen. Zu dem ermittelten Maß wird der Zündzeitpunkt addiert.

Beispiel:

Spaltmaß	1,25 mm
Zündzeitpunkt	2,75 mm
Gesamtmaß	4,00 mm

Ein vier Millimeter dicker Eisendraht wird demnach wie der Lötdraht ins Kerzenloch gesteckt. Dann wird der Motor wieder an der Kurbelwellenmutter in Laufrichtung gedreht. Da sich Eisendraht nicht wie der Lötdraht zusammendrückt, haben wir jetzt einen soliden Anschlag für den Kolben. Genau dort liegt der anzustrebende Zündzeitpunkt. Was aber, wenn als Maß für den Draht beispielsweise 3,75 mm ermittelt wurde? Dann wird der Draht ganz einfach mit dem Hammer vorsichtig auf dieses Maß geklopft. Zum Messen sind die Ergebnisse unseres Messschiebers absolut ausreichend.

Wie man die Zündung dann endgültig einstellt, steht im Zündungskapitel.

Probelauf und Testfahrt

Einen frisch überholten Motor das erste Mal zum Leben zu erwecken, ist nicht immer einfach. Überschüssiges Öl von der Montage, eine schlecht gefüllte Schwimmerkammer und eine nasse Zündkerze können die Ursache für Startschwierigkeiten sein.

Deshalb wird ein neuer Motor immer mit einer neuen Kerze und voll gezogenem Startvergaser gestartet. Man kann auch mehrmals mit dem Startvergaser „pumpen“. Dann wird der Kickstarter kräftig durchgetreten, bis der Motor startet. Mit gezogenem Startvergaser wird der Motor etliche Sekunden bei niedriger Drehzahl gehalten. Je niedriger die Drehzahlen während der ersten Minute sind, je besser können sich die Dichtringe einlaufen.

Wenn der Motor vollständig rund läuft, wird der Startvergaser geschlossen. Mit dem Gasgriff wird der Motor bei niedriger Drehzahl am Laufen gehalten. Nach dem Erreichen einer fühlbaren Zylindertemperatur geht es los. Der erste Gang wird eingelegt und die Kupplung eingerückt. Vorsichtig wird durch alle Gänge beschleunigt, dabei wird eine Drehzahl von 3500/min nicht überschritten. Nach rund 10 gefahrenen Kilometern hat der Motor seine Betriebstemperatur erreicht und die Drehzahl wird auf rund 4200/min gesteigert. Das ist der Bereich des höchsten Drehmoments. Diese Drehzahl soll während der ersten 100 Kilometer nicht überschritten werden. Erst dann haben sich die Kolbenringe leidlich auf den neuen Zylinder eingearbeitet und die Abwärme kann voll übertragen werden. Die Kolbenringe sind neben den Dichtringen die einzigen Bauteile, die aufeinander einlaufen müssen. Spätestens nach 500 km ist dieser Vorgang vollständig abgeschlossen und der Motor kann voll gefahren werden.

Ein guter MZ-Motor ist absolut vollgasfest. Soll der Motor das erste Mal mit Vollgas gefahren werden, muss genau auf Klingelgeräusche geachtet werden. Solche Nageleien sind ein Zeichen für gefährliche Abmagerung des Gemisches, deren Ursache genau ermittelt werden muss. Doch bei richtiger Arbeit und sauberer Vergasergrundeinstellung dürften wir von solchen Fehlern verschont bleiben.

Ein sauber eingestellter Motor darf zudem nach spätestens 3 Kilometern Fahrt keinerlei Zweitaktfahne mehr hinter sich her ziehen. Nach erfolgter Probefahrt werden dann Vergaser und Kupplung noch einmal nachjustiert.

Diese Maßnahme ist nötig, weil alle Bauteile leichter laufen als zu Beginn der Fahrt und die Kupplungslamellen sich an die Stahllamellen angepasst haben.

15. SEITENWAGEN

RICHTIG GUT

Kaum ein Motorrad wird so oft und intensiv mit Beiwagen gefahren wie die MZ. Die Gründe sind vielfältig. Traditionell wurden die DKW-Motorräder und die alten BK- und ES-Modelle als Familienvehikel von breiten Bevölkerungsschichten eingesetzt. In der DDR erkannte man den Nutzen von Gespannen schon sehr früh. Techniker von Wohnungskombinaten fuhren ebenso Gespanne mit Lastenbooten, wie die Betriebsschlosser der großen Fabriken. Der Glaser fuhr Gespann, der Elektriker und der LPG-Bauer. All diese Leute wussten die unbedingte Robustheit der MZ-Gespanne und deren Wendigkeit und Vielseitigkeit zu schätzen.

Im Westen sah die Sache anders aus. Hier waren Gespannfahrer Idealisten, wurden von anderen Motorradfahrern stets belächelt und oft auch für Deppen gehalten. Beobachtet wurde der folgende Dialog vor 25 Jahren beim TÜV:

Ein Mopedfahrer schleicht ums Gespann rum und fragt: „Wie schnell?“

Der Gespanntreiber antwortet bereitwillig: „So rund 95 Sachen!“

Der Moppetisti weiter mit Stirnrunzeln und unverständlichem Fingerzeig auf das Super-Elastik-Boot: „Und ohne dat Ding???“ Die wahre Antwort: „So 130!“

Der Mopedkerl mit dumm-verständnisloser Mine: „Warum machste dat Ding nicht ab????“

Nicht zuletzt mangels anderer Gespanne am Markt stiegen die Enthusiasten auf die MZ um. Abwertiges Lächeln der Kumpels wich schnell dem anerkennenden Staunen. Hing das olle ES-Gespann aus dem Neckermann-Katalog doch das noble 500er-Bayerngespann locker ab. Besonders in Kurven. Da war die Vollschwingen-MZ dank Querstabi und perfekter Geometrie unschlagbar.

Für mich ein Grund, damit Rallyes zu fahren. In vier Jahren 130.000 Kilometer, dazu war man Ende der siebziger Jahre noch verrückt genug. Recht oft langte es zu einem Platz auf dem Treppchen bei Sportveranstaltungen, erhielten doch Gespanne bis 25 PS einen Zeitbonus. In den damals häufigen Geländeetappen versägte man mit der leichten MZ selbst die schweren Brocken der letzten Elefantengeneration.

Dann kamen die richtig langen Reisen. Bis in den hintersten Winkel der Türkei. Nach Ungarn,

Rumänien, öfters auch mal auf die britische Insel. Und immer wieder nach Spanien. Nach Hause gebracht hat mich die MZ immer. Was für viel Schreibstoff in diversen Motorradzeitungen sorgte. Wie die Tour im Zillertal. Das war schon mit der ETZ. Mit Schneeketten die Rodelbahn rauf und einen Kaffee später dann wieder runter. Heute würde man dafür von Pseudonaturschützern gejagt.

Andere haben größere Touren gewagt. Alfonso Steinbrüggen und Elisabeth Menzel fuhren die Sahara Rallye El Chott auf einer ETZ. Und auf den ersten Platz. Gemeinsam und zeitgleich mit TS-

Kutscher Martin Ruf. 8000 Kilometer bis hin nach Tamanrasset.

Derartige Haudegen gibt es auch heute noch. Die Berliner Schauspielerin Lilly Walden fuhr 2002 bei der größten deutschen Sahara Rallye mit. Natürlich weit hinten, dafür aber mit Zuversicht und Ehrgeiz bis ins Ziel. Diese Leistung veranlasste das chinesische Staatsfernsehen, eine dreiteilige Reportage über Lilly zu bringen.

Wozu diese Einleitung? Um mal damit aufzuräumen, dass eine MZ ein Winterfahrzeug ist, ein Ersatzgespann für die ganz Große. Nein, eine MZ ist etwas ganz Vollwertiges, ein Top-Gespann für alle Fälle, das mehr kann als viele Hubraumriesen. Ich habe mit der ETZ den steilsten Aufstieg Spaniens geschafft. Von Meereshöhe auf den beinahe 2500 Meter hohen Roque de las Muchachos auf der Insel La Palma. Auf einer knapp 20 Kilometer langen, brutalen Forstpiste werden die knapp 2500 Höhenmeter zurückgelegt. Die ganze Tortur ohne Schäden. Gespanne, die das nachmachen, dürfen sich dann auch als „richtig gut" bezeichnen.

AUFBAU

Wenn man von unkonventionellem Seitenwagenbau sprechen kann, dann im Hause MZ. Der Super Elastik ist eine einmalige Konstruktion, die bahnbrechend war und deshalb von Vielen verkannt wird.

So gibt es keinen typischen Beiwagenrahmen, sondern nur eine leichte Dreieckskonstruktion mit enormer Festigkeit. Vollendeter Leichtbau, nur so viel Material wie zur Funktion gebraucht wird. Und kein Gramm mehr.

Auf diesem Rahmen stützt sich das Boot an drei Stellen ab. Es ruht hinten in einer Schwinge mit wartungsfreien Silentlagern, vorne auf einem robusten Gummiblock. Die Haube des leichten Bootes besteht aus Aluminium und besitzt dazu eine geniale Detaillösung. Man kann die Haube einfach zum Einstieg nach vorne klappen. Das ist nicht nur hilfreich für Ältere oder Behinderte, sondern für jeden Passagier. Der zudem auf einem richtig bequemen Sitz thront. Ähnlich wie bei Citroens Ente besteht das Gestühl aus gespannten Federn, über die ein Sitztuch gezogen ist. Absolut einfach und richtig bequem. Damit dann die langen Fahrten so richtig Spaß machen, bietet der geräumige Kofferraum viel Platz, für all den Kram, von dessen Mitnahme ein Solofahrer nur träumen kann. Sollte der Platz dennoch mal nicht reichen, hilft eine serienmäßige Gepäckbrücke weiter, auf der die sperrigen Güter für die große Motorradtour befestigt werden können.

Wem das alles noch nicht genug Transportvolumen ist, der sollte wissen, dass auf dem serienmäßigen Rahmen wahlweise auch das Lastenboot Platz findet. In der Kommunalwanne von der Größe eines Sarges kann man das Gerödel eines ganzen Motorradklubs locker verstauen.

Damit die Fuhre in schnellen Kurven nicht wie eine Ente runterhängt, haben die MZ-Macher den Querstabi ersonnen. Der verbindet Hinterrad und Beiwagenrad und verbessert die Federung des am stärksten belasteten Rades nachdrücklich. Eben „Super Elastisch".

„Super Elastisch": Querstabilisator zwischen Hinterrad und Beiwagen.

MONTAGEARBEITEN

So einfach wie der Aufbau sind die Montagearbeiten am Super Elastik auszuführen. Das Boot wird nach dem Lösen von vier Schrauben hinten, dem Federbein und einer Schraube vorne vom Rahmen genommen.

Alles ist hier überschaubar, einzig die Bremsen stellen den Bastler oft vor Schwierigkeiten. Die Kombination aus mechanischer Hinterradbremse und hydraulischer Seitenradbremse ist eben nicht gerade alltäglich, funktioniert aber bei entsprechender Pflege gut.

So richtig kurzlebig sind am Super Elastik nur die Gummihalbschalen. Die dienen einmal der Bootsaufhängung, werden aber auch zur Schwingenlagerung und zur Lagerung des Stabilisators benutzt. So rund alle 10.000 km zerbröselt das spröde Ostgummi und die Lagerungen klappern ungesund aufeinander. Abhilfe kommt aus dem MZ-Regal. Die Tretgummis für den Kickstarter passen genau und müssen lediglich in der Länge gekürzt werden. Zur Montage werden sie mit einem Teppichmesser diagonal eingeschnitten und passen so exakt auf die Lagerstellen. Vor allem haben sich die Gummimischer von Plaste und Elaste für den Kickhebel eine deutlich bessere Qualität ausgedacht – die Kickgummilagerung hält fast ewig.

Und noch ein Problem gibt es. Die Spindeln der Beiwagenanschlüsse korrodieren oft gnadenlos fest. Da hilft nur regelmäßiges Fetten. Aber wer ließ seinem Nutzgespann schon diesen Pflegeluxus angedeihen.

Festgerostete Spindelmuttern lösen sich manchmal nach tagelanger Behandlung mit Kriechöl. Sofern das Öl sie erreicht. Wenn nämlich der Beiwagen montiert ist, kommt man nur mit einem Trick an die Muttern. Manche Spraydose hat einen besonders langen Rüssel. Den kann man zwischen den Backen der Klemmschelle einführen und wild drauflos sprühen. Irgendetwas von dem teuren Zeug wird die Mutter schon erreichen. Wenn allerdings die braune Pest sich zu weit ausgebreitet hat, hilft nur noch die Brachialmethode: Mit einer feinen Flexscheibe werden die Klemmschellen sauber dort abgetrennt, wo sie aus dem Anschluss ragen. Ein paar Schnitte und der Beiwagen ist ab. Nun erreicht man die Spindelmuttern und kann gezielter sprühen. Wenn auch das nicht funktioniert, wird die Spindel hinter dem Drehknebel abgeschnitten. Dann kann der Anschluss entfernt werden. Die Splinte in den Anschlüssen dienen übrigens nicht zur Befestigung. Sie sichern auch nicht die Anschlüsse. Sie sind lediglich eine Montagehilfe und verhindern das Mitdrehen der Klauen beim Festschrauben. Dieses Wissen ist wichtig für TÜV-Menschen. Die Herren proben gern den Aufstand, wenn sie eine Splintbohrung ohne Splint sehen. Denselben Aufstand machen diese Leute, wenn die Anschlussspindeln nicht mit einem Kinderwagenriemchen angebunden sind. Denn das war ja bei Opas Steib so und muss demnach auch bei der MZ so sein. Muss es aber nicht. Denn die MZ-Spindeln sichern sich selbst, indem sie nach unten rutschen und sich gar nicht verdrehen können. Im Gegenteil: Eine gesicherte Spindel wird nie mehr kontrolliert. Erfahrungsgemäß arbeiten sich gerade neue Halbschalen auf die Form der Kugel ein und lockern sich so nach ein paar hundert Kilometern. Eine „ungesicherte" Spindel zieht man dagegen mal eben ein Stück nach.

ANBAU

Vor dem Anbau des Beiwagens werden erst einmal die Spindeln zerlegt, die Mutter und das Gewinde reichlich dick eingefettet (nicht nur eben eingesprüht) und anschließend mehrmals hin und her bewegt. Dann wird alles mit viel zähem Fett zusammengebaut. Vor die geöffnete Klaue wird der Splint in die Bohrung gesetzt und umgebogen. Sorgfältig, damit kein „Fleischerhaken" entsteht. Wenn alle Anschlüsse ungefähr nach den Maschinenanschlüssen ausgerichtet sind, wird der Stabilisator bestückt. Bei den alten ES-Modellen wurde jetzt die Gummieinlage aufgeschoben, bei den neueren Maschinen ab TS wird zuerst eine Plastikhülse auf den Stabi geschoben. Die sichert den jetzt folgenden Stabigummi. Einer der Stabigummis wird mit der flachen Seite nach außen in die Aufnahme an der Maschinenschwinge gesteckt, der andere wird mit dem Ansatz zum Beiwagen auf den Stabilisator gesteckt. Die flachen Seiten der Gummis müssen zueinander zeigen. Nun wird die Außenseite des Gummis an der Schwinge mit Reifenmontierpaste eingeschmiert.

Mit einem Helfer wird der Beiwagen jetzt gepackt und zuerst mit dem Stabi in die Buchse an der Hinterradschwinge gesteckt. Der Stabi dient nun als Drehpunkt für die weitere Montage. Der untere Anschluss wird auf den gefetteten Schwingenbolzen gesteckt. Mit Gefühl wird der untere Anschluss soweit zugedreht, dass die Kugel nicht mehr rausrutschen kann. Nun wird der Vorderteil des Beiwagenbootes auf einen seitlich hochkant liegenden 20-Liter-Kanister gestellt. Der Einheitskanister ist das passende Maß für den Beiwagenanbau. Gleichzeitig wird der Beiwagen auf den oberen und auf den vorderen Anschluss aufgeschoben. In der Reihenfolge Schwingenbolzen, oberer Anschluss und vorderer Anschluss werden die Drehknebel handfest angezogen. Dabei drauf achten, dass die Seitenwagenbremse unter den Fußhebel rutscht.

Mit handfest angezogenem Beiwagen geht es an die Gespanneinstellung. Zuerst wird der Sturz mit der oberen Spindel ganz leicht nach außen hängend eingestellt. Knapp ein Grad Sturz reicht völlig aus. Die Muttern der Spindel sind bei den meisten Beiwagen in der falschen Position festgedreht. Richtig sieht es so aus: Zwei Muttern werden während der Einstellung in der Mitte der Spindel gegeneinander gekontert und dienen so als Verstellmutter, nach der groben Einstellung wird die Spindel mit einer Mutter oben am Anschluss gekontert. Über die Mutter kommt der Federring. Die untere Mutter zieht die Spindel in die Kugelpfanne des Beiwagenrahmens. Diese Mutter wird nach endgültig erfolgter Einstellung mit der unteren Mutter gekontert.

Der vordere Anschluss wird mit den vier Muttern an den Anschlussbrieden über Kreuz angezogen. Jetzt ist es Zeit, die Spurlatten anzulegen. Das sind zwei absolut gerade, zweieinhalb Meter

lange Holzbretter, die auf rund zehn Zentimetern hohen Füßen stehen. Wer keine Füße bauen will, zwei Richtlatten vom Bau auf je zwei Backsteinen tun es genau so. Durch Verschiebung des Seitenwagens zum Vorderrad hin wird die Vorspur größer. Die rechte Spurlatte wird in rund 15 Zentimetern Höhe gleichmäßig ans Seitenrad angelegt. Die linke Spurlatte wird ans Hinterrad angelegt. Am sauber nach vorn ausgerichteten Vorderrad muss entweder ein Distanzstück zum Ausgleich des schmaleren Vorderreifens beigelegt werden oder man muss das schmalere Maß bei der Vorspur berücksichtigen. Ich nehme die letztere Methode. Bei der von mir bevorzugten Bereifung, vorn 3.50-16 und hinten 125-15 beträgt der Breitenunterschied knapp 4 cm. Bei mittig eingespeichten Rädern ergibt das einen seitlichen Abstand von 20 mm. Dieses Maß addiere ich zu meinem Vorspurwert von 30mm. Ergibt 50mm. Um dieses Maß müssen die Spurlatten bei korrekter Einstellung vorne enger als hinten liegen.

Gespanneinstellung – einfach gemacht

Die Einstellung eines MZ-Gespanns ist schon in der Werksbroschüre recht anschaulich dargestellt. Hier erklären wir aber noch einmal die einzelnen Fahrwerksbegriffe und ihre Wirkung auf das Fahrverhalten des Gespanns.

Nachlauf – Der Nachlaufwert ist der Wert, der die Lenkbarkeit und die Handlichkeit des Gespanns direkt beeinflusst und in der Regel nicht einstellbar ist. Der Nachlauf wird ermittelt, indem man eine gedachte Linie durch die schräge Steuerkopfachse auf die Fahrbahn projiziert. Ebenso wird eine Senkrechte durch die Vorderachse auf die Fahrbahn projiziert. Der Abstand dieser beiden Punkte ist der Nachlauf. Es ist die Kraft, die bei der Supermarktkarre die Räder von selbst in die Spur

Sturz

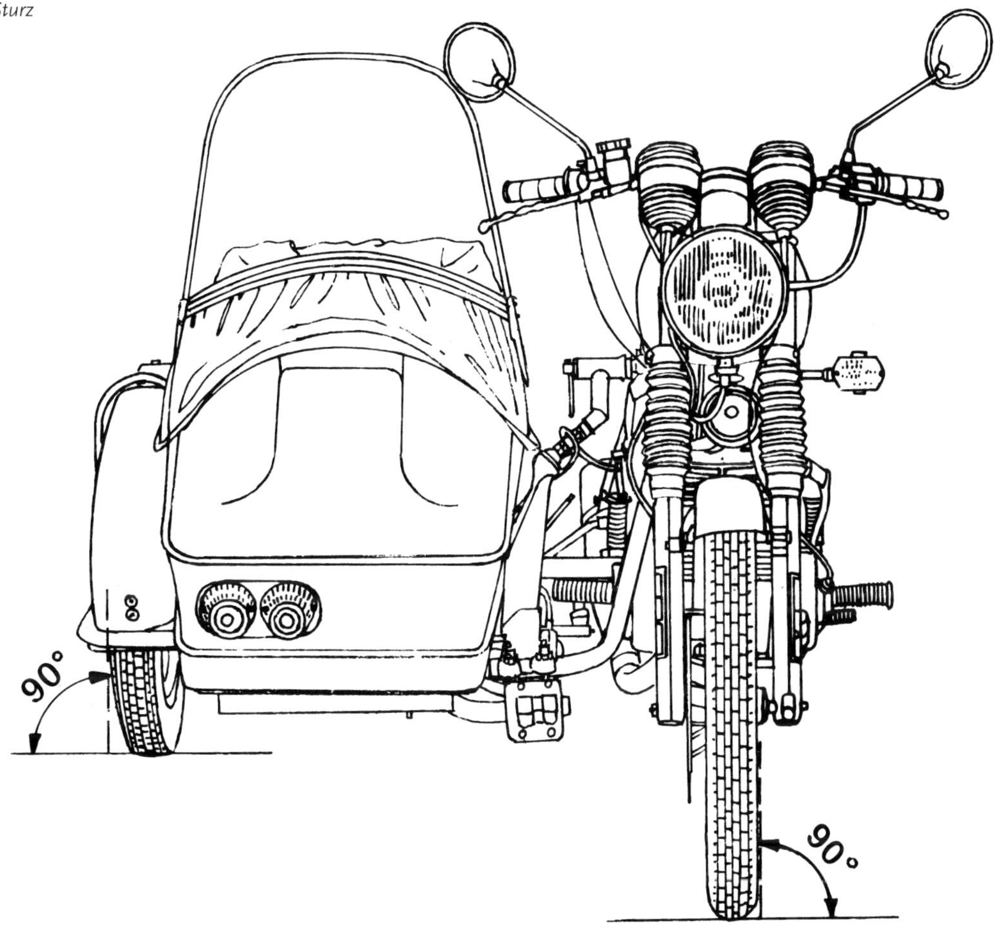

zwingt. Wenn eins davon krumm ist, fährt die Karre leicht ins nächste Flaschenregal – so ähnlich hat es jeder schon mal erlebt. Ein ETZ-Gespann hat einen Nachlauf von 90 mm, dies bedeutet einen guten Geradeauslauf und eine schwerere Lenkbarkeit. Nach meinen Erfahrungen liegt der beste Nachlauf um 40 bis 60 mm – entgegen der Meinung vieler „Fachleute“. 15/16-Zoll-Umbausätze und Fahrzeuge mit „Schwabel“ kommen diesen Idealwerten recht nahe – man merkt es bei der Probefahrt.

Sturz – Das ist der Wert, der die Stellung der Maschine zum Beiwagen angibt. Bei der Emme fährt man mit 0° bis 1° Sturz nach außen am besten. Mehr Sturz ergibt einen Linkszug am Gespann, mit weniger treibt es einen nach rechts. Der Seitenwagenzug ist aber stets nur in Verbindung mit der Vorspur einstellbar. Das Seitenwagenrad steht nämlich nicht parallel zur Maschine, sondern läuft schräg in Richtung Vorderrad. Nun legt man eine Spurlatte entlang der Maschine und eine andere entlang des Seitenwagenrades, Dann misst man die Abstände einmal hinten und einmal vorne in Höhe der Radachsen. An der Vorderachse soll der Abstand 30 bis 50 mm enger sein als hinten. Dies ist der Wert der Vorspur. Viel Vorspur ergibt Linksdrall und hohen Verschleiß des SW-Rades, wenig bedeutet Rechtszug und wenig Reifenverschleiß. Ich empfehle bei Anfängern den höheren Reifenverschleiß in Kauf zu nehmen und die Vorspur auf knapp 50 mm einzustellen. Danach wird der Sturz so eingestellt, dass das Gespann bei ca. 60 km/h freihändig geradeaus läuft. Dies ist meist ein Wert um 0 Grad. Profis fahren mit der geringsten Vorspur und einem Sturz um 1° am besten, weil der niedrige Verschleiß des SW-Rades eine sportliche Fahrweise billiger macht und die geringere Reibung des SW-Rades höhere Kurvengeschwindigkeiten erlaubt.

Vorspur

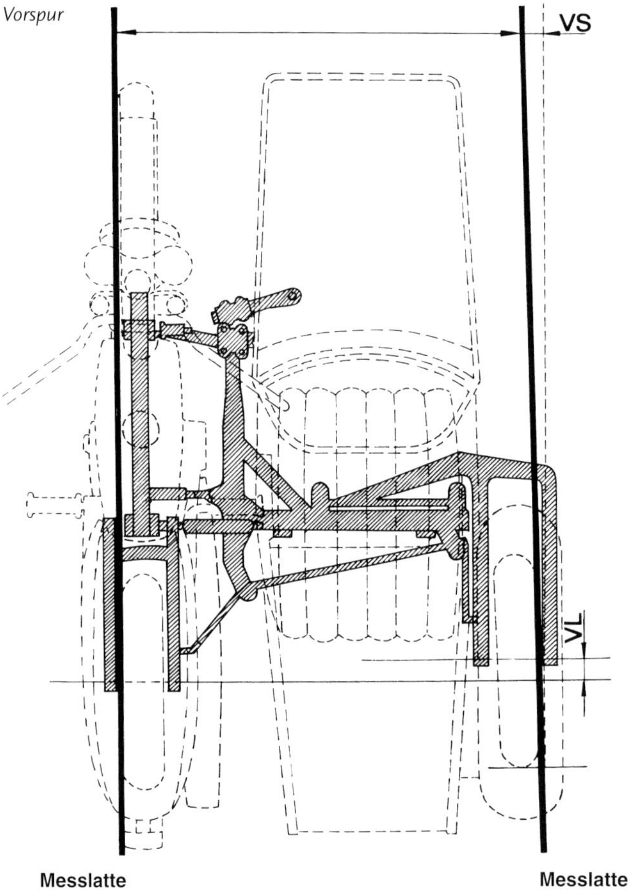

Und da gibt es noch einen Wert, den **Vorlauf** des SW-Rades. Je weiter das Rad nach vorne steht, desto geringer ist die Kippneigung in Linkskurven, je weiter es hinten steht, desto weniger Reifenverschleiß gibt es. Bei der MZ ist der Vorlauf nicht einstellbar – wissen sollte man lediglich, dass er bei der ETZ 250 länger als bei der handlichen 251 ist. Deshalb halten die Reifen der neuen Fahrzeugversion länger, theoretisch kann man das Gefährt auch schneller auf den Kopf stellen. Aber so gravierend wie manche Testberichte den Unterschied darstellten, ist er nicht – die Fahreigenschaften beider Modelle sind bei richtiger Einstellung tadellos.

Einziger Nachteil bei den MZ-Gespannen ist der etwas labile vordere Anschluss. Mir ist zwar kein einziger Bruch dieser Konstruktion bekannt, dennoch wünschen sich viele Fahrer etwas weniger Superelastizität im vorderen Bereich. Da hilft dann ein Umbau auf die vierte Anschlussstrebe. Sie wird vorn am „Schwanenhals“ befestigt und stützt sich gegen ein Widerlager im Bereich der Fußrastenaufnahme ab. Der Stabilitätszuwachs ist gigantisch. Man erkennt das Gespann kaum wieder. Selbst grobe Bodenwellen in Linkskurven bringen das Fahrzeug dann nicht mehr aus der Ruhe.

Bremsen

Viele Schrauber stehen vor der Beiwagenbremse wie der Ochs vorm Berg. Irgendwann bauen dann diese Ahnungslosen eine wilde mechanische Konstruktion zur Bremsbetätigung an, die kaum die TÜV-Hürde nehmen wird und der hydraulischen Bremse unterlegen ist.

Doch wo liegen die Probleme bei der Hydraulik? Häufig gibt es fest gerostete Bremszylinder. Dagegen hilft gründliche Konservierung. Viele Fahrer haben Probleme mit Luft im Bremssystem oder mit der richtigen Betätigung. Wobei die Fehler dicht beieinander liegen. Damit die Bremse nach der Betätigung vollständig zurückgeht, ist etwas Spiel zwischen dem Hebel und dem Fußpedal nötig. Aber gerade dieses Spiel wird immer wieder weggebastelt. Nicht nur Bastler, sondern auch namhafte Händler montieren gigantische Plastikrollen auf den Bremshebel. Das soll die Bremswirkung steigern, bewirkt aber höchstens ein festgefressenes Beiwagenrad wegen einer schleifenden Bremse.

Zur Einstellung des richtigen Spiels gibt es einen recht genialen Excenter am Bremshebel. Was wie eine Kronenmutter aussieht, ist die Verstellung. Man entfernt den Splint und dreht den Sechskant mit einem Maulschlüssel. Der Beiwagenbremshebel wird so eingestellt, dass er ca. 2 mm unter dem Fußpedal sitzt.

Kein Problem, wenn die Bremszylinder in Ordnung sind. Fest gerostete Zylinder lassen sich jedoch fast immer reparieren. Gute MZ-Händler bieten die Zylinder im Austausch an. Solange die Gewinde nicht ausgerissen sind, werden selbst schwierige Zylinder regeneriert. Mit mehreren hundert bar Hydraulikdruck jagen die Spezialisten auch besonders hartnäckig sitzende Kolben aus den Zylindern.

Diese Zylinder sollten aus Sicherheitsgründen auf keinen Fall in Selbsthilfe repariert werden. Diese Reparatur erfordert viel Erfahrung, spezielle Werkzeuge und besondere Ersatzteile.

Verstellung: Diese Kronenmutter ist der Verstellexcenter für die Beiwagenbremse.

Vor der Montage werden die überholten Zylinder mit säurefreiem Fett (Vaseline) unter den Gummibälgen noch mal richtig dick eingefettet, um spätere Korrosion zu verhindern. Soll die Bremsleitung ebenfalls erneuert werden, wird die Leitung vor dem Festschrauben der Zylinder handfest mit den Überwurfmuttern befestigt. Das funktioniert besser, als später die Leitungen mit Gewalt in die Gewinde zu zwingen. Wenn ich neue Bremszylinder montiere, wechsele ich grundsätzlich die Bremsleitungen mit aus. Neue Leitungen sind nicht teuer und man weiß schließlich nicht, welche Korrosion im Inneren der Leitung herrscht. Den Flexschlauch an der Schwinge wechselt man bei dieser Gelegenheit sowieso, weil kleinste Risse in der Oberfläche zu einem bösen Kreuz auf dem TÜV-Bogen führen können. Die Zylinder werden angeschraubt und die Beiwagenbremse wird montiert. Technisch entspricht die Beiwagenbremse der normalen Hinterradbremse der 250er-Modelle. Zur Betätigung wird allerdings ein Druckhebel, der durch den Bremszylinder betätigt wird, verwendet.

Vor dem Befüllen und Entlüften der Bremse wird diese Betätigungsstange ganz zusammen gedreht, um einen möglichst großen Hebelweg nutzen zu können. Der Ausgleichsschlauch am Hauptbremszylinder wird mit handelsüblicher Bremsflüssigkeit gefüllt. Wichtig: Auch wenn es beim TÜV immer wieder bemängelt wird, der Hauptbremszylinder hat keinen extra Ausgleichsbehälter und braucht auch keinen. Das Volumen des Schlauches ist völlig ausreichend. Jetzt, im Moment des Entlüftens, wäre ein recht großer Behälter sinnvoll, um nicht laufend Flüssigkeit nachfüllen zu müssen. Im Betrieb ist er jedoch völlig unnütz.

Bei der Anleitung zur Entlüftung beschreibe ich meine ganz private Methode. Es mag bessere Wege geben, aber ich habe mit dieser Methode die Luft immer vollständig aus dem System drücken können. Dazu wird der Beiwagen erst einmal so hoch wie möglich angehoben. Ich lege mich auf den Boden und betätige den Fußhebel mehrfach. Nach dem Pumpen wird der Hebel in betätigter Stellung festgehalten und das Entlüfterventil am Radzylinder geöffnet. Die Luft entweicht zischend, das Ventil wird geschlossen. Dann wieder einige Pumpenhübe, dann wieder den Hebel unten halten. Ventil auf, noch mehr Luft kann entweichen und wieder zu. Wenn dieser Vorgang so ca. zehnmal wiederholt wurde, stellt sich am Fußhebel ein erster Bremsdruck ein. Dann wieder Ventil auf, Luft und Bremsflüssigkeit treten aus. Ventil zu, Fußhebel entlasten. Nun wird ein durchsichtiger 5-mm-Schlauch (50 bis 100 cm lang) auf das Ventil gesteckt. Das Ende des Schlauchs wird in ein Glas gesteckt. Wieder pumpen, Druck baut sich auf, Hebel festhalten, Ventil auf: Bremsflüssigkeit mit Luftblasen steigt auf. Zwischendurch immer wieder den Flüssigkeitsstand im Schlauch beobachten und nachfüllen. Das Ventil wird geschlossen und es wird weiter gepumpt. Bis die Flüssigkeit blasenfrei austritt und sich ein entsprechend harter Druckpunkt einstellt. Dann wird das Entlüfterventil geschlossen und mit der Schutzkappe verschlossen.

Zur Einstellung der Beiwagenbremse ist eine Probefahrt unerlässlich. Dabei gilt: Wenn das Gespann bei Tempo 60 voll verzögert wird, muss es sauber in der Spur bleiben. Zur Bremseinstellung wird die Betätigungsstange an der Beiwagenbremse auseinander geschraubt. Je länger die

Stange, je stärker die Bremse. Wenn die Einstellung stimmt, wird die Betätigungsstange gekontert.

Im Fahrbetrieb kann es sein, dass je nach Beladung mehr oder weniger Beiwagenbremswirkung gefragt ist. Die wird dann am Hinterradgestänge eingestellt. Eine Umdrehung strammer und die Beiwagenbremse wird schwächer. Wird das Hinterradgestänge um ein bis zwei Umdrehungen gelöst, steigt die Bremswirkung des Beiwagens an.

ELEKTRIK

Die Elektrik des Beiwagens ist denkbar einfach. Zur schnellen Verbindung mit der Maschine empfiehlt sich eine Anhängersteckdose. Man kann schnell ab- und ankoppeln, schließlich werden viele MZ auch wahlweise als Solo gefahren. Im Kapitel „Elektro" habe ich diese Anschlüsse näher beschrieben.

Will man einen neueren Beiwagen ab Baujahr 1988 an eine ältere MZ anschließen, muss das Stopplicht über Relais geschaltet werden. Bei den älteren MZ wurde das Stopplicht ja über einen Massekontakt betätigt, bei den neuen ETZ 251 kommt ein „normaler" Bremslichtschalter zum Einsatz. Das Relais wird dann über den Masseschalter betätigt, der Strom wird direkt von einer Plusverteilung zum Stopplicht des Beiwagens durchgeschaltet. Der richtige Platz für das Relais findet sich in der Nähe des Sicherungskastens an der Maschine.

GEBRAUCHTKAUF UND PFLEGE

MZ-Gespann – die billigste Art, auf drei Rädern unterwegs zu sein? Damit der vermeintlich gute Kauf nicht zum Groschengrab wird, verrate ich nun, worauf es beim Super Elastik-Seitenwagen ankommt.

„Das Blech ist gut, den kannste kaufen!", der Rat des Kumpels, der da so gekonnt am angerosteten Boot anklopft, ist zwar gut gemeint, zeigt aber nur einen Teil der Wahrheit. Denn versteckten Rost gibt es beim MZ-Beiwagen selten. Kariöses Blech kann sich nicht hinter gefährlichen Doppelungen verstecken, die gibt es bei der einfachen Konstruktion nicht.

Probleme gibt es bei der genialen, klappbaren Haube. Eine komplizierte Bauweise aus Aluminiumformblechen mit geschlitzten Rohren macht die Restaurierung zum Meisterstück, Neuteile sind kaum mehr zu beschaffen. Gebrauchte Hauben schlagen oft mit mehr als 250,- Euro zu Buche.

Wenig Probleme gibt es mit verzogenen Rahmen. Einzig der vordere Träger ist zuweilen durch Überlast oder Unfall verdreht. Vorsichtiges Richten ist meist möglich, ansonsten gibt es neue Rahmen noch preiswert beim Händler.

Die Spindeln der Schnellverschlüsse sind oft korrodiert. Meist ist der untere Anschluss betroffen. Denn dessen Zugspindel ist einen knappen halben Meter lang und kann nur schwierig abgeschmiert werden. Wenn dort unten das Gewinde festsitzt, hilft nur noch die Flex. Zur Pflege der Anschlüsse gibt es nur eine Methode: Nach jedem Winter den Beiwagen abnehmen und die Spindeln zerlegen, reinigen und gründlich fetten. Eine halbstündige Arbeit, die sich aber bezahlt macht.

Das Boot, der tolle Querstabilisator und die Seitenwagenschwinge sind in Gummihalbschalen gelagert. Leider zeichnen sich die Gummis durch eine sehr kurze Lebensdauer aus. Abhilfe gibt es im MZ-Regal. Wie schon an anderer Stelle beschrieben, passt der Kickstartergummi in den Maßen genau. Schräg aufgeschnitten und auf Länge gebracht ersetzt der robuste Trittgummi die anfälligen Halbschalen dauerhaft.

Die hydraulische Bremsanlage des Seitenwagens zieht Korrosion an wie Mist die Fliegen. Kein Wunder, sind doch die Bremszylinder direkt im Dreckwasserstrom montiert. Die Dichtmanschetten sind meist rissig und haben der Brühe nicht viel entgegen zu setzen. Abhilfe schafft man durch regelmäßige Kontrolle der Manschetten und einen Korrosionsschutz der Bremsteile mit reichlich säurefreiem Fett. Sollte der Bremszylinder doch mal festsitzen, kann er vom Fachmann überholt oder im Tausch gekauft werden. Manchmal kommt es vor, dass die Radbremsleitung abreißt, wenn ein Ast oder Ähnliches zwischen Schwinge und Leitung gerät. Zwei einfache Kabelbinder als zusätzliche Befestigung können helfen.

Um das Beiwagenrad montieren zu können, ist eine Distanzierung nötig. Frühe Modelle haben hierzu eine solide „Aluschüssel" auf der Achse. Später wurde die Schüssel gegen zwei windige Röhrchen ersetzt, die den Achskräften nicht standhielten und sich heftig verbogen.

Im Zubehör gibt es robuste Verstärkungshülsen aus massivem Alu, die das Problem nachhaltig beseitigen.

Gebrauchte Beiwagen im Zustand 4 gibt es ab 250,- Euro. Für einen echt neuwertigen Super Elastik werden schon mal 1750,- Euro aufgerufen und auch gezahlt.

Billiger sind Lastenboote. Diese sargähnlichen Anbauteile sind robust und nicht zuletzt wegen des skurrilen Äußeren in der Szene sehr beliebt. Dafür darf sich der Restaurator am Holzfußboden erfreuen und auch noch seine Schreinerfähigkeiten beweisen.

Fahrwerksverbesserungen für Gespanne

Liest man einen Bericht über Gespanne, so wird beim MZ-Gespann immer die angeblich schwache Telegabel kritisiert, selbst wenn der Schreiberling noch keinen Meter damit gefahren ist. Denn was der eine schreibt, kann der andere ja ruhig abschreiben, zumal es ja gegen MZ geht – da wurde schon reichlich Mist verzapft. In der Tat zeigt das MZ-Gespann im vorderen Bereich Fahrwerksunruhen. Dafür ist nicht das Prinzip der Gabel verantwortlich, sondern einfach der zu schmale Vorderradreifen.

Ein ähnlicher Denkfehler wird oft beim Thema Nachlauf gemacht. Der sei bei der MZ zu lang, die Lenkkräfte seien zu hoch. Andere Hersteller gehen mit ihrem Nachlauf auf Werte um Null zurück. An dieser Stelle sei ein Ausflug in die Physik erlaubt.

Fährt ein Gespann mit einem großen Nachlauf, hat es einen guten Geradeauslauf bei hohen Lenkkräften. Die Selbstrückstellung der Lenkung man daran, dass diese Gespanne oft einen dicken Lenkungsdämpfer, teilweise aus dem LKW-Bau, besitzen. Ein solcher Lenkungsdämpfer ist jedoch wie eine starke Schmerztablette. Er bekämpft nicht die Ursache der Schwingung, sondern dämpft nur die negative Wirkung. Wie eine Schmerztablette macht er auch träge. Im Gespann bedeutet dies, dass kleine und kleinste Kurskorrekturen, wie sie zum Beispiel beim Hochkommen des Seitenwagens erforderlich sind, sehr schwierig oder fast unmöglich sein können.

Ich weiß, dass viele Radführungen perfekt konstruiert sind, ich möchte keinem erfahrenen Gespannbauer ins Handwerk reden, warne aber gleichzeitig vor den beschriebenen Eigenschaften, die etliche Billigkonstruktionen aufweisen.

Deshalb breche ich an dieser Stelle eine Lanze für die Telegabel, wenn sie so stabil gebaut ist, wie die MZ-Gabel. Hier ist der Nachlauf im sicheren Bereich, die Lenkkräfte und die Radführung ste-

funktioniert gut, ein Lenkungsdämpfer wird kaum gebraucht. Fahrzeuge mit sehr kurzem Nachlauf lenken sich kinderleicht, was besonders den Anfänger sehr freut. Geradeauslauf und die Selbstrückstellkraft der Lenkung sind schlecht. Dies sieht hen bei der Verwendung eines breiteren Vorderradreifens, möglichst mit 16" Durchmesser, in einem erträglichen Verhältnis zueinander.

Bleiben die Nachteile der Telegabel. Die Verwindung ist recht stark, der Verschleiß von

Dichtringen und Führungen ist hoch, und für viele sind auch die Lenkkräfte – besonders auf Passfahrten – zu stark.

Eine Lösung dieses Problems ist die „Schwabel", eine Art Teleschwinge. Nach vielen, vielen Fahrversuchen ist es gelungen, die, nach meinem Geschmack, beste Lösung für eine Gespanngabel zu finden. Die guten Eigenschaften der Telegabel für Federung und Ansprechverhalten werden mit einem stabilen Radführungssystem gekoppelt, das die unerwünschten Eigenbewegungen der Telegabel verhindert und die Lenkkräfte auf ein sehr angenehmes Maß reduziert.

Bei der „Schwabel" werden beide Gabelholme durch einen sehr stabilen Versteifungsbügel verbunden, der zur Nachlaufverkürzung nach vorne vorgezogen ist und somit für eine leichte, sehr verwindungssteife Lenkung sorgt. Der Bügel ist in den Gabelholmen an stabilen Schwenklagern gelagert und stützt sich über Gelenkstreben am Steuerkopf ab. Dadurch entsteht eine Schwingbewegung der Vorderachse um den Lagerpunkt, die für eine progressive Beeinflussung der Federung und eine Verlängerung des Federwegs sorgt.

Das Vorderrad läuft in einer 33 % stärkeren Vorderachse in neuen Radlagern. Was wiederum mehr Steifigkeit bringt.

Die Bremskräfte werden in den Bügel eingeleitet und über die Gelenkstreben an den Lenkkopf „weitergereicht", sodass die Gabel selbst bei einer Vollbremsung noch unbeeinflusst federt.

Dadurch, dass die Schwabel sehr leicht ist, gibt es keine Tendenz der Lenkung zum Aufschaukeln, die Schwingungseigenschaften sind mit denen der Seriengabel zu vergleichen. Der serienmäßige Reibdämpfer reicht aus – wer will, kann einen ganz, ganz schwachen Hydraulikdämpfer einer Solomaschine montieren. Mehr ist nicht nötig und verschlechtert nur die Fahreigenschaften. Durch die enorme Verstärkung der Gabel wird der Verschleiß minimiert und auch die Wellendichtringe halten sehr lange. Auch bei hoher Kurvengeschwindigkeit gibt es keine Verwindung. Die Radführung wird mit einer Schwabel äußerst exakt, die Lenkung wird zur Zweifingerlenkung, das gesamte Handling des Gespanns wird zum Kinderspiel.

Besonders effektiv ist die Verwendung der Schwabel bei Gespannen mit 15/16-Zoll-Umbau. Das ganze System ist für diese Bereifungsvariante ausgelegt und gerechnet, aber auch bei der 18-Zoll-Bereifung ist die Verwendung effektiv.

Die Schwabel ist weitgehend wartungsfrei, lediglich alle 5000 km sollten die Schmiernippel für den Bügel und die Gelenkköpfe abgeschmiert werden. Der Radausbau ist einfach, die Bremsscheibe verbleibt am Rad. Der Einbau ist beim Händler in 2 bis 3 Stunden erledigt.

Wem dieser Aufwand zu hoch ist, kann das Fahrwerk des MZ-Gespanns auch durch einen 15/16-Zoll-Radumbausatzes nachhaltig verbessern.

15/16-Zoll-Radumbausatz

Für diese Umbausätze sollten möglichst Alufelgen verwendet werden. Diese Felgen haben eine hervorragende Qualität und sind normalerweise so genau gefertigt, dass das Einspeichen stark vereinfacht wird.

Im Vorderrad sind Felgen 2.15 x 16" mit einem Reifen 3.50-16 ideal. Dadurch wird der Nachlauf etwas herabgesetzt, die Lenkkräfte werden geringer. Durch den breiten Vorderreifen ist die Radführung auch bei Kurvenfahrt hervorragend. Die Bremsleistung wird erhöht, und die Reifenlebensdauer wird mehr als verdoppelt.

Hinten wird ein Reifen 125-15 auf einer Felge 3.00 x 15 verwendet. Dadurch wird der Reifenverschleiß drastisch gesenkt. PKW-Reifen sind leicht und überall zu bekommen und sind außerdem sicherer gegen Reifenpannen. Zudem wird der Schwerpunkt des Gespannes etwas nach unten verlagert, die mögliche Kurvengeschwindigkeit steigt. Eine ganze Weile gab es leider keine Winterreifen in dieser Dimension. Rettung kam in Form des Yuppielieblings Smart. Denn dessen Vorderachse ist mit 135/15er Niederquerschnittsreifen bestückt, die perfekt auf die hinteren 15-Zoll-Felgen passen.

Den Fahrern, die so eine Aktion als zu aufwendig ansehen, sei empfohlen: Ein vernünftiger Gabelstabi und der breiteste serienmäßig erlaubte Vorderradreifen bringen schon sehr viel. Der Stabi verhindert die Verdrehung und der breitere Reifen pfeift in Kurven nicht so leicht geradeaus wie die serienmäßige 2.75er Gummiwurst.

16. GEBRAUCHTKAUF-BERATUNG

MITNEHMEN ODER STEHEN LASSEN

„ETZ 250 Gespann – 29.000 Kilometer – generalüberholt nur 1500 Euro“. So oder so ähnlich sehen Anzeigen aus, wenn gebrauchte MZ verkauft werden sollen. Hinfahren und angucken ist jetzt angesagt. Und nun beginnen die Probleme.

Denn zwischen früheren Pferdehändlern und Gebrauchtfahrzeugverkäufern gibt es nur einen Unterschied – der Rosstäuscher wurde ehedem erschossen, während der, der eine gebrauchte Mühle zusammenpfuscht, heute meist ungeschoren davonkommt. Grundsätzlich sagt der Verkäufer nur das Positive – den Schrott muss man selbst erkennen. Wir wollen hier einmal zeigen, wie man nicht übers Ohr gehauen wird.

Zuerst guckt man sich die Karre und den Kerl einmal genau an. Hat er das Motorrad selbst gefahren und die neue Emme steht schon im Schuppen, kann man ihm einiges an Vertrauen schenken. Hat er die Kiste aber nur zum Verkaufen aus den neuen Ländern geholt, ist Gefahr im Busch. Denn viele machen aus drei fast geschenkten Mopeds eins zum Verkaufen – nein danke: Ein klares „Finger weg“ ist meist angebracht.

Nun aber sehen wir uns das Gespann mal etwas näher an. Der erste Blick gilt dem Fahrzeugbrief. War die Maschine schon immer ein Gespann – oder wurde das Boot nachträglich angeschustert? Denn eine Solo-ETZ ist nun einmal nicht seitenwagentauglich – der Umbau erfordert einen neuen Rahmen und viele andere Teile. Manche bauen den neuen Rahmen ein, pfuschen aber die anderen Teile mal gerade eben über den TÜV – sauber fahren lässt sich so ein Gespann nicht. Ist hier alles in Ordnung, sind Gespanngabelbrücken, gekapselte Dämpfer und die Gespannhinterradschwinge montiert.

Nun können wir die anderen kritischen Stellen begutachten. Jetzt kommt es darauf an, inwieweit der Verkäufer uns mit Werkzeug an die Maschine lässt. Macht man einen professionellen Eindruck und hinterlässt nachher keinen Sauhaufen, wird der Verkäufer nichts gegen eine gründliche Überprüfung einwenden.

Mit dem Hakenschlüssel und einem Schlüssel SW 17 wird der Auspuff am Zylinder entfernt, mittels einer Taschenlampe linsen wir in den Auslasskanal. Wenn die Ringzone sauber und die Ringe nicht festgebraten sind, hat man gute Chancen, einen ordentlichen Motor erwischt zu haben. Bei der Gelegenheit sieht man auch gleich, ob das Auspuffgewinde einem Murkser zum Opfer fiel.

Am besten schraubt man jetzt den Beiwagen ab. Die Anschlüsse müssen leichtgängig sein, speziell wenn der Untere festgerostet ist, kostet das einen neuen SW-Rahmen. Die Beiwagenbremse muss leicht zu betätigen sein, festgerostete Bremskolben müssen durch neue ersetzt werden. Verschlissene Gummiteile hingegen sind zwar arbeitsintensiv, kosten aber nicht die Welt.

An der Maschine entfernen wir den Limadeckel und versuchen, an der Ankerhalteschraube die Kurbelwelle auf und ab zu bewegen. Wenn hier

fühlbares Spiel vorhanden ist, Finger weg – die Kurbelwellenlager oder, noch schlimmer, die Gehäusebohrung ist ausgeschlagen. Feuchtigkeit im Limadeckel deutet auf einen maroden Wellendichtring hin.

Miese Dichtringe werden auch durchs Getriebeöl angezeigt. Die Ölkontrollschraube wird entfernt. Schießt jetzt das Öl dünnflüssig in hohem Bogen raus, hat sich das Öl mit Kraftstoff vermischt. Die Dichtringe sind defekt.

Nun zur Motoraufhängung. Man setzt sich auf die Maschine und zieht den oberen Kettenschlauch kräftig nach oben. Bewegt sich jetzt der gesamte Motor nach rechts, sind die Gummis der elastischen Motorhalterung ausgeschlagen. Die Teile kosten nur ein paar Euro, aber der Schwingenbolzen muss unbedingt freigängig sein. Wehe,

wenn nicht! Dann kann es passieren, dass der Rahmen ein Raub des Schrotthändlers wird. Also prüfen wir auch diesen Punkt. Man löst die beiden Muttern des Schwingenbolzens und versucht diesen zu drehen und hin und her zu schieben. Geht dies problemlos, ist man dem Kauf schon ein gutes Stück näher gekommen. Sitzt der Bolzen fest, sollte man sich den Kauf ganz, ganz lange überlegen, und der Verkäufer muss seinen Preis äußerst stark drosseln.

Nun gilt es, das Seitenspiel der Radlager und die Spannung der Speichen zu checken. Ersatz ist hier kein Problem. Die Lenkkopflagerung macht bei der Emme ebenfalls keine Sorgen, die Zschopauer haben ihr Hirnschmalz dazu benutzt, eine wartungsfreie und preiswerte Lagerung zu schaffen. Ein Sonderlob: Störungen gibt es hier kaum. Auch die vordere Scheibenbremsanlage ist problemlos. Ein Blick unter die Abdeckkappe offenbart die Stärke der Bremsbeläge. Mindestens 2 mm sollte der Belag dick sein. Hinsichtlich der Hydraulik sollte die Anlage auf Dichtheit an den Verschraubungen überprüft werden. Hierzu wird der entsprechende Bremshebel fest angezogen und einige Sekunden fest gehalten. Wenn der Druck hält, ist die Bremse dicht.

Übrigens gibt es einige gute Stellen, um zu sehen, ob der Vorbesitzer ein Schlamper war oder nicht. Zum Beispiel unter dem Deckel der Lichtmaschine, da wo die Kette sitzt. Finden sich in den Stutzen der Kettenschläuche starke Laufspuren der Kette, dann war der Kerl zu faul zum Spannen. An dieser Maschine wird auch der Sicherungskasten total verdreckt sein. Hier wird Schlampigkeit durch deutlichen Spannungsverlust bestraft. Bei der Gelegenheit sollte gleich noch der Batteriekasten betrachtet werden. Gibt es viel Rost und weißes Pulver, ist die Batterie schon oft übergekocht – ein neuer Regler könnte fällig sein.

Jetzt auf zur Probefahrt

Wenn der Verkäufer hier misstrauisch ist, hat er Recht, denn zu oft schon sind böse Buben nicht zurückgekommen. Also hinterlegt man ein entsprechendes Pfand und kann losfahren. Im kalten Zustand sollte der Motor mit gezogenem Choke gut anspringen. Nach einigen wenigen Metern muss die Maschine auch ohne Choke problemlos durchlaufen. Gespanne sollten bei Tempo 60 einen einwandfreien Geradeauslauf haben. Solomaschinen sollten ohne Lenkerflattern geradeaus laufen. Ein guter Motor zieht nach einem Kilometer keine sichtbare Auspuffahne mehr hinter sich her. Es sollten beim Beschleunigen keine Nebengeräusche auftreten, und der betriebswarme Motor sollte in den einzelnen Gängen Schaltdrehzahlen um 6000/min erreichen. Die Höchstgeschwindigkeit sollte Solo um zwischen 120 und 130 km/h liegen. Gespanne sollten rund 100 km/h erreichen. Bei der Höchstgeschwindigkeit darf es kein Klingeln im Zylinder geben – das klingt in etwa so, als wenn einer im Zylinder Kaffee mahlt. Die Bremsen müssen gleichmäßig kraftvoll ziehen – das sollte der Normalfall sein.

Wenn nun alles klar ist, unterziehen wir noch die Telegabel einer Sichtkontrolle. Dazu werden die Faltenbälge hochgezogen. An den nun sichtbaren Wellendichtringen darf kein Ölpfützchen sein. Man macht das nach der Probefahrt, ein Schlaumeier könnte das Öl vorher abgewischt haben. Die Führungsrohre der Gabel dürfen keine Riefen oder spiegelblanke Stellen haben, dies deutet auf starken Verschleiß hin.

Wenn das alles auch okay ist, bleibt nur noch die Preisverhandlung. Für eine gute Solo-ETZ sind 1000 bis 2000 Euro zu zahlen, wobei die festgestellten Mängel abgezogen werden müssen. Ein Austauschmotor schlägt dabei mit ca. 850 Euro zu Buche, ein fester Schwingenbolzen kann ebenso teuer werden. Bremsbeläge rundum sind für 50 Euro zu erneuern, der gleiche Betrag ist für die Radlager fällig.

Eines ist wichtig:
Meist ist es billiger, ein perfektes Motorrad für mehr Geld zu kaufen, als ein restaurierungsbedürftiges für fast geschenkt. Denn die Einzelteile summieren sich schnell.

17. TECHNISCHE DATEN

	ES 125	ES 150	TS 125	TS 150	ETZ 125	ETZ 150
Motortyp	MM 125/2 MM 125/3 ab Nr. 7372909	MM150 MM 125/3 ab Nr. 6587573	MM 125/2 MM 125/3 ab Nr. 7372909	MM150/2 MM150/3 ab Nr. 6587573	EM 125	EM 150
Hubraum (ccm)	123	143	123	143	123	143
Bohr./Hub (mm)	52/58	56/58	52/58	56/58	52/58	56/58
Verdichtung	10	10	10	10	10	10
Höchstleistung (kW/PS)	7,35/10	8,45/11,5	7,35/10	8,45/11,5	7,5/10,2	9,0/12,2 10,5/14,3 150/1
bei Drehzahl (U/min)	6000...6300	6000...6300	6000...6300	6000...6300	5800...6000	5800...6000 6200...6500 150/1
max. Drehmoment	12,3 Nm	13,7 Nm	12,3 Nm	13,7 Nm	12,3 Nm	15 Nm(15,8 150/1)
bei Drehzahl (U/min)	5000...5500	5000...5500	5000...5500	5000...5500	5000...5500	5000...5500 (6200)
Vergaser (BVF)	22N1-3	24N1-1	22 N1-3/22 N2-1 ab ´84 und ET	24 N1-1/24 N2-1 ab ´84 und ET	22 N2-2	24 N2-2
Hauptds/Nadelds/ Startds/Leerlaufd.	92/65/70/35	95/65/75/40	92/65/70/35	95/65/75/40	115/70/70/40	120/70/70/40 (128/70/70/40) (14,3PS)
Leerlauf Luftschraube offen	1-2 Umdr.	2-3 Umdr.	1...2 Umdr.	2...3 Umdr.	1,2..1,5 Umdr.	1,2...1,5 Umdr.
Nadelstellung Kerbe von oben	3	4	3	4	3	4
Zündzeitpunkt (mm v. OT)	2,5+0,25	2,5+0,25	2,5+0,25	2,5+0,25	2,5+0,25	2,5+0,25
Übersetzungen 1./2./3./4./5. Gang Motor/Getriebe	3,05/1,8/1,2/1,0 2,31	3,05/1,8/1,2/1,0 2,31	3,05/1,8/1,2/1,0 2,31	3,05/1,8/1,2/1,0 2,31	3,83/2,35/1,57/ 1,19/1,0 2,06	3,83/2,35/1,57/1, 19/1,0 2,06
Primärtrieb	Simplex Hülsenkette bis Motor 7324449	Simplex Hülsenkette bis Motor 6444236	Duplex Hülsenkette 48 Rollen	Duplex Hülsenkette 48 Rollen	Duplex Hülsenkette 50 Rollen	Duplex Hülsenkette 50 Rollen
Sekundärübersetz.	3,2	3	3,2	3	3,2	3
Rollenkette	12,7x4,6x120	12,7x4,6x120	12,7x4,6x120	12,7x4,6x120	12,7x7,75x126	12,7x7,75x126
Zähnezahl v/h	15/48	16/48	15/48	16/48	15/48	16/48
Federw. vorn (mm)	Schwinge 145	Schwinge 145	Teleskop 185	Teleskop 185	Teleskop 185	Teleskop 185
Federw. hinten (mm)	Schwinge 105	Schwinge 105	Schwinge 105	Schwinge 105	Schwinge 105	Schwinge 105
Reifengr. v/h solo/h max.	2,75-18R/3,00-18R	2,75-18R Simplex Trommelbremse 150/3,00-18R	2,75-18R/3,00-18R	2,75-18R/3,00-18R	2,75-18R/3,25-16R	2,75-18R/3,25-16R
Leergew., fahrf.	115 kg	117 kg	114 kg	114 kg	118...122 kg	118...122 kg
Nutzgew.	155 kg	153 kg	156 kg	156 kg	ca. 170 kg	ca. 170 kg
zul. Gesamtgew.	270 kg	270 kg	270 kg	270 kg	290 kg	290 kg
Zweitaktöl/M.-verhäl.	1:33	1:33	1:50	1:50	1:50 ww. Frischöl	1:50 ww. Frischöl
Tankinhalt (l)	12	12	12,5	12,5	13	13
Höchstgeschw. (km/h)	100	105	100	105	100	105 (110 Export)
Beschl.-zeit (s) von 0...80 (100) km/h	12,5	11,5	12,7	11,5	12,5	11,3 (11,0 Export)
Getriebegänge	4	4	4	4	5	5
Getriebeöl GL 60 SAE 80 GL3 (ccm)	450	450	450	450	600	600
Hinterradbremse Ø	Trommel 150 mm	Trommel 150 mm	Trommel 150 mm	Trommel 150 mm	Trommel 150 mm	Trommel 150 mm
Vorderradbremse Ø	Trommel 150 mm	Trommel 150 mm	Trommel 160 mm	Trommel 160 mm	Trommel o. Scheibe 160/280 mm	Trommel o. Scheibe 160/280 mm
Radstand (mm)	1270	1270	1305	1305	1290	1290
Nachlauf (mm)	95	95	90	90	100	100
Lenkungswinkel (Grad)	61	61	60	60	62	62
Nennspannung (V)	6	6	6	6	12	12
Batteriekapazität (Ah)	12	12	12	12	5,5	5,5
Generatorleistung (W)	60/90 Gleichstrom	60/90 Gleichstrom	60/90 Gleichstrom	60/90 Gleichstrom	180/210 Drehstrom	180/210 Drehstrom

Einige Einstellwerte sind Erfahrungswerte des Verfassers. Bestimmte Motorwerte können von der Serie abweichen. Verwendung dieser Werte ausdrücklich auf eigene Gefahr und Verantwortung. Der Autor übernimmt, wie im Warnhinweis auf Seite 3 beschrieben, keinerlei Haftung und Verantwortung.

ETS 175	**ES 250**	**ETS 250**	**TS 250**	**TS 250/1**	**ETZ 250**	**ETZ 251**
MM175/2	MM 250/2	MM 250/2	MM 250/3	MM 250/4	EM 250	EM251
172	243	243	243	243	243	243
58/65	69/65	69/65	69/65	69/65	69/65	69/65
10	10	10	10	10	10	10
10,3/14	14/19	14/19	14/19	14/19	15,4/21 12,5/17 BRD	15,4/21 12,5/17 BRD
5000...5400	5200...5500	5200...5500	5200...5500	5200...5500	5500...5700 5200 BRD	5500...5700 5200 BRD
19,6 Nm	25,5 Nm	25,5 Nm	25,5 Nm	25,5 Nm	27,4 Nm(24,5 BRD)	27,4 Nm(24,5 BRD)
4700...5000	4600...5200	4600...5200	4600...5200	4600...5200	5000-5500	5000...5500
26N1-2	30 N2-3	28N1-3	30 N2-3	30 N2-4	30 N2-5	30N3-1
110/67/90/40	125/67/100/40	125/67/100/40	142/70/110/40	140/70/110/40	138/70/110/45	138/72/95/50 Umluftschraube 4 Umdr. offen
1,5...2,5 Umdr.	1,5...2,5 Umdr.	1,5...2,5 Umdr.	1 Umdr.	0,9 Umdr.	0,9 Umdr.	Leerlaufgem. 2,5
5	4	4	4	4	4	4
2,7+0,2	2,7+0,2	2,7+0,2	2,7+0,2	2,7+0,2	2,7+0,2	2,7+0,2
2,77/1,8/ 1,23/0,92 2,43	2,77/1,8/ 1,23/0,92 2,43	2,77/1,8/ 1,23/0,92 2,43	2,77/1,8/ 1,23/0,92 2,43	3,0/1,87/1,33/ 1,05/0,87 2,43	3,0/1,87/1,33/ 1,05/0,87 2,43	3,0/1,87/1,33/ 1,05/0,87 2,43
Zahnräder	Zahnräder	Zahnräder	Zahnräder	Zahnräder	Zahnräder	Zahnräder
2,65	2,14	2,24	2,24	2,35	2,52	2,29
12,7x7,75x116	12,7x7,75x118	12,7x7,75x118	12,7x7,75x126	12,7x7,75x126	12,7x7,75x130	12,7x7,75x128
17/45	21/45	21/45	21/47	20/47	19/48	21/48
Schwinge 145	Schwinge 145	Teleskop 185	Teleskop 185	Teleskop 185	Teleskop 185	Teleskop 185
Schwinge 105	Schwinge 105	Schwinge 105	Schwinge 105	Schwinge 101...105	Schwinge 101...105	Schwinge 105
3,00-16R/3,50-16R	3,00-16R/3,50-16R	2,75-18R/3,50-16R	3,00-16R/3,50-16R	2,75-18/3,00-16	2,75-18/3,50-18	90/90-18S/ 110/80-16S
151 kg	151 kg	151 kg	144 kg	144 kg	151 kg (153 m. Scheibe)	141...145 kg
171 kg	171 kg	171 kg	176 kg	176 kg	179 kg (177 m. Scheibe)	185...189 kg
320 kg	320 kg	320 kg	320 kg	320 kg	330 kg	330 kg
1:50	1:50	1:50	1:50	1:50	1:50 (1:100 mit West- lager) ww. Frischöl	
16	16	22	17,5	17,5	17	12,5
110....115	120...130	120...130	120...130	120...130	125...130 (115 BRD)	130
9,8	7,8(13)	7,8(13)	7,8(13)	7,1 (12,5)	6,6 (12,1) 10,9(12,0) BRD	6,6 (12,1)
4	4	4	4	5	5	5
750	750	750	750	900	900	900
Trommel 160 mm	Trommel 160 mm	Trommel 160 mm	Trommel 160 mm	Trommel 160 mm	Trommel 160 mm	Trommel 160 mm
Trommel 160 mm	Trommel 160 mm	Trommel 160 mm	Trommel 160 mm	Trommel 150 mm	Trommel o. Scheibe 160/280 mm	Trommel o. Scheibe 160/280 mm
1325	1325	1380	1355	1355	1380	1322
66	66	66	66	84	95	105
63	63	63	63	62	63	63
6	6	6	6	6	12	12
12	12	12	12	12	5,5; 9 bis '94 u. Export	5,5
60/90 Gleichstrom	60/90 Gleichstrom	60/90 Gleichstrom	60/90 Gleichstrom	60/90 Gleichstrom	180/210 Drehstrom	180/210 Drehstrom

Danksagung

Allen, die zum Entstehen dieses Buches beigetragen haben, sei hiermit herzlich gedankt.

Mein besonderer Dank gilt:
Meiner Frau, die in zahllosen durchschriebenen Nächten die Geduld behielt und mich immer wieder tatkräftig bei meiner Arbeit unterstützte.

Dem MZ-Werk, das mich mit anschaulichen Zeichnungen und historischen Fotos unterstützte, ohne die das vorliegende Buch nicht in dieser Form möglich gewesen wäre.

Meinen Lehrmeistern, die mir die nötigen technischen Grundlagen beibrachten.

Den kompetenten Schulungsleuten des VEB MZ, die mir in etlichen Lehrgängen im MZ Werk geballtes Fachwissen rund um die MZ-Modelle vermittelten.

Lutz Didt, der mir bei den langwierigen Fotoaktionen geduldig zur Seite stand.

Und nicht zuletzt
den mehr als 5000 MZ-Fahrern, die mir 25 Jahre lang ihr Vertrauen schenkten und deren Probleme Grundstein eines reichen Erfahrungsschatzes waren.

Und ganz besonders
dem Bastler, der die Massepunktschraube einer MZ nicht befestigte und so für etliche Besuche der Fahrerin bei mir zwecks Fehlersuche sorgte. Woraus eine wunderschöne Ehe entstand.